Martin Hermann
Numerik gewöhnlicher Differentialgleichungen
De Gruyter Studium

Weitere empfehlenswerte Titel

Numerik gewöhnlicher Differentialgleichungen.
Band 2: Nichtlineare Randwertprobleme
Martin Hermann, 2017
ISBN 978-3-11-051488-9, e-ISBN (PDF) 978-3-11-051558-9
e-ISBN (EPUB) 978-3-11-051496-4
Band 1 und Band 2: auch als Set erhältlich
Set-ISBN: 978-3-11-055582-0

Differentialgleichungen und Mathematische Modellbildung.
Eine praxisnahe Einführung unter Berücksichtigung der
Symmetrie-Analyse
Nail H. Ibragimov, Jörg Volkmann, 2017
ISBN 978-3-11-049532-4, e-ISBN (PDF) 978-3-11-049552-2
e-ISBN (EPUB) 978-3-11-049284-2

Computational Physics. Mit Beispielen in Fortran und Matlab
Michael Bestehorn, 2016
ISBN 978-3-11-037288-5, e-ISBN (PDF) 978-3-11-037303-5
e-ISBN (EPUB) 978-3-11-037304-2

Elementare Differentialgeometrie
Christian Bär, 2018
ISBN 978-3-11-033681-8, e-ISBN (PDF) 978-3-11-033682-5
e-ISBN (EPUB) 978-3-11-038935-7

Inside Finite Elements
Martin Weiser, 2016
ISBN 978-3-11-037317-2, e-ISBN (PDF) 978-3-11-037320-2
e-ISBN (EPUB) 978-3-11-038618-9

Martin Hermann

Numerik gewöhnlicher Differentialgleichungen

Band 1: Anfangswertprobleme und lineare
Randwertprobleme

2. Auflage

DE GRUYTER

Mathematics Subject Classification 2010
65L10

Author
Prof. Dr. Martin Hermann
Friedrich-Schiller-Universität Jena
Fakultät für Mathematik und Informatik
Ernst-Abbe-Platz 2
07743 Jena
Martin.Hermann@uni-jena.de

ISBN 978-3-11-050036-3
e-ISBN (PDF) 978-3-11-049888-2
e-ISBN (EPUB) 978-3-11-049773-1

Library of Congress Cataloging-in-Publication Data
A CIP catalog record for this book has been applied for at the Library of Congress.

Bibliografische Information der Deutschen Nationalbibliothek
Die Deutsche Nationalbibliothek verzeichnet diese Publikation in der Deutschen
Nationalbibliografie; detaillierte bibliografische Daten sind im Internet über
http://dnb.dnb.de abrufbar.

www.degruyter.com

Vorwort

Systeme gewöhnlicher Differentialgleichungen spielen eine fundamentale Rolle bei der Modellierung naturwissenschaftlicher, technischer und ökonomischer Prozesse genauso wie bei innermathematischen Fragestellungen. Beispielhaft seien hier die komplizierte Berechnung der Flugbahnen von Raumgleitern und Flugzeugen, Prognoseberechnungen zur Ausbreitung von AIDS sowie die Automatisierung des Einparkmanövers von Straßenfahrzeugen auf der Basis mechatronischer Systeme genannt. In der Praxis ist die Dimension dieser Probleme oftmals sehr groß. Da geschlossene analytische Lösungen von Systemen gewöhnlicher Differentialgleichungen nur in wenigen Ausnahmefällen zur Verfügung stehen, ist der Einsatz numerischer Techniken zu deren Lösung unvermeidbar.

Das vorliegende zweibändige Lehrbuch verfolgt das Ziel, unter einem einheitlichen Gesichtspunkt sowohl die wichtigsten Klassen numerischer Integrationsverfahren für Anfangswertprobleme als auch die Klasse der integrativen Verfahren (das sind Verfahren, die auf der Integration zugeordneter Anfangswertprobleme basieren) für Zweipunkt-Randwertprobleme vorzustellen und mathematisch zu analysieren. Durch einen solchen einheitlichen Ansatz hebt sich der Text von vielen anderen Büchern zur Numerik von Differentialgleichungen ab, die unter dieser Thematik ausschließlich die numerische Integration von Anfangswertproblemen verstehen.

Es sei jedoch bemerkt, dass zur Lösung von Zweipunkt-Randwertproblemen neben den als Schießverfahren bezeichneten integrativen Techniken noch weitere numerische Verfahrensklassen zur Verfügung stehen. Insbesondere ist die Theorie der Differenzen- und der Kollokationsverfahren heute ebenfalls weit entwickelt. Wir verzichten aber hier auf die Darstellung solcher alternativen Verfahren, da sich bei diesen nur wenig Bezüge zu den Integrationsverfahren für Anfangswertprobleme herstellen lassen.

Schwerpunktmäßig werden im Buch diejenigen numerischen Techniken aus den oben genannten Verfahrensklassen betrachtet, die auf den heute üblichen Computern in Form von Software-Paketen implementiert vorliegen und in den Anwendungen tatsächlich auch zum Einsatz kommen. In diesem Text geht es insbesondere um das Verständnis der mathematischen Prinzipien, die bei der Konstruktion der betrachteten Näherungsverfahren zugrunde liegen, das Kennenlernen der typischen Verfahrensklassen und ihrer Eigenschaften, insbesondere die Diskussion ihrer Vor- und Nachteile, die Behandlung typischer Schwierigkeiten, wie Steifheit und das Auftreten von regulären Singularitäten, sowie das Wissen über die verfügbare Software.

Durch einen umfangreichen Anhang soll gewährleistet werden, dass der Text schon mit geringen Vorkenntnissen der Linearen Algebra und der Mathematischen Analysis verstanden werden kann. Er baut auf das Grundwissen der Numerischen

DOI 10.1515/9783110498882-001

Mathematik auf, wie es unter anderem in dem vom Autor im gleichen Verlag erschienenen Lehrbuch *Numerische Mathematik*[1] zu finden ist.

Das hier vorliegende Lehrbuch ist aus Manuskripten zu Vorlesungen und Seminaren, die der Verfasser seit etwa 25 Jahren zu dieser Thematik an der Friedrich-Schiller-Universität Jena und der Universität Dortmund abgehalten hat, hervorgegangen. Es richtet sich vorrangig an Studierende der Mathematik, Informatik, Physik und Technikwissenschaften. Aber auch als begleitender Text für die Mathematik-Ausbildung an Fachhochschulen ist das Buch geeignet. Schließlich sollte es als Nachschlagewerk für Mathematiker, Naturwissenschaftler und Ingenieure in der Praxis nützlich sein.

Für die zweite Auflage des Buches wurde der Text in zwei Bände aufgeteilt. Das in der ersten Auflage enthaltene Kapitel über exakte Differenzenschemata wurde nicht mehr mitaufgenommen, da in der Zwischenzeit eine vom Verfasser dieses Textes mitverfasste Monografie zu diesem Gegenstand vorliegt (siehe Gavrilyuk et al. (2011)). Der erste Band beschäftigt sich mit der Numerik von Differentialgleichungsproblemen, bei denen die Nichtlinearität nicht im Mittelpunkt steht. Damit sind Probleme gemeint, für die unter relativ schwachen Voraussetzungen die Existenz und Eindeutigkeit von Lösungen garantiert werden können. Es handelt sich dabei um die Numerik von Anfangswertproblemen und linearen Randwertproblemen gewöhnlicher Differentialgleichungen. Der zweite Band beschäftigt sich mit nichtlinearen Randwertproblemen, die auch von einem äußeren Steuerparameter abhängen können, so dass Bifurkationserscheinungen zu erwarten sind.

Übersicht über den ersten Band

Der erste Band besteht im Wesentlichen aus zwei Teilen. Der erste Teil umfasst die Kapitel 1 bis 5 und beschäftigt sich mit der numerischen Lösung von *Anfangswertproblemen* gewöhnlicher Differentialgleichungen. Das erste Kapitel stellt einige Grundbegriffe und Techniken für das Arbeiten mit Differential- und Differenzengleichungen bereit. Im Mittelpunkt des zweiten Kapitels steht die Analyse von Einschrittverfahren. So werden die Verfahrensklassen der Runge-Kutta-Verfahren und der Extrapolationsverfahren hergeleitet und analysiert. Neben der Untersuchung wichtiger numerischer Kenngrößen, wie lokaler Diskretisierungsfehler, Konsistenz und Stabilität, werden Schätzungen für den Fehler und basierend darauf Strategien zur automatischen Steuerung der Schrittweite entwickelt. Ein gesonderter Abschnitt widmet sich der Numerik von Anfangswertproblemen gewöhnlicher Differentialgleichungen 2. Ordnung. Neu ist ein Abschnitt über Stetige Runge-Kutta-Verfahren, da diese in den Anwendungen häufig zum Einsatz kommen. Im Kapitel 3 wird die Klasse der Linearen Mehrschrittverfahren beschrieben und untersucht. Zu den im vorangegangenen

---

1 M. Hermann: Numerische Mathematik. De Gruyter Oldenbourg, München, 2011

Kapitel bereits betrachteten numerischen Kenngrößen kommt jetzt noch der Begriff der Wurzelstabilität hinzu. Das wichtige Resultat „Konvergenz = Wurzelstabilität + Konsistenz" wird bewiesen. Ausführungen zu den in der Praxis häufig verwendeten Prädiktor-Korrektor-Techniken runden das Kapitel ab. Das Kapitel 4 beschäftigt sich mit verschiedenen Stabilitätsbegriffen bei nichtverschwindenden Schrittweiten, wobei die A-Stabilität und der Begriff der Steifheit ausführlich diskutiert werden. Zur Diskussion kommen dann zwei weitere Verfahrensklassen, und zwar die BDF- und die Rosenbrock-Verfahren. Im Mittelpunkt von Kapitel 5 stehen neuere Verfahrensentwicklungen aus der Schule um J. C. Butcher (The University of Auckland, New Zealand). Es handelt sich dabei um die sogenannten Allgemeinen Linearen Verfahren und um die Fast-Runge-Kutta-Verfahren.

Der zweite Teil des Buches umfasst die Kapitel 6 bis 9 und beschäftigt sich mit der numerischen Lösung von *linearen Zweipunkt-Randwertproblemen* gewöhnlicher Differentialgleichungen. Im Kapitel 6 werden die theoretischen Grundlagen bereitgestellt. Insbesondere geht es um die Darstellung der exakten Lösung eines linearen Randwertproblems mittels der Green'schen Funktion. Weitere Begriffe sind hier Stabilität, Dichotomie und Kondition. Das Kapitel 7 beschäftigt sich mit den Einfach-Schießtechniken. Neben dem Einfach-Schießverfahren werden auch die Methode der komplementären Funktionen und die Methode der Adjungierten vorgestellt, die bei Vorliegen partiell separierter Randbedingungen sachgemäß sind. Die numerische Analyse von Mehrfach-Schießtechniken steht im Mittelpunkt von Kapitel 8. Im Anschluss an die Analyse des Mehrfach-Schießverfahrens werden, basierend auf den Stabilitätsuntersuchungen dieses Verfahrens, sachgemäße numerische Lösungstechniken für die anfallenden linearen algebraischen Systeme vorgeschlagen. Im Falle partiell separierter Randbedingungen erweist sich im Hinblick auf den numerischen Aufwand (Anzahl der erforderlichen Integrationen) das Stabilized-March-Verfahren dem Mehrfach-Schießverfahren gegenüber als überlegen. Das Kapitel 9 beschäftigt sich mit Anfangs- und Randwertproblemen, die eine reguläre Singularität aufweisen. Derartige Aufgabenstellungen sind in den Anwendungen häufig anzutreffen.

Schließlich wurde in die hier vorliegende zweite Auflage ein einfacher MATLAB-Code aufgenommen, der die Implementierungen des Einfach-Schießverfahrens, der Methode der komplementären Funktionen sowie des Mehrfach-Schießverfahrens für lineare Zweipunkt-Randwertprobleme enthält. Der Leser kann damit auf dem Computer eigene Experimente vornehmen und die numerischen Verfahren auch praktisch erleben.

Ein aus drei Teilen bestehender Anhang schließt den ersten Band ab. Im Teil A werden grundlegende Begriffe aus der Linearen Algebra bereitgestellt. Die analytischen Grundlagen für die Theorie der Anfangswertprobleme gewöhnlicher Differentialgleichungen sind der Gegenstand von Teil B. Da die Integrationsverfahren für Anfangswertprobleme auf numerischen Interpolations- und Integrationstechniken basieren, sind diese im Abschnitt C kurz dargestellt.

Es ist mir ein großes Bedürfnis, meinem Mitarbeiter, Herrn Dr. Dieter Kaiser, für seine Unterstützung bei diesem Buchprojekt zu danken. Ohne seine umfangreichen Kenntnisse der MATLAB, seine Hilfe bei der Umsetzung der Verfahren auf einem Computer sowie bei der Anfertigung der zugehörigen Grafiken (insbesondere auch des Cover-Bildes) wäre das Buch so nicht entstanden.

Frau Nadja Schedensack und Frau Sabina Dabrowski vom Wissenschaftsverlag De Gruyter in Berlin danke ich für die freundliche Zusammenarbeit.

Besonderer Dank gilt wiederum meiner Frau Gudrun, die durch ihr Verständnis wesentlich zum Gelingen dieses Projektes beigetragen hat.

Jena, im Juni 2017
Martin Hermann

Inhalt

Vorwort —— V

1   **Anfangswertprobleme** —— 1
1.1   Differentialgleichungen —— 1
1.2   Differenzengleichungen —— 7
1.3   Diskretisierungen —— 11
1.4   Differenzengleichung als Diskretisierung einer
     Differentialgleichung —— 14

2   **Numerische Analyse von Einschrittverfahren** —— 18
2.1   Runge-Kutta-Verfahren —— 18
2.2   Lokaler Diskretisierungsfehler und Konsistenz —— 25
2.3   Entwicklung von Runge-Kutta-Verfahren —— 31
2.3.1   Erzeugung der Ordnungsbedingungen —— 31
2.3.2   Kollokations- und implizite Runge-Kutta-Verfahren —— 37
2.4   Monoton indizierte Wurzel-Bäume: eine Einführung —— 46
2.5   Konvergenz von Einschrittverfahren —— 54
2.6   Asymptotische Entwicklung des globalen Fehlers —— 58
2.7   Schätzung des lokalen Fehlers —— 61
2.8   Schrittweitensteuerung —— 63
2.9   Extrapolationsverfahren —— 70
2.10   Numerische Verfahren für Differentialgleichungen 2. Ordnung —— 81
2.11   Stetige Runge-Kutta-Verfahren —— 84

3   **Numerische Analyse von linearen Mehrschrittverfahren** —— 88
3.1   Lineare Mehrschrittverfahren —— 88
3.2   Lokaler Fehler und Konsistenz —— 91
3.3   Wurzelstabilität —— 97
3.3.1   Inhärente Instabilität (Kondition) —— 97
3.3.2   Wurzelstabilität (Nullstabilität, D-Stabilität) —— 99
3.4   Konvergenz —— 108
3.5   Starten, asymptotische Entwicklung des globalen Fehlers —— 117
3.6   Implizite lineare Mehrschrittverfahren:
     Prädiktor-Korrektor-Technik —— 121
3.7   Algorithmen mit variablem Schritt und variabler Ordnung —— 128

4   **Absolute Stabilität und Steifheit** —— 134
4.1   Absolute Stabilität —— 134
4.2   Steife Differentialgleichungen —— 149

4.3   Weitere Stabilitätsbegriffe —— 157
4.4   BDF-Verfahren —— 159
4.5   Rosenbrock-Verfahren —— 165

5   Allgemeine Lineare Verfahren und Fast-Runge-Kutta Verfahren —— 171
5.1   Allgemeine Lineare Verfahren —— 171
5.2   Fast-Runge-Kutta-Verfahren —— 178

6   Zweipunkt-Randwertprobleme —— 187
6.1   Definitionen und Notationen —— 187
6.2   Existenz von Lösungen, Green'sche Funktion —— 189
6.3   Stabilität, Dichotomie und Kondition —— 198

7   Numerische Analyse von Einfach-Schießtechniken —— 207
7.1   Einfach-Schießverfahren —— 207
7.2   Methode der komplementären Funktionen —— 214
7.3   Methode der Adjungierten —— 220
7.4   Analyse der Einfach-Schießtechniken —— 223

8   Numerische Analyse von Mehrfach-Schießtechniken —— 228
8.1   Mehrfach-Schießverfahren —— 228
8.2   Stabilität des Mehrfach-Schießverfahrens —— 232
8.3   Kompaktifikation oder LU-Faktorisierung —— 235
8.4   Stabilisierende Transformation —— 239
8.5   Stabilized-March-Verfahren —— 243
8.6   Matlab-Programme —— 249

9   Singuläre Anfangs- und Randwertprobleme —— 255
9.1   Singuläre Anfangswertprobleme —— 255
9.2   Singuläre Randwertprobleme —— 262

A   Grundlegende Begriffe und Resultate aus der Linearen Algebra —— 265

B   Einige Sätze aus der Theorie der Anfangswertprobleme —— 273

C   Interpolation und numerische Integration —— 278

Literatur —— 281

Stichwortverzeichnis —— 287

1 Anfangswertprobleme

1.1 Differentialgleichungen

Im Mittelpunkt dieses Textes stehen Systeme von n gewöhnlichen Differentialgleichungen erster Ordnung für n unbekannte Funktionen $x_1(t)$, $x_2(t)$, ..., $x_n(t)$, die man ausführlich in der Form

$$\begin{aligned}
\dot{x}_1(t) &= f_1(t, x_1(t), \ldots, x_n(t)), \\
\dot{x}_2(t) &= f_2(t, x_1(t), \ldots, x_n(t)), \\
\vdots\; &= \vdots \\
\dot{x}_n(t) &= f_n(t, x_1(t), \ldots, x_n(t))
\end{aligned} \tag{1.1}$$

notiert. Dabei bezeichnet $\dot{x}_i(t)$ die Ableitung der Funktion $x_i(t)$ nach t, $i = 1, \ldots, n$. Wird $x \equiv x(t) = (x_1(t), \ldots, x_n(t))^T$ und $f(t, x) \equiv (f_1(t, x), \ldots, f_n(t, x))^T$ gesetzt, so kann man ein solches System auch in Vektordarstellung wie folgt aufschreiben:

$$\dot{x}(t) \equiv \frac{d}{dt} x(t) = f(t, x(t)). \tag{1.2}$$

Wir gehen dabei stets davon aus, dass $t \in J \subset \mathbb{R}$ und $x(t) \in \Omega \subset \mathbb{R}^n$ gilt.

Bemerkung 1.1.

a) Wenn wir die kompakte Schreibweise (1.2) verwenden, dann sprechen wir im Folgenden von „der Differentialgleichung", obwohl es sich korrekt um ein System von Differentialgleichungen der Form (1.1) handelt.

b) Anstelle des Wortes „Differentialgleichung" verwenden wir sehr häufig auch die Abkürzung „DGL". □

Die Abbildung $f : J \times \Omega \to R^n$ heißt *Vektorfeld* und $x(t)$ wird Lösung der DGL genannt. Wie man unmittelbar erkennt, tritt in (1.1) bzw. (1.2) nur die 1. Ableitung von $x(t)$ nach t auf. Daher spricht man von einem System *erster Ordnung*.

Treten in mathematischen Modellen skalare DGLn höherer Ordnung

$$u^{(n)} = G(t, u, \dot{u}, \ddot{u}, \ldots, u^{(n-1)}) \tag{1.3}$$

auf, dann setze man $x = (x_1, x_2, \ldots, x_n)^T \equiv (u, \dot{u}, \ddot{u}, \ldots, u^{(n-1)})^T$, so dass das System (1.1) in diesem Fall die folgende Gestalt annimmt

$$\begin{aligned}
\dot{x}_1 &= x_2, \\
\dot{x}_2 &= x_3, \\
&\vdots \\
\dot{x}_{n-1} &= x_n, \\
\dot{x}_n &= G(t, x_1, x_2, \ldots, x_n).
\end{aligned} \tag{1.4}$$

DOI 10.1515/9783110498882-002

In den Kapiteln 1 bis 5 werden wir numerische Verfahren zur Bestimmung von Lösungen der DGL (1.2) untersuchen, die einer Anfangsbedingung $x(t_0) = x_0$, $t_0 \in J$, $x_0 \in \Omega$, genügen, also ein Anfangswertproblem (AWP) der folgenden Form erfüllen:

$$\dot{x}(t) = f(t, x(t)), \quad t \in J,$$
$$x(t_0) = x_0. \tag{1.5}$$

Bemerkung 1.2. Wenn es inhaltlich eindeutig ist, lassen wir das Argument t der Funktion $x(t)$ oftmals weg. □

Im Allgemeinen unterscheidet man zwischen Anfangswertproblemen, bei denen die Lösung nur am *linken* Rand $t = t_0$ eines (i. Allg. nach oben offenen) Intervalls $[t_0, \infty)$ vorgegeben ist, Zweipunkt-Randwertproblemen, für die an den *zwei* Rändern $t = a$ und $t = b$ ($a < b$) eines Intervalls $[a, b]$ Bedingungen an die Lösung vorgegeben sind, und Mehrpunkt-Randwertproblemen, bei welchen an *mehr als zwei* Stellen aus dem Intervall $[a, b]$ Werte der Lösung vorgeschrieben sind. Anfangswertprobleme sind nach dieser Klassifikation auch *Einpunkt-Randwertprobleme*.

In der Regel ist die Variable t als physikalische *Zeit* interpretierbar. Anfangswertprobleme stellen dann reine Evolutionsprobleme dar, d. h., an späteren Zeitpunkten $t > t_0$ hängt die Lösung $x(t)$ nur vom Zustand des Systems zum Anfangspunkt t_0 ab. Hiervon unterscheiden sich die Randwertprobleme signifikant. Die zugehörigen Lösungen zu einem Zeitpunkt t, mit $a < t < b$, hängen sowohl von der Vergangenheit $t = a$ als auch von der Zukunft $t = b$ ab.

Voraussetzung 1.1. *Im Folgenden setzen wir stets voraus, dass die Funktion $f(t, x)$ auf dem Streifen $S \equiv \{(t, x) : t_0 \le t \le t_0 + a, x \in \mathbb{R}^n\}$ stetig ist und dort einer Lipschitz-Bedingung (B.1) genügt. Üblicherweise wird diese Funktionenklasse mit Lip(S) bezeichnet, d. h., wir fordern in diesem Text durchgehend*

$$f \in \text{Lip}(S) \equiv \{g : g \in \mathbb{C}(S) \text{ und } g \text{ gleichmäßig Lipschitz-stetig in } S\}. \tag{1.6}$$

□

Das AWP (1.5) besitzt unter dieser Voraussetzung nach dem Satz von Picard-Lindelöf (siehe Satz B.2) auf dem abgeschlossenen Intervall $[t_0, t_0+a]$ eine eindeutig bestimmte Lösung $x(t)$.

Das AWP (1.5) lässt sich äquivalent in der Integralform

$$x(t) = x_0 + \int_{t_0}^{t} f(\tau, x(\tau)) d\tau \tag{1.7}$$

darstellen, auf die wir häufig zurückgreifen werden.

Die Menge $\{(t, x(t)), t \in J\}$ definiert die zugehörigen *Integralkurven* der Differentialgleichung (1.2) im sogenannten *Phasen-Zeit-Raum* $J \times \Omega$. Zu verschiedenen Anfangswerten bei $t = t_0$ erhält man verschiedene Integralkurven; siehe Abb. 1.1.

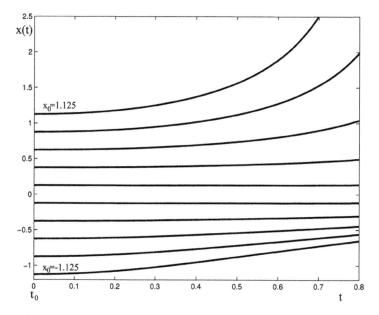

Abb. 1.1: Integralkurven zu verschiedenen Anfangswerten x_0.

Hängt f nicht explizit von t ab, d. h. $f(t, x(t)) = f(x(t))$, dann nennt man die DGL *autonom* und hängt f linear von x ab, dann nennt man sie *linear*. Lineare DGLn können in der Form

$$\dot{x}(t) = A(t)\, x(t) + b(t) \tag{1.8}$$

dargestellt werden, mit $A(t) \in \mathbb{R}^{n \times n}$ und $b(t) \in \mathbb{R}^n$. Gilt $b(t) \equiv 0$, dann ist die lineare DGL *homogen* und (1.8) geht über in

$$\dot{x}(t) = A(t)\, x(t). \tag{1.9}$$

Bekanntlich besitzt eine lineare homogene DGL mit einer regulären Matrix $A(t)$ eine n-dimensionale Basis von Lösungen, die man auch als *Fundamentalsystem* bezeichnet. Hieraus leitet sich der folgende Begriff ab.

Definition 1.1. Unter einer *Fundamentalmatrix* $Y(t) \in \mathbb{R}^{n \times n}$ versteht man eine nicht-singuläre, mindestens einmal stetig differenzierbare Matrixfunktion, welche die Matrix-DGL

$$\dot{Y}(t) = A(t)\, Y(t) \tag{1.10}$$

erfüllt. $\qquad\qquad\qquad\qquad\qquad\qquad\qquad\qquad\qquad\qquad\qquad\qquad\qquad\qquad$ □

Man beachte, dass es sich bei dem Problem (1.10) um die kompakte Schreibweise von n Systemen der Gestalt (1.1) handelt. Ist nämlich $Y(t) \equiv \left[y^{(1)}(t) | y^{(2)}(t) | ... | y^{(n)}(t) \right]$ eine Darstellung der Matrix $Y(t)$ mittels ihrer Spaltenvektoren (des Fundamentalsystems), dann erfüllt $y^{(i)}(t)$ das AWP $\dot{y}^{(i)}(t) = A(t) y^{(i)}(t)$, $i = 1, 2, \ldots, n$.

Gilt an einer festen Stelle $t = t_0$ die Beziehung $\det(Y(t_0)) \neq 0$, dann trifft dies auch für alle $t > t_0$ zu. Man ergänzt deshalb üblicherweise (1.10) durch eine Matrix-Anfangsbedingung:

$$Y(t_0) = Y_0 \in \mathbb{R}^{n \times n}, \quad \det(Y_0) \neq 0. \tag{1.11}$$

Der Einfachheit halber wird die Anfangsmatrix Y_0 oftmals in der Form $Y_0 = I$ gewählt, wobei $I \equiv [e^{(1)} | e^{(2)} | \dots | e^{(n)}]$ die n-dimensionale Einheitsmatrix und $e^{(i)}$ den i-ten Einheitsvektor im $\mathbb{R}^n$ bezeichnen.

Die allgemeine Lösung der homogenen DGL (1.9) bestimmt sich unter Verwendung der Fundamentalmatrix $Y(t)$, mit $Y(t_0) = I$, zu

$$x(t)_{\text{hom}} = Y(t)\,c, \quad c \in \mathbb{R}^n. \tag{1.12}$$

Um eine spezielle (partikuläre) Lösung $p(t)$ der inhomogenen DGL (1.8) zu ermitteln, kann die *Methode von Lagrange* herangezogen werden. Sie wird auch *Methode der Variation der Konstanten* genannt. Hierbei verwendet man einen, auf der Formel (1.12) basierenden Ansatz für das partikuläre Integral, wobei aber jetzt c als eine *Funktion* von t vorausgesetzt wird, d. h.

$$p(t) \equiv Y(t)\,c(t). \tag{1.13}$$

Der Funktionenvektor $p(t)$ muss natürlich zuerst einmal das lineare inhomogene AWP (1.8) vermöge $\dot{p}(t) = A(t)\,p(t) + b(t)$ erfüllen. Differenziert man (1.13) entsprechend der Produktregel nach t, so resultiert

$$\dot{p}(t) = \dot{Y}(t)\,c(t) + Y(t)\,\dot{c}(t).$$

Mit $\dot{Y}(t) = A(t)\,Y(t)$ (siehe Formel (1.10)) ergibt sich dann

$$\dot{p}(t) = A(t)\,Y(t)\,c(t) + Y(t)\,\dot{c}(t) = A(t)\,p(t) + b(t) = A(t)\,Y(t)\,c(t) + b(t),$$

woraus

$$Y(t)\,\dot{c}(t) = b(t), \quad \text{bzw.} \quad \dot{c}(t) = Y(t)^{-1}\,b(t)$$

folgt. Durch Integration erhält man schließlich für den zu bestimmenden Funktionenvektor $c(t)$

$$c(t) = \int_{t_0}^{t} Y(\tau)^{-1}\,b(\tau)\,d\tau \; + k, \quad k \in \mathbb{R}^n \text{ Vektor der Integrationskonstanten.}$$

Setzt man dies in (1.13) ein, so resultiert

$$p(t) = \int_{t_0}^{t} Y(t)\,Y(\tau)^{-1}\,b(\tau)\,d\tau \; + Y(t)\,k. \tag{1.14}$$

Verwendet man zur Festlegung des Vektors k die spezielle Anfangsbedingung $p(t_0) = 0$, dann folgt wegen $Y(t_0) = I$ unmittelbar $k = 0$. Man erhält also das partikuläre Integral

$$p(t) = \int_{t_0}^{t} Y(t)\, Y(\tau)^{-1}\, b(\tau) d\tau. \tag{1.15}$$

Die allgemeine Lösung der linearen inhomogenen DGL (1.8) ergibt sich schließlich mit dem *Superpositionsprinzip*, das sich allgemein wie folgt formulieren lässt:

allgemeine Lösung des inhomogenen Problems

= allgemeine Lösung des homogenen Problems + partikuläres Integral.

Somit erhält man die allgemeine Lösung $x(t)$ von (1.8) zu

$$x(t) = Y(t)\, c + \int_{t_0}^{t} Y(t)\, Y(\tau)^{-1}\, b(\tau) d\tau.$$

Soll $x(t)$ auch der Anfangsbedingung $x(t_0) = x_0$ genügen, dann ist $c = x_0$, d. h., die Lösung des AWPs für die DGL (1.8) lässt sich in der Gestalt

$$x(t) = Y(t)\, x_0 + \int_{t_0}^{t} Y(t)\, Y(\tau)^{-1}\, b(\tau) d\tau \tag{1.16}$$

aufschreiben. Die Darstellung (1.16) ist für theoretische Aussagen nützlich. Wir werden in diesem Text jedoch andere Techniken kennenlernen, mit denen die Lösung eines AWPs für die DGL (1.8) auf einem Computer wesentlich effektiver bestimmt werden kann.

Lenken wir nun unser Augenmerk auf nichtlineare Probleme der Form (1.5) zurück. Da im nichtlinearen Fall das Superpositionsprinzip nicht gilt, kann man keine Lösungsdarstellung der Form (1.16) erwarten. Unter Zuhilfenahme des *lokalen Linearisierungsprinzips* lässt sich jedoch eine interessante Aussage ableiten. Hierbei spielt die Jacobi-Matrix eine wichtige Rolle, die wie folgt erklärt ist.

Definition 1.2. Es sei $x^*(t)$ eine bekannte Lösung von (1.2). Die Jacobi-Matrix von f in $(t, x^*(t))$ ist definiert zu

$$J(t, x^*) \equiv \begin{pmatrix} \dfrac{\partial f_1(t,x)}{\partial x_1} & \dfrac{\partial f_1(t,x)}{\partial x_2} & \cdots & \dfrac{\partial f_1(t,x)}{\partial x_n} \\[2mm] \dfrac{\partial f_2(t,x)}{\partial x_1} & \dfrac{\partial f_2(t,x)}{\partial x_2} & \cdots & \dfrac{\partial f_2(t,x)}{\partial x_n} \\[2mm] \vdots & \vdots & \ddots & \vdots \\[2mm] \dfrac{\partial f_n(t,x)}{\partial x_1} & \dfrac{\partial f_n(t,x)}{\partial x_2} & \cdots & \dfrac{\partial f_n(t,x)}{\partial x_n} \end{pmatrix}_{|x=x^*}. \tag{1.17}$$

Oftmals wird die explizite Abhängigkeit der Jacobi-Matrix von t nicht angegeben, d. h., man schreibt $J(x^*)$ bzw. J. $\qquad\qquad\square$

Als Nächstes benötigen wir die Linearisierung der DGL (1.2) in der Nähe einer als bekannt vorausgesetzten Lösung $x^*(t)$. Um diese Linearisierung herzuleiten, benutzen wir eine Operatordarstellung von (1.2). Es sei D der Differentialoperator

$$D(\cdot) \equiv \frac{d}{dt}(\cdot). \tag{1.18}$$

D ist offensichtlich linear, d. h., es gilt

$$D(\alpha\, x(t) + \beta\, y(t)) = \alpha D(x(t)) + \beta D(y(t)), \quad \text{mit } \alpha, \beta \in \mathbb{R}.$$

Nun schreiben wir (1.2) in der Form $\dot{x} - f(t, x) = 0$ und definieren $T(x)$ durch

$$T(x) \equiv D(x) - f(t, x) = 0. \tag{1.19}$$

Die Taylorentwicklung von T an der Stelle x^* ergibt

$$T(x) = \underbrace{T(x^*)}_{=0} + T'(x^*)\, (x - x^*) + O(\|x - x^*\|^2), \tag{1.20}$$

wobei T' die Frèchet-Ableitung von T nach x und $O(\cdot)$ das bekannte Landau-Symbol bezeichnen. Da D linear ist, gilt $T'(x^*) = D(\cdot) - J(t, x^*)$. Mit $\xi(t) \equiv x(t) - x^*(t)$ und unter der Voraussetzung, dass x nahe bei x^* liegt, d. h. der dritte Summand in (1.20) vernachlässigt werden kann, erhält man aus (1.20) die sogenannte Variationsgleichung.

Definition 1.3. Unter der *Variationsgleichung* von (1.5) versteht man das AWP:

$$\dot{\xi}(t) = J(t, x^*)\, \xi(t), \quad t \in J, \tag{1.21}$$
$$\xi(t_0) = 0. \qquad\qquad \square$$

Wir wollen nun die folgende Fragestellung untersuchen: Wie verändert sich die Lösung des AWPs (1.5), wenn die Funktion f einer kleinen Störung unterworfen wird? Diese Fragestellung ist von Bedeutung, wenn man bei der Analyse des AWPs (1.5) diejenigen Rundungsfehler berücksichtigen möchte, die bei der Auswertung der Funktion f auf einem Computer entstehen. Wir betrachten hierzu das gestörte AWP

$$\dot{y} = f(t, y) + \varepsilon(t), \quad t \in J, \tag{1.22}$$
$$y(t_0) = x_0 + \varepsilon_0,$$

wobei $\varepsilon(t)$ eine hinreichend kleine Fehlerfunktion und ε_0 eine kleine Störung des Anfangsvektors bezeichnen. Falls das ursprüngliche AWP gut konditioniert ist, wird sich die exakte Lösung $y(t)$ des gestörten AWPs auch nur wenig von der exakten Lösung des ungestörten AWPs unterscheiden. Eine Abschätzung für den absoluten Fehler bekommt man, indem das AWP (1.5) von dem AWP (1.22) subtrahiert wird:

$$\dot{y} - \dot{x} = f(t, y) + \varepsilon(t) - f(t, x), \quad y(t_0) - x(t_0) = \varepsilon_0. \tag{1.23}$$

Entwickelt man $f(t, y)$ an der Stelle (t, x) in eine Taylorreihe, so ergibt sich

$$f(t, y) = f(t, x) + J(t, x)(y - x) + O(\|y - x\|^2).$$

Setzt man dies in (1.23) ein, dann resultiert

$$\dot{y} - \dot{x} = J(t, x)(y - x) + \varepsilon(t) + O(\|y - x\|^2), \quad y(t_0) - x(t_0) = \varepsilon_0.$$

Aus $z(t) \equiv y(t) - x(t)$ folgt $\dot{z}(t) = \dot{y}(t) - \dot{x}(t)$. Man erhält deshalb als Approximation für den absoluten Fehler $z(t)$ in erster Näherung (d. h. einer Taylorentwicklung einschließlich der Terme erster Ordnung) einen Funktionenvektor $\xi(t)$, der durch das folgende AWP bestimmt ist:

$$\dot{\xi}(t) = J(t, x)\,\xi(t) + \varepsilon(t), \quad t \in J,$$
$$\xi(t_0) = \varepsilon_0. \tag{1.24}$$

1.2 Differenzengleichungen

In den Anwendungen lassen sich oftmals mathematische Sachverhalte durch Beziehungen zwischen den Werten der Lösung eines Problems an diskreten Stellen, die in einem vorgegebenen Intervall J liegen, darstellen. Solche Relationen nennt man *Differenzengleichungen*. Analog zur Abkürzung DGL für eine Differentialgleichung verwenden wir für eine Differenzengleichung das Symbol $\triangle$GL.

Im Unterschied zum bisher betrachteten stetigen Fall wird nun anstelle der Variablen t ein diskreter Parameter $i \in \mathbb{N}_0$ verwendet. Es seien $\Omega \subset \mathbb{R}^n$ und $J \subset \mathbb{N}_0$. Wir betrachten die Folge von Vektorfeldern:

$$\{f_i(x)\}_{i \in J}, \quad f_i : \Omega \to \mathbb{R}^n.$$

Definition 1.4. Unter einer $\triangle$GL 1. Ordnung versteht man die Vorschrift

$$x_{i+1} = f_i(x_i), \tag{1.25}$$

mit $x_i \in \Omega$, $i \in J$. □

Eine Vektorfolge $\{x_i\}_{i \in J}$, die (1.25) erfüllt, heißt Lösung der $\triangle$GL. Wie im stetigen Fall kann man zur Vorschrift (1.25) noch einen Anfangsvektor $x_0 = v \in \mathbb{R}^n$ vorgeben. Es resultiert daraus das AWP

$$x_{i+1} = f_i(x_i), \quad i \in J,$$
$$x_0 = v. \tag{1.26}$$

Wegen des rekursiven Charakters spricht man bei der Beziehung (1.25) auch von einer *Einschritt-Rekursion*.

Unter einer *stationären Lösung* von (1.25) versteht man eine konstante Lösung $\hat{x}$, für die gilt

$$\hat{x} = f_i(\hat{x}), \quad i \in J. \tag{1.27}$$

Eine $\triangle$GL heißt *autonom*, falls die Funktionen f_i von i unabhängig sind, d. h. die Beziehung $f_i = f$ für alle $i \in J$ besteht. Ist

$$f_i(x) = A_i\, x + b_i, \quad A_i \in \mathbb{R}^{n \times n},\ b_i \in \mathbb{R}^n, \tag{1.28}$$

dann wird (1.25) zu einer linearen $\triangle$GL

$$x_{i+1} = A_i\, x_i + b_i. \tag{1.29}$$

Die Gleichung (1.29) heißt *homogen*, falls $b_i = 0$ für alle $i \in J$ gilt.

Die Lösung eines linearen AWPs

$$x_{i+1} = A_i\, x_i + b_i, \quad i \in J,$$
$$x_0 = v,$$

ist formal durch

$$x_1 = A_0\, v + b_0$$
$$x_2 = A_1 A_0\, v + A_1 b_0 + b_1$$
$$\vdots \tag{1.30}$$
$$x_i = A_{i-1} A_{i-2} \cdots A_0\, v + b_{i-1} + A_{i-1} b_{i-2} + \cdots + A_{i-1} \cdots A_1 b_0$$

gegeben. Vermöge folgender nützlicher Notationen

$$\prod_{j=p}^{q} A_j \equiv \begin{cases} A_q \cdots A_p, & q \geq p \\ I, & q < p \end{cases}, \qquad \sum_{j=p}^{q} A_j \equiv \begin{cases} A_p + \cdots + A_q, & q \geq p \\ 0, & q < p \end{cases} \tag{1.31}$$

kann man (1.30) in kompakter Form aufschreiben:

$$x_i = \left(\prod_{j=0}^{i-1} A_j \right) v + \sum_{l=0}^{i-1} \left(\prod_{j=l+1}^{i-1} A_j \right) b_l. \tag{1.32}$$

Offensichtlich lassen sich $Y \equiv \prod_{j=0}^{i-1} A_j$ als *diskrete Fundamentallösung* und der zweite Summand in (1.32) als *diskrete partikuläre Lösung* interpretieren. Ist (1.29) autonom, so vereinfacht sich (1.32) weiter zu

$$x_i = A^i v + \sum_{l=0}^{i-1} A^{i-l-1} b. \tag{1.33}$$

Auch bei $\triangle$GLn trifft man häufig auf Gleichungen höherer Ordnung. Der Einfachheit halber wollen wir uns für den Rest dieses Abschnittes auf *skalare* Gleichungen beschränken. Unter einer skalaren $\triangle$GL k-ter Ordnung bzw. einer k-Schritt $\triangle$GL versteht man eine Relation der Form

$$F_i(u_{i-k+1}, \dots, u_{i+1}) = 0, \quad i = k-1, k, \dots. \tag{1.34}$$

Offensichtlich sind jetzt k Anfangswerte $u_0, \ldots, u_{k-1}$ erforderlich, um ein wohldefiniertes AWP zu erhalten. Wenn eine explizite Darstellung von (1.34) möglich ist, dann schreibt man diese üblicherweise in der Form

$$u_{i+1} = G_i(u_{i-k+1}, \ldots, u_i), \quad i = k-1, k, , \ldots . \tag{1.35}$$

In Analogie zum Differentialoperator (1.18) kann man bei $\triangle$GLn einen sogenannten *Verschiebungsoperator E* wie folgt einführen:

$$E u_i = u_{i+1}, \ \{u_i\}_{i \in J} \text{ Lösung der } \triangle\text{GL}, \quad \text{sowie } E^k(\cdot) \equiv E(E^{k-1}(\cdot)). \tag{1.36}$$

Beispiel 1.1. Die vorwärtsgenommene Differenz lässt sich darstellen als

$$\Delta u_i \equiv u_{i+1} - u_i = (E - I)u_i. \tag{1.37}$$

Die rückwärtsgenommene Differenz lautet in dieser Notation

$$\nabla u_i \equiv u_i - u_{i-1} = (E - I)u_{i-1} = (I - E^{-1})u_i. \tag{1.38}$$

$\square$

Die explizite $\triangle$GL k-ter Ordnung (1.35) nimmt unter Zuhilfenahme des Verschiebungsoperators E die Gestalt

$$E^k u_{i-k+1} = G_i(u_{i-k+1}, Eu_{i-k+1}, \ldots, E^{k-1}u_{i-k+1}) \tag{1.39}$$

an. Für eine lineare $\triangle$GL

$$u_{i+1} = a_i u_{i-k+1} + a_{i+1} u_{i-k+2} + \cdots + a_{i+k-1} u_i + d_i \tag{1.40}$$

ergibt sich nach (1.39)

$$E^k u_{i-k+1} = \sum_{j=0}^{k-1} a_{i+j} E^j u_{i-k+1} + d_i. \tag{1.41}$$

Ist (1.41) autonom und homogen, d. h., es gilt $a_{i+j} \equiv a_j$ und $d_i = d = 0$, dann vereinfachen sich (1.40) und (1.41) zu

$$u_{i+1} = a_0 u_{i-k+1} + a_1 u_{i-k+2} + \cdots + a_{k-1} u_i, \text{ bzw. } (E^k - \sum_{j=0}^{k-1} a_j E^j)u_{i-k+1} = 0. \tag{1.42}$$

Um eine oft verwendete Lösungstechnik für $\triangle$GLn der Form (1.42) zu beschreiben, sei daran erinnert, dass bei linearen homogenen DGLn mit konstanten Koeffizienten der Lösungsansatz $u(t) = e^{\lambda t}$ eine wichtige Rolle spielt. Analog dazu verwendet man hier den Lösungsansatz $u_i = \lambda^i$ und substituiert diesen in die Gleichung (1.42), woraus

$$\lambda^{i+1} = a_0 \lambda^{i-k+1} + a_1 \lambda^{i-k+2} + \cdots + a_{k-1} \lambda^i$$

resultiert. Nach Division durch λ^{i-k+1} ergibt sich schließlich

$$\lambda^k = a_0 + a_1\lambda + \cdots + a_{k-1}\lambda^{k-1}.$$

Besitzt das charakteristische Polynom

$$\varrho(\lambda) \equiv \lambda^k - \sum_{j=0}^{k-1} a_j\lambda^j \qquad (1.43)$$

nur *einfache* Wurzeln $\lambda_1, \ldots, \lambda_k$, dann ist die allgemeine Lösung von (1.42) durch

$$u_i = c_1\lambda_1^i + c_2\lambda_2^i + \cdots + c_k\lambda_k^i \qquad (1.44)$$

gegeben, wobei die Koeffizienten $c_1, c_2, \ldots, c_k \in \mathbb{R}$ durch die zugehörigen Anfangs-werte bestimmt sind.

Wir wollen das beschriebene Verfahren anhand einer einfachen $\triangle$GL demonstrie-ren.

Beispiel 1.2 (Fibonacci-$\triangle$GL). Gegeben sei die $\triangle$GL

$$u_{i+1} = u_i + u_{i-1}, \qquad (1.45)$$

die auch als *Fibonacci-$\triangle$GL* bekannt ist. Unter Verwendung des Verschiebungsopera-tors E geht die Gleichung (1.45) über in

$$(E^2 - E - 1)\, u_{i-1} = 0.$$

Das zugehörige charakteristische Polynom (1.43) lautet $\varrho(\lambda) = \lambda^2 - \lambda - 1$. Dessen Null-stellen berechnen sich zu $\lambda_{1,2} = \frac{1}{2} \pm \frac{\sqrt{5}}{2}$. Damit ergibt sich die allgemeine Lösung der Fibonacci-$\triangle$GL nach (1.44) zu

$$u_i = c_1 \left(\frac{1}{2} + \frac{\sqrt{5}}{2} \right)^i + c_2 \left(\frac{1}{2} - \frac{\sqrt{5}}{2} \right)^i, \quad c_1, c_2 \in \mathbb{R}, \quad i = 1, 2, \ldots \qquad \square$$

Sind einige der Wurzeln des charakteristischen Polynoms (1.43) von der *Vielfachheit* r_j, dann ist die allgemeine Lösung von (1.42) gegeben zu

$$u_i = \sum_{j=1}^{p} \sum_{l=0}^{r_j-1} c_{jl} i^l (\lambda_j)^i, \quad i \geq 0, \qquad (1.46)$$

mit $p \leq k$ und $\sum_{j=1}^{p} r_j = k$.

Wie im stetigen Fall, kann man auch eine $\triangle$GL höherer Ordnung in ein System 1. Ordnung überführen. Mit

$$x_i \equiv \begin{pmatrix} u_i \\ u_{i-1} \\ \vdots \\ u_{i-k+2} \\ u_{i-k+1} \end{pmatrix}, \quad b_i \equiv \begin{pmatrix} d_i \\ 0 \\ \vdots \\ 0 \\ 0 \end{pmatrix}, \quad A_i \equiv \begin{pmatrix} a_{i+k-1} & \cdots & \cdots & \cdots & a_i \\ 1 & 0 & 0 & \cdots & 0 \\ 0 & 1 & 0 & & 0 \\ \vdots & \vdots & \ddots & \ddots & \vdots \\ 0 & 0 & \cdots & 1 & 0 \end{pmatrix}$$

$$(1.47)$$

erhält man aus (1.40) eine $\triangle$GL der Form (1.29).

1.3 Diskretisierungen

Lässt sich die exakte Lösung $x(t)$ des AWPs (1.5) nicht analytisch oder nur mit unvertretbar großem Zeitaufwand bestimmen, dann ist es sinnvoll, auf Verfahren der Numerischen Mathematik zurückzugreifen. Mit diesen Techniken ist es jedoch nicht möglich, die Lösung in geschlossener Form, sondern nur an vorgegebenen diskreten Stellen zu berechnen. Im Folgenden sei $[t_0, T]$ dasjenige Zeitintervall, auf dem eine eindeutige Lösung von (1.5) existiert und auf dem man diese numerisch approximieren möchte. Wie bereits in der Voraussetzung 1.1 postuliert, setzen wir hierbei stets $f \in \text{Lip}(S)$ voraus.

Das Intervall $[t_0, T]$ werde nun durch die Festlegung von $N+1$ diskreten Zeitpunkten

$$t_0 < t_1 < \cdots < t_N \equiv T \tag{1.48}$$

in N Segmente unterteilt.

Definition 1.5. Die diskreten Zeitpunkte (1.48) bilden ein *Gitter*

$$J_h \equiv \{t_0, t_1, \ldots, t_N\} \tag{1.49}$$

und heißen daher *Gitterpunkte* oder auch *Knoten*. Ferner bezeichnen wir mit

$$h_j \equiv t_{j+1} - t_j, \quad j = 0, \ldots, N-1, \tag{1.50}$$

die *Schrittweite* von einem Gitterpunkt zum anderen. Sind die Schrittweiten h_j konstant, d. h. $h_j \equiv h$, $h = (t_N - t_0)/N$, dann heißt das Gitter *äquidistant*.
Im Falle eines nichtäquidistanten Gitters werde

$$h \equiv \max h_j, \quad j = 0, \ldots, N-1, \tag{1.51}$$

gesetzt. □

Da man numerisch nur mit diskreten Werten der Funktion $x(t)$ arbeiten kann, benötigen wir den Begriff der Diskretisierung.

Definition 1.6. Unter einer *Diskretisierung* der Funktion $x(t)$, mit $t_0 \leq t \leq t_N$, versteht man die Projektion von $x(t)$ auf das zugrunde liegende Gitter J_h. Das Resultat ist die Folge $\{x(t_i)\}_{i=0}^N$, mit $t_i \in J_h$. Eine Funktion, die nur auf einem diskreten Gitter definiert ist, bezeichnet man auch als *Gitterfunktion*. □

Unser Ziel wird es im Folgenden sein, für die i. Allg. unbekannte Gitterfunktion $\{x(t_i)\}_{i=0}^N$ eine genäherte Gitterfunktionen $\{x_i\}_{i=0}^N$ zu berechnen, d. h. Approximationen x_i für $x(t_i)$, $t_i \in J_h$, zu bestimmen. Dies wird mit einem sogenannten numerischen Diskretisierungsverfahren realisiert.

Definition 1.7. Unter einem *numerischen Diskretisierungsverfahren* zur Approximation der Lösung $x(t)$ des AWPs (1.5) versteht man eine Rechenvorschrift, die eine Gitterfunktion $\{x_i\}_{i=0}^N$ erzeugt, für die $x_i \approx x(t_i)$, $t_i \in J_h$, gilt. □

Bemerkung 1.3. Um die Abhängigkeit der Näherung von der verwendeten Schrittweite zu kennzeichnen, verwenden wir später auch die Notation x_i^h bzw. $x^h(t_i)$ anstelle von x_i. $\qquad\qquad\square$

Ein gangbarer Weg, zu einem geeigneten numerischen Diskretisierungsverfahren zu gelangen, führt über die Integraldarstellung (1.7) des AWPs (1.5). Ausgehend von der Annahme, dass an den Gitterpunkten $t_0, t_1, \ldots, t_i$ bereits Näherungen $x_0, x_1, \ldots, x_i$ für $x(t_0), x(t_1), \ldots, x(t_i)$ berechnet wurden, soll eine Vorschrift zur Bestimmung einer neuen Näherung x_{i+1} für $x(t_{i+1})$ konstruiert werden. Man wendet deshalb (1.7) auf dem Intervall $[t_0, t_{i+1}]$ an, d. h.

$$x(t_{i+1}) = x(t_0) + \int_{t_0}^{t_{i+1}} f(\tau, x(\tau))d\tau. \tag{1.52}$$

Geht man einmal rein formal davon aus, dass eine Approximation x_{i+1} für $x(t_{i+1})$ bereits bekannt ist, dann lässt sich durch numerische Interpolation (siehe Anhang C) ein Polynom vom Grad höchstens $i + 1$ finden, das durch die Punkte

$$(t_0, f(t_0, x_0)), (t_1, f(t_1, x_1)), \ldots, (t_{i+1}, f(t_{i+1}, x_{i+1}))$$

verläuft und damit $f(t, x)$ im betrachteten Intervall annähert. Setzt man dieses Interpolationspolynom in (1.52) ein und berechnet das Integral auf der rechten Seite, so resultiert

$$x(t_{i+1}) \approx x_0 + \sum_{j=0}^{i+1} w_{ij} f(t_{i-j+1}, x_{i-j+1}), \quad 0 \le i \le N - 1. \tag{1.53}$$

Der sich durch die rechte Seite von (1.53) ergebende Vektor stellt offensichtlich eine Näherung für $x(t_{i+1})$ dar und wird deshalb als (das in der Realität noch nicht bekannte) x_{i+1} verwendet. Damit resultiert das folgende Diskretisierungsverfahren zur Bestimmung einer Näherung x_{i+1} für $x(t_{i+1})$:

$$x_{i+1} = x_0 + \sum_{j=0}^{i+1} w_{ij} f(t_{i-j+1}, x_{i-j+1}), \quad 0 \le i \le N - 1. \tag{1.54}$$

Da (1.53) bzw. (1.54) aus der Integration einer DGL resultiert, bezeichnet man eine solche Vorschrift auch als *Quadraturformel*, die ihrer Natur nach eine spezielle $\triangle$GL darstellt.

Ist $w_{i0} \ne 0$, dann spricht man von einer *impliziten* Formel. Der zu berechnende Vektor x_{i+1} tritt in diesem Falle auch auf der rechten Seite von (1.54) auf, und zwar innerhalb der nichtlinearen Funktion f. Zur numerischen Lösung dieses nichtlinearen algebraischen Gleichungssystems müssen iterative Techniken, wie z. B. Verfahren vom Newton-Typ, herangezogen werden. Ist aber $w_{i0} = 0$, dann liegt eine *explizite* Formel vor, die direkt ausgewertet werden kann. Auf die Vor- und Nachteile expliziter und impliziter Verfahren wird an späterer Stelle ausführlich eingegangen.

Es zeigt sich jedoch, dass (1.54) für große N nicht sehr effizient ist. Man verwendet deshalb als Ausgangspunkt für die Konstruktion praktisch verwendbarer Verfahren eine Modifikation der Integraldarstellung (1.52):

$$x(t_{i+1}) = x(t_{i-k+1}) + \int_{t_{i-k+1}}^{t_{i+1}} f(\tau, x(\tau))d\tau. \tag{1.55}$$

Durch analoges Vorgehen resultiert hieraus die *Quadraturformel*

$$x_{i+1} = x_{i-k+1} + \sum_{j=0}^{k} \hat{w}_{ij} f(t_{i-j+1}, x_{i-j+1}), \tag{1.56}$$

die eine k-Schritt $\triangle$GL vom Typ (1.34) darstellt.

Bemerkung 1.4. Für die k-Schritt $\triangle$GL (1.56) benötigt man offensichtlich noch k Startvektoren $x_{i-k+1}, \dots, x_i$. $\qquad\square$

Bemerkung 1.5. Sowohl (1.54) als auch (1.56) machen von dem evolutionären Charakter eines AWPs vom Typ (1.5) Gebrauch. Sie greifen zur Bestimmung von x_{i+1} nur auf die Werte x_j, $j \le i$, zurück. Aus Effektivitätsgründen darf k in (1.56) nicht zu groß sein. Andererseits erfordert die Genauigkeit der Approximation, dass k nicht zu klein ist. Aus diesem Grunde stellt die Formel (1.56) lediglich die Motivation und die Basis für effektivere Quadraturformeln, die später besprochen werden, dar. $\qquad\square$

Beispiel 1.3. Eine sehr einfache Strategie, die Funktion f auf dem Intervall $[t_i, t_{i+1}]$ zu approximieren, ist, deren Wert an der Stelle (t_i, x_i) als Näherung heranzuziehen, d. h. das Interpolationspolynom 0-ten Grades $P(t) = f(t_i, x_i)$ zu verwenden. Daraus ergibt sich nach (1.55) mit $k = 1$

$$x(t_{i+1}) \approx x(t_i) + \int_{t_i}^{t_{i+1}} f(t_i, x_i)\, d\tau = x(t_i) + h_i f(t_i, x_i).$$

Folglich nimmt das Diskretisierungsverfahren (1.56) hier die Form

$$x_{i+1} = x_i + h_i f(t_i, x_i) \tag{1.57}$$

an. Es ist unter dem Namen *Euler(vorwärts)-Verfahren* bekannt und gehört zur Klasse der sogenannten Einschrittverfahren. $\qquad\square$

Definition 1.8. Unter einem *Einschrittverfahren* (ESV) bzw. einer *1-Schritt-$\triangle$GL* versteht man eine Vorschrift der Form

$$x_{i+1} = x_i + h_i \, \Phi(t_i, x_i, x_{i+1}; h_i), \quad i = 0, \dots, N-1, \tag{1.58}$$

bei der in die Berechnung der Näherung x_{i+1} für die exakte Lösung $x(t_{i+1})$ nur die unmittelbar zuvor bestimmte Näherung x_i an der Stelle t_i eingeht. Da die *Verfahrens-*

oder *Inkrementfunktion* Φ in (1.58) sowohl von x_i als auch von x_{i+1} abhängt, spricht man genauer von einem *impliziten* ESV. Ein *explizites* ESV ist dann durch die Vorschrift

$$x_{i+1} = x_i + h_i \Phi(t_i, x_i; h_i), \quad i = 0, \ldots, N - 1, \tag{1.59}$$

charakterisiert. $\qquad\qquad\qquad\qquad\qquad\qquad\qquad\qquad\qquad\qquad\qquad\qquad\qquad\square$

1.4 Differenzengleichung als Diskretisierung einer Differentialgleichung

Am Anfang dieses Abschnittes wollen wir, solange nichts Gegenteiliges gesagt wird, davon ausgehen, dass es sich bei dem jeweils betrachteten ESV um ein *explizites* Verfahren der Gestalt (1.59) handelt.

Für eine gegebene Funktion $f(t, x(t))$ sei $\{(t, x(t)): t \in J\}$ die zugehörige Integralkurve, so dass die Beziehung

$$\dot{x}(t) = f(t, x(t)) \tag{1.60}$$

gilt. Wird die Integralkurve auf ihrem Weg von t nach $t + h$ verfolgt, so geht man im Phasen-Zeit-Raum von $(t, x(t))$ nach $(t + h, x(t + h))$. Andererseits führt das ESV (1.59), das die DGL (1.60) i. Allg. nicht exakt integriert, zu dem etwas abweichenden Punkt $(t + h, x^h(t + h))$, siehe die Abbildung 1.2.

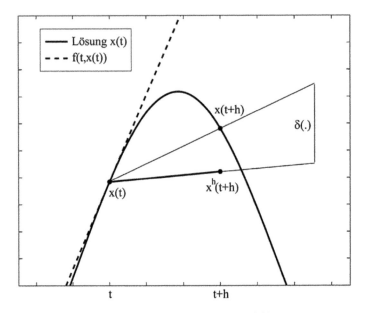

Abb. 1.2: Zur Bedeutung des lokalen Diskretisierungsfehlers.

Unter der Annahme, dass an der Stelle $t = t_i$ die exakte Lösung der DGL bekannt ist (d. h., es möge $x_i = x(t_i)$ gelten), lässt sich die mit dem ESV (1.59) und der Schrittweite $h = h_i$ berechnete Näherung $x^h(t + h)$ auch wie folgt darstellen:

$$x^h(t + h) = x(t) + h\,\Phi(t, x(t); h). \tag{1.61}$$

Für die Konstruktion eines geeigneten Diskretisierungsverfahrens (1.61), welches allein durch die Inkrementfunktion Φ charakterisiert ist, reicht es jedoch nicht aus, an die zugehörige Näherung $x^h(t + h)$ die Forderung

$$x^h(t + h) - x(t + h) \to 0 \quad \text{für } h \to 0$$

zu stellen. Die Richtungen der beiden Vektoren

$$\begin{pmatrix} x(t + h) - x(t) \\ h \end{pmatrix} \quad \text{und} \quad \begin{pmatrix} x^h(t + h) - x(t) \\ h \end{pmatrix}$$

können nämlich im Phasen-Zeit-Raum für $h \to 0$ voneinander verschieden bleiben. Dies hätte zur Konsequenz, dass sich der Anstieg der numerisch berechneten Lösung vom Anstieg der exakten Lösung unterscheidet, selbst für $h \to 0$. Die entscheidenden Größen stellen deshalb

$$\frac{1}{h}[x(t + h) - x(t)] \quad \text{und} \quad \frac{1}{h}[x^h(t + h) - x(t)]$$

dar, die direkter Bestandteil des lokalen Diskretisierungsfehlers sind, wie aus der folgenden Definition zu ersehen ist.

Definition 1.9. Es sei $x^h(t + h)$ das Resultat eines mit dem ESV (1.59) ausgeführten Schrittes, wobei ein auf der Lösungskurve $x(t)$ des AWPs (1.5) gelegener Startvektor x_i verwendet wird. Mit anderen Worten, $x^h(t + h)$ sei die mit der Formel (1.61) bestimmte Näherung für $x(t + h)$. Dann nennt man

$$\begin{aligned} \delta(t + h, x(t + h); h) &\equiv \frac{1}{h}[x(t + h) - x(t)] - \frac{1}{h}[x^h(t + h) - x(t)] \\ &= \frac{1}{h}[x(t + h) - x^h(t + h)] \end{aligned} \tag{1.62}$$

den *lokalen Diskretisierungsfehler* des ESVs an der Stelle $t + h$, wobei $t \in J'_h \equiv J_h \setminus \{t_N\}$ ist. □

Als die grundlegende Anforderung, die an ein ESV zu stellen ist, damit die oben genannten Unterschiede in den Anstiegen nicht auftreten können, erweist sich dessen Konsistenz. Diese wird über den lokalen Diskretisierungsfehler erklärt.

Definition 1.10. Es bezeichne wie bisher $x(t)$ die exakte Lösung des AWPs (1.5) auf dem Intervall $[t_0, t_0 + \alpha]$. Dann heißt das ESV (1.59) *konsistent* (mit dem AWP), wenn für jede Funktion $f \in \text{Lip}(S)$ und alle $t \in J'_h$ die Beziehung

$$\delta(t + h, x(t + h); h) = O(h) \quad \text{für } h \to 0 \tag{1.63}$$

gilt. □

Ein Blick auf die Formel (1.62) zeigt, dass der erste Summand für $h \to 0$ gegen $f(t, x(t))$ konvergiert. Daher muss bei einem konsistenten Verfahren auch für den zweiten Term

$$\frac{1}{h}[x^h(t+h) - x(t)] \to f(t, x(t)) \quad \text{für } h \to 0$$

gelten. Ein konsistentes ESV erfüllt also

$$\Phi(t, x(t); 0) = f(t, x(t)), \quad t \in J_h', \tag{1.64}$$

d. h., das numerische Ersatzproblem (1.59) geht für $h \to 0$ in das ursprüngliche AWP (1.5) über.

Eine etwas andere Interpretation des lokalen Diskretisierungsfehlers (1.62) erhält man, wenn $x^h(t+h)$ in der Darstellung (1.61) in die Formel (1.62) substituiert wird. Es resultiert

$$\delta(t+h, x(t+h); h) = \frac{1}{h}[x(t+h) - x(t) - h\,\Phi(t, x(t); h)]. \tag{1.65}$$

Somit stellt $h\,\delta(\cdot)$ das Residuum dar, welches sich ergibt, wenn die exakte Gitterfunktion $\{x(t)\}$ anstelle der approximierenden Gitterfunktion $\{x^h(t)\}$, $t \in J_h'$, in die Formel (1.59) des ESVs eingesetzt wird.

Wir wollen jetzt *implizite* ESVn der Form (1.58) betrachten. Der zugehörige lokale Diskretisierungsfehler werde analog zu (1.65) wie folgt erklärt.

Definition 1.11. Gegeben sei das implizite ESV (1.58). Derjenige Vektor $\delta(\cdot)$, der entsteht, wenn man die exakte Lösung in die $\triangle$GL einsetzt und das Resultat durch h dividiert, wird *lokaler Diskretisierungsfehler* genannt, d. h., für $t \in J_h'$ ist

$$\delta(t+h, x(t+h); h) \equiv \frac{1}{h}\left[x(t+h) - x(t) - h\,\Phi(t, x(t), x(t+h); h)\right]. \tag{1.66}$$

□

Im Abschnitt 2.5 zeigen wir jedoch, dass der so erklärte Vektor $\delta(\cdot)$ für implizite ESVn nur bis auf einen Faktor mit der in der Formel (1.62) angegebenen Differenz übereinstimmt. Man spricht deshalb davon, dass beide Ausdrücke „im Wesentlichen gleich" sind.

Um die Konsistenz für implizite ESVn zu definieren, hat man lediglich $\delta(\cdot)$ in der Darstellung (1.66) in die *Konsistenzbedingung* (1.63) einzusetzen.

Beispiel 1.4. Wir wollen den lokalen Diskretisierungsfehler für das bereits im Beispiel 1.3 betrachtete Euler(vorwärts)-Verfahren bestimmen. Es ist

$$\Phi(t, x(t), x(t+h); h) = f(t, x(t)).$$

Entwickelt man zunächst $x(t+h)$ an der Stelle t in eine Taylorreihe, so resultiert

$$x(t+h) = x(t) + h\,\dot{x}(t) + O(h^2) = x(t) + h\,f(t, x(t)) + O(h^2).$$

Setzt man dies in (1.65) ein, dann ergibt sich

$$\delta(\cdot) = \frac{1}{h}\left[x(t) + h\,f(t, x(t)) + O(h^2) - x(t) - h\,f(t, x(t))\right].$$

Somit gilt $\delta(\cdot) = O(h)$, d. h., das Euler(vorwärts)-Verfahren ist konsistent. □

Beispiel 1.5. Wie im vorangegangenen Beispiel wollen wir jetzt den lokalen Diskretisierungsfehler für das sogenannte Euler(rückwärts)-Verfahren analysieren. Die Quadraturformel

$$x_{i+1} = x_i + h_i f(t_{i+1}, x_{i+1}) \tag{1.67}$$

heißt *Euler(rückwärts)-Verfahren* und ergibt sich, wenn man analog wie im Beispiel 1.3 vorgeht, jedoch als Approximation der Funktion $f(t, x)$ auf dem Intervall $[t_i, t_{i+1}]$ den Funktionswert $f(t_{i+1}, x_{i+1})$ verwendet. Offensichtlich ist hier

$$\Phi(t, x(t), x(t+h); h) = f(t+h, x(t+h)).$$

Zunächst entwickelt man $x(t)$ an der Stelle $t + h$ in eine Taylorreihe:

$$x(t) = x(t + h - h) = x(t+h) - h\dot{x}(t+h) + O(h^2)$$
$$= x(t+h) - h f(t+h, x(t+h)) + O(h^2).$$

Stellt man die Formel nach $x(t + h)$ um und substituiert dies in (1.66), so folgt

$$\delta(\cdot) = \frac{1}{h}\left[x(t) + h f(t+h, x(t+h)) + O(h^2) - x(t) - h f(t+h, x(t+h))\right].$$

Da offensichtlich $\delta(\cdot) = O(h)$ gilt, ist auch das Euler(rückwärts)-Verfahren konsistent.

$\square$

2 Numerische Analyse von Einschrittverfahren

2.1 Runge-Kutta-Verfahren

Wie im vorangegangenen Kapitel setzen wir auch hier $f \in \mathrm{Lip}(S)$ voraus. Des Weiteren gelte für alle betrachteten Intervalle $[t, T]$ stets $[t, T] \subseteq [t_0, t_0 + \alpha]$, wobei $[t_0, t_0 + \alpha]$ ein Intervall bezeichnet, auf dem eine eindeutige Lösung des AWPs (1.5) existiert.

Diskretisierungen von AWPn gewöhnlicher DGLn, die auf Einschrittverfahren führen, sind in der Praxis am häufigsten anzutreffen. Zur Entwicklung solcher Verfahren wollen wir zunächst wieder von der Integraldarstellung der Lösung

$$x(T) = x(t) + \int_t^T f(\tau, x(\tau)) \, d\tau \tag{2.1}$$

ausgehen. Um aus dieser ein geeignetes Diskretisierungsverfahren zu konstruieren, ersetzt man üblicherweise den Integranden $f(t, x)$ durch ein Interpolationspolynom, so dass sich das obige Integral, selbst bei höheren Genauigkeitsanforderungen, relativ einfach berechnen lässt.

In einem ersten Schritt sei $[t, T] \equiv [t_i, t_{i+1}]$. Des Weiteren wollen wir bis einschließlich Abschnitt 2.6 davon ausgehen, dass ein *äquidistantes* Gitter mit der konstanten Schrittweite $h = t_{i+1} - t_i$ den Betrachtungen zugrunde liegt. Um die Abhängigkeit der Näherungen von dieser Schrittweite zu verdeutlichen, schreiben wir jetzt x_i^h anstelle von x_i.

Unter Zuhilfenahme von m paarweise verschiedenen Zahlen, $\varrho_1, \ldots, \varrho_m$, $0 \le \varrho_j \le 1$, können im Intervall $[t_i, t_{i+1}]$ die Stützstellen

$$t_{ij} \equiv t_i + \varrho_j h, \quad j = 1, \ldots, m, \tag{2.2}$$

festgelegt werden. Nehmen wir nun zunächst einmal an, dass an diesen Stützstellen gewisse Näherungen x_{ij}^h für die exakte Lösung $x(t_{ij})$ des AWPs (1.5) bekannt sind. Dann kann man das Lagrange'sche Interpolationspolynom vom Grad höchstens $m - 1$ konstruieren, das durch die Punkte $(t_{ij}, f(t_{ij}, x_{ij}^h))$, $j = 1, \ldots, m$, verläuft; siehe Anhang C. Setzt man dieses Polynom in (2.1) ein und berechnet das Integral auf der rechten Seite, dann resultiert eine Beziehung der Form

$$x_{i+1}^h = x_i^h + h \sum_{j=1}^m \beta_j f(t_{ij}, x_{ij}^h). \tag{2.3}$$

Da die Werte x_{ij}^h jedoch nicht bekannt sind, muss man den obigen Prozess noch einmal auf den m Intervallen $[t, T] \equiv [t_i, t_{ij}]$, $j = 1, \ldots, m$, unter Verwendung des gleichen Gitters $\{t_{ij}\}_{j=1}^m$ ausführen. Dadurch ergibt sich die Formel

$$x_{ij}^h = x_i^h + h \sum_{l=1}^m \gamma_{il} f(t_{il}, x_{il}^h), \quad j = 1, \ldots, m. \tag{2.4}$$

DOI 10.1515/9783110498882-003

Analog zur Formel (2.3) schreibt man auch hier die sich auf das Grundintervall $[t_i, t_{i+1}]$ beziehende Schrittweite h vor das Summationssymbol, obwohl eigentlich nur die lokalen Schrittweiten $\varrho_j h$ in die Rechnung eingehen. Die Faktoren ϱ_j sind damit in die Koeffizienten γ_{il} integriert. Kombiniert man nun (2.3) und (2.4), dann resultiert eine Verfahrensklasse, die in der Form (2.5) geschrieben werden kann und zu den Runge-Kutta-Verfahren der Stufe m gehört.

Unabhängig von dem Zugang über die Integraldarstellung (2.1), der hier nur als Motivation dienen sollte, definiert man heute die Klasse der Runge-Kutta-Verfahren wesentlich allgemeiner, wie wir im Folgenden sehen werden.

Definition 2.1. Es sei $m \in \mathbb{N}$. Ein Einschrittverfahren der Gestalt

$$x_{i+1}^h = x_i^h + h \sum_{j=1}^m \beta_j k_j, \quad k_j = f(t_i + \varrho_j h, x_i^h + h \sum_{l=1}^m \gamma_{jl} k_l), \ j = 1, \dots, m, \qquad (2.5)$$

heißt *m-stufiges Runge-Kutta-Verfahren* (RKV). Dabei sind die Koeffizienten γ_{ij}, ϱ_j und β_j geeignet gewählte reelle Zahlen, durch die das Verfahren eindeutig charakterisiert ist. Die Vektoren k_j werden üblicherweise als *Steigungen* bezeichnet. □

Das RKV ist
- *explizit* (ERK), falls $\gamma_{ij} = 0$ für $i \leq j$ gilt,
- *diagonal-implizit* (DIRK), falls $\gamma_{ij} = 0$ für $i < j$ ist,
- *einfach diagonal-implizit* (SDIRK), falls zusätzlich gilt: $\gamma_{ii} = \gamma$, $\gamma \neq 0$ eine Konstante,
- *voll-implizit* bzw. *implizit* (FIRK), falls mindestens ein $\gamma_{ij} \neq 0$ für $i < j$ ist.

Dabei sind in den Klammern die international üblichen Abkürzungen für die jeweilige Verfahrensklasse angegeben. Ferner gibt es die *linear-impliziten* RKVn (LIRK), die aus den impliziten Verfahren entstehen, indem das zur Lösung des nichtlinearen Gleichungssystems erforderliche Newton-Verfahren nach dem ersten Iterationsschritt abgebrochen wird.

Die Koeffizienten eines RKVs werden üblicherweise in kompakter Form als sogenanntes *Butcher-Diagramm* angegeben (siehe Tabelle 2.1).

Tab. 2.1: Butcher Diagramm eines *m*-stufigen RKVs.

$$
\begin{array}{c|ccc}
\varrho_1 & \gamma_{11} & \cdots & \gamma_{1m} \\
\vdots & \vdots & \ddots & \vdots \\
\varrho_m & \gamma_{m1} & \cdots & \gamma_{mm} \\
\hline
 & \beta_1 & \cdots & \beta_m
\end{array}
\qquad \text{bzw. in Matrixschreibweise} \qquad
\begin{array}{c|c}
\varrho & \Gamma \\
\hline
 & \beta^T
\end{array}
$$

Im Vorgriff auf die später dargestellte Theorie der RKVn wollen wir bereits hier die Butcher-Diagramme einer Reihe von RKVn auflisten, die in der Literatur häufig zitiert bzw. in den Anwendungen häufig verwendet werden.

1. *Euler(vorwärts)-Verfahren*: $x_{i+1}^h = x_i^h + h f(t_i, x_i^h)$
   Dieses Verfahren wurde erstmals von Euler (1768) beschrieben. Man kann hier $x_{i+1}^h = x_i^h + h \cdot 1 \cdot k_1$ schreiben, mit $k_1 = f(t_i + 0 \cdot h, x_i^h + h \cdot 0 \cdot k_1)$, so dass das in der Tabelle 2.2 dargestellte Butcher-Diagramm resultiert.

Tab. 2.2: Euler(vorwärts)-Verfahren.

2. *Euler(rückwärts)-Verfahren*: $x_{i+1}^h = x_i^h + h f(t_{i+1}, x_{i+1}^h)$
   Man sieht unmittelbar, dass sich dieses Verfahren in der Form $x_{i+1}^h = x_i^h + h \cdot 1 \cdot k_1$, mit $k_1 = f(t_i + 1 \cdot h, x_i^h + h \cdot 1 \cdot k_1)$, darstellen lässt. Damit ergibt sich das in der Tabelle 2.3 aufgeführte Butcher-Diagramm.

Tab. 2.3: Euler(rückwärts)-Verfahren.

1	1
	1

3. *Trapezregel*: $x_{i+1}^h = x_i^h + \frac{h}{2} f(t_i, x_i^h) + \frac{h}{2} f(t_{i+1}, x_{i+1}^h)$
   Wie die beiden Euler-Verfahren lässt sich auch die Trapezregel über die Integraldarstellung (2.1) herleiten. Man wählt hier die Stützstellen t_i und t_{i+1}, was zu einem linearen Interpolationspolynom führt. Die Stelle t_i ergibt sich mit $\varrho_1 = 0$ und die Stelle t_{i+1} mit $\varrho_2 = 1$. Die Koeffizienten β_1 und β_2 berechnen sich nach der Formel (C.8) zu

$$\beta_1 = \int_0^1 \frac{s-1}{-1} ds = \int_0^1 (1-s) ds = \left[s - \frac{s^2}{2} \right]_0^1 = \frac{1}{2},$$

$$\beta_2 = \int_0^1 \frac{s-0}{1} ds = \int_0^1 s\, ds = \left[\frac{s^2}{2} \right]_0^1 = \frac{1}{2}.$$

Setzt man dies in die allgemeine Vorschrift (2.3) ein, dann resultiert die unter dem Namen *Trapezregel* bekannte implizite Integrationsformel

$$x_{i+1}^h = x_i^h + \frac{h}{2} f(t_i, x_i^h) + \frac{h}{2} f(t_{i+1}, x_{i+1}^h). \tag{2.6}$$

Somit ist $x_{i+1}^h = x_i^h + h\left\{\frac{1}{2} k_1 + \frac{1}{2} k_2\right\}$, mit

$$k_1 = f(t_i + 0 \cdot h, x_i^h + h\,(0 \cdot k_1 + 0 \cdot k_2)),$$
$$k_2 = f\left(t_i + 1 \cdot h, x_i^h + h\left(\frac{1}{2} \cdot k_1 + \frac{1}{2} \cdot k_2\right)\right).$$

Das zugehörige Butcher-Diagramm ist in der Tabelle 2.4 angegeben.

Tab. 2.4: Trapezregel.

0	0	0
1	$\frac{1}{2}$	$\frac{1}{2}$
	$\frac{1}{2}$	$\frac{1}{2}$

4. **Heun-Verfahren:** $x_{i+1}^h = x_i^h + h\left\{\frac{1}{2} f(t_i, x_i^h) + \frac{1}{2} f(t_{i+1}, x_i^h + h f(t_i, x_i^h))\right\}$

Setzt man in der Trapezregel (2.6) auf der rechten Seite für die Näherung x_{i+1}^h die Euler(vorwärts)-Formel ein, dann ergibt sich die erstmals von Heun (1900) entwickelte und heute als *Heun-Verfahren* bezeichnete explizite Vorschrift

$$x_{i+1}^h = x_i^h + h\left\{\frac{1}{2} f(t_i, x_i^h) + \frac{1}{2} f(t_{i+1}, x_i^h + h f(t_i, x_i^h))\right\}. \tag{2.7}$$

Somit ist $x_{i+1}^h = x_i^h + h\left\{\frac{1}{2} k_1 + \frac{1}{2} k_2\right\}$, mit

$$k_1 = f(t_i + 0 \cdot h, x_i^h + h\,\{0 \cdot k_1 + 0 \cdot k_2\}),$$
$$k_2 = f(t_i + 1 \cdot h, x_i^h + h\,\{1 \cdot k_1 + 0 \cdot k_2\}).$$

Damit ergibt sich das in der Tabelle 2.5 dargestellte Butcher-Diagramm.

Tab. 2.5: Heun-Verfahren.

0	0	0
1	1	0
	$\frac{1}{2}$	$\frac{1}{2}$

5. Ein sehr verbreitetes Integrationsverfahren ist das *klassische Runge-Kutta-Verfahren*. Es wurde von Runge (1895) erstmals konstruiert und von Kutta (1901) in der heute üblichen Form angegeben. Das zugehörige Butcher-Diagramm ist in der Tabelle 2.6 dargestellt.

Tab. 2.6: Klassisches Runge-Kutta-Verfahren.

0	0	0	0	0
$\frac{1}{2}$	$\frac{1}{2}$	0	0	0
$\frac{1}{2}$	0	$\frac{1}{2}$	0	0
1	0	0	1	0
	$\frac{1}{6}$	$\frac{1}{3}$	$\frac{1}{3}$	$\frac{1}{6}$

Setzt man die in Tabelle 2.6 angegebenen Koeffizienten in die Formeln (2.5) ein, dann resultiert daraus die bekannte Rechenvorschrift

$$x_{i+1}^h = x_i^h + h \left\{ \frac{1}{6} k_1 + \frac{1}{3} k_2 + \frac{1}{3} k_3 + \frac{1}{6} k_4 \right\}, \quad \text{mit}$$

$$k_1 = f(t_i, x_i^h),$$

$$k_2 = f\left(t_i + \frac{h}{2}, x_i^h + \frac{h}{2} k_1\right),$$

$$k_3 = f\left(t_i + \frac{h}{2}, x_i^h + \frac{h}{2} k_2\right),$$

$$k_4 = f(t_i + h, x_i^h + h k_3).$$

(2.8)

6. Die *Runge-Kutta-Fehlberg Familie*:
Mit einiger Mühe lassen sich ganze „Familien" von Runge-Kutta-Formeln konstruieren, bei denen die Koeffizienten der Verfahren geringerer Stufenzahl im Tableau der Verfahren höherer Stufenzahl enthalten sind. Man spricht deshalb auch von *eingebetteten RKVn*. Eine in der Praxis häufig verwendete Verfahrensklasse stellt die *Runge-Kutta-Fehlberg-Familie* dar; siehe z. B. Fehlberg (1968, 1969) sowie Hairer et al. (1993). Die Koeffizienten zweier dieser Verfahren, nämlich RKF2 und RKF3, sind im folgenden Butcher-Diagramm, Tabelle 2.7, zu sehen.
In der Tabelle 2.8 sind die Butcher-Diagramme zweier weiterer Vertreter dieser Verfahrensklasse, nämlich die Verfahren RKF4 und RKF5, beschrieben. Man erkennt auch hier unmittelbar, dass die Matrix Γ von RKF4 eine führende Hauptuntermatrix derjenigen von RKF5 ist.

Tab. 2.7: Runge-Kutta-Fehlberg 3(2).

0	0	0	0	zusätzliche Spalte bei RKF3
1	1	0	0	
$\frac{1}{2}$	$\frac{1}{4}$	$\frac{1}{4}$	0	zusätzliche Zeile bei RKF3
	$\frac{1}{2}$	$\frac{1}{2}$		β_i (für RKF2)
	$\frac{1}{6}$	$\frac{1}{6}$	$\frac{4}{6}$	β_i (für RKF3)

Tab. 2.8: Runge-Kutta-Fehlberg 5(4).

0	0	0	0	0	0	0	
$\frac{1}{4}$	$\frac{1}{4}$	0	0	0	0	0	
$\frac{3}{8}$	$\frac{3}{32}$	$\frac{9}{32}$	0	0	0	0	zusätzliche Spalte bei RKF5
$\frac{12}{13}$	$\frac{1932}{2197}$	$-\frac{7200}{2197}$	$\frac{7296}{2197}$	0	0	0	
1	$\frac{439}{216}$	-8	$\frac{3680}{513}$	$-\frac{845}{4104}$	0	0	
$\frac{1}{2}$	$-\frac{8}{27}$	2	$-\frac{3544}{2565}$	$\frac{1859}{4104}$	$-\frac{11}{40}$	0	zusätzliche Zeile bei RKF5
	$\frac{25}{216}$	0	$\frac{1408}{2565}$	$\frac{2197}{4104}$	$-\frac{1}{5}$		β_i für RKF4
	$\frac{16}{135}$	0	$\frac{6656}{12825}$	$\frac{28561}{56430}$	$-\frac{9}{50}$	$\frac{2}{55}$	β_i für RKF5

Wie wir später sehen werden, kann man bei eingebetteten RKVn den lokalen Diskretisierungsfehler mit relativ geringem Aufwand schätzen. In einem späteren Abschnitt wird gezeigt, wie man mittels solcher Schätzungen eine automatische Schrittweitensteuerung für (eingebettete) ESVn konstruieren kann.

7. Die *Runge-Kutta-Verner-Familie*:
   Eine nicht so häufig verwendete Klasse eingebetteter Runge-Kutta-Verfahren wird von J. H. Verner vorgeschlagen (siehe Verner (1978)). Der Autor dieses Textes hat diese Verfahren jedoch mit gutem Erfolg bei der numerischen Lösung von Zweipunkt-Randwertproblemen (siehe Kapitel 7–9) eingesetzt. Die Koeffizienten

zweier Vertreter dieser Familie, RKV5 und RKV6, sind als Butcher-Diagramm in der Tabelle 2.9 angegeben.

Tab. 2.9: Runge-Kutta-Verner 6(5).

c									
0	0	0	0	0	0	0	0	0	
$\dfrac{1}{18}$	$\dfrac{1}{18}$	0	0	0	0	0	0	0	
$\dfrac{1}{6}$	$-\dfrac{1}{12}$	$\dfrac{1}{4}$	0	0	0	0	0	0	
$\dfrac{2}{9}$	$-\dfrac{2}{81}$	$\dfrac{4}{27}$	$\dfrac{8}{81}$	0	0	0	0	0	
$\dfrac{2}{3}$	$\dfrac{40}{33}$	$-\dfrac{4}{11}$	$-\dfrac{56}{11}$	$\dfrac{54}{11}$	0	0	0	0	zusätzliche Spalte bei RKF6
1	$-\dfrac{369}{73}$	$\dfrac{72}{73}$	$\dfrac{5380}{219}$	$-\dfrac{12285}{584}$	$\dfrac{2695}{1752}$	0	0	0	
$\dfrac{8}{9}$	$-\dfrac{8716}{891}$	$\dfrac{656}{297}$	$\dfrac{39520}{891}$	$-\dfrac{416}{11}$	$\dfrac{52}{27}$	0	0	0	
1	$\dfrac{3015}{256}$	$-\dfrac{9}{4}$	$-\dfrac{4219}{78}$	$\dfrac{5985}{128}$	$-\dfrac{539}{384}$	0	$\dfrac{693}{3328}$	0	zusätzliche Zeile bei RKF6
	$\dfrac{3}{80}$	0	$\dfrac{4}{25}$	$\dfrac{243}{1120}$	$\dfrac{77}{160}$	$\dfrac{73}{700}$	0		β_i für RKV5
	$\dfrac{57}{640}$	0	$-\dfrac{16}{65}$	$\dfrac{1377}{2240}$	$\dfrac{121}{320}$	0	$\dfrac{891}{8320}$	$\dfrac{2}{35}$	β_i für RKV6

8. Die *Runge-Kutta-Dormand-Prince-Familie*:
Hierbei handelt es sich um eine in den Anwendungen sehr häufig verwendete Klasse eingebetteter Runge-Kutta-Verfahren (siehe Dormand & Prince (1980)). Als Vertreter dieser Familie sind in der Tabelle 2.10 die Koeffizienten der Verfahren DOPRI4 und DOPRI5 angegeben.

9. *Eingebettete Runge-Kutta-Verfahren sehr hoher Ordnung*:
Auf der Webseite von Peter Stone www.peterstone.name/Maplepgs/Runge-Kutta.html sind Einbettungen für bekannte explizite Runge-Kutta-Verfahren, u. a. der Ordnungen 10(8) und 12(9), aufgeführt. Für diese Einbettungen wird die Stufenzahl der Grundverfahren ($m = 17$ bzw. $m = 25$) um jeweils drei Stufen erhöht. Zudem entwickelte Kaiser (2013) für die genannten Grundverfahren und und einem weiteren Verfahren der Ordnung 14(12) Einbettungen, die ohne eine Erhöhung der Stufenzahl ($m = 17, 25, 35$) auskommen. □

Tab. 2.10: Runge-Kutta-Dormand-Prince 5(4).

0	0	0	0	0	0	0	0	
$\dfrac{1}{5}$	$\dfrac{1}{5}$	0	0	0	0	0	0	
$\dfrac{3}{10}$	$\dfrac{3}{40}$	$\dfrac{9}{40}$	0	0	0	0	0	
$\dfrac{4}{5}$	$\dfrac{44}{45}$	$-\dfrac{56}{15}$	$\dfrac{32}{9}$	0	0	0	0	zusätzliche Spalte bei DOPRI5
$\dfrac{8}{9}$	$\dfrac{19372}{6561}$	$-\dfrac{25360}{2187}$	$\dfrac{64448}{6561}$	$-\dfrac{212}{729}$	0	0	0	
1	$\dfrac{9017}{3168}$	$-\dfrac{355}{33}$	$\dfrac{46732}{5247}$	$\dfrac{49}{176}$	$-\dfrac{5103}{18656}$	0	0	
1	$\dfrac{35}{384}$	0	$\dfrac{500}{1113}$	$\dfrac{125}{192}$	$-\dfrac{2187}{6748}$	$\dfrac{11}{84}$	0	zusätzliche Zeile bei DOPRI5
	$\dfrac{35}{384}$	0	$\dfrac{500}{1113}$	$\dfrac{125}{192}$	$-\dfrac{2187}{6784}$	$\dfrac{11}{84}$		β_i für DOPRI4
	$\dfrac{5179}{57600}$	0	$\dfrac{7571}{16695}$	$\dfrac{393}{640}$	$-\dfrac{92097}{339200}$	$\dfrac{187}{2100}$	$\dfrac{1}{40}$	β_i für DOPRI5

2.2 Lokaler Diskretisierungsfehler und Konsistenz

Gegeben sei das allgemeine ESV

$$x_{i+1}^h = x_i^h + h\,\Phi(t_i, x_i^h, x_{i+1}^h; h).$$

(2.9)

Wie im Abschnitt 1.4 sei der lokale Diskretisierungsfehler $\delta(\cdot)$ definiert zu

$$\delta(t_{i+1}, x(t_{i+1}); h) \equiv \frac{1}{h}\,[x(t_{i+1}) - x(t_i) - h\,\Phi(t_i, x(t_i), x(t_i + h); h)]\,.$$

(2.10)

Die Konsistenz des ESVs (2.9) mit dem AWP (1.5) ist dann über die Beziehung

$$\delta(t_{i+1}, x(t_{i+1}); h) = O(h) \quad \text{für } h \to 0$$

(2.11)

erklärt.

Wir wollen für die weiteren Betrachtungen voraussetzen, dass die Lösung $x(t)$ des zu lösenden AWPs hinreichend glatt ist.

Um nun die verschiedenen numerischen Diskretisierungsverfahren besser miteinander vergleichen und bewerten zu können, sind gewisse numerische Gütekriterien erforderlich. Es ist deshalb sinnvoll danach zu fragen, ob die Gleichung (2.11) auch noch mit einer größeren h-Potenz erfüllt ist, da sich dann der lokale Fehler bei Verkleinerung der Schrittweite schneller reduziert.

Definition 2.2. Ein ESV besitzt die *Konsistenzordung p*, wenn für hinreichend glatte Lösungen $x(t)$ von (1.5) gilt

$$\delta(t_{i+1}, x(t_{i+1}); h) = O(h^p), \tag{2.12}$$

wobei p die maximal mögliche positive ganze Zahl in (2.12) bezeichnet. $\qquad\square$

Soll die Konsistenzordnung eines speziellen ESVs bestimmt werden, dann entwickelt man die exakte Lösung $x(t_{i+1}) = x(t_i + h)$ bzw. $x(t_i) = x(t_{i+1} - h)$ und die zugehörige Inkrementfunktion Φ in Taylorreihen und setzt diese in (2.10) ein. Durch einen Vergleich der in gleichen h-Potenzen stehenden Terme lässt sich die Ordnung direkt ablesen.

Zur Vereinfachung der Darstellung wollen wir im Folgenden annehmen, dass $f(t, x)$ eine *autonome* Funktion ist, d. h., es möge $f(t, x) = f(x)$ gelten. Ist f nicht autonom, so lässt sich (1.1) durch eine *Autonomisierung* stets in ein autonomes System der Dimension $n + 1$ wie folgt überführen. Man setzt

$$y = (y_1, y_2, \ldots, y_{n+1})^T \equiv (t, x_1, x_2, \ldots, x_n)^T$$

und fügt die triviale DGL $\frac{d}{dt}t = 1$ zum DGL-System hinzu. Damit geht (1.1) über in

$$\begin{aligned}
\dot{y}_1 &= 1 \\
\dot{y}_2 &= f_1(y_1, \ldots, y_{n+1}) \\
\vdots &= \vdots \\
\dot{y}_{n+1} &= f_n(y_1, \ldots, y_{n+1})
\end{aligned} \qquad \text{bzw.} \quad \dot{y} = g(y). \tag{2.13}$$

Die DGL (2.13) ist nun offensichtlich autonom, so dass man tatsächlich ohne Beschränkung der Allgemeinheit von einem autonomen Problem ausgehen kann. Zusätzlich wollen wir der Einfachheit halber noch annehmen, dass ein skalares Problem vorliegt, so dass $f(x) \in \mathbb{R}$ gilt. Die in den Beispielen 2.1 bis 2.4 gezeigten Eigenschaften verschiedener ESVn behalten ihre Gültigkeit auch bei n-dimensionalen AWPn der Form (1.5).

Unter den genannten Voraussetzungen gilt

$$x(t_{i+1}) = x(t_i + h) = x(t_i) + h\dot{x}(t_i) + \frac{h^2}{2}\ddot{x}(t_i) + \frac{h^3}{6}\dddot{x}(t_i) + O(h^4) \quad \text{bzw.}$$

$$x(t_i) = x(t_{i+1} - h) = x(t_{i+1}) - h\dot{x}(t_{i+1}) + \frac{h^2}{2}\ddot{x}(t_{i+1}) - \frac{h^3}{6}\dddot{x}(t_{i+1}) + O(h^4).$$

Da die erste Ableitung $\dot{x}(t)$ der exakten Lösung $x(t)$ über die DGL in direkter Beziehung zu $f(x)$ steht, d. h., es gilt $\dot{x} = f(x)$, lassen sich die höheren Ableitungen von $x(t)$ auch durch die Funktion $f(x)$ und deren Ableitungen ausdrücken. Man erhält

$$\dot{x} = f(x) \equiv f$$

$$\ddot{x} = f_x \dot{x} = f_x f \qquad \left(f_x \equiv \frac{d f(x)}{d x}, \text{ etc.} \right)$$

$$\dddot{x} = f_{xx} f^2 + (f_x)^2 f$$

$$\vdots \qquad .$$

Wir wollen jetzt für einige der bereits beschriebenen ESVn die zugehörige Konsistenzordnung bestimmen. Hierzu verwenden wir die folgenden Abkürzungen

$$f^i \equiv f(x(t_i)), \quad f_x^i \equiv \frac{df}{dx}(x(t_i)), \quad f_{xx}^i \equiv \frac{d^2 f}{dx^2}(x(t_i)) \quad \text{etc.}$$

Beispiel 2.1. Euler(rückwärts)-Verfahren: $\quad x_{i+1}^h = x_i^h + h f(x_{i+1}^h)$

$$\delta(\cdot) = \frac{1}{h} \left[x(t_{i+1}) - x(t_i) - h f(x(t_{i+1})) \right] = \frac{1}{h} \left[h\dot{x}(t_{i+1}) + O(h^2) - h f(x(t_{i+1})) \right]$$

$$= \frac{1}{h} \left[h f(x(t_{i+1})) + O(h^2) - h f(x(t_{i+1})) \right] = O(h).$$

Das Verfahren ist also von der Konsistenzordnung $p = 1$. $\qquad \square$

Beispiel 2.2. Trapezregel: $\quad x_{i+1}^h = x_i^h + h \left[\frac{1}{2} f(x_i^h) + \frac{1}{2} f(x_{i+1}^h) \right]$

$$\delta(\cdot) = \frac{1}{h} \left[x(t_{i+1}) - x(t_i) - h \left(\frac{1}{2} f(x(t_i)) + \frac{1}{2} f(x(t_{i+1})) \right) \right]$$

$$= \frac{1}{h} \left[h\dot{x}(t_i) + \frac{h^2}{2} \ddot{x}(t_i) + \frac{h^3}{6} \dddot{x}(t_i) + O(h^4) - h \left(\frac{1}{2} f(x(t_i)) + \frac{1}{2} f(x(t_{i+1})) \right) \right]$$

$$= \frac{1}{h} \left[h f^i + \frac{h^2}{2} f_x^i f^i + \frac{h^3}{6} \left(f_{xx}^i (f^i)^2 + (f_x^i)^2 f^i \right) + O(h^4) - \frac{h}{2} \left(f^i + f^{i+1} \right) \right].$$

Es berechnet sich

$$f^{i+1} = f(x(t_{i+1})) = f(x(t_i + h)) = f\left(x(t_i) + \underbrace{h f^i + \frac{h^2}{2} f_x^i f^i + O(h^3)}_{\equiv \tilde{h}} \right)$$

$$= f(x(t_i) + \tilde{h}) = f^i + f_x^i \, \tilde{h} + \frac{1}{2} f_{xx}^i \tilde{h}^2 + \cdots$$

$$= f^i + h f_x^i f^i + \frac{h^2}{2} (f_x^i)^2 f^i + \frac{h^2}{2} f_{xx}^i (f^i)^2 + O(h^3).$$

Setzt man dies in $\delta(\cdot)$ ein, so resultiert

$$\delta(\cdot) = \frac{1}{h} \left[h f^i + \frac{h^2}{2} f_x^i f^i + \frac{h^3}{6} \left(f_{xx}^i (f^i)^2 + (f_x^i)^2 f^i \right) \right.$$

$$\left. - h f^i - \frac{h^2}{2} f_x^i f^i - \frac{h^3}{4} \left(f_{xx}^i (f^i)^2 + (f_x^i)^2 f^i \right) + O(h^4) \right] = O(h^2).$$

Das Verfahren ist von der Konsistenzordnung $p = 2$. $\qquad \square$

Beispiel 2.3. Wir betrachten nun das durch die Tabelle 2.11 definierte 3-stufige Verfahren.

Tab. 2.11: Ein 3-stufiges RKV.

0	0	0	0
$\frac{1}{2}$	$\frac{1}{2}$	0	0
1	-1	2	0
	$\frac{1}{6}$	$\frac{2}{3}$	$\frac{1}{6}$

Nach der Vorschrift (2.5) haben wir die obigen Koeffizienten in die Formeln

$$x_{i+1}^h = x_i^h + h \sum_{j=1}^{3} \beta_j k_j, \quad k_j \equiv f\left(x_i^h + h \sum_{l=1}^{3} \gamma_{jl} k_l\right), \ j = 1, 2, 3,$$

einzusetzen. Um den lokalen Diskretisierungsfehler dieses Verfahrens zu bestimmen, substituiert man die exakte Lösung in k_1, k_2 und k_3 und entwickelt die resultierenden Funktionen einzeln in Taylorreihen:

$$k_1 = f^i,$$

$$k_2 = f\left(x(t_i) + \frac{h}{2}f^i\right)$$

$$= f^i + \frac{h}{2}f_x^i f^i + \frac{h^2}{8}f_{xx}^i(f^i)^2 + \frac{h^3}{48}f_{xxx}^i(f^i)^3 + O(h^4),$$

$$k_3 = f(x(t_i) + h[-k_1 + 2k_2])$$

$$= f\left(x(t_i) + hf^i + h^2 f_x^i f^i + \frac{h^3}{4}f_{xx}^i(f^i)^2 + O(h^4)\right)$$

$$= f^i + f_x^i\left\{hf^i + h^2 f_x^i f^i + \frac{h^3}{4}f_{xx}^i(f^i)^2 + O(h^4)\right\}$$

$$\quad + \frac{1}{2}f_{xx}^i\left\{h^2(f^i)^2 + 2h^3 f_x^i(f^i)^2 + O(h^4)\right\}$$

$$\quad + \frac{1}{6}f_{xxx}^i\{h^3(f^i)^3 + O(h^4)\} + O(h^4)$$

$$= f^i + hf_x^i f^i + h^2\left\{(f_x^i)^2 f^i + \frac{1}{2}f_{xx}^i(f^i)^2\right\}$$

$$\quad + h^3\left\{\frac{5}{4}f_{xx}^i f_x^i(f^i)^2 + \frac{1}{6}f_{xxx}^i(f^i)^3\right\} + O(h^4).$$

Damit resultiert für $\Phi(\cdot)$

$$h\Phi(\cdot) = h\sum_{j=1}^{3}\beta_j k_j$$

$$= h\frac{1}{6}f^i + h\frac{2}{3}f^i + \frac{h^2}{3}f_x^i f^i + \frac{h^3}{12}f_{xx}^i(f^i)^2 + \frac{h}{6}f^i$$

$$+ \frac{h^2}{6}f_x^i f^i + \frac{h^3}{6}(f_x^i)^2 f^i + \frac{h^3}{12}f_{xx}^i(f^i)^2 + O(h^4)$$

$$= hf^i + \frac{h^2}{2}f_x^i f^i + \frac{h^3}{6}\left\{(f_x^i)^2 f^i + f_{xx}^i(f^i)^2\right\} + O(h^4).$$

Setzt man dies in $\delta(\cdot)$ ein, so ergibt sich

$$\delta(\cdot) = \frac{1}{h}\left[hf^i + \frac{h^2}{2}f_x^i f^i + \frac{h^3}{6}\left\{f_{xx}^i(f^i)^2 + (f_x^i)^2 f^i\right\} + O(h^4)\right.$$

$$\left. - hf^i - \frac{h^2}{2}f_x^i f^i - \frac{h^3}{6}\left\{f_{xx}^i(f^i)^2 + (f_x^i)^2 f^i\right\} + O(h^4)\right] = O(h^3).$$

Das Verfahren ist somit mindestens von der Konsistenzordnung $p = 3$. Um zu zeigen, dass es genau von der Ordnung 3 ist, hätte man in den obigen Taylorentwicklungen weitere Terme berücksichtigen müssen. □

Beispiel 2.4. Auf entsprechende Weise, jedoch mit viel mehr Aufwand, kann man zeigen, dass die 5- bzw. 6-stufigen Runge-Kutta-Fehlberg-Formeln RKF4 und RKF5 (siehe die Tabelle 2.8) von der Konsistenzordnung 4 bzw. 5 sind. Daraus lässt sich folgern, dass die Stufenzahl m nicht mit der Ordnung p übereinstimmen muss. In der Bemerkung 2.1 findet der Leser für explizite RKVn einige Aussagen zu diesem Sachverhalt. □

Bemerkung 2.1. Bezeichnet m wie bisher die Stufenzahl eines RKVs für AWPe der Form (1.5), dann kann gezeigt werden (siehe z. B. die Arbeiten von Butcher (1964, 1965)):
– Für $m = 1, \ldots, 4$ gibt es explizite RKVn, die jeweils von der Konsistenzordnung $1, \ldots, 4$ sind.
– Für $m \geq 5$ ist die Konsistenzordnung jedes expliziten RKVs stets kleiner als m.

Die Hinzunahme einer weiteren Stufe bedeutet eine Vergrößerung des Rechenaufwandes. Damit ist offensichtlich, dass die Verfahren 4. Ordnung mit $m = 4$ optimal sind. Ein Beispiel dafür ist das klassische Runge-Kutta-Verfahren (2.8). Entsprechend der Tabelle 2.8 erfordern RK4 und RK5 die Stufenzahlen $m = 5$ bzw. $m = 6$, sie sind also nicht optimal!

Die Tabelle 2.12 zeigt die minimale Stufenzahl m_p, mit der ein optimales explizites RKV der Konsistenzordnung p konstruiert werden kann.

Die Werte m_p werden als *Butcher-Schranken* bezeichnet. Das Verhältnis von Konsistenzordnung p zur Anzahl der benötigten Stufen m_p verschlechtert sich mit wachsender Ordnung. □

Tab. 2.12: Minimale Stufenzahl bekannter expliziter RKVn

p	1	2	3	4	5	6	7	8	9	10	12	14
m_p	1	2	3	4	6	7	9	11	15	17	25	35

Wir kehren jetzt zu den Runge-Kutta-Formeln (2.5) zurück, die offensichtlich spezielle ESVn darstellen. Man braucht nur in der Formel (2.9)

$$\Phi(t_i, x_i^h, x_{i+1}^h; h) \equiv \sum_{j=1}^{m} \beta_j k_j \tag{2.14}$$

zu setzen. In der Definition 2.1 wurde über die Wahl der Koeffizienten γ_{ij}, ϱ_j und β_j noch keine Aussage getroffen. Wie wir aber gesehen haben, ist die Konsistenz eines Diskretisierungsverfahrens mit dem zu lösenden AWP (1.5) eine Minimalforderung an das numerische Verfahren. Folgende Zusammenhänge bestehen zwischen den Koeffizienten der Butcher-Matrix und der Konsistenz eines RKVs.

Satz 2.1. *Das m-stufige RKV (2.5) ist konsistent mit dem AWP (1.5) genau dann, falls*

$$\beta_1 + \beta_2 + \cdots + \beta_m = 1 \tag{2.15}$$

gilt.

Beweis. Die Behauptung ergibt sich direkt aus der folgenden Taylor-Entwicklung der k_j:

$$k_j = f\left(t_i + \varrho_j h, x(t_i) + h \sum_{l=1}^{m} \gamma_{jl}\, k_l\right) = f(t_i, x(t_i)) + O(h).$$

Mit dieser ist $\Phi(\cdot) = \sum_{l=1}^{m} \beta_l k_l = f(t_i, x(t_i)) \sum_{l=1}^{m} \beta_l + O(h)$, so dass sich der lokale Diskretisierungsfehler zu

$$\delta(\cdot) = \frac{1}{h}\left[h f^i - h f^i \sum_{l=1}^{m} \beta_l + O(h^2)\right], \quad \text{mit } f^i \equiv f(t_i, x(t_i)),$$

darstellt. Folglich gilt $\delta(\cdot) = O(h)$ genau dann, wenn (2.15) erfüllt ist. □

Anhand der Formel (2.13) haben wir gesehen, wie sich aus einem n-dimensionalen System nichtautonomer DGLn durch Autonomisierung ein äquivalentes $(n + 1)$-dimensionales System autonomer DGLn erzeugen lässt. Es stellt sich nun die Frage, ob ein spezielles RKV bei seiner Anwendung auf das ursprüngliche und auf das autonomisierte Problem die gleichen Resultate liefert. Eine Antwort darauf findet findet man im Satz 2.2:

Satz 2.2. *Ein explizites RKV ist genau dann invariant gegenüber einer Autonomisierung, wenn es konsistent ist und*

$$\varrho_j = \sum_{l=1}^{m} \gamma_{jl}, \quad j = 1, \ldots, m, \tag{2.16}$$

erfüllt.

Beweis. Wir führen einen neuen Variablenvektor $y(t) \equiv (t, x(t))^T \in \mathbb{R}^{n+1}$ ein und fügen die triviale skalare DGL $\frac{d}{dt} t = 1$ zum ursprünglichen n-dimensionalen DGL-System hinzu. Wie in (2.13) gezeigt, entsteht so ein autonomes $(n + 1)$-dimensionales DGL-System

$$\dot{y} = g(y) = (1, f(t, x))^T.$$

Auf dieses wenden wir nun die Runge-Kutta Formel

$$y_{i+1}^h = y_i^h + h \sum_{j=1}^{m} \beta_j \hat{k}_j, \quad \text{d. h.} \quad \begin{pmatrix} t_{i+1} \\ x_{i+1}^h \end{pmatrix} = \begin{pmatrix} t_i \\ x_i^h \end{pmatrix} + h \sum_{j=1}^{m} \beta_j \begin{pmatrix} 1 \\ k_j \end{pmatrix}$$

an. Für die erste Komponente erhält man unter Beachtung von (2.15)

$$t_{i+1} = t_i + h \sum_{j=1}^{m} \beta_j = t_i + h.$$

Weiter ist

$$\hat{k}_j \equiv \begin{pmatrix} 1 \\ k_j \end{pmatrix} = g\left(y_i^h + h \sum_{l=1}^{m} \gamma_{jl} \hat{k}_l\right) = g\left(\begin{pmatrix} t_i \\ x_i^h \end{pmatrix} + h \sum_{l=1}^{m} \gamma_{jl} \begin{pmatrix} 1 \\ k_l \end{pmatrix}\right),$$

so dass

$$k_j = f\left(t_i + \underbrace{h \sum_{l=1}^{m} \gamma_{jl} \cdot 1}_{=\varrho_j}, x_i^h + h \sum_{l=1}^{m} \gamma_{jl} k_l\right) \tag{2.17}$$

gilt. Die k_j in der Formel (2.17) stimmen mit den k_j des RKVs (2.5) genau dann überein, wenn die Beziehung (2.16) erfüllt ist. $\qquad\square$

2.3 Entwicklung von Runge-Kutta-Verfahren

2.3.1 Erzeugung der Ordnungsbedingungen

Wir wollen uns jetzt der Frage zuwenden, wie man RKVn einer vorgegebenen Ordnung p entwickeln kann. Ganz allgemein hat man dabei zwei Schritte auszuführen:
1. Aufstellen von *Bedingungsgleichungen* an die Koeffizienten ϱ, Γ, β, so dass das resultierende Verfahren die Konsistenzordnung p besitzt, und

2. Lösen dieser i. Allg. *unterbestimmten* Bedingungsgleichungen, d. h. Angabe konkreter Koeffizientensätze. Die Koeffizienten sollen dabei (*exakt*) als *rationale Ausdrücke* angegeben werden.

Wir wollen den Schritt 1 beispielhaft für eine anzustrebende Konsistenzordnung $p = 4$ demonstrieren. Dazu betrachten wir das System autonomer DGLn 1. Ordnung

$$\dot{x} = f(x). \tag{2.18}$$

Wir setzen aber hier nicht mehr voraus, wie wir das noch im Abschnitt 2.2 getan haben, dass $f(x)$ eine skalare Funktion ist. Um die Taylorentwicklung der Lösung aufzustellen, berechnet man zunächst die Ableitungen von $x(t)$ und drückt diese über den Zusammenhang (2.18) durch die Funktion $f(x)$ und deren Ableitungen aus:

$$\begin{aligned}
\dot{x} &= f(x) \equiv f \\
\ddot{x} &= f_x f \\
\dddot{x} &= f_{xx}(f, f) + f_x f_x f \\
\ddddot{x} &= f_{xxx}(f, f, f) + 3f_{xx}(f_x f, f) + f_x f_{xx}(f, f) + f_x f_x f_x f
\end{aligned} \tag{2.19}$$
$$\vdots$$

Man erkennt, dass diese Notation sehr schnell unübersichtlich wird, was bei großem p natürlich zu Fehlern führen kann. So ist f_{xx} eine bilineare Abbildung, f_{xxx} eine trilineare Abbildung etc. Entsprechend unübersichtlich wird dann auch die Taylorentwicklung von x. Aus diesem Grunde wurde von Butcher (1963, 1965) sowie Hairer & Wanner (1974) eine *algebraische Theorie* der Runge-Kutta-Verfahren entwickelt, die auf der recht anschaulichen Technik der *monoton indizierten Wurzel-Bäume* basiert. Im Abschnitt 2.4 ist diese interessante grafische Technik kurz dargestellt.

Verwendet man wieder die Abkürzung $f^i \equiv f(x(t_i))$, dann ergibt sich die folgende Taylorentwicklung für $x(t_{i+1})$:

$$\begin{aligned}
x(t_{i+1}) = {}& x(t_i) + hf^i + \frac{h^2}{2!} f_x^i f^i + \frac{h^3}{3!} \left[f_{xx}^i(f^i, f^i) + f_x^i f_x^i f^i \right] \\
& + \frac{h^4}{4!} \left[f_{xxx}^i(f^i, f^i, f^i) + 3f_{xx}^i(f_x^i f^i, f^i) + f_x^i f_{xx}^i(f^i, f^i) + f_x^i f_x^i f_x^i f^i \right] \\
& + O(h^5).
\end{aligned} \tag{2.20}$$

Um nun die Inkrementfunktion Φ ebenfalls in Potenzen von h darzustellen, entwickeln wir diese nicht in eine Taylorreihe, sondern schlagen einen völlig anderen Weg ein, da das Differenzieren schnell zu unübersichtlichen Ausdrücken führt. Man kann nämlich ausnutzen, dass in der rekursiven Gleichung

$$k_j = f\left(x(t_i) + h \sum_{l=1}^{m} \gamma_{jl} k_l \right), \quad j = 1, \dots, m, \tag{2.21}$$

die Stufen k_j innerhalb von f mit h multipliziert werden. Aus der Stetigkeit von f erhält man unmittelbar

$$k_j = O(1) \quad \text{für} \quad j = 1, \ldots, m, \quad h \to 0.$$

Dies substituiert man nun in die rechte Seite von (2.21) und erhält

$$k_j = f\left(x(t_i) + O(h)\right) = f^i + O(h), \quad j = 1, \ldots, m. \tag{2.22}$$

In einem weiteren Schritt setzt man (2.22) wiederum in die rechte Seite von (2.21) ein, woraus

$$k_j = f\left(x(t_i) + h \sum_l \gamma_{jl} f^i + O(h^2)\right) = f^i + h\varrho_j f_x^i f^i + O(h^2) \tag{2.23}$$

folgt, mit $\varrho_j = \sum_j \gamma_{jl}$. Ein dritter Schritt ergibt nun

$$k_j = f\left(x(t_i) + h \sum_l \gamma_{jl}(f^i + h\varrho_l f_x^i f^i) + O(h^3)\right)$$

$$= f^i + h\varrho_j f_x^i f^i + h^2 \sum_l \gamma_{jl}\varrho_l f_x^i f_x^i f^i + \frac{h^2}{2}\varrho_j^2 f_{xx}^i(f^i, f^i) + O(h^3). \tag{2.24}$$

In einem letzten (vierten) Schritt erhält man schließlich

$$k_j = f\left(x(t_i) + h\varrho_j f^i + h^2 \sum_l \gamma_{jl}\varrho_l f_x^i f^i + h^3 \sum_l \sum_r \gamma_{jl}\gamma_{lr}\varrho_r f_x^i f_x^i f^i\right.$$

$$\left. + \frac{h^3}{2} \sum_l \gamma_{jl}\varrho_l^2 f_{xx}^i(f^i, f^i) + O(h^4)\right)$$

$$= f^i + h\varrho_j f_x^i f^i + h^2 \sum_l \gamma_{jl}\varrho_l f_x^i f_x^i f^i + \frac{h^2}{2}\varrho_j^2 f_{xx}^i(f^i, f^i) \tag{2.25}$$

$$+ h^3 \sum_l \sum_r \gamma_{jl}\gamma_{lr}\varrho_r f_x^i f_x^i f_x^i f^i + \frac{h^3}{2} \sum_l \gamma_{jl}\varrho_l^2 f_x^i f_{xx}^i(f^i, f^i)$$

$$+ h^3 \sum_l \varrho_l\gamma_{jl}\varrho_j f_{xx}^i(f_x^i f^i, f^i) + \frac{h^3}{6}\varrho_j^3 f_{xxx}^i(f^i, f^i, f^i) + O(h^4).$$

Auf diese rekursive Weise gewinnt man Schritt für Schritt neue Informationen. Ein Vergleich mit einer Erzählung über den Baron von Münchhausen, in der er sich (angeblich) selbst an den Haaren aus einem Sumpf zieht, brachte dieser Vorgehensweise im Englischen den Namen *bootstrapping method* ein. Im Gegensatz zu der Lügengeschichte des Barons handelt es sich bei diesem Verfahren um eine durchaus praktisch relevante Technik.

Verwendet man nun die so gewonnenen Informationen im Ausdruck $h\,\Phi(\cdot)$, dann ergibt sich

$$
\begin{aligned}
h\,\Phi(\cdot) = {} & h\sum_j \beta_j f^i + h^2 \sum_j \beta_j \varrho_j f_x^i f^i \\
& + \frac{h^3}{3!}\left(3\sum_j \beta_j \varrho_j^2 f_{xx}^i(f^i, f^i) + 6\sum_j \sum_l \beta_j \gamma_{jl}\varrho_l f_x^i f_x^i f^i\right) \\
& + \frac{h^4}{4!}\left(4\sum_j \beta_j \varrho_j^3 f_{xxx}^i(f^i, f^i, f^i) + 24\sum_j \sum_l \beta_j \varrho_j \gamma_{jl}\varrho_l f_{xx}^i(f_x^i f^i, f^i)\right. \\
& \qquad + 12\sum_j \sum_l \beta_j \gamma_{jl}\varrho_l^2 f_x^i f_{xx}^i(f^i, f^i) \\
& \qquad \left. + 24\sum_j \sum_l \sum_r \beta_j \gamma_{jl}\gamma_{lr}\varrho_r f_x^i f_x^i f_x^i f^i\right) + O(h^5).
\end{aligned}
\tag{2.26}
$$

Substituiert man die Entwicklungen (2.20) und (2.26) in die Formel (2.10) des lokalen Diskretisierungsfehlers $\delta(\cdot)$ und setzt man anschließend die Faktoren vor den jeweiligen h-Potenzen gleich Null, so ergibt sich das im Satz 2.3 genannte Resultat. Insbesondere erhält man daraus Bedingungen hinsichtlich der noch freien Verfahrenskoeffizienten, die eine bestimmte Konsistenzordnung garantieren. Sie werden auch *Ordnungsbedingungen* genannt.

Satz 2.3. *Ein RKV besitzt für alle hinreichend glatten Funktionen f genau dann die Konsistenzordnung $p = 1$, wenn die Koeffizienten des Verfahrens der Bedingungsgleichung*

$$
\sum_j \beta_j = 1
\tag{2.27}
$$

genügen; genau dann die Konsistenzordnung $p = 2$, wenn zusätzlich die Bedingungsgleichung

$$
\sum_j \beta_j \varrho_j = \frac{1}{2}
\tag{2.28}
$$

gilt; genau dann die Konsistenzordnung $p = 3$, wenn sie zusätzlich den zwei Bedingungsgleichungen

$$
\sum_j \beta_j \varrho_j^2 = \frac{1}{3}, \qquad \sum_j \sum_l \beta_j \gamma_{jl}\varrho_l = \frac{1}{6}
\tag{2.29}
$$

genügen; genau dann die Konsistenzordnung $p = 4$, wenn sie zusätzlich den vier Bedingungsgleichungen

$$
\sum_j \beta_j \varrho_j^3 = \frac{1}{4}, \qquad\qquad \sum_j \sum_l \beta_j \varrho_j \gamma_{jl}\varrho_l = \frac{1}{8},
$$
$$
\sum_j \sum_l \beta_j \gamma_{jl}\varrho_l^2 = \frac{1}{12}, \qquad \sum_j \sum_l \sum_r \beta_j \gamma_{jl}\gamma_{lr}\varrho_r = \frac{1}{24}
\tag{2.30}
$$

genügen. Dabei erstrecken sich die Summationen jeweils von 1 bis m.

Beweis. Der Satz ergibt sich unmittelbar durch den Abgleich von Termen in gleicher h-Potenz, wie sie in $\delta(\cdot)$ auftreten. $\qquad\square$

Offensichtlich steigt mit wachsender Ordnung die Anzahl der Bedingungsgleichungen, die die Koeffizienten eines RKVs erfüllen müssen, sehr stark an. Die Tabelle 2.13 vermittelt davon einen Eindruck.

Tab. 2.13: Anzahl der Ordnungsbedingungen N_p für RKVn.

p	1	2	3	4	5	6	7	8	9	10	12	14	15
N_p	1	2	4	8	17	37	85	200	486	1205	7813	53272	141083

Der zweite Schritt bei der Konstruktion von RKVn besteht in dem Lösen der Bedingungsgleichungen. Der Einfachheit halber gehen wir davon aus, dass wir die Koeffizienten eines *expliziten* RKVs bestimmen wollen. Es sind also $m(m + 1)/2$ Koeffizienten β, Γ des m-stufigen RKVs gesucht, die den acht nichtlinearen Gleichungen (2.27)–(2.30) genügen. Dabei ist zu beachten, dass man bei $m = 3$, $m(m + 1)/2 = 6$ Koeffizienten sucht, also ein überbestimmtes Gleichungssystem zu lösen hat, während man bei $m = 4$, $m(m + 1)/2 = 10$ Koeffizienten bestimmen muss und und damit ein unterbestimmtes System vorliegt.

Wir wollen hier den Fall $m = 4$ betrachten, so dass die folgenden Ordnungsbedingungen resultieren:

$$\beta_1 + \beta_2 + \beta_3 + \beta_4 = 1, \qquad \beta_2\varrho_2 + \beta_3\varrho_3 + \beta_4\varrho_4 = \frac{1}{2}, \qquad (2.31)$$

$$\beta_2\varrho_2^2 + \beta_3\varrho_3^2 + \beta_4\varrho_4^2 = \frac{1}{3}, \qquad \beta_3\gamma_{32}\varrho_2 + \beta_4(\gamma_{42}\varrho_2 + \gamma_{43}\varrho_3) = \frac{1}{6}, \qquad (2.32)$$

$$\beta_2\varrho_2^3 + \beta_3\varrho_3^3 + \beta_4\varrho_4^3 = \frac{1}{4}, \qquad \beta_3\varrho_3\gamma_{32}\varrho_2 + \beta_4\varrho_4(\gamma_{42}\varrho_2 + \gamma_{43}\varrho_3) = \frac{1}{8}, \qquad (2.33)$$

$$\beta_4\gamma_{43}\gamma_{32}\varrho_2 = \frac{1}{24}, \qquad \beta_3\gamma_{32}\varrho_2^2 + \beta_4(\gamma_{42}\varrho_2^2 + \gamma_{43}\varrho_3^2) = \frac{1}{12}. \qquad (2.34)$$

Zusätzlich müssen die Beziehungen (2.16) gelten, die wir hier für ein explizites RKV notieren:

$$\varrho_1 = 0, \qquad \varrho_2 = \gamma_{21}, \qquad \varrho_3 = \gamma_{31} + \gamma_{32}, \qquad \varrho_4 = \gamma_{41} + \gamma_{42} + \gamma_{43}. \qquad (2.35)$$

Um nun konkrete Koeffizientensätze aus den obigen Gleichungen zu bestimmen, wollen wir die Formeln (2.31)–(2.32,a) und (2.33,a) unter dem Blickwinkel einer reinen Integration betrachten. So nehmen wir einmal an, dass die Koeffizienten β_1, β_2, β_3 und β_4 die Gewichte sowie die Koeffizienten $\varrho_1 = 0$, ϱ_2, ϱ_3 und ϱ_4 die Knoten einer

Quadraturformel auf dem Intervall [0, 1] darstellen,

$$\int_0^1 f(t)dt \approx \sum_{j=1}^4 \beta_j f(\varrho_j),\tag{2.36}$$

welche Polynome 3. Grades exakt integriert. Bekanntlich ist die Simpson-Regel (siehe hierzu u.a. die Monografie von Hermann (2011)),

$$\int_0^1 f(t)\, dt \approx \frac{1}{6}[f(0) + 4f(1/2) + f(1)] = \frac{1}{6}[f(0) + 2f(1/2) + 2f(1/2) + f(1)],$$

eine solche Quadraturformel. Da diese nur mit drei Knoten arbeitet, haben wir den mittleren Knoten aus Symmetriegründen doppelt aufgeschrieben und erhalten somit für die rechte Seite von (2.36) die folgende Belegung

$$\varrho = \left(0, \frac{1}{2}, \frac{1}{2}, 1\right)^T, \qquad \beta = \left(\frac{1}{6}, \frac{2}{6}, \frac{2}{6}, \frac{1}{6}\right)^T.$$

Nach (2.35,b) ist $y_{21} = 1/2$. Wir setzen $z \equiv (y_{42}\varrho_2 + y_{43}\varrho_3)$. Dann lauten (2.32b) und (2.33b)

$$y_{32} + z = 1 \quad \text{und} \quad 2y_{32} + 4z = 3,$$

woraus $y_{32} = 1/2$ und $z = 1/2$ folgen. Aus (2.35c) ergibt sich unmittelbar $y_{31} = 0$. Weiter erhält man mit (2.34a), dass $y_{43} = 1$ ist. Schließlich berechnet sich y_{42} zu $z = 1/2 = (1/2)y_{42} + (1/2)$, d. h. $y_{42} = 0$, woraus mit (2.35d) $y_{41} = 0$ folgt. Wie man unschwer erkennt, liegt damit das klassische RKV vor (siehe Tabelle 2.6).

Eine andere Quadraturformel mit der oben genannten Eigenschaft ist die Newton'sche 3/8-Regel (siehe auch Hermann (2011)):

$$\int_0^1 f(t)\, dt \approx \frac{1}{8}[f(0) + 3f(1/3) + 3f(2/3) + f(1)].$$

Somit ergeben sich die folgenden Koeffizienten

$$\varrho = \left(0, \frac{1}{3}, \frac{2}{3}, 1\right)^T, \qquad \beta = \left(\frac{1}{8}, \frac{3}{8}, \frac{3}{8}, \frac{1}{8}\right)^T.$$

Eine analoge Rechnung wie bei der Simpson-Regel führt zu folgenden Ergebnissen

$$y_{21} = \frac{1}{3},\ y_{32} = 1,\ z = \frac{1}{3},\ y_{31} = -\frac{1}{3},\ y_{43} = 1,\ y_{42} = -1,\ y_{41} = 1.$$

Das resultierende Verfahren heißt 3/8-*Regel* und wurde, wie auch das klassische Runge-Kutta-Verfahren, als Verallgemeinerung der entsprechenden Integrationsregeln von Kutta (1901) vorgeschlagen. Wir geben abschließend noch das zugehörige Butcher-Diagramm in der Tabelle 2.14 an.

Tab. 2.14: 3/8-Regel.

0	0	0	0	0
$\frac{1}{3}$	$\frac{1}{3}$	0	0	0
$\frac{2}{3}$	$-\frac{1}{3}$	1	0	0
1	1	-1	1	0
	$\frac{1}{8}$	$\frac{3}{8}$	$\frac{3}{8}$	$\frac{1}{8}$

2.3.2 Kollokations- und implizite Runge-Kutta-Verfahren

Verglichen mit den expliziten RKVn hat man bei der Konstruktion von impliziten RKVn wesentlich mehr Koeffizienten zu bestimmen, da die Matrix Γ in diesem Falle voll besetzt ist. Es ist jedoch zu erwarten, dass sich diese zusätzlichen Koeffizienten dazu verwenden lassen, um für eine vorgegebene Stufenzahl m eine höhere Konsistenzordnung zu erzielen, als dies mit den expliziten Verfahren möglich ist. Die in (3.20) angegebene 1-stufige (implizite) Mittelpunktsregel besitzt bereits die Konsistenzordnung 2. Im Kapitel 4 werden wir darüber hinaus zeigen, dass die impliziten RKVn bessere Stabilitätseigenschaften besitzen.

Viele der häufig verwendeten impliziten RKVn basieren auf interpolatorischen Quadraturverfahren, d. h., die Stützstellen $t_{ij} = t_i + \varrho_j h$, an denen die Näherungen x_{ij}^h zu berechnen sind, stimmen mit denjenigen Stützstellen überein, die bei bestimmten Klassen von Quadraturverfahren zur Berechnung eines bestimmten Integrals (siehe z. B. Hermann (2011)) zur Anwendung kommen.

Eine Möglichkeit, *implizite* RKVn auf der Basis von derartigen Quadraturverfahren zu entwickeln, besteht im Rückgriff auf die in der Numerischen Mathematik häufig verwendete Technik der *Kollokation*. Der daraus resultierende AWP-Löser wird dann entsprechend *Kollokationsverfahren* genannt. Wir wollen hier mit der Beschreibung dieser Verfahrensklasse beginnen, aber später auch auf einige andere Möglichkeiten zur Konstruktion von impliziten RKVn eingehen, die sich jedoch stark an diese Klasse anlehnen.

Die Grundidee der Kollokation lässt sich wie folgt beschreiben. Man wählt zuerst eine Funktion aus einem einfacheren Funktionenraum (i. Allg. ein Polynom) sowie eine Menge von Kollokationspunkten aus. Die in der gewählten Funktion enthaltenen freien Koeffizienten werden aus der Forderung bestimmt, dass diese die gegebenen Problemgleichungen in den Kollokationspunkten erfüllen. Für DGLn ergibt sich damit die

Definition 2.3. Es seien $\varrho_1, \ldots, \varrho_m$ paarweise verschiedene reelle Zahlen, für die gilt: $0 \le \varrho_j \le 1, j = 1, \ldots, m$. Das *Kollokationspolynom* $P_m(t)$ ist ein Polynom vom Grad höchstens m, das die *Kollokationsbedingungen*

$$P_m(t_i) = x_i, \tag{2.37}$$

$$\dot{P}_m(t_i + \varrho_j h) = f(t_i + \varrho_j h, P_m(t_i + \varrho_j h)), \quad j = 1, \ldots, m, \tag{2.38}$$

erfüllt. Als *numerische Lösung* des Kollokationsverfahrens wird

$$x_{i+1} \equiv P_m(t_i + h) \tag{2.39}$$

definiert. $\qquad\qquad\qquad\qquad\qquad\qquad\qquad\qquad\qquad\qquad\qquad\qquad\qquad\qquad$ $\square$

Im Falle $m = 1$ hat das Kollokationspolynom die Form

$$P_m(t) = x_i + (t - t_i)k, \quad \text{mit } k \equiv f(t_i + \varrho_1 h, x_i + h\varrho_1 k).$$

Man erkennt unmittelbar, dass das Euler(vorwärts)-Verfahren mit $\varrho_1 = 0$, das Euler(rückwärts)-Verfahren mit $\varrho_1 = 1$ und die Mittelpunktsregel (siehe Formel (3.20)) mit $\varrho_1 = 1/2$ Kollokationsverfahren darstellen. Für $m = 2$ und $\varrho_1 = 0$, $\varrho_2 = 1$ ergibt sich die Trapezregel.

Den entscheidenden Zusammenhang zwischen den Kollokationsverfahren und den RKVn stellt der folgende Satz her (siehe auch Hairer et al. (2002)).

Satz 2.4. *Das Kollokationsverfahren aus der Definition 2.3 ist äquivalent zu einem m-stufigen impliziten RKV (2.5) mit den Koeffizienten*

$$\gamma_{jl} \equiv \int_0^{\varrho_j} L_l(\tau)d\tau, \quad \beta_j \equiv \int_0^1 L_j(\tau)d\tau, \quad j, l = 1, \ldots, m, \tag{2.40}$$

wobei $L_j(\tau)$ das Lagrange'sche Interpolationspolynom

$$L_j(\tau) = \prod_{l=1, l \neq j}^m \frac{\tau - \varrho_l}{\varrho_j - \varrho_l}$$

bezeichnet.

Beweis. Mit dem Kollokationspolynom $P_m(t)$ werde $k_j \equiv \dot{P}_m(t_i + \varrho_j h)$ definiert. Nach der Lagrange'schen Interpolationsformel (siehe (C.5)) gilt

$$\dot{P}_m(t_i + \tau h) = \sum_{l=1}^m L_l(\tau) k_l, \quad \tau \in [0, 1].$$

Durch Integration ergibt sich daraus

$$P_m(t_i + \varrho_j h) = P_m(t_i) + h \sum_{l=1}^m k_l \int_0^{\varrho_j} L_l(\tau)d\tau.$$

Der Zusammenhang zu einem RKV wird deutlich, wenn man die Koeffizienten γ_{jl} und β_j wie in (2.40) erklärt. Mit (2.38) ergibt sich dann

$$P_m(t_i + \varrho_j h) = P_m(t_i) + h \sum_{l=1}^{m} \gamma_{jl} f(t_i + \varrho_l h, P_m(t_i + \varrho_l h)), \quad j = 1, \ldots, m, \qquad (2.41)$$

beziehungsweise

$$P_m(t_i + h) = P_m(t_i) + h \sum_{j=1}^{m} \beta_j f(t_i + \varrho_j h, P_m(t_i + \varrho_j h)). \qquad (2.42)$$

Da aber $x_{i+1} = P_m(t_i + h)$ und $x_i = P_m(t_i)$ gilt, stimmen (2.41) und (2.42) mit den Formeln (2.5) des allgemeinen RKVs überein. $\qquad\square$

Bemerkung 2.2. Da $\tau^{k-1} = \sum_{j=1}^{m} \varrho_j^{k-1} L_j(\tau)$, $k = 1, \ldots, m$, gilt, sind die Gleichungen (2.40) äquivalent zu den linearen Systemen

$$
\begin{aligned}
C(q): \quad & \sum_{l=1}^{m} \gamma_{jl} \varrho_l^{k-1} = \frac{\varrho_j^k}{k}, \quad k = 1, \ldots, q, \; j = 1, \ldots, m, \\[2mm]
B(p): \quad & \sum_{j=1}^{m} \beta_j \varrho_j^{k-1} = \frac{1}{k}, \quad k = 1, \ldots, p,
\end{aligned}
\qquad (2.43)
$$

mit $q = m$ und $p = m$.

Die Gleichungen (2.43) sind Bestandteil der von Butcher (1963) erstmals eingeführten *vereinfachenden Bedingungen*. Zu ihnen gehören noch die Gleichungen

$$D(r): \quad \sum_{j=1}^{m} \beta_j \varrho_j^{k-1} \gamma_{jl} = \frac{1}{k} \beta_l (1 - \varrho_l^k), \quad l = 1, \ldots, m, \quad k = 1, \ldots, r. \qquad (2.44)$$

Die vereinfachenden Bedingungen machen es erst möglich, RKVn von sehr hoher Ordnung zu entwickeln. Sind sie nämlich erfüllt, dann reduziert sich die Anzahl der Gleichungen (siehe (2.27)–(2.30)), die die Koeffizienten des Verfahrens bei einer vorgegebenen Ordnung erfüllen müssen.

Die vereinfachenden Bedingungen gestatten eine einfache Interpretation. Betrachtet man nämlich das spezielle AWP

$$\dot{x}(t) = f(t), \quad x(t_i) = 0,$$

das die exakte Lösung

$$x(t_i + h) = h \int_0^1 f(t_i + \theta h)\, d\theta$$

besitzt, und wendet ein m-stufiges RKV darauf an, so resultiert

$$x_{i+1}^h = h \sum_{j=1}^{m} \beta_j f(t_i + \varrho_j h).$$

Für den Spezialfall $f(t) = (t - t_i)^{k-1}$ sind die exakte Lösung zu

$$x(t_i + h) = h \int_0^1 (\theta h)^{k-1}\, d\theta = \frac{1}{k} h^k$$

und die numerische Lösung zu

$$x_{i+1}^h = h^k \sum_{j=1}^m \beta_j \varrho_j^{k-1}$$

gegeben. Die Bedingung $B(p)$ sagt dann aus, dass das Quadraturverfahren, auf dem das RKV basiert, für die Integrale

$$\int_0^1 \theta^{k-1} d\theta, \quad k = 1, \ldots, p,$$

exakt ist. Mit anderen Worten, Polynome bis zum Grad $p - 1$ werden auf dem Intervall $[0, 1]$ exakt integriert, d. h., das Quadraturverfahren besitzt die *Genauigkeitsordnung* $p - 1$. Aus der vereinfachenden Bedingung $C(q)$ folgt entsprechend, dass die beim RKV anfallenden Zwischenwerte $x_{ij}^h, j = 1, \ldots, m$, (siehe Formel (2.4)) durch ein Quadraturverfahren mit der Genauigkeitsordnung $q - 1$ bestimmt werden. Insbesondere ergibt die vereinfachende Bedingung $C(1)$ genau die Knotenbedingung (2.16). □

Der Beweis von Satz 2.4 lässt sich auch in der umgekehrten Reihenfolge lesen. Dies zeigt, dass ein RKV mit den durch (2.40) gegebenen Koeffizienten auch als ein Kollokationsverfahren interpretiert werden kann. Allgemeiner gilt

Satz 2.5. *Ein m-stufiges RKV mit paarweise verschiedenen Knoten $\varrho_1, \ldots, \varrho_m$ und einer Konsistenzordnung $p \geq m$ ist genau dann ein Kollokationsverfahren, falls die vereinfachende Beziehung $C(m)$ gilt.*

Beweis. Siehe z. B. Strehmel & Weiner (1995). □

Über die Konsistenzordnung eines durch die Koeffizienten (2.40) bestimmten impliziten RKVs lässt sich nun die folgende Aussage ableiten.

Satz 2.6. *Ist die Beziehung $B(p)$ (siehe (2.43)) für ein $p \geq m$ erfüllt, dann besitzt das Kollokationsverfahren die Konsistenzordnung p. Dies bedeutet, dass das Kollokationsverfahren die gleiche Konsistenzordnung aufweist wie das zugrunde liegende Quadraturverfahren.*

Beweis. Siehe die Monografie von Hairer et al. (2002). □

Der Satz 2.6 zeigt, dass die Wahl eines geeigneten Quadraturverfahrens für die Konstruktion von impliziten RKVn von großer Bedeutung ist. Eine Klasse impliziter RKVn basiert auf der Theorie der Gauß-Legendre-Quadraturverfahren (siehe z. B. Hermann

(2011)). Sie werden deshalb auch *Gauß-Verfahren* genannt. Die Knoten $\varrho_1, \ldots, \varrho_m$ eines Gauß-Verfahrens sind die paarweise verschiedenen Nullstellen des verschobenen Legendre-Polynoms

$$\hat{\phi}_m(t) \equiv \phi_m(2t-1) = \frac{1}{m!} \frac{d^m}{d\,t^m} (t^m(t-1)^m)$$

vom Grad m, d. h., es handelt sich um die Gauß-Legendre-Punkte im Intervall $(0,1)$. Tabellen dieser Nullstellen findet man in den entsprechenden Tabellenwerken, so u.a. in Abramowitz & Stegun (1972). Da die hier verwendete interpolatorische Quadraturformel von der Genauigkeitsordnung $2m$ ist, impliziert der Satz 2.6, dass ein RKV (genauer, ein Kollokationsverfahren), welches auf diesen Knoten ϱ_j basiert, ebenfalls die Ordnung $p = 2m$ besitzt.

Für $m = 1$ ergibt sich unmittelbar die (implizite) Mittelpunktsregel mit der Konsistenzordnung $p = 2m = 2$. Die Koeffizienten der RKVn mit der Stufenzahl $m = 2$ und $m = 3$ sind in den Tabellen 2.15 und 2.16 angegeben.

Tab. 2.15: Gauß-Verfahren der Ordnung 4.

$\frac{1}{2} - \frac{\sqrt{3}}{6}$	$\frac{1}{4}$	$\frac{1}{4} - \frac{\sqrt{3}}{6}$
$\frac{1}{2} + \frac{\sqrt{3}}{6}$	$\frac{1}{4} + \frac{\sqrt{3}}{6}$	$\frac{1}{4}$
	$\frac{1}{2}$	$\frac{1}{2}$

Tab. 2.16: Gauß-Verfahren der Ordnung 6.

$\frac{1}{2} - \frac{\sqrt{15}}{10}$	$\frac{5}{36}$	$\frac{2}{9} - \frac{\sqrt{15}}{15}$	$\frac{5}{36} - \frac{\sqrt{15}}{30}$
$\frac{1}{2}$	$\frac{5}{36} + \frac{\sqrt{15}}{24}$	$\frac{2}{9}$	$\frac{5}{36} - \frac{\sqrt{15}}{24}$
$\frac{1}{2} + \frac{\sqrt{15}}{10}$	$\frac{5}{36} + \frac{\sqrt{15}}{30}$	$\frac{2}{9} + \frac{\sqrt{15}}{15}$	$\frac{5}{36}$
	$\frac{5}{18}$	$\frac{4}{9}$	$\frac{5}{18}$

Die Gauß-Verfahren besitzen für eine gegebene Stufenzahl m die maximal mögliche Ordnung eines impliziten RKVs. Da ihre Stabilitätseigenschaften jedoch nicht optimal sind (siehe hierzu Kapitel 4), gibt es Verfahren der Konsistenzordnung $p = 2m - 1$ mit besserer Stabilität. Sie finden insbesondere Anwendung bei der numerischen Behandlung steifer DGLn.

Die Grundlage für die Konstruktion derartiger RKVn liefert der

Satz 2.7. *Ein RKV besitze die Konsistenzordnung $p = 2m - 1$. Dann sind die Knoten $\varrho_1, \ldots, \varrho_m$ die Nullstellen eines Polynoms*

$$\phi_{m,\xi}(2t - 1) = \phi_m(2t - 1) + \xi \, \phi_{m-1}(2t - 1), \quad \xi \in \mathbb{R}.$$

Beweis. Siehe z. B. Strehmel & Weiner (1995). □

Besonders interessant sind dabei die Fälle $\xi = 1$ sowie $\xi = -1$. Als zugehörige Quadraturformeln ergeben sich die linksseitige ($\varrho_1 = 0$) und die rechtsseitige ($\varrho_m = 1$) Radau-Quadraturmethode, die beide von der Genauigkeitsordnung $2m - 1$ sind. Die daraus resultierenden impliziten RKVn heißen *Radau-I-Verfahren* bzw. *Radau-II-Verfahren*.

Die Knoten eines Radau-Verfahrens sind paarweise verschieden und liegen im Intervall $[0, 1]$. Genauer gilt:
- Die Knoten $\varrho_1 = 0, \ \varrho_2, \ldots, \varrho_m$ eines Radau-I-Verfahrens sind die Nullstellen des Polynoms

$$\phi_1(t) \equiv \frac{d^{m-1}}{d\,t^{m-1}}(t^m(t-1)^{m-1}).$$

- Die Knoten $\varrho_1, \ldots, \varrho_{m-1}, \varrho_m = 1$ eines Radau-II-Verfahrens sind die Nullstellen des Polynoms

$$\phi_2(t) \equiv \frac{d^{m-1}}{d\,t^{m-1}}(t^{m-1}(t-1)^m).$$

Die Koeffizienten β_j eines Radau-Verfahrens werden durch die vereinfachende Bedingung $B(m)$ (siehe Formel (2.43)) festgelegt. Für die Wahl der Elemente γ_{jk} der Matrix Γ gibt es in der Literatur verschiedene Vorschläge:
- Radau-I-Verfahren: Γ wird mittels $C(m)$ bestimmt (siehe Butcher (1964)).
- Radau-IA-Verfahren: Γ wird mittels $D(m)$ bestimmt (siehe Ehle (1968)).
- Radau-II-Verfahren: Γ wird mittels $D(m)$ bestimmt (siehe Butcher (1964)).
- Radau-IIA-Verfahren: Γ wird mittels $C(m)$ bestimmt (siehe Ehle (1968)).

Die in der obigen Auflistung genannten *Radau-IA-* und *Radau-IIA-Verfahren* sind im Hinblick auf das Stabilitätsverhalten verbesserte Varianten des Radau-I- bzw. Radau-II-Verfahren. Sie werden deshalb in der Praxis bevorzugt eingesetzt.

Die Genauigkeitsordnung des verwendeten Quadraturverfahrens führt schließlich zu der Aussage, dass die m-stufigen Radau-I-, Radau-IA-, Radau-II- und Radau-IIA-Verfahren die Konsistenzordnung $p = 2m - 1$ besitzen.

In den Tabellen 2.17 und 2.18 geben wir die Koeffizienten für die Radau-IA-Verfahren mit $m = 1, 2, 3$ an.

Die Tabellen 2.19 und 2.20 enthalten die Koeffizienten für die Radau-IIA-Verfahren mit $m = 1, 2, 3$.

Tab. 2.17: Radau-IA-Verfahren der Ordnung 1 und 3.

$$
\begin{array}{c|c}
0 & 1 \\
\hline
 & 1
\end{array}
\qquad
\begin{array}{c|cc}
0 & \dfrac{1}{4} & -\dfrac{1}{4} \\[2mm]
\dfrac{2}{3} & \dfrac{1}{4} & \dfrac{5}{12} \\[2mm]
\hline
 & \dfrac{1}{4} & \dfrac{3}{4}
\end{array}
$$

Tab. 2.18: Radau-IA-Verfahren der Ordnung 5.

$$
\begin{array}{c|ccc}
0 & \dfrac{1}{9} & \dfrac{-1-\sqrt{6}}{18} & \dfrac{-1+\sqrt{6}}{18} \\[3mm]
\dfrac{6-\sqrt{6}}{10} & \dfrac{1}{9} & \dfrac{88+7\sqrt{6}}{360} & \dfrac{88-43\sqrt{6}}{360} \\[3mm]
\dfrac{6+\sqrt{6}}{10} & \dfrac{1}{9} & \dfrac{88+43\sqrt{6}}{360} & \dfrac{88-7\sqrt{6}}{360} \\[3mm]
\hline
 & \dfrac{1}{9} & \dfrac{16+\sqrt{6}}{36} & \dfrac{16-\sqrt{6}}{36}
\end{array}
$$

Tab. 2.19: Radau-IIA-Verfahren der Ordnung 1 und 3.

$$
\begin{array}{c|c}
1 & 1 \\
\hline
 & 1
\end{array}
\qquad
\begin{array}{c|cc}
\dfrac{1}{3} & \dfrac{5}{12} & -\dfrac{1}{12} \\[2mm]
1 & \dfrac{3}{4} & \dfrac{1}{4} \\[2mm]
\hline
 & \dfrac{3}{4} & \dfrac{1}{4}
\end{array}
$$

Tab. 2.20: Radau-IIA-Verfahren der Ordnung 5.

$$
\begin{array}{c|ccc}
\dfrac{4-\sqrt{6}}{10} & \dfrac{88-7\sqrt{6}}{360} & \dfrac{296-169\sqrt{6}}{1800} & \dfrac{-2+3\sqrt{6}}{225} \\[3mm]
\dfrac{4+\sqrt{6}}{10} & \dfrac{296+169\sqrt{6}}{1800} & \dfrac{88+7\sqrt{6}}{360} & \dfrac{-2-3\sqrt{6}}{225} \\[3mm]
1 & \dfrac{16-\sqrt{6}}{36} & \dfrac{16+\sqrt{6}}{36} & \dfrac{1}{9} \\[3mm]
\hline
 & \dfrac{16-\sqrt{6}}{36} & \dfrac{16+\sqrt{6}}{36} & \dfrac{1}{9}
\end{array}
$$

Eine weitere Klasse von RKVn, die für die Anwendungen eine wichtige Rolle spielen, sind von der Konsistenzordnung $p = 2m - 2$ und basieren auf der folgenden Aussage.

Satz 2.8. *Ein RKV besitze die Konsistenzordnung $p = 2m - 2$. Dann sind die Knoten $\varrho_1, \ldots, \varrho_m$ die Nullstellen eines Polynoms*

$$\phi_{m,\xi,\mu}(2t - 1) \equiv \phi_m(2t - 1) + \xi\phi_{m-1}(2t - 1) + \mu\phi_{m-2}(2t - 1), \quad \xi, \mu \in \mathbb{R}.$$

Beweis. Siehe z. B. Strehmel & Weiner (1995).   □

Der eigentlich interessante Fall ergibt sich aus der Koeffizientenwahl $\xi = 0$ und $\mu = -1$, denn daraus entstehen die sogenannten *Lobatto-Formeln*. Lobatto-Quadratur-formeln besitzen genau dann die maximale Genauigkeitsordnung, falls die Randkno-ten $\varrho_1 = 0$ und $\varrho_m = 1$ mit in der Stützstellenmenge enthalten sind. Die resultierenden RKVn werden aus historischen Gründen *Lobatto-III-Verfahren* genannt.

Die Knoten eines Lobatto-Verfahrens sind paarweise verschieden und liegen im abgeschlossenen Intervall $[0, 1]$. Genauer gilt:
- Die Knoten $\varrho_1 = 0, \varrho_2, \ldots, \varrho_{m-1}, \varrho_m = 1$ eines Lobatto-III-Verfahrens sind die Nullstellen des Polynoms

$$\phi_3(t) \equiv \frac{d^{m-2}}{dt^{m-2}}(t^{m-1}(t - 1)^{m-1}).$$

Die Koeffizienten β_j sind durch die Quadraturformel determiniert. Für die Wahl der Elemente γ_{jk} der Matrix Γ gibt es in der Literatur verschiedene Vorschläge:
- Lobatto-IIIA-Verfahren: Γ wird mittels $C(m)$ bestimmt (siehe Ehle (1968)).
- Lobatto-IIIB-Verfahren: Γ wird mittels $D(m)$ bestimmt (siehe Ehle (1968)).
- Lobatto-IIIC-Verfahren: Γ wird mittels $C(m-1)$ und durch die zusätzlichen Bedin-gungen $\gamma_{j1} = \beta_1, j = 1, \ldots, m$, bestimmt (siehe Chipman (1971)).

Die Genauigkeitsordnung des verwendeten Quadraturverfahrens führt schließlich zu der Aussage, dass die m-stufigen Lobatto-IIIA-, Lobatto-IIIB- und Lobatto-IIIC-Verfahren die Konsistenzordnung $p = 2m - 2$ besitzen.

Die Koeffizienten der Lobatto-IIIA-Verfahren mit $m = 3$ und $m = 4$ sind in den Tabellen 2.21 und 2.22 dargestellt.

Tab. 2.21: Lobatto-IIIA-Verfahren der Ordnung 4.

0	0	0	0
$\frac{1}{2}$	$\frac{5}{24}$	$\frac{1}{3}$	$-\frac{1}{24}$
1	$\frac{1}{6}$	$\frac{2}{3}$	$\frac{1}{6}$
	$\frac{1}{6}$	$\frac{2}{3}$	$\frac{1}{6}$

Tab. 2.22: Lobatto-IIIA-Verfahren der Ordnung 6.

0	0	0	0	0
$\dfrac{5-\sqrt{5}}{10}$	$\dfrac{11+\sqrt{5}}{120}$	$\dfrac{25-\sqrt{5}}{120}$	$\dfrac{25-13\sqrt{5}}{120}$	$\dfrac{-1+\sqrt{5}}{120}$
$\dfrac{5+\sqrt{5}}{10}$	$\dfrac{11-\sqrt{5}}{120}$	$\dfrac{25+13\sqrt{5}}{120}$	$\dfrac{25+\sqrt{5}}{120}$	$\dfrac{-1-\sqrt{5}}{120}$
1	$\dfrac{1}{12}$	$\dfrac{5}{12}$	$\dfrac{5}{12}$	$\dfrac{1}{12}$
	$\dfrac{1}{12}$	$\dfrac{5}{12}$	$\dfrac{5}{12}$	$\dfrac{1}{12}$

Schließlich geben wir in den Tabellen 2.23 und 2.24 noch die Koeffizienten der Lobatto-IIIB-Verfahren mit $m = 3$ und $m = 4$ an.

Tab. 2.23: Lobatto-IIIB-Verfahren der Ordnung 4.

0	$\dfrac{1}{6}$	$-\dfrac{1}{6}$	0
$\dfrac{1}{2}$	$\dfrac{1}{6}$	$\dfrac{1}{3}$	0
1	$\dfrac{1}{6}$	$\dfrac{5}{6}$	0
	$\dfrac{1}{6}$	$\dfrac{2}{3}$	$\dfrac{1}{6}$

Tab. 2.24: Lobatto-IIIB-Verfahren der Ordnung 6.

0	$\dfrac{1}{12}$	$\dfrac{-1-\sqrt{5}}{24}$	$\dfrac{-1+\sqrt{5}}{24}$	0
$\dfrac{5-\sqrt{5}}{10}$	$\dfrac{1}{12}$	$\dfrac{25+\sqrt{5}}{120}$	$\dfrac{25-13\sqrt{5}}{120}$	0
$\dfrac{5+\sqrt{5}}{10}$	$\dfrac{1}{12}$	$\dfrac{25+13\sqrt{5}}{120}$	$\dfrac{25-\sqrt{5}}{120}$	0
1	$\dfrac{1}{12}$	$\dfrac{11-\sqrt{5}}{24}$	$\dfrac{11+\sqrt{5}}{24}$	0
	$\dfrac{1}{12}$	$\dfrac{5}{12}$	$\dfrac{5}{12}$	$\dfrac{1}{12}$

Zusammenfassend verbleibt zu bemerken, dass nach Aussage des Satzes 2.5 die Gauß-Verfahren, die Radau-I-Verfahren, die Radau-IIA-Verfahren und die Lobatto-IIIA-Verfahren zur Klasse der Kollokationsverfahren gehören.

2.4 Monoton indizierte Wurzel-Bäume: eine Einführung

Es soll hier vorausgesetzt werden, dass das AWP (1.5) durch die Hinzunahme der trivialen DGL $\dot{x}_{n+1} = 1$ bereits in die autonome Form (2.13) überführt wurde, d. h., es möge das $(n + 1)$-dimensionale autonome AWP

$$\dot{x}(t) = f(x(t)), \quad x(t_0) = x_0 \tag{2.45}$$

vorliegen. Zur Vereinfachung der Darstellung wollen wir aber die Dimension dieses AWPs wieder mit n bezeichnen. Des Weiteren soll jetzt die Notation

$$f' \equiv f_x, \quad f'' \equiv f_{xx}, \quad f''' \equiv f_{xxx}, \quad \text{etc.,}$$

zugrunde gelegt werden, wobei $f^{(k)}(x_i) : \mathbb{R}^n \times \cdots \times \mathbb{R}^n$ ein multilinearer Operator ist, der die Symmetrieeigenschaft

$$f^{(k)}(x)(a_1, \ldots, a_k) = f^{(k)}(x)(a_{i_1}, \ldots, a_{i_k}) \tag{2.46}$$

besitzt. Dabei gilt $a_j \in \mathbb{R}^n$, $j = 1, \ldots, k$, und $(i_1, \ldots, i_k)$ bezeichnet eine Permutation von $(1, \ldots, k)$.

Nach Butcher (1963) sowie Hairer & Wanner (1973, 1974) wird nun jedem solchen elementaren Differential ein zusammenhängender Graph t (ohne Zyklen) zugeordnet. Das Symbol „t" steht für „tree" und ist nicht mit dem Argument der Funktion x zu verwechseln. Einige Beispiele sind in der Tabelle 2.25 angegeben.

Tab. 2.25: Indizierte Wurzel-Bäume und Ableitungen von $\dot{x} = f(x)$.

Ordnung	Differential	Graph	Differential	Graph
$\varrho(t) = 0$	x	$\emptyset$		
$\varrho(t) = 1$	f	1 •		
$\varrho(t) = 2$	$f'f$	2 ↕ 1 •		
$\varrho(t) = 3$	$f''(f, f)$	2 • • 3 ∨ 1	$f'f'f$	3 • 2 • 1 •

Diese Graphen werden monoton indizierte Wurzel-Bäume genannt und sind wie folgt erklärt.

Definition 2.4. Es sei A eine geordnete Kette von Indizes

$$A = \{j < k < l < m < \cdots\}$$

und es bezeichne A_q diejenige Teilmenge, die aus den ersten q Indizes besteht. Ein *(monoton) indizierter Wurzel-Baum* der *Ordnung q* ($q \geq 1$) ist eine Abbildung (die Sohn-Vater-Abbildung)

$$t : A_q \setminus \{j\} \to A_q,$$

wobei $t(i) < i$ für alle $i \in A_q \setminus \{j\}$ gilt. Die Menge aller indizierten Wurzel-Bäume der Ordnung q wird mit LT_q bezeichnet. Man nennt „i" den *Sohn* von „$t(i)$" und „$t(i)$" den *Vater* von „i". Der Knoten „j", der Urvater der gesamten Dynastie, wird als *Wurzel* von t bezeichnet. Die *Ordnung q* eines indizierten Wurzel-Baumes ist gleich der Anzahl seiner Knoten und wird üblicherweise mit $q = \varrho(t)$ symbolisiert. $\qquad\square$

Die Bildung einer Ableitung bezüglich x lässt sich nun wie folgt grafisch realisieren. Man fügt einen Ast an jeden Knoten des indizierten Wurzel-Baumes und ordnet diesem die Zahl $\varrho{+}1$ zu. Zwei Beispiele hierfür sind in den Abbildungen 2.1 und 2.2 angegeben.

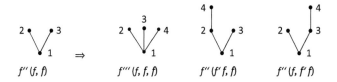

Abb. 2.1: Ein Beispiel für die Konstruktion der Ableitung.

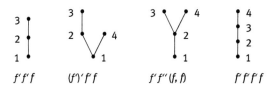

Abb. 2.2: Ein weiteres Beispiel für die Konstruktion der Ableitung.

Da der multilineare Operator $f^{(k)}(x)$ die Symmetrieeigenschaft (2.46) besitzt, sind die elementaren Differentiale $f''(f'f, f)$, $f''(f, f'f)$ und $(f')'f'f = f''(f, f'f)$ identisch. Die zugehörigen Graphen unterscheiden sich nur in der Numerierung der Knoten. Somit macht es Sinn, eine Äquivalenzrelation einzuführen.

Definition 2.5. Zwei indizierte Wurzel-Bäume t und s sind *äquivalent* (wir symbolisieren dies mit $t \sim s$), wenn beide die gleiche Ordnung, z. B. q, besitzen und eine Permutation $\sigma : A_q \to A_q$ existiert, mit $\sigma(j) = j$ und $t\,\sigma = \sigma\,s$ auf $A_q \setminus \{j\}$. $\qquad\square$

Ausgehend von diesem Äquivalenzbegriff ergibt sich unmittelbar eine Äquivalenzrelation.

Definition 2.6. Eine Äquivalenzklasse von indizierten Wurzel-Bäumen q-ter Ordnung wird ein *Wurzel-Baum* (oder auch kurz nur *Baum*) der *Ordnung q* genannt. Die Menge aller Bäume der Ordnung q bezeichnet man mit T_q. Die *Ordnung* eines Baumes ist durch die Ordnung eines Repräsentanten definiert und wird ebenfalls mit $\varrho(t)$ bezeichnet. Des Weiteren gebe $\alpha(t)$ (für $t \in T_q$) die Anzahl der Elemente in der Äquivalenzklasse t an. □

Aus geometrischer Sicht ergibt sich ein Baum aus einem indizierten Wurzel-Baum, indem man die Marken einfach weglässt. Oftmals ist es nützlich, den leeren Baum ∅ (als den einzigen Baum der Ordnung 0) mit aufzunehmen. Der einzige Baum der Ordnung 1 wird mit τ gekennzeichnet. Die Anzahl der Bäume von der Ordnung $1, 2, \dots, 10$ sind in der Tabelle 2.26 angegeben (siehe hierzu auch Hairer et al. (1993)).

Tab. 2.26: Anzahl der Bäume bis zur Ordnung 10.

q	1	2	3	4	5	6	7	8	9	10
card (T_q)	1	1	2	4	9	20	48	115	286	719

Im Folgenden wird noch der Begriff des Teilbaumes benötigt.

Definition 2.7. Wir bezeichnen mit dem Symbol $t = [t_1, \dots, t_m]$ denjenigen Baum, der in die Bäume $t_1, \dots, t_m$ übergeht, wenn man seine Wurzel und die dort abgehenden Äste weglässt; siehe Abb. 2.3. □

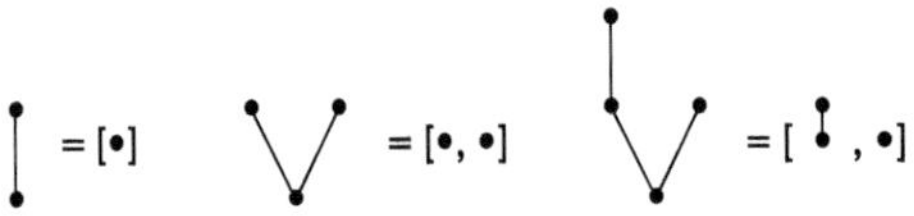

Abb. 2.3: Zur Definition von Teilbäumen.

Ist nun $t = [t_1, \dots, t_m]$, dann gilt (siehe die oben angegebene Literatur)

$$\varrho(t) = 1 + \sum_{i=1}^{m} \varrho(t_i), \quad \alpha(\emptyset) = 1, \quad \alpha(\tau) = 1,$$

$$\alpha(t) = \begin{pmatrix} \varrho(t) - 1 \\ \varrho(t_1) \cdots \varrho(t_m) \end{pmatrix} \alpha(t_1) \cdots \alpha(t_m) \frac{1}{\mu_1! \, \mu_2! \, \cdots},$$

(2.47)

wobei mit den Zahlen $\mu_1, \mu_2, \ldots$ die Anzahl der Bäume in $t_1, \ldots, t_m$, die jeweils identisch sind, angegeben wird.

Beispiel 2.5. Anhand der Formel (2.47) berechnet man:

$$\alpha(\;\tabularcolon\;) = \binom{1}{1} \alpha(\tau) = 1, \qquad \alpha(\;\vee\;) = \binom{2}{1} \alpha^2(\tau)\tfrac{1}{2!} = 1,$$

$$\alpha(\;\tabularcolon\;) = \binom{2}{2} \alpha(\;\tabularcolon\;) = 1, \qquad \alpha(\;\vee\;) = \binom{3}{2} \alpha(\;\tabularcolon\;)\alpha(\tau) = 3. \qquad \square$$

Einen Zusammenhang zwischen den Differentialausdrücken, die in der Entwicklung (2.20) der exakten Lösung $x(t)$ auftreten, und den Wurzel-Bäumen stellt die folgende Definition her.

Definition 2.8. Es sei $x \in U \subset \mathbb{R}^n$. Zu jedem Baum t definieren wir eine Vektorfunktion $F(t) : U \to \mathbb{R}^n$ rekursiv durch die Beziehungen

$$\begin{aligned}
F(\emptyset)(x) &= x, \\
F(\tau)(x) &= f(x), \\
F(t)(x) &= f^{(m)}(x)[F(t_1)(x), \ldots, F(t_m)(x)] \quad \text{für} \quad t = [t_1, \ldots, t_m].
\end{aligned} \qquad (2.48)$$

Die Funktionen $F(t)$ werden *elementare Differentiale* genannt. $\qquad \square$

Beispiel 2.6. Beispiele für derartige Funktionen $F(t)$ sind:

$$F(\;\tabularcolon\;) = f'f, \quad F(\;\vee\;) = f''(f, f),$$

$$t = \;\;\;\bigvee\;\;\; : \quad F(t) = f'f''(f'f, f''(f, f)).$$ $\qquad \square$

Jeder Knoten repräsentiert „f" und jeder Ast, der von diesem Knoten abzweigt, stellt eine Ableitung dar. Die exakte Lösung des AWPs (2.45) und ihre Ableitungen können nun wie folgt dargestellt werden.

Satz 2.9. *Ist $x(t)$ die Lösung von (2.45), dann gilt für die j-te Ableitung*

$$x^{(j)}(t) = \sum_{t \in LT, \varrho(t)=j} F(t)(x(t)) = \sum_{t \in T, \varrho(t)=j} \alpha(t) F(t)(x(t)).$$

Des Weiteren lässt sich für eine analytische Funktion f(x) die Taylorentwicklung der Lösung von (2.45) in der Form

$$x(t_i + h) = \sum_{j=0}^{\infty} \left(\sum_{t \in T, \, \varrho(t)=j} \alpha(t) \, F(t)(x_i) \right) \frac{h^j}{j!} = \sum_{t \in T} \alpha(t) \, F(t)(x_i) \frac{h^{\varrho(t)}}{\varrho(t)!} \tag{2.49}$$

angeben.

Beweis. Siehe die Monografie von Hairer et al. (1993). □

Die Formel (2.49) stellt die Grundlage für die folgende Definition dar.

Definition 2.9. Es sei $f : U \to \mathbb{R}^n$, $x \in U$. Eine *B-Reihe* (der Name wurde von Hairer et al. (1993) zur Würdigung der Arbeiten von J. Butcher zu dieser Problematik so gewählt) für das Problem (2.45) ist eine formale Reihe der Gestalt

$$\mathbb{B}(a; x) \equiv \sum_{t \in T} a(t) \, a(t) \, F(t)(x) \frac{h^{\varrho(t)}}{\varrho(t)!}, \tag{2.50}$$

wobei $a : T \to \mathbb{R}$ eine beliebige Abbildung bezeichnet. Die Werte $a(t)$ nennt man die *Koeffizienten* der Reihe. □

Die Darstellung einer Funktion durch eine B-Reihe ist zu interpretieren im Sinne der

Definition 2.10. Es sei $h \in H \equiv [-h_0, h_0] \subset \mathbb{R}$, mit $h_0 > 0$. Des Weiteren bezeichne $c : H \to \mathbb{R}^n$ eine beliebig oft differenzierbare Funktion. Dann kann c durch eine B-Reihe vom Typ (2.50) beschrieben werden. Dies bedeutet: Es existiert eine Abbildung $a : T \to \mathbb{R}$ mit der Eigenschaft, dass für alle $j \geq 0$ gilt

$$\frac{d^j c(h)}{d h^j} \Big|_{h=0} = \sum_{t \in T, \, \varrho(t)=j} \alpha(t) \, a(t) \, F(t)(x).$$

Mit anderen Worten, die Taylorreihe von $c(h)$ und die B-Reihe $\mathbb{B}(a; x)$ stimmen im Sinne einer formalen Potenzreihe überein. Dies wiederum wird mit der Schreibweise $c(h) \equiv \mathbb{B}(a; x)$ ausgedrückt. □

Anhand einiger Beispiele wollen wir die Definition 2.10 veranschaulichen.

Beispiel 2.7.

1. $x = \mathbb{B}(\sigma; x)$, mit $\sigma \equiv \begin{cases} 1 & \text{falls } \varrho(t) = 0 \\ 0 & \text{sonst} \end{cases}$

2. $\frac{h^j}{j!} x^{(j)}(t_i) = \mathbb{B}(d_j; x_i)$, mit $d_j(t) \equiv \begin{cases} 1 & \text{falls } \varrho(t) = j \\ 0 & \text{sonst} \end{cases}$

3. $x(t_i + \varrho_j h) = \mathbb{B}(\psi; x_i)$, mit $\psi(t) \equiv \varrho_j^{\varrho(t)}$
   Somit gilt $\psi(t) = 1$ für alle $t \in T$, wenn $\varrho_j = 1$ ist. Für $\varrho_j = 0$ ergibt sich andererseits $\psi(t) = \sigma(t)$, wenn man wie üblich $0^0 \equiv 1$ definiert. □

Das dritte Beispiel legt den Gedanken nahe, die Runge-Kutta-Approximation (2.5) ebenfalls durch eine B-Reihe darzustellen, wobei wir aber jetzt die zugehörigen Koeffizienten mit $\Phi(t)$ bezeichnen wollen. Die Ordnungsbedingungen des RKVs ergeben sich wie bisher aus der Beziehung

$$x(t_i + h) - x_{i+1} = \mathbb{B}(\psi(t); x_i) - \mathbb{B}(\Phi(t); x_i)$$

$$= \sum_{t \in T} \left(1 - \Phi(t)\right) \alpha(t)\, F(t)(x_i)\, \frac{h^{\varrho(t)}}{\varrho(t)!}.$$

Geht man davon aus, dass die Funktionen k_j des RKVs durch B-Reihen vom Typ (2.50) dargestellt sind und diese nach der Formel $k_j = f(x_i + h \sum_{l=1}^m y_{jl} k_l)$ bestimmt werden, stellt sich sofort die Frage nach dem Ineinandereinsetzen solcher Reihen. Es mögen a und b Abbildungen sein, wie sie in der Definition 2.9 auftreten. Wir wollen selbstkonsistente B-Reihen, d. h. Reihen mit der Eigenschaft

$$\mathbb{B}(b; \mathbb{B}(a; x)) = \sum_{t \in T} \alpha(t)\, b(t)\, F(t)(\mathbb{B}(a; x))\, \frac{h^{\varrho(t)}}{\varrho(t)!}$$

$$= \sum_{t \in T} \alpha(t)\, (ab)(t)\, F(t)(x)\, \frac{h^{\varrho(t)}}{\varrho(t)!}$$

$$= \mathbb{B}((ab); x)$$

im Hinblick auf Aussagen über die Koeffizienten $(ab)(t)$ untersuchen. Interessante Ergebnisse über die allgemeine Komposition werden von Hairer & Wanner (1974) angegeben. An dieser Stelle interessiert jedoch nur der Spezialfall $b(t) = d_1(t)$, d. h.

$$\mathbb{B}(d_1; \mathbb{B}(a; x)) = \sum_{t \in T} \alpha(t)\, d_1(t)\, F(t)(\mathbb{B}(a; x))\, \frac{h^{\varrho(t)}}{\varrho(t)!}$$

$$= h\, F(\tau)(\mathbb{B}(a; x)) = h f(\mathbb{B}(a; x))$$

$$= \mathbb{B}((a\, d_1); x),$$

für den das folgende Resultat vorliegt.

Satz 2.10. *Es sei $\mathbb{B}(a; x)$ eine B-Reihe vom Typ (2.50), mit $a : T \to \mathbb{R}$ und $a(\emptyset) = 1$. Dann gilt $hf(\mathbb{B}(a; x)) = \mathbb{B}(a'; x)$, wobei sich die Koeffizienten $a'(t) \equiv (a\, d_1)(t)$ wie folgt berechnen*

$$a'(\emptyset) = 0,$$

$$a'(\tau) = 1, \tag{2.51}$$

$$a'(t) = \varrho(t)\, a(t_1) \cdots a(t_m) \text{ für } t = [t_1, \ldots, t_m].$$

Beweis. Siehe die Monografie von Hairer et al. (1993). ◻

Beispiel 2.8. Für die Koeffizienten $a'(t)$ ergeben sich beispielsweise

$$a'(\;\Big|\;) = 2a(\tau), \qquad\qquad a'(\;\bigvee\;) = 3a(\tau)^2$$

$$a'\Big(\;\bigvee\kern-0.5em\Big|\;\Big) = 4a(\;\Big|\;)a(\tau) \qquad\qquad a'\Big(\;\bigvee\kern-1em\bigvee\;\Big) = 8a\Big(\;\bigvee\kern-0.5em\Big|\;\Big)\,a(\;\bigvee\;)\;\;\square$$

Unter Verwendung der Abkürzungen

$$X_j \equiv x_i + h\sum_{l=1}^{m} \gamma_{jl}\,k_l = x_i + h\sum_{l=1}^{m}\gamma_{jl}\,f(X_l), \quad j=1,\dots,m,$$

$$X_{m+1} \equiv x_i + h\sum_{l=1}^{m}\beta_l\,f(X_l),$$

kann das m-stufige RKV jetzt in der Form

$$X = \mathbb{1}_{m+1}\otimes x_i + h\,(\Gamma\otimes I_n)\,f(X) \tag{2.52}$$

geschrieben werden, mit

$$\Gamma \equiv \begin{pmatrix} \gamma_{11} & \cdots & \gamma_{1m} & 0 \\ \vdots & & \vdots & 0 \\ \gamma_{m1} & \cdots & \gamma_{mm} & 0 \\ \beta_1 & \cdots & \beta_m & 0 \end{pmatrix}, \quad X \equiv (X_1,\dots,X_{m+1})^T \in \mathbb{R}^{n\times(m+1)},$$

$$X_i \in \mathbb{R}^{m+1}, \quad f(X) \equiv (f(X_1),\dots,f(X_{m+1}))^T, \quad \mathbb{1}_{m+1} \equiv (1,\dots,1)^T \in \mathbb{R}^{m+1}.$$

Dabei bezeichnet „$A\otimes B$" das Kronecker-Produkt zweier Matrizen $A \in \mathbb{R}^{r\times s}$ und $B \in \mathbb{R}^{k\times n}$, das auf die Block-Matrix

$$A\otimes B \equiv \begin{pmatrix} a_{11}B & \cdots & a_{1s}B \\ \vdots & & \vdots \\ a_{r1}B & \cdots & a_{rs}B \end{pmatrix} \in \mathbb{R}^{rk\times sn}$$

führt.

Für die Herleitung der Ordnungsbedingungen gehen wir davon aus, dass X_i als eine B-Reihe vom Typ (2.50) in x_i, mit den zugehörigen Koeffizienten Φ_j, dargestellt werden kann. Dann gilt $X = \mathbb{B}(\Phi; x_i)$, mit $\Phi \equiv (\Phi_1,\dots,\Phi_{m+1})^T$. Aus der Gleichung (2.52) und dem Satz 2.10 folgt

$$\mathbb{B}(\Phi; x_i) = \mathbb{B}(\sigma; x_i) + \Gamma\,\mathbb{B}(\Phi'; x_i).$$

Ein Vergleich der Koeffizienten führt auf die Rekursion

$$\Phi(t) = \sigma(t) + \Gamma\,\Phi'(t), \tag{2.53}$$

wobei für jede Komponente von $\Phi'(t)$ die Aussage des Satzes 2.10 zutrifft.

Beispiel 2.9. Wir berechnen nach (2.53):

$$\Phi(\emptyset) = \mathbb{1}, \quad \Phi(\tau) = \Gamma \Phi'(\tau) = \Gamma \mathbb{1}, \qquad \Phi(\ \mathbf{\mathsf{I}}\ ) = 2\Gamma \Phi(\tau) = 2\Gamma (\Gamma \mathbb{1}),$$

$$\Phi(\ \mathbf{\mathsf{I}}\ ) = 3\Gamma \Phi(\ \mathbf{\mathsf{I}}\ ) = 6\Gamma(\Gamma(\Gamma \mathbb{1})), \qquad \Phi(\ \mathsf{V}\ ) = 3\Gamma \Phi(\tau)\Phi(\tau) = 3\Gamma (\Gamma \mathbb{1})^2.$$

Die Multiplikation zwischen den Vektoren ist dabei komponentenweise auszuführen, d. h.

$$[(\Gamma \mathbb{1}) \cdot (\Gamma \mathbb{1})]_j = (\Gamma \mathbb{1})_j \cdot (\Gamma \mathbb{1})_j.$$ □

Es resultiert nun die folgende wichtige Aussage.

Satz 2.11. *Das RKV (2.5) ist von der Ordnung p, wenn*

$$\Phi_{m+1}(t) = 1 \quad \text{für alle } t \in T, \ \varrho(t) \le p, \tag{2.54}$$

gilt.

Beweis. Siehe die Monografie von Hairer et al. (1993). □

Zur Demonstration der obigen Theorie wollen wir die Ordnungsbedingungen für das explizite RKV mit der Ordnung $p = 4$ und der Stufenzahl $m = 4$, d. h. für das klassische

Tab. 2.27: Ordnungsbedingungen für das klassische RKV.

Bäume		Operatordarstellung	Ordnungsbedingungen
h	τ	$(\Gamma \mathbb{1})_5 = \beta^T \mathbb{1}$	$\beta_1 + \beta_2 + \beta_3 + \beta_4 = 1$
h^2	$\mathbf{\mathsf{I}}$	$(\Gamma\Gamma\mathbb{1})_5 = \beta^T \Gamma \mathbb{1}$	$\beta_2\varrho_2 + \beta_3\varrho_3 + \beta_4\varrho_4 = \frac{1}{2}$
h^3	V	$(\Gamma(\Gamma\mathbb{1})^2)_5 = \beta^T(\Gamma\mathbb{1})^2$	$\beta_2\varrho_2^2 + \beta_3\varrho_3^2 + \beta_4\varrho_4^2 = \frac{1}{3}$
	$\mathbf{\mathsf{I}}$	$(\Gamma\Gamma\Gamma\mathbb{1})_5 = \beta^T \Gamma\Gamma\mathbb{1}$	$\beta_3\gamma_{32}\varrho_2 + \beta_4(\gamma_{42}\varrho_2 + \gamma_{43}\varrho_3) = \frac{1}{6}$
h^4	W	$(\Gamma(\Gamma\mathbb{1})^3)_5 = \beta^T(\Gamma\mathbb{1})^3$	$\beta_2\varrho_2^3 + \beta_3\varrho_3^3 + \beta_4\varrho_4^3 = \frac{1}{4}$
	V	$(\Gamma(\Gamma\Gamma\mathbb{1}\cdot\Gamma\mathbb{1})_5 = \beta^T\Gamma\Gamma\mathbb{1}\cdot\Gamma\mathbb{1}$	$\beta_3\varrho_3\gamma_{32}\varrho_2 + \beta_4\varrho_4(\gamma_{42}\varrho_2 + \gamma_{43}\varrho_3) = \frac{1}{8}$
	Y	$(\Gamma\Gamma(\Gamma\mathbb{1})^2)_5 = \beta^T\Gamma(\Gamma\mathbb{1})^2$	$\beta_3\gamma_{32}\varrho_2^2 + \beta_4(\gamma_{42}\varrho_2^2 + \gamma_{43}\varrho_3^2) = \frac{1}{12}$
	$\mathbf{\mathsf{I}}$	$(\Gamma\Gamma\Gamma\Gamma\mathbb{1})_5 = \beta^T\Gamma\Gamma\Gamma\mathbb{1}$	$\beta_4\gamma_{43}\gamma_{32}\varrho_2 = \frac{1}{24}$

RKV (siehe Tabelle 2.6), mit Hilfe der Wurzel-Bäume ableiten. Die Rechnung ist in der Tabelle 2.27 dargestellt, wobei die Abkürzung $\beta \equiv (\beta_1, \ldots, \beta_m, 0)^T$ verwendet wurde. Da die Bedingung (2.16) für die verwendeten Stützstellen erfüllt sein muss, haben wir $(\Gamma \mathbb{1})_j = \varrho_j$ gesetzt.

Abschließend soll auf ein von Fritsche (2004) an der Friedrich-Schiller-Universität Jena entwickeltes C++-Programm hingewiesen werden, mit dem sich für $p = 1, \ldots, 12$ die Ordnungsbedingungen des Runge-Kutta-Verfahrens automatisch erzeugen lassen. Zudem wird von Kaiser (2013) eine MATLAB-Implementierung zur Überprüfung der Ordnungsbedingungen für $p = 1, \ldots, 14$ bereitgestellt.

2.5 Konvergenz von Einschrittverfahren

Bisher haben wir nur die numerische Integration über einem Intervall $[t_i, t_{i+1}]$ der Länge h betrachtet und den dort resultierenden lokalen Diskretisierungsfehler untersucht. Wir sind davon ausgegangen, dass am Anfang des Intervalls der exakte Wert der Lösung $x(t)$ des AWPs (1.5) vorliegt, was natürlich nicht realistisch ist. Vielmehr findet der Integrationsprozess sukzessive auf den durch das Gitter J_h bestimmten Segmenten $[t_j, t_{j+1}]$, $j = 0, \ldots, N - 1$, statt und bereits am Ende des ersten Segmentes verfügt man nur über eine Näherung x_1^h für $x(t_1)$. Folglich haben sich in der Approximation x_{i+1}^h alle vorangegangenen lokalen Fehler aufsummiert. Aus diesem Grunde soll jetzt an der Stelle t_{i+1} der wie folgt definierte globale Fehler studiert werden.

Definition 2.11. Es sei x_{i+1}^h die mit einem numerischen Verfahren und der Schrittweite h erzeugte Näherung für die exakte Lösung $x(t)$ des AWPs (1.5) an der Stelle t_{i+1}. Dann ist der *globale Fehler* dieser Näherung zu

$$e_{i+1}^h \equiv x(t_{i+1}) - x_{i+1}^h \tag{2.55}$$

definiert. $\square$

Offensichtlich spiegelt der globale Fehler e_{i+1}^h die Effekte der lokalen Fehler an den vorangegangenen Gitterpunkten in ihrer Gesamtheit wider.

Zuvor wollen wir jedoch noch eine einfache Interpretation des lokalen Diskretisierungsfehlers angeben, und zwar zunächst für ein *explizites* ESV. Hierzu sind in der Abbildung 2.4 die Integralkurve $x(t)$ des AWPs (1.5) und die durch das AWP

$$\dot{x}_j = f(t, x_j) \quad x_j(t_j) = x_j^h \tag{2.56}$$

definierten Integralkurven $x_j(t)$, $j = i, i + 1$, eingezeichnet.
Für den lokalen Diskretisierungsfehler gilt

$$\frac{1}{h}\left[x_i(t_{i+1}) - \underbrace{(x_i(t_i) + h\Phi(t_i, x_i(t_i); h))}_{x_{i+1}^h = x_{i+1}(t_{i+1})}\right] = \frac{1}{h}[x_i(t_{i+1}) - x_{i+1}(t_{i+1})]$$

$$= \delta(t_{i+1}, x_i(t_{i+1}); h). \tag{2.57}$$

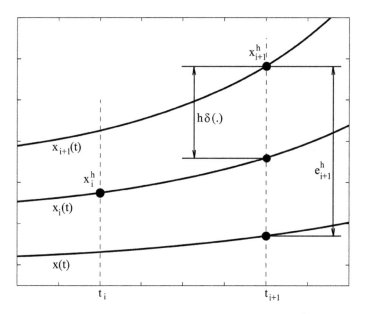

Abb. 2.4: Zur Interpretation des lokalen Diskretisierungsfehlers (skalare DGL, explizites ESV).

Somit gibt $h\delta(t_{i+1}, x_i(t_{i+1}); h)$ den Sprung an der Stelle t_{i+1} von einer Integralkurve auf die andere an, siehe auch die Abbildung 2.4.

Wir betrachten nun ein *implizites* Verfahren. Hier gilt

$$h\,\delta(t_{i+1}, x_i(t_{i+1}); h) = x_i(t_{i+1}) - x_i(t_i) - h\Phi(t_i, x_i(t_i), x_i(t_{i+1}); h). \tag{2.58}$$

Löst man nun

$$x_{i+1}(t_{i+1}) = x_i(t_i) + h\Phi(t_i, x_i(t_i), x_{i+1}(t_{i+1}); h)$$

nach $x_i(t_i)$ auf und setzt den entstehenden Term in (2.58) ein, so resultiert

$$\begin{aligned} h\,\delta(\cdot) &= x_i(t_{i+1}) - x_{i+1}(t_{i+1}) \\ &\quad - h\Big\{\Phi(t_i, x_i(t_i), x_i(t_{i+1}); h) - \Phi(t_i, x_i(t_i), x_{i+1}(t_{i+1}); h)\Big\}. \end{aligned} \tag{2.59}$$

Ist $\Phi(\cdot)$ stetig differenzierbar und bezeichnet $(\partial/\partial z)\Phi(\cdot)$ die partielle Ableitung nach der 3. Variablen, dann lässt sich weiter schreiben

$$h\,\delta(\cdot) = x_i(t_{i+1}) - x_{i+1}(t_{i+1}) - h\frac{\partial\Phi}{\partial z}(t_i, x_i(t_i), \hat{z}; h)\big(x_i(t_{i+1}) - x_{i+1}(t_{i+1})\big),$$

mit $\hat{z}$ zwischen $x_i(t_{i+1})$ und $x_{i+1}(t_{i+1})$ gelegen. Hieraus folgt

$$h\,\delta(\cdot) = \left(I - h\frac{\partial\Phi}{\partial z}(\cdot)\right)\big(x_i(t_{i+1}) - x_{i+1}(t_{i+1})\big)$$

und schließlich

$$h\left(I - h\frac{\partial\Phi}{\partial z}(\cdot)\right)^{-1}\delta(t_{i+1}, x_i(t_{i+1}); h) = x_i(t_{i+1}) - x_{i+1}(t_{i+1}),$$

d. h., $h\delta(t_{i+1}, x_i(t_{i+1}); h)$ beschreibt im Falle impliziter Verfahren an der Stelle t_{i+1} einen *normierten* Sprung von einer Integralkurve auf die andere.

Jetzt wollen wir den globalen Effekt von Diskretisierungsfehlern studieren. Die Grundlage hierfür stellt das folgende AWP einer gestörten DGL dar

$$\dot{y}(t) = f(t, y(t)) + \varepsilon(t, y(t)), \quad y(t_0) = x(t_0) = x_0^h, \tag{2.60}$$

mit $\varepsilon(t, y) \equiv \Phi(t_i, x_i^h, x_{i+1}^h; h) - f(t, y)$ und $t \in (t_i, t_{i+1})$. Unter der Voraussetzung $y(t_i) = x_i^h$ ergibt sich

$$y(t_{i+1}) = x_i^h + \int_{t_i}^{t_{i+1}} (f(t, y) + \varepsilon(t, y))dt = x_i^h + \int_{t_i}^{t_{i+1}} \Phi(t_i, x_i^h, x_{i+1}^h; h)dt$$

$$= x_i^h + \Phi(t_i, x_i^h, x_{i+1}^h; h) \int_{t_i}^{t_{i+1}} dt = x_i^h + h\Phi(t_i, x_i^h, x_{i+1}^h; h) = x_{i+1}^h,$$

d. h., die exakte Lösung $y(t)$ von (2.60) stimmt in den Gitterpunkten $t_i \in J_h$ mit $\{x_i^h\}_{i \geq 0}$ überein.

Es gilt nun der

Satz 2.12. *Es sei $f \in \text{Lip}(J \times \Omega)$ und L bezeichne die zugehörige Lipschitz-Konstante. Die Integrationsgrenze T ($< \infty$) sei so gewählt, dass y (wie in (2.60) definiert) in dem abgeschlossenen Gebiet Ω verbleibt. Dann existiert eine Konstante c, so dass für alle i mit $t_0 + (i + 1)h \leq T$ gilt*

$$\|e_{i+1}^h\| \leq c \max_{j \leq i} \|\delta(t_{j+1}, x_j(t_{j+1}); h)\|. \tag{2.61}$$

Insbesondere ist $\|e_{i+1}^h\| = O(h^p)$, wobei p die Konsistenzordnung des verwendeten Integrationsverfahrens bezeichnet.

Beweis. Wir beweisen den Satz der Einfachheit halber nur für explizite Verfahren. Die Beweistechnik lässt sich sinngemäß auch bei impliziten Verfahren anwenden.

Es ist

$$x_{i+1}^h = x_i^h - x_i(t_{i+1}) + h\Phi(t_i, x_i^h; h) + x_i(t_{i+1})$$
$$= -h\,\delta(t_{i+1}, x_i(t_{i+1}); h) + x_i(t_{i+1}).$$

Subtrahiert man diese Gleichung von der Identität $x(t_{i+1}) = x(t_{i+1})$, so folgt

$$x(t_{i+1}) - x_{i+1}^h = x(t_{i+1}) - x_i(t_{i+1}) + h\,\delta(t_{i+1}, x_i(t_{i+1}); h), \quad \text{d. h.}$$
$$e_{i+1}^h = x(t_{i+1}) - x_i(t_{i+1}) + h\,\delta(t_{i+1}, x_i(t_{i+1}); h).$$

Mit einer Vektornorm $\| \cdot \|$ erhält man dann

$$\|e_{i+1}^h\| \leq \|x(t_{i+1}) - x_i(t_{i+1})\| + h\,\|\delta(t_{i+1}, x_i(t_{i+1}); h)\|. \tag{2.62}$$

Da $x(t)$ und $x_i(t)$ dieselbe DGL erfüllen, lässt sich zur Abschätzung des ersten Summanden auf der rechten Seite der im Anhang B enthaltene Satz B.10 mit $\varepsilon(t, y) \equiv 0$ und $t_0 \equiv t_i$ anwenden. Es ergibt sich

$$\|x(t_{i+1}) - x_i(t_{i+1})\| \le e^{hL} \|e_i^h\|,$$

so dass aus (2.62)

$$\|e_{i+1}^h\| \le e^{hL} \|e_i^h\| + h \|\delta(t_{i+1}, x_i(t_{i+1}); h)\|$$

folgt. Mit $e_0^h = 0$ führt dies auf

$$\|e_{i+1}^h\| \le \left\{ \sum_{l=0}^{i} (e^{hL})^l \right\} h \max_{j \le i} \|\delta(t_{j+1}, x_j(t_{j+1}); h)\|.$$

Unter Ausnutzung der Summenformel für die geometrische Reihe erhält man

$$\|e_{i+1}^h\| \le \frac{e^{(i+1)hL} - 1}{e^{hL} - 1} h \max_{j \le i} \|\delta(t_{j+1}, x_j(t_{j+1}); h)\|.$$

Wegen $e^{hL} - 1 \ge hL$ gilt schließlich

$$\|e_{i+1}^h\| \le \frac{e^{(T-t_0)L} - 1}{L} \max_{j \le i} \|\delta(t_{j+1}, x_j(t_{j+1}); h)\|,$$

woraus mit $c \equiv \frac{e^{(T-t_0)L}-1}{L}$ die Behauptung des Satzes folgt. □

Die Formel (2.61) legt nun die folgende Definition nahe.

Definition 2.12. Ein ESV wird *konvergent* genannt, falls ein Gebiet Ω wie im Satz 2.12 existiert, so dass für ein festes $t \equiv t_0 + (i + 1)h \le T$ gilt

$$\lim_{h \to 0,\, i \to \infty} e_{i+1}^h = 0. \qquad (2.63)$$

Die größte positive ganze Zahl q, für die $e_{i+1}^h = O(h^q)$ erfüllt ist, heißt *Konvergenzordnung* des ESVs. □

Aus dem Satz 2.12 ergibt sich damit die wichtige

Folgerung 2.1. *Ein ESV ist konsistent mit der Ordnung p genau dann, wenn es konvergent mit der Ordnung p ist. Deshalb spricht man üblicherweise nur noch von der Ordnung eines ESVs.* □

Bemerkung 2.3. Ist das RKV implizit, dann hat man im Beweis von Satz 2.12 den lokalen Diskretisierungsfehler δ noch mit $(I - h\,\partial\Phi/\partial z)^{-1}$ zu multiplizieren. Dabei bezeichnet z die dritte Variable in der Inkrementfunktion Φ. Dies führt jedoch nur zu einer Vergrößerung der Konstanten c im Satz 2.12. □

2.6 Asymptotische Entwicklung des globalen Fehlers

Die Charakterisierung (2.12) des lokalen Diskretisierungsfehlers für ESVn der Ordnung p lässt sich bei hinreichender Glattheit von $x(t)$ präzisieren zu

$$\delta(t_{i+1}, x(t_{i+1}); h) = d_{p+1}(t_i) h^p + \cdots + d_{N+1}(t_i) h^N + O(h^{N+1}). \tag{2.64}$$

Die Funktionen $d_{p+1}(t), \ldots, d_{N+1}(t) \in \mathbb{C}(J)$ hängen vom speziellen Verfahren ab. Für RKVn sind sie in der Monografie von Hairer et al. (1993) explizit angegeben. Eine besondere Bedeutung kommt der Funktion $d_{p+1}(t)$ zu, die man üblicherweise als *lokale Fehlerfunktion* des ESV bezeichnet. Sie ist die Grundlage des folgenden Satzes.

Satz 2.13. *Das ESV sei explizit. Sind $f(t, x)$ und $x(t)$ hinreichend glatt, dann existiert eine Funktion $e_p \in \mathbb{C}^1(J)$, die durch das AWP*

$$\dot{e}_p(t) = \frac{\partial f(t, x(t))}{\partial x} e_p(t) + d_{p+1}(t), \quad e_p(t_0) = 0, \tag{2.65}$$

bestimmt ist, so dass

$$e_{i+1}^h = e_p(t_{i+1}) h^p + O(h^{p+1}) \tag{2.66}$$

gilt. Die Funktion $e_p(t)$ wird globale Fehlerfunktion genannt.

Beweis. Das betrachtete explizite ESV sei

$$x_{i+1}^h = x_i^h + h \, \Phi(t_i, x_i^h; h). \tag{2.67}$$

Gesucht ist eine Funktion $e_p(t)$, so dass an der Stelle $t \equiv t_0 + (i + 1)h$ für den globalen Fehler die Beziehung (2.66) gilt. Um deren Existenz nachzuweisen, fassen wir

$$\hat{x}^h(t_{i+1}) \equiv x^h(t_{i+1}) + e_p(t_{i+1}) h^p \tag{2.68}$$

als die numerische Lösung eines neuen expliziten ESVs

$$\hat{x}_{i+1}^h = \hat{x}_i^h + h \, \hat{\Phi}(t_i, \hat{x}_i^h; h) \tag{2.69}$$

auf. Unter Beachtung von (2.68) folgt aus (2.69)

$$x_{i+1}^h + e_p(t_{i+1}) h^p = x_i^h + e_p(t_i) h^p + h \, \hat{\Phi}(t_i, \hat{x}_i^h; h).$$

Drückt man $x_{i+1}^h - x_i^h$ durch den Zusammenhang (2.67) aus, dann ergibt sich

$$h \, \Phi(t_i, x_i^h; h) + e_p(t_{i+1}) h^p = e_p(t_i) h^p + h \, \hat{\Phi}(t_i, \hat{x}_i^h; h),$$

woraus man dann die Darstellung

$$h \, \hat{\Phi}(t_i, \hat{x}_i^h; h) = h \, \Phi(t_i, \hat{x}_i^h - e_p(t_i) h^p; h) + (e_p(t_{i+1}) - e_p(t_i)) h^p$$

erhält.

Wir wollen nun $e_p(t)$, mit $e_p(t_0) = 0$, so ermitteln, dass das Verfahren (2.69) von der Konsistenzordnung $p + 1$ ist. Hierzu berechnen wir den lokalen Diskretisierungsfehler:

$$
\begin{aligned}
h\,\hat{\delta}(t_{i+1}, x(t_{i+1}); h) &= x(t_{i+1}) - x(t_i) - h\,\hat{\Phi}(t_i, x(t_i); h) \\
&= x(t_{i+1}) - x(t_i) - h\,\Phi(t_i, x(t_i) - e_p(t_i)\,h^p; h) - (e_p(t_{i+1}) - e_p(t_i))h^p \\
&= x(t_{i+1}) - x(t_i) - h\left\{ \Phi(t_i, x(t_i); h) - \frac{\partial\,\Phi(t_i, x(t_i); h)}{\partial x}\,e_p(t_i)\,h^p + O(h^{p+1}) \right\} \\
&\quad - \left(e_p(t_i) + \dot{e}_p(t_i)\,h + O(h^2) - e_p(t_i) \right)h^p \\
&= d_{p+1}(t_i)\,h^{p+1} + \frac{\partial\,\Phi(t_i, x(t_i); h)}{\partial x}\,e_p(t_i)\,h^{p+1} - \dot{e}_p(t_i)\,h^{p+1} + O(h^{p+2}) \\
&= \left(d_{p+1}(t_i) + \frac{\partial f(t_i, x(t_i))}{\partial x}\,e_p(t_i) - \dot{e}_p(t_i) \right)h^{p+1} + O(h^{p+2}),
\end{aligned}
$$

(2.70)

wobei wir

$$
\frac{\partial\,\Phi(t, x, 0)}{\partial x} = \frac{\partial f(t, x(t))}{\partial x}
\tag{2.71}
$$

ausgenutzt haben. In der Formel (2.70) verschwindet der Faktor vor h^{p+1} genau dann, wenn $e_p(t)$ als Lösung des AWPs (2.65) definiert wird. Wendet man nun den Satz 2.12 bzw. die Folgerung 2.1 auf das ESV (2.69) an, dann resultiert die Darstellung (2.66) für den globalen Fehler. □

Das ESV (2.69) ist von der Konsistenzordnung $p + 1$ und erfüllt auch die Beziehung (2.71). Der im Beweis von Satz 2.13 verwendete Prozess lässt sich somit für das neue Verfahren (2.69) wiederholen. Führt man diese Strategie entsprechend oft durch, dann resultiert die im folgenden Satz formulierte Aussage.

Satz 2.14 (Satz von Gragg). *Gegeben sei ein explizites ESV der Konsistenzordnung $p \geq 1$ mit der Inkrementfunktion Φ. Es gelte $f, \Phi \in \mathbb{C}^{N+1}$, $N \geq 1$. Der zugehörige lokale Diskretisierungsfehler besitze eine Entwicklung von der Form (2.64). Dann existiert für den globalen Fehler e_{i+1}^h eine asymptotische Entwicklung in h-Potenzen der Gestalt*

$$
e_{i+1}^h = e_p(t_{i+1})\,h^p + \cdots + e_N(t_{i+1})\,h^N + E_h(t_{i+1})\,h^{N+1},
\tag{2.72}
$$

wobei die Koeffizientenfunktionen $e_j(t)$ durch lineare inhomogene AWPe der Form

$$
\dot{e}_j(t) = \frac{\partial f(t, x(t))}{\partial x}\,e_j(t) + \tilde{d}_{j+1}(t), \quad e_j(t_0) = 0, \quad j = p, \ldots, N,
\tag{2.73}
$$

definiert sind. Speziell gilt $\tilde{d}_{p+1}(t) \equiv d_{p+1}(t)$. Schließlich ist der Restterm $E_h(t)$ für $t_0 \leq t \leq T$ und $0 \leq h \leq h_0$ beschränkt.

Beweis. Siehe die obigen Ausführungen sowie die Arbeit von Gragg (1965). □

Das Resultat des Satzes 2.14 kann praktisch wie folgt ausgenutzt werden. Wir nehmen einmal an, dass wir mit einem ESV zwei Approximationen, x_{i+1}^h und $x_{i+1}^{h/2}$, für die exakte

Lösung $x(t_{i+1})$ des AWPs (1.5) berechnet haben. Die erste Approximation wurde mit der Schrittweite h in einem Zeitschritt und die zweite mit der Schrittweite $h/2$ in zwei Zeitschritten auf dem Intervall $[t_i, t_{i+1}]$ erzeugt. Nach der Formel (2.66) gilt dann

$$x(t_{i+1}) = x_{i+1}^h + e_p(t_{i+1})\, h^p + O(h^{p+1}) \quad \text{bzw.}$$
$$x(t_{i+1}) = x_{i+1}^{h/2} + (\tfrac{1}{2})^p\, e_p(t_{i+1})\, h^p + O(h^{p+1}). \tag{2.74}$$

Damit sind x_{i+1}^h und $x_{i+1}^{h/2}$ beide $O(h^p)$-Approximationen der exakten Lösung $x(t_{i+1})$. Mit der *Richardson-Extrapolation* (oder auch *Extrapolation für $h \to 0$ genannt*) lässt sich nun in den Gleichungen (2.74) jeweils der Summand mit dem Term h^p eliminieren, so dass man ein genaueres Resultat erhält. Hierzu wird die erste Gleichung mit $(1/2)^p$ multipliziert, d. h.

$$(\tfrac{1}{2})^p\, x(t_{i+1}) = (\tfrac{1}{2})^p\, x_{i+1}^h + (\tfrac{1}{2})^p\, e_p(t_{i+1})\, h^p + O(h^{p+1}),$$

und von der zweiten Gleichung abgezogen

$$(1 - (\tfrac{1}{2})^p)\, x(t_{i+1}) = x_{i+1}^{h/2} - (\tfrac{1}{2})^p\, x_{i+1}^h + O(h^{p+1}).$$

Somit ist

$$x(t_{i+1}) = (x_{i+1}^{h/2} - (\tfrac{1}{2})^p\, x_{i+1}^h)/(1 - (\tfrac{1}{2})^p) + O(h^{p+1}),$$

was wiederum bedeutet, dass die Kombination aus den beiden bereits bestimmten Näherungen

$$\tilde{x}_{i+1}^h \equiv \frac{x_{i+1}^{h/2} - (\tfrac{1}{2})^p\, x_{i+1}^h}{(1 - (\tfrac{1}{2})^p)} \tag{2.75}$$

eine $O(h^{p+1})$-Approximation der exakten Lösung $x(t_{i+1})$ ist. Folglich führt diese Technik zu einem Verfahren mit höherer Konvergenzordnung.

Andererseits ist es auch möglich, anhand der beiden Approximationen x_{i+1}^h und $x_{i+1}^{h/2}$ für die exakte Lösung $x(t_{i+1})$ den absoluten Fehler von x_{i+1}^h zu schätzen. Die theoretische Grundlage stellen wieder die Gleichungen (2.74) dar. Subtrahiert man die zweite Gleichung von der ersten, dann wird der (unbekannte) exakte Funktionswert $x(t_{i+1})$ eliminiert und es ergibt sich

$$x_{i+1}^h - x_{i+1}^{h/2} = ((\tfrac{1}{2})^p - 1)\, h^p\, e_p(t_{i+1}) + O(h^{p+1}).$$

Diese Gleichung löst man nach $h^p\, e_p(t_{i+1})$ auf und erhält

$$h^p\, e_p(t_{i+1}) = (x_{i+1}^h - x_{i+1}^{h/2})/((\tfrac{1}{2})^p - 1) + O(h^{p+1}).$$

Setzt man nun $h^p\, e_p(t_{i+1})$ in (2.66) ein, so resultiert

$$e_{i+1}^h \equiv x(t_{i+1}) - x_{i+1}^h = (x_{i+1}^h - x_{i+1}^{h/2})/((\tfrac{1}{2})^p - 1) + O(h^{p+1}).$$

Somit ist

$$EST_{i+1}^{(g)} \equiv \frac{\|x_{i+1}^{h/2} - x_{i+1}^h\|}{1 - (\tfrac{1}{2})^p} \tag{2.76}$$

eine sachgemäße Schätzung für die Norm des globalen Fehlers. Der Ausdruck (2.76) wird die *extrapolierte globale Fehlerschätzung* genannt. Die verwendete Technik zur Schätzung des globalen Fehlers heißt dementsprechend *globale Extrapolation*.

Wird nun eine Schranke TOL für die maximal zulässige Norm des absoluten Fehlers vorgegeben, dann lässt sich anhand von (2.76) die Schrittweite h so steuern, dass für den Fehler $\|e_{i+1}^h\| \leq TOL$ gilt. Man gibt dabei eine Schrittweite h vor, bestimmt dazu die Approximationen x_{i+1}^h und $x_{i+1}^{h/2}$ und berechnet nach (2.76) die Schätzung $EST_{i+1}^{(g)}$. Ist diese kleiner oder gleich TOL, dann wird die gewählte Schrittweite akzeptiert, anderenfalls muss h halbiert und der Prozess von vorn begonnen werden.

2.7 Schätzung des lokalen Fehlers

Bisher wurde die Schrittweite h bei der Integration des AWPs (1.5) auf einem Intervall $[t_0, T]$ als konstant vorausgesetzt, d. h., wir sind von einem äquidistanten Gitter (1.49) ausgegangen. Wir wollen jetzt die Schrittweite dem jeweiligen Verhalten der exakten Lösung $x(t)$ anpassen. Dafür benötigt man jedoch weitergehende Informationen über die Güte der jeweiligen Näherung x_i^h, so z. B. über deren lokalen oder globalen Fehler. Am Ende des vorangegangenen Abschnittes wurde gezeigt, wie man eine Schätzung des globalen Fehlers berechnen und daraus eine Schrittweitensteuerung konstruieren kann. Wir wenden uns nun der Frage zu, wie sich geeignete Schätzungen des *lokalen* Diskretisierungsfehlers entwickeln lassen, um diese dann im Abschnitt 2.8 zur praktischen Schrittweitensteuerung heranzuziehen.

Um den lokalen Fehler (ohne die Kenntnis der exakten Lösung!) zu schätzen, gibt es zwei prinzipielle Möglichkeiten, nämlich mittels
- des bereits verwendeten ESVs allein, wobei jedoch an der Stelle t_{i+1} zwei Approximationen auf der Basis unterschiedlicher Schrittweiten berechnet werden. Diese Strategie wird *lokale Extrapolation* oder auch *Runge-Prinzip* genannt,
- eines zweiten ESVs von unterschiedlicher Ordnung, mit dem an der Stelle t_{i+1} eine weitere Approximation (bei gleicher Schrittweite!) bestimmt wird. Da diese Technik i. Allg. mit eingebetteten RKVn (siehe Abschnitt 2.1) realisiert wird, spricht man üblicherweise von einer *Einbettungsstrategie*.

Zunächst betrachten wir die *lokale Extrapolation*. Um die Darstellung zu vereinfachen, wollen wir wieder ein *explizites* ESV der Ordnung p zugrunde legen. Ausgehend von dem Anfangswert (t_i, x_i^h) wird nun mit einer beliebigen Schrittweite h eine Näherung x_{i+1}^h im Gitterpunkt $t_i + h$ berechnet. Mit dem gleichen ESV und der Schrittweite $h/2$ berechnet man zusätzlich an der Stelle t_{i+1} die Näherung

$$\bar{x}_{i+1}^h \equiv x_i^h + \frac{h}{2} \Phi\left(t_i, x_i^h; \tfrac{h}{2}\right) + \frac{h}{2} \Phi\left(t_i + \tfrac{h}{2}, x_i^h + \tfrac{h}{2}\Phi\left(t_i, x_i^h; \tfrac{h}{2}\right); \tfrac{h}{2}\right). \tag{2.77}$$

Der lokale Diskretisierungsfehler im Punkt $t_i + h$ erfüllt

$$\delta(t_{i+1}, x_i(t_{i+1}); h) = \frac{1}{h}[x_i(t_{i+1}) - x_{i+1}(t_{i+1})] = d_{p+1}(t_i) h^p + O(h^{p+1}). \tag{2.78}$$

Entsprechend der Formel (2.56) ist die Funktion $x_i(t)$ als Lösung des AWPs

$$\dot{x}_i(t) = f(t, x_i(t)), \quad x_i(t_i) = x_i^h$$

erklärt.

Für den lokalen Diskretisierungsfehler $\bar{\delta}(\cdot)$ der Approximation (2.77) findet man unter Verwendung einer Taylor-Entwicklung

$$\begin{aligned}
\bar{\delta}(t_{i+1}, x_i(t_{i+1}); h) &= \frac{1}{h}\left[d_{p+1}(t_i)\left(\tfrac{h}{2}\right)^{p+1} + d_{p+1}(t_i + \tfrac{h}{2})\left(\tfrac{h}{2}\right)^{p+1}\right] + O(h^{p+1}) \\
&= d_{p+1}(t_i)\left(\tfrac{h}{2}\right)^p + O(h^{p+1}) \\
&= \left(\tfrac{1}{2}\right)^p \delta(t_{i+1}, x_i(t_{i+1}); h) + O(h^{p+1}).
\end{aligned} \tag{2.79}$$

Da $x_i(t_{i+1}) = x_{i+1}^h + h\,\delta(\cdot) = \bar{x}_{i+1}^h + h\,\bar{\delta}(\cdot)$ ist, ergibt sich nun

$$\delta(t_{i+1}, x_i(t_{i+1}), h) = \frac{1}{h}\left[\bar{x}_{i+1}^h - x_{i+1}^h\right] / \left[1 - \left(\tfrac{1}{2}\right)^p\right] + O(h^{p+1}). \tag{2.80}$$

Offensichtlich ist dann

$$EST_{i+1}^{(l)} \equiv \frac{\|\bar{x}_{i+1}^h - x_{i+1}^h\|}{(1 - (\tfrac{1}{2})^p)h} \tag{2.81}$$

eine vernünftige Schätzung für die Norm des lokalen Fehlers. Diese Formel besitzt einen ähnlichen Aufbau wie der Schätzer (2.76) für den globalen Fehler.

Jetzt wollen wir die Schätzung des lokalen Diskretisierungsfehlers mittels des *Einbettungsprinzipes* betrachten. Es seien z. B. die beiden expliziten ESVn

$$x_{i+1}^h = x_i^h + h\,\Phi_1(t_i, x_i^h; h) \quad \text{und} \quad \bar{x}_{i+1}^h = x_i^h + h\,\Phi_2(t_i, x_i^h; h)$$

gegeben, mit

$$\begin{aligned}
x_{i+1}^h &= x_i(t_{i+1}) - h\,\delta(t_{i+1}, x_i(t_{i+1}); h), \quad \delta(\cdot) = O(h^p), \\
\bar{x}_{i+1}^h &= x_i(t_{i+1}) - h\,\bar{\delta}(t_{i+1}, x_i(t_{i+1}); h), \quad \bar{\delta}(\cdot) = O(h^q)
\end{aligned}$$

und $q \geq p + 1$. Dann ist

$$\bar{x}_{i+1}^h - x_{i+1}^h = h\delta(\cdot) - h\bar{\delta}(\cdot).$$

Hieraus folgt

$$\frac{\bar{x}_{i+1}^h - x_{i+1}^h}{h} + \underbrace{\bar{\delta}(\cdot)}_{O(h^q)} = \underbrace{\delta(\cdot)}_{O(h^p)},$$

so dass

$$EST_{i+1}^{(l)} \equiv \frac{\|\bar{x}_{i+1}^h - x_{i+1}^h\|}{h} \tag{2.82}$$

als eine geeignete Schätzung des lokalen Diskretisierungsfehlers für das Verfahren mit der geringeren Konsistenzordnung verwendet werden kann.

Damit diese Strategie nicht zu aufwendig wird, sollten in das Verfahren höherer Ordnung möglichst viele Funktionswertberechnungen eingehen, die für das Verfahren niedrigerer Ordnung bereits erforderlich waren. Aus diesem Grunde verwendet man fast ausschließlich eingebettete RKVn, wovon sich auch der Name dieser Strategie ableitet. Die bekanntesten Familien (expliziter) RKVn mit dieser Eigenschaft sind im Abschnitt 2.1 dargestellt. Die Verfahren RKF4 und RKF5 (siehe das Butcher-Diagramm in Tabelle 2.8) führen mit $p = 4$ und $q = 5$ auf die sehr einfach zu berechnende Schätzung

$$\delta(t_{i+1}, x_i(t_{i+1}); h) \approx EST_{i+1}^{(l)} = \sum_{j=1}^{6} (\bar{\beta}_j - \beta_j) k_j, \tag{2.83}$$

wobei $\{\beta_j\}_{j=1}^{5}$ $(\beta_6 = 0)$ zu RKF4 und $\{\bar{\beta}_j\}_{j=1}^{6}$ zu RKF5 gehören.

2.8 Schrittweitensteuerung

Vorab sei bemerkt, dass in diesem Abschnitt wiederum der Einfachheit halber nur *explizite* ESVn betrachtet werden. Es möge jetzt $h_i \equiv t_{i+1} - t_i$ gelten.

Zu einer vorgegebenen (absoluten) Toleranz *TOL* für den lokalen Diskretisierungsfehler werden üblicherweise die folgenden zwei Kriterien zur Schrittweitensteuerung verwendet:

A) FEHLER PRO SCHRITT (EPS): h_i ist so zu bestimmen, dass gilt

$$\|h_i \, \delta(t_{i+1}, x_i^{h_i}(t_{i+1}); h_i)\| \approx TOL, \tag{2.84}$$

B) FEHLER PRO EINHEITSSCHRITT (EPUS): h_i ist so zu bestimmen, dass gilt

$$\|\delta(t_{i+1}, x_i^{h_i}(t_{i+1}); h_i)\| \approx TOL. \tag{2.85}$$

In EPS geht direkt der Fehler ein, der durch den Wechsel auf die neue Integralkurve resultiert (siehe Abbildung 2.4), während man sich bei EPUS auf die globale Ordnung bezieht.

Wir wollen nun auf die Realisierung der beiden Kriterien eingehen und beginnen mit dem ersten Kriterium. Es bezeichne $EST \equiv EST_{i+1}^{(l)}$ eine Schätzung für $\|h_i \, \delta(t_{i+1}, x_i^{h_i}(t_{i+1}); h_i)\|$, mit $EST \neq 0$. Des Weiteren sei eine Konstante α zu

$$\alpha \equiv 0.9 \left(\frac{TOL}{EST} \right)^{\frac{1}{p+1}} \tag{2.86}$$

definiert. Die Schrittweite wird nun nach der folgenden Strategie gesteuert:
a) Im Falle, dass $EST/TOL \leq 1$ gilt, wird die aktuelle Schrittweite h_i akzeptiert und die Schrittweite h_{i+1} für den nächsten Integrationsschritt auf dem Intervall $[t_{i+1}, t_{i+1} + h_{i+1}]$ gegenüber h_i wie folgt vergrößert

$$h_{i+1} = \alpha \, h_i. \tag{2.87}$$

b) Im Falle, dass $EST/TOL > 1$ gilt, wird $h_i^{\text{alt}} \equiv h_i$ nicht akzeptiert, sondern nach der folgenden Vorschrift die Schrittweite verkleinert

$$h_i^{\text{neu}} = \alpha \, h_i^{\text{alt}}. \tag{2.88}$$

Anschließend integriert man über das neue Intervall $[t_i, t_i + h_i^{\text{neu}}]$ und schätzt den lokalen Diskretisierungsfehler für diese Schrittweite.

Bemerkung 2.4.

– Die Bestimmung der neuen Schrittweite anhand der Formeln (2.87) und (2.88) basiert auf dem Sachverhalt, dass $\|h\,\delta(\cdot)\|$ von der Ordnung $p + 1$ ist, d. h., $h \equiv h_{i+1}$ bzw. $h \equiv h_i^{\text{neu}}$ werden so ermittelt, dass gilt

$$\left[\frac{h}{h_i}\right]^{p+1} \approx \frac{TOL}{EST}. \tag{2.89}$$

– Falls $EST \approx 0$ ist, kann α nach der Formel (2.86) nicht berechnet werden. In den Implementierungen des Falles a) setzt man dann i. Allg. $h_{i+1} \equiv h_{\max}$, wobei h_{max} eine vom Anwender bzw. vom Programm vorgegebene maximale Schrittweite bezeichnet.
– In vielen Implementierungen der obigen Schrittweitensteuerung wird der sich nach der Formel (2.86) ergebende Wert für α nicht immer verwendet. So findet man in den AWP-Lösern des Programmsystems MATLAB die mehr oder weniger heuristische Strategie vor, nach einer erfolglosen Verkleinerung der Schrittweite auf den konstanten Faktor $\alpha = 0.5$ zurückzugreifen und diesen so lange zu verwenden, bis wieder der Fall a) eintritt.
– In der Praxis hat es sich als sinnvoll erwiesen, in der Formel (2.86) einen sogenannten *Sicherheitsfaktor* zu integrieren, der in unserem Fall 0.9 beträgt. Oftmals findet man auch den Wert 0.8. □

Beim zweiten Kriterium (EPUS) geht man analog wie bei EPS vor. Dabei ist jetzt $EST_{i+1}^{(l)}$ eine Schätzung für $\|\delta(t_{i+1}, x_i^{h_i}(t_{i+1}); h_i)\|$, mit $EST_{i+1}^{(l)} \neq 0$. Des Weiteren hat man in den Formeln (2.86) und (2.89) im Exponenten anstelle von $p + 1$ nun p einzusetzen.

Zur Illustration der beiden Kriterien zur Steuerung der Schrittweite h_i betrachten wir, wie in der Monografie von Mattheij & Molenaar (1996) dargestellt, das Modellproblem

$$\dot{x} = \lambda x, \quad x(0) = 1, \quad \text{mit } \lambda \in \mathbb{R}, \tag{2.90}$$

dessen exakte Lösung $x(t) = e^{\lambda t}$ ist. Die Taylorentwicklung von $x(t)$ lautet

$$x(t_{i+1}) = x(t_i) + h\dot{x}(t_i) + \frac{h^2}{2}\ddot{x}(t_i) + \cdots = e^{\lambda t_i} + h\lambda e^{\lambda t_i} + \frac{h^2}{2}\lambda^2 e^{\lambda t_i} + \cdots.$$

Damit ergeben sich der lokale Diskretisierungsfehler $\delta(\cdot)$ und die lokale Fehlerfunktion $d_{p+1}(t)$ für ein Verfahren der Ordnung p zu

$$\delta(t_{i+1}, x(t_{i+1}); h) = \frac{h^p}{(p+1)!} \lambda^{p+1} e^{\lambda t_i} + O(h^{p+1}),$$

$$d_{p+1}(t_i) = \xi \lambda^{p+1} e^{\lambda t_i}, \quad \xi \in \mathbb{R}.$$

Liegt die numerische Schätzung des lokalen Diskretisierungsfehlers nahe beim exakten Resultat, dann ist es sachgemäß, in unseren weiteren Untersuchungen die ideale Schätzung

$$EST \equiv EST_{i+1}^{(l)} = |\xi| (h_i)^{p+1} |\lambda|^{p+1} e^{\lambda t_i}, \quad \xi \in \mathbb{R}, \tag{2.91}$$

zu verwenden. Im Falle der EPS-Steuerung nimmt die Formel (2.87) für das Modellproblem (2.90) die Gestalt

$$\begin{aligned} h_{i+1} &= 0.9\, h_i \left[\frac{TOL}{EST} \right]^{\frac{1}{p+1}} = 0.9\, h_i \left(\frac{TOL}{|\xi|\, h_i^{p+1}\, |\lambda|^{p+1}\, e^{\lambda t_i}} \right)^{\frac{1}{p+1}} \\ &= 0.9 \frac{1}{|\lambda|} \left| \frac{TOL}{\xi} \right|^{\frac{1}{p+1}} \exp(-\lambda t_i/(p+1)) \end{aligned} \tag{2.92}$$

an.

Wir betrachten nun ein fixiertes Intervall $[0, T]$. Der folgende Satz enthält eine Schätzung für die Anzahl der Integrationsschritte, die zur Einhaltung einer vorgegebenen Toleranz TOL auf diesem Intervall erforderlich sind.

Satz 2.15. *Es sei N die Anzahl der Integrationsschritte, die auf dem Intervall $[0, T]$ von einem ESV der Konsistenzordnung p benötigt werden, um die Lösung $x(t)$ des AWPs (2.90) mit der Toleranz TOL und der EPS-Steuerung zu approximieren. Dann gilt*

$$N \approx \left| \frac{\xi}{TOL} \right|^{\frac{1}{p+1}} (p+1)\, |\exp(\lambda T/(p+1)) - 1|. \tag{2.93}$$

Beweis. Wir setzen $\nu \equiv \lambda/(p+1)$. Das Gitter J_h ist durch die Gitterpunkte

$$t_0, \ t_0 + h_0, \ t_0 + h_0 + h_1, \ \dots, \ t_0 + \sum_{j=0}^{N-1} h_j$$

bestimmt, wobei hier $t_0 = 0$ gilt. Aus (2.92) folgt

$$h_1 = h_0, \quad h_{i+1} = h_0 \exp\left(-\nu \sum_{j=0}^{i-1} h_j \right), \quad i > 0, \tag{2.94}$$

mit

$$h_0 = 0.9 \left| \frac{1}{\lambda} \right| \left| \frac{TOL}{\xi} \right|^{\frac{1}{p+1}}.$$

Definiert man die Funktion $s(\zeta)$ durch

$$s(\zeta) \equiv h_0 \exp\left(-v \int_0^\zeta s(\tau)d\tau\right), \ 0 \leq \zeta \leq N - 1,$$

dann ist $s(i)$ sicher eine vernünftige Schätzung von h_i. Die Differentiation von s nach ζ führt auf die Riccati-DGL

$$\frac{d}{d\zeta}s(\zeta) = h_0 \exp\left(-v \int_0^\zeta s(\tau)d\tau\right)(-v)s(\zeta) = -vs(\zeta)^2,$$

deren allgemeine Lösung durch $s(\zeta) = 1/(v(\zeta + c))$, $c \in \mathbb{R}$, gegeben ist.

Mit der Anfangsbedingung $s(0) = h_0$ erhält man $s(0) = 1/(v\,c) \doteq h_0$ und damit für die Integrationskonstante $c = 1/(v\,h_0)$. Somit gilt

$$s(\zeta) = \frac{h_0}{\zeta\,v\,h_0 + 1} \quad \text{und} \quad s(N+1) = \frac{h_0}{(N+1)\,v\,h_0 + 1} \doteq h_{N+1}.$$

Aus (2.94) folgt unter Beachtung von $\sum_{j=0}^{N-1} h_j = T$ auch $h_{N+1} = h_0 \exp(-v\,T)$. Setzt man beide Ausdrücke für h_{N+1} gleich, dann ergibt sich unmittelbar

$$N + 1 = \frac{1}{vh_0}\left\{e^{vT} - 1\right\}.$$

Durch Einsetzen der Ausdrücke für v und h_0 erhält man schließlich die Behauptung des Satzes. □

Folgerung 2.2. *Ist $|\lambda\,T/(p + 1)|$ nicht allzu klein, dann ergibt sich aus (2.93):*

a) für $\lambda < 0$ ist $N \approx \left|\frac{\xi}{TOL}\right|^{\frac{1}{p+1}} (p + 1),$

b) für $\lambda > 0$ ist $N \approx \left|\frac{\xi}{TOL}\right|^{\frac{1}{p+1}} (p + 1) \exp\left(\frac{\lambda T}{p+1}\right).$ □

Ein Blick auf die Formel (2.92) sowie die in der Folgerung 2.2 enthaltenen Aussagen lässt folgende Interpretation zu. Im Falle $\lambda < 0$ hängt die Schrittweite nur unwesentlich von T und λ ab, d. h., sie kann beliebig groß sein. Im Gegensatz dazu kann für $\lambda > 0$ die Schrittweite exponentiell klein werden und folglich N groß sein. Diese Aussagen sind jedoch nur richtig, solange die ideale Schätzung (2.91) des lokalen Diskretisierungsfehlers aufrechterhalten werden kann. Ist das nicht der Fall, dann lässt sich insbesondere $s(i)$ nicht mehr als eine gute Approximation für h_i verwenden, wie wir dies im Beweis von Satz 2.15 getan haben.

Für das Modellproblem (2.90) resultieren aus dem EPUS-Kriterium (2.85) anstelle von (2.92) die Schrittweiten

$$h_{i+1} = \left|\frac{1}{\lambda}\right|^{\frac{p+1}{p}} \left|\frac{TOL}{\xi}\right|^{\frac{1}{p}} \exp\left[-\frac{\lambda t_i}{p}\right]. \tag{2.95}$$

Diese Steuerungsvariante führt in etwa auf die gleiche Anzahl erforderlicher Integrationsschritte, wie wir dies beim EPS-Kriteriums beobachtet haben. Man erhält analoge Aussagen wie im Satz 2.15 und der Folgerung 2.2, wenn man

$$\left|\frac{\xi}{TOL}\right|^{\frac{1}{p}} (p+1) \quad \text{durch} \quad \left|\frac{\xi\lambda}{TOL}\right|^{\frac{1}{p}} p$$

ersetzt.

Von großem Interesse ist natürlich auch die Frage, wie sich die beiden betrachteten Varianten für die Schrittweitensteuerung auf den *globalen Fehler* auswirken. Unter der Voraussetzung, dass für den Startvektor die Beziehung $e_0^h \equiv x(t_0) - x_0 = 0$ gilt, lässt sich für das Modellproblem (2.90) das folgende Resultat zeigen.

Satz 2.16. *Gegeben sei das Modellproblem (2.90). Dann gilt:*
1. *Mit dem EPS-Kriterium wird der globale Fehler durch*

$$\|e_{i+1}^h\| \approx \frac{p+1}{p} |\xi|^{\frac{1}{p+1}} TOL^{\frac{p}{p+1}} \left| e^{\lambda t_{i+1}} - e^{\frac{\lambda t_{i+1}}{p+1}} \right|$$

geschätzt.
2. *Mit dem EPUS-Kriterium wird der globale Fehler durch*

$$\|e_{i+1}^h\| \approx \frac{1}{|\lambda|} TOL \left| e^{\lambda t_{i+1}} - 1 \right|$$

geschätzt.

Beweis. Siehe die Monografie von Mattheij & Molenaar (1996). □

Aus dem obigen Satz sind die nachfolgend genannten Konsequenzen ersichtlich.

Folgerung 2.3.
- *Qualitativ ergeben EPS und EPUS das gleiche Resultat, obwohl EPUS zu Fehlern führt, die direkt proportional zu TOL sind.*
- *Für negative λ kann der aktuelle absolute Fehler viel kleiner als TOL sein, während er für positive λ auch viel größer ausfallen kann. Im letzteren Fall ist jedoch noch zu erwarten, dass der relative Fehler proportional zu TOL ist.* □

Neben der Steuerung der Schrittweite über geeignete Schätzungen des absoluten lokalen Diskretisierungsfehlers bezieht man in der Praxis oftmals auch den relativen lokalen Diskretisierungsfehler mit in die Betrachtungen ein. Hierzu gibt es zwei analoge Kriterien:

C) RELATIVER FEHLER PRO SCHRITT (REPS): h_i ist so zu bestimmen, dass

$$\frac{\|h_i\, \delta(t_{i+1}, x_i^{h_i}(t_{i+1}); h_i)\|}{\|x_{i+1}^{h_i}\|} \approx TOL \qquad (2.96)$$

gilt.

D) RELATIVER FEHLER PRO EINHEITSSCHRITT (REPUS): h_i ist so zu bestimmen, dass

$$\frac{\|\delta(t_{i+1}, x_i^{h_i}(t_{i+1}); h_i)\|}{\|x_{i+1}^{h_i}\|} \approx TOL \tag{2.97}$$

gilt.

Im Falle des REPS-Kriteriums erhält man für das Modellproblem (2.90) die Schrittweite

$$h_{i+1} = 0.9 \, \frac{1}{|\lambda|} \left| \frac{TOL}{\xi} \right|^{\frac{1}{p+1}} .$$

Im Falle des REPUS-Kriteriums ergibt sich hier

$$h_{i+1} = 0.9 \left| \frac{1}{\lambda} \right|^{\frac{p+1}{p}} \left| \frac{TOL}{\xi} \right|^{\frac{1}{p}} .$$

Man beachte, dass in beiden Fällen die Schrittweite konstant ist, d. h. $h_i = h$, so dass $N \approx T/h$ gilt. Daraus resultiert die folgende Schätzung für den globalen Fehler.

Satz 2.17. *Gegeben sei das Modellproblem* (2.90). *Dann gilt:*
1. *Bei der REPS-Steuerung wird der globale Fehler durch*

$$\|e_{i+1}^h\| \approx (i+1) \, e^{\lambda \, t_{i+1}} \, TOL$$

geschätzt und somit der relative Fehler zu

$$\frac{\|e_{i+1}^h\|}{\|x_{i+1}^{h_i}\|} \approx (i+1) \, TOL.$$

2. *Bei der REPUS-Steuerung wird der globale Fehler durch*

$$\|e_{i+1}^h\| \approx t_{i+1} \, e^{\lambda \, t_{i+1}} \, TOL$$

geschätzt und somit der relative Fehler zu

$$\frac{\|e_{i+1}^h\|}{\|x_{i+1}^{h_i}\|} \approx t_{i+1} \, TOL.$$

Beweis. Siehe die Monografie Mattheij & Molenaar (1996). □

Die vorangegangenen Ausführungen, insbesondere die für das Modellproblem (2.90) gewonnenen Resultate, lassen sich wie folgt zusammenfassen:
- Ist $|\lambda|$ groß, so erweist sich die relative Steuerung besser als die absolute, während für $|\lambda| \approx 0$ beide Strategien von vergleichbarer Güte sind.
- Gilt $\lambda < 0$ und $|\lambda|$ nicht zu groß, dann sind EPS bzw. EPUS vernünftige Kriterien.

Um die Steuerung so effektiv wie möglich zu machen, arbeitet man üblicherweise mit einer Kombination aus dem EPS-Kriterium und dem REPS-Kriterium (bzw. EPUS und REPUS). Als Steuerparameter sind dann sowohl eine absolute Toleranz $ABSTOL$ als auch eine relative Toleranz $RELTOL$ vorzugeben. Die Schrittweite bestimmt man jetzt anhand der Forderung, dass

$$EST_{i+1}^{(l)} \approx ABSTOL + RELTOL \, \|x_{i+1}^{h_i}\| \qquad (2.98)$$

gelten muss. Das bereits erwähnte Verfahren RKF5(4) verwendet das EPS/REPS-Kriterium.

Wir wollen die Ausführungen über die Klasse der Runge-Kutta-Verfahren mit zwei Beispielen abschließen.

Beispiel 2.10. In Hull et al. (1972), Problem C5, ist ein AWP angegeben, das die Bahnen der äußeren fünf Planeten (inklusive Pluto) unseres Sonnensystems beschreibt. Dieses AWP besteht aus 15 DGLn 2. Ordnung mit den dazugehörigen Anfangsbedingungen. Die Berechnung der Umlaufbahnen wurde von uns mit dem schrittweitengesteuerten expliziten RKV rkeh10(8)dk (siehe Kaiser (2013)) vorgenommen, wobei die 15 DGLn in ein System von 30 DGLn 1. Ordnung überführt wurden. Der AWP-Löser rkeh10(8)dk verwendet die Schrittweitensteuerung (2.86)–(2.88). Es sollte aber bemerkt werden, dass dieses AWP keine hohen Anforderungen an die Schrittweitensteuerung stellt. Das Ergebnis dieser Berechnungen ist auf der Vorderseite dieses Buches grafisch dargestellt. □

Beispiel 2.11. Ein AWP, dessen numerische Behandlung unbedingt eine ausgefeilte Schrittweitensteuerung erfordert, findet man in Hairer et al. (1993), Seiten 245–246. Es

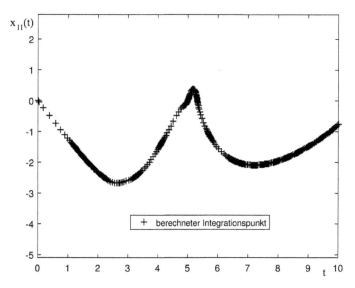

Abb. 2.5: Demonstration der Schrittweitensteuerung.

modelliert die Bewegung der Pleiaden (sieben Sterne) in der Ebene und besteht aus 14 DGLn 2. Ordnung mit den dazugehörigen Anfangsbedingungen. Die Berechnung wurde von uns wiederum mit dem schrittweitengesteuerten expliziten RKV `rkeh10(8)dk` (siehe Kaiser (2013)) vorgenommen, wobei die 14 DGLn in ein System von 28 DGLn 1. Ordnung überführt wurden. In der Abbildung 2.5 ist die Steuerung der Schrittweite anhand der 11. Komponente des DGL-Systems grafisch veranschaulicht. Die minimale Schrittweite betrug $h_{min} = 1.95e - 5$ und die maximale Schrittweite $h_{max} = 0.206$. Damit liegt hier ein Verhältnis der Schrittweiten von $1 : 10593$ vor. $\square$

2.9 Extrapolationsverfahren

Die Runge-Kutta-Formeln (2.5) definieren Näherungslösungen x_i^h für die exakte Lösung $x(t)$ des AWPs (1.5) an den Stellen t_i des Gitters $J_h \equiv \{t_0, \ldots, t_N\}$. Bei den Extrapolationsverfahren hingegen wird zu einer vorgegebenen Grundschrittweite H und einer monoton fallenden Folge lokaler Schrittweiten h_i, $i = 1, 2, \ldots$, mittels eines ESVs der Ordnung p (Grundverfahren) im Gitterpunkt $t_0 + H$ eine Folge von Näherungen $x^{h_i}(t_0 + H)$ berechnet. Anschließend legt man durch diese Näherungen das zugehörige Interpolationspolynom. Eine Richardson-Extrapolation auf die Schrittweite 0 (siehe hierzu auch Hermann (2011)) liefert schließlich die gesuchte Approximation für die exakte Lösung $x(t_0 + H)$, deren Genauigkeitsordnung größer als p ist.

Um diesen Prozess genauer zu beschreiben, betrachten wir das (explizite) ESV

$$x_{i+1}^h = x_i^h + h\Phi(t_i, x_i^h; h). \tag{2.99}$$

Es möge die Konsistenzordnung p besitzen, d. h., es gelte

$$h\delta(t_{i+1}, x(t_{i+1}); h) = O(h^{p+1}).$$

Nach (2.64) haben wir dann

$$\begin{aligned} h\delta(\cdot) &= x(t_i + h) - x(t_i) - h\Phi(t_i, x(t_i); h) \\ &= d_{p+1}(t_i)h^{p+1} + \cdots + d_{p+k}(t_i)h^{p+k} + O(h^{p+k+1}). \end{aligned} \tag{2.100}$$

Der Satz 2.14 (Satz von Gragg) sagt nun aus, dass eine entsprechende Darstellung für den globalen Fehler $e_{i+1}^h \equiv x(t_{i+1}) - x_{i+1}^h$ existiert

$$e_{i+1}^h = e_p(t_i)h^p + \cdots + e_{p+k-1}(t_i)h^{p+k-1} + O(h^{p+k}), \tag{2.101}$$

die, wie wir später sehen werden, die Grundlage für die Konstruktion der Extrapolationsverfahren darstellt.

Zuvor wollen wir jedoch die sogenannte Spiegelung von ESVn betrachten. Hierzu führen wir die folgende Schreibweise ein:

$$x^h(t_i) \,\hat{=}\, x_i^h, \quad x^h(t_i + h) \,\hat{=}\, x_{i+1}^h, \quad \ldots$$

Damit nimmt das Verfahren (2.99) die Gestalt

$$x^h(t_i + h) = x^h(t_i) + h\Phi(t_i, x^h(t_i); h) \tag{2.102}$$

an. In einem ersten (Spiegelungs-)Schritt ersetzen wir in (2.102) h durch $-h$ und erhalten

$$x^{-h}(t_i - h) = x^{-h}(t_i) - h\Phi(t_i, x^{-h}(t_i); -h). \tag{2.103}$$

Der zweite (Spiegelungs-)Schritt besteht in der Ersetzung von t_i durch $t_i + h$ in (2.103), woraus die Formel

$$x^{-h}(t_i) = x^{-h}(t_i + h) - h\Phi(t_i + h, x^{-h}(t_i + h); -h) \tag{2.104}$$

resultiert. Diese ist eine implizite $\triangle$GL für $x^{-h}(t_i + h) \hat{=} x_{i+1}^{-h}$, die nach dem Satz über implizite Funktionen für hinreichend kleines h eine eindeutige Lösung besitzt. Wir schreiben die Lösung mit Hilfe der sogenannten *adjungierten* Inkrementfunktion Φ^* in der Form

$$x^{-h}(t_i + h) = x^{-h}(t_i) + h\Phi^*(t_i, x^{-h}(t_i); h). \tag{2.105}$$

Vergleicht man nun (2.104) und (2.105) miteinander, dann gelangt man zu der folgenden Definition, die auf Scherer (1977) zurückgeht.

Definition 2.13. Es seien $A \equiv x^{-h}(t_i + h)$ und $B \equiv x^{-h}(t_i)$. Des Weiteren bezeichne $\Phi(t, x; h)$ die Inkrementfunktion des ESVs (2.102). Dann ist die Inkrementfunktion $\Phi^*(t, x; h)$ des zugehörigen *gespiegelten* oder *adjungierten* ESVs durch das Formelpaar

$$B = A - h\Phi(t_i + h, A; -h), \quad A = B + h\Phi^*(t_i, B; h) \tag{2.106}$$

erklärt. $\qquad\qquad\qquad\qquad\qquad\qquad\qquad\qquad\qquad\qquad\qquad\qquad\qquad\qquad\qquad\Box$

Beispiel 2.12. Anhand des *expliziten* Euler(vorwärts)-Verfahrens wollen wir den obigen Spiegelungsprozess demonstrieren. Das Ausgangsverfahren lautet

$$x_{i+1}^h = x_i^h + hf(t_i, x_i^h), \quad \text{bzw.} \quad x^h(t_i + h) = x^h(t_i) + hf(t_i, x^h(t_i)).$$

Im ersten Schritt wird h durch $-h$ ersetzt und man erhält

$$x^{-h}(t_i - h) = x^{-h}(t_i) - hf(t_i, x^{-h}(t_i)).$$

Der zweite Schritt besteht in der Ersetzung von t_i durch $t_i + h$, d. h.

$$x^{-h}(t_i) = x^{-h}(t_i + h) - hf(t_i + h, x^{-h}(t_i + h)).$$

Schreibt man diese Formel noch zu

$$x_{i+1}^{-h} = x_i^{-h} + hf(t_{i+1}, x_{i+1}^{-h})$$

um, erkennt man unmittelbar, dass das gespiegelte Verfahren mit dem bekannten *impliziten* Euler(rückwärts)-Verfahren übereinstimmt. $\qquad\qquad\qquad\qquad\qquad\qquad\Box$

Wir wollen jetzt einige Eigenschaften gespiegelter Verfahren anführen. Für ein RKV (2.5) lassen sich die Koeffizienten des gespiegelten Verfahrens explizit angeben.

Satz 2.18. *Es sei ein m-stufiges RKV mit den zugehörigen Koeffizienten γ_{jl}, β_j und ϱ_j ($j, l = 1, 2, \ldots, m$) sowie der Inkrementfunktion Φ gegeben. Dann ist das gespiegelte Verfahren mit der Inkrementfunktion Φ^* äquivalent zu einem m-stufigen RKV mit den Koeffizienten*

$$\varrho_j^* = 1 - \varrho_{m+1-j}, \quad \gamma_{jl}^* = \beta_{m+1-l} - \gamma_{m+1-j,m+1-l}, \quad \beta_j^* = \beta_{m+1-j},$$
$$j, l = 1, 2, \ldots, m. \tag{2.107}$$

Beweis. Nach den Formeln (2.106) hat man zur Bestimmung des gespiegelten ESVs, ausgehend vom ursprünglichen RKV (2.5), sukzessive die folgenden Schritte auszuführen: Schritt 1: Vertauschung $x_i^h \leftrightarrow x_{i+1}^h$, Schritt 2: Vertauschung $h \leftrightarrow -h$ sowie Schritt 3: Ersetzung $t_i \to t_i + h$. Dies führt auf die Beziehungen

$$x_{i+1}^h = x_i^h + h \sum_{j=1}^m \beta_j k_j, \quad k_j = f\left(t_i + (1 - \varrho_j)h, x_i^h + h \sum_{l=1}^m (\beta_l - \gamma_{jl})k_l\right).$$

Um die übliche natürliche Anordnung $\varrho_1, \ldots, \varrho_m$ aufrechtzuerhalten, hat man auch die k_j zu permutieren und alle Indizes j durch $m + 1 - j$ zu ersetzen. $\quad\square$

Beispiel 2.13. Gegeben sei wieder das Euler(vorwärts)-Verfahren. Die zugehörigen Koeffizienten können dem entsprechenden Butcher-Diagramm in der Tabelle 2.2 entnommen werden: $\beta_1 = 1$, $\varrho_1 = 0$, $\gamma_{11} = 0$. Des Weiteren ist $m = 1$. Die Koeffizienten des gespiegelten Verfahrens berechnen sich nun nach (2.107) zu:

$$\varrho_1^* = 1 - \varrho_1 = 1, \quad \gamma_{11}^* = \beta_1 - \gamma_{11} = 1, \quad \beta_1^* = \beta_1 = 1.$$

Damit liegt das Butcher-Diagramm des Euler(rückwärts)-Verfahrens vor (siehe Tabelle 2.3). $\quad\square$

Der folgende Satz gibt eine Antwort auf die Frage, was geschieht, wenn man ein gespiegeltes Verfahren noch einmal spiegelt.

Satz 2.19. *Die Spiegelung eines bereits gespiegelten ESVs ergibt wieder das Ausgangsverfahren, d. h., es gilt $\Phi^{**} = \Phi$.*

Beweis. In (2.106) ersetzen wir h durch $-h$. Es resultiert

$$B = A + h\Phi(t_i - h, A; h), \quad A = B - h\Phi^*(t_i, B, -h).$$

Jetzt ersetzen wir t_i durch $t_i + h$ und erhalten

$$B = A + h\Phi(t_i, A; h), \quad A = B - h\Phi^*(t_i + h, B; -h).$$

Abschließend werden noch simultan A durch B sowie B durch A ersetzt. Es resultiert

$$A = B + h\Phi(t_i, B; h), \quad B = A - h\Phi^*(t_i + h, A; -h). \tag{2.108}$$

Die durch den obigen Spiegelungsprozess erhaltenen Gleichungen (2.108) definieren die Spiegelung eines gespiegelten Verfahrens. Dieses genügt aber nach (2.106) auch den Beziehungen

$$B = A - h\Phi^*(t_i + h, A; -h), \quad A = B + h\Phi^{**}(t_i, B; h). \tag{2.109}$$

Ein Vergleich von (2.108) mit (2.109) ergibt die Behauptung. □

Bezüglich der Konsistenzordnung eines gespiegelten Verfahrens gilt nun der

Satz 2.20. *Die Konsistenzordnung eines gespiegelten ESVs stimmt mit der des Ausgangsverfahrens überein.*

Beweis. Nach Formel (2.64) gilt für ein ESV

$$x(t_i + h) - x(t_i) - h\Phi(t_i, x(t_i); h) = d_{p+1}(t_i)h^{p+1} + O(h^{p+2}).$$

Wir wenden jetzt hierauf den Spiegelungsprozess an und ersetzen h durch $-h$. Es resultiert

$$x(t_i - h) - x(t_i) + h\Phi(t_i, x(t_i); -h) = d_{p+1}(t_i)(-h)^{p+1} + O(h^{p+2}).$$

Nun wird t_i durch $t_i + h$ ersetzt. Dies ergibt

$$x(t_i) - x(t_i + h) + h\Phi(t_i + h, x(t_i + h); -h) = d_{p+1}(t_i + h)(-h)^{p+1} + O(h^{p+2}).$$

Entwickelt man nun $d_{p+1}(t_i + h) = d_{p+1}(t_i) + O(h)$ und setzt dies in die obige Formel ein, dann ergibt sich nach einer Umordnung der Terme

$$x(t_i) + (-1)^p d_{p+1}(t_i)h^{p+1} + O(h^{p+2}) = x(t_i + h) - h\Phi(t_i + h, x(t_i + h); -h).$$

Um die Beziehungen (2.106) anwenden zu können, bezeichnen wir die linke Seite der obigen Gleichung mit B und setzen $A \equiv x(t_i + h)$. Es resultiert

$$B = A - h\Phi(t_i + h, A; -h).$$

Folglich ist
$$A = B + h\Phi^*(t_i, x(t_i); h), \quad \text{d. h.}$$

$$x(t_i + h) - x(t_i) - h\Phi^*(t_i, x(t_i); h) = (-1)^p d_{p+1}(t_i)h^{p+1} + O(h^{p+2}). \tag{2.110}$$

Hieraus folgt unmittelbar die Behauptung. □

Aus der Formel (2.110) kann die folgende Aussage direkt abgelesen werden.

Folgerung 2.4. *Die lokale Fehlerfunktion eines gespiegelten ESVs ist gleich der des Ausgangsverfahrens, multipliziert mit dem Faktor* $(-1)^p$. □

Eine Aussage bezüglich der asymptotischen Entwicklung des globalen Fehlers e_{i+1}^{-h} vom gespiegelten Verfahren vermittelt der

Satz 2.21. *Das gespiegelte Verfahren besitzt eine asymptotische Entwicklung in h-Potenzen, die man dadurch erhält, indem in der Entwicklung (2.72) des ursprünglichen ESVs die Größe h durch −h ersetzt wird, d. h., es gilt*

$$e_{i+1}^{-h} = e_p(t_{i+1})(-h)^p + \cdots + e_N(t_{i+1})(-h)^N + E_{-h}(t_{i+1})(-h)^{N+1}, \qquad (2.111)$$

wobei der Restterm $E_{-h}(t)$ für $t_0 \leq t \leq T$ und $0 \leq h \leq h_0$ beschränkt ist.

Beweis. Siehe z. B. Hairer et al. (1993). □

Wir kommen nun zu einer wichtigen Eigenschaft von ESVn, die sich später als sehr relevant für die Konstruktion effektiver Extrapolationsverfahren erweisen wird.

Definition 2.14. Ein ESV heißt *symmetrisch*, wenn das zugehörige gespiegelte Verfahren zur gleichen Näherungslösung führt, d. h., wenn

$$x^h(t_i + h) = x^{-h}(t_i + h) \qquad (2.112)$$

gilt. □

Daraus ergibt sich unmittelbar die

Folgerung 2.5. *Ein ESV ist symmetrisch, wenn die zugehörigen Inkrementfunktionen Φ und Φ^* die Beziehung*

$$\Phi = \Phi^* \qquad (2.113)$$

erfüllen. □

Wir wollen nun den oben definierten Symmetriebegriff anhand zweier konkreter Verfahren demonstrieren.

Beispiel 2.14.

1. Wir beginnen mit der Trapezregel, deren △GL durch

$$x^h(t_i + h) = x^h(t_i) + \frac{h}{2}[f(t_i, x^h(t_i)) + f(t_i + h, x^h(t_i + h))]$$

gegeben ist. Die zugehörige Inkrementfunktion lautet

$$\Phi(t_i, x^h(t_i); h) = \frac{1}{2}[f(t_i, x^h(t_i)) + f(t_i + h, x^h(t_i + h))].$$

Nach der Durchführung der Spiegelungsschritte erhält man

$$\Phi(t_i + h, x^{-h}(t_i + h); -h) = \frac{1}{2}[f(t_i + h, x^{-h}(t_i + h)) + f(t_i, x^{-h}(t_i))].$$

Damit gilt $\Phi = \Phi^*$, d. h., die Trapezregel ist symmetrisch.

2. Als Nächstes betrachten wir die Mittelpunktsregel

$$x^h(t_i + h) = x^h(t_i) + hf\left(t_i + \frac{h}{2}, \frac{x^h(t_i) + x^h(t_i + h)}{2}\right).$$

Es gilt also

$$\Phi(t_i, x^h(t_i); h) = f\left(t_i + \frac{h}{2}, \frac{x^h(t_i) + x^h(t_i + h)}{2}\right).$$

Die Spiegelung führt auf

$$\Phi(t_i + h, x^{-h}(t_i + h); -h) = f(t_i + \frac{h}{2}, \frac{x^{-h}(t_i + h) + x^{-h}(t_i)}{2}).$$

Wieder gilt $\Phi = \Phi^*$, so dass wir darauf schließen können, dass auch die Mittelpunktsregel symmetrisch ist. □

Von Interesse ist nun die Frage, ob sich Bedingungen an die Koeffizienten eines ESVs formulieren lassen, unter denen die Symmetrie des Verfahrens garantiert ist. Eine Antwort darauf gibt der

Satz 2.22. *Gilt für die Koeffizienten β_j und γ_{jl} eines m-stufigen RKVs*

$$\gamma_{m+1-j,m+1-l} + \gamma_{jl} = \beta_{m+1-l} = \beta_l, \quad j, l = 1, \ldots, m, \tag{2.114}$$

dann ist dieses Verfahren symmetrisch.

Beweis. Die Aussage ergibt sich unmittelbar aus den im Satz 2.18 enthaltenen Beziehungen (2.107) zwischen den Koeffizienten des ursprünglichen und des gespiegelten Verfahrens. □

Wie wir gesehen haben, sind die Bedingungen (2.114) an die Koeffizienten eines RKVs *hinreichend* für dessen Symmetrie. Es lassen sich aber auch *notwendige* Bedingungen für die Symmetrie eines RKVs angeben.

Satz 2.23. *Falls für die Koeffizienten eines RKVs gilt, dass die β_j nicht verschwinden, die ϱ_j paarweise verschieden und in der Form $\varrho_1 < \varrho_2 < \cdots < \varrho_m$ angeordnet sind, dann stellen die Beziehungen (2.114) auch die notwendigen Bedingungen für die Symmetrie des Verfahrens dar.*

Beweis. Siehe z. B. Hairer et al. (1993). □

Eine wesentliche Eigenschaft der symmetrischen Verfahren wird durch den folgenden Satz deutlich.

Satz 2.24. *Zusätzlich zu den Voraussetzungen des Satzes 2.14 (Satz von Gragg) sei das betrachtete ESV symmetrisch. Dann enthält die asymptotische Entwicklung (2.72) nur gerade Potenzen von h, d. h.*

$$e_{i+1}^h = e_{2\gamma}(t_{i+1})h^{2\gamma} + e_{2\gamma+2}(t_{i+1})h^{2\gamma+2} + \cdots, \tag{2.115}$$

mit $e_{2j}(t_0) = 0$.

Beweis. Da $\Phi = \Phi^*$ gilt, ist $x^{-h}(t_i + h) = x^h(t_i + h)$ durch (2.105) bestimmt. Die Behauptung ergibt sich dann unmittelbar aus den Sätzen 2.14 und 2.21. □

Wir wollen nun den eigentlichen Extrapolationsalgorithmus beschreiben. Hierzu seien gegeben:

- eine Grundschrittweite $H > 0$,
- eine monoton fallende Folge lokaler Schrittweiten $\{h_1, h_2, \ldots\}$, mit $h_i \equiv H/n_i$, $n_i \in \mathbb{N}$ und $n_i < n_{i+1}$, sowie
- ein ESV (Grundverfahren) der Konsistenzordnung p.

Mit dem ESV wird zunächst eine Folge von Näherungslösungen

$$x^{h_i}(t_0 + H) \equiv T_{i,1} \tag{2.116}$$

für die Lösung $x(t)$ des gegebenen AWPs (1.5) im Gitterpunkt $t_0 + H$ berechnet. Die Verwendung des Buchstabens „T" in (2.116) hat historische Gründe und soll auf die Trapezregel hinweisen. Das Ziel ist nun, möglichst viele Terme aus der asymptotischen Entwicklung (2.72) zu eliminieren. Dies lässt sich dadurch erreichen, indem man das Interpolationspolynom

$$P(h) \equiv e_0 - e_p h^p - \cdots - e_{p+k-2} h^{p+k-2} \tag{2.117}$$

bestimmt, welches die k Interpolationsbedingungen

$$P(h_i) = T_{i,1}, \quad i = l, l-1, \ldots, l-k+1 \tag{2.118}$$

erfüllt. Der Ansatz für dieses Interpolationspolynom ergibt sich unmittelbar aus der asymptotischen Entwicklung (2.72). Die Gleichungen (2.118) stellen ein lineares Gleichungssystem für die k Unbekannten

$$e_0, e_p H^p, \ldots, e_{p+k-2} H^{p+k-2}$$

dar:

$$\underbrace{\begin{pmatrix} I & \frac{1}{n_l^p}I & \cdots & \frac{1}{n_l^{p+k-2}}I \\ I & \frac{1}{n_{l-1}^p}I & \cdots & \frac{1}{n_{l-1}^{p+k-2}}I \\ \vdots & \vdots & \ddots & \vdots \\ I & \frac{1}{n_{l-k+1}^p}I & \cdots & \frac{1}{n_{l-k+1}^{p+k-2}}I \end{pmatrix}}_{A} \begin{pmatrix} e_0 \\ -e_p H^p \\ \vdots \\ -e_{p+k-2}H^{p+k-2} \end{pmatrix} = \begin{pmatrix} T_{l,1} \\ T_{l-1,1} \\ \vdots \\ T_{l-k+1,1} \end{pmatrix}. \tag{2.119}$$

Als Koeffizientenmatrix A entsteht dabei eine Vandermonde-ähnliche Matrix, deren Regularität bekannt ist (siehe z. B. Golub & Van Loan (1996)). Nach der Lösung dieses Gleichungssystems *extrapoliert man auf den Grenzwert* $h \to 0$ und fasst

$$P(0) = e_0 \equiv T_{l,k}$$

als neue (verbesserte) Näherung an der Stelle $t_0 + H$ auf.

Zur besseren Verständlichkeit wollen wir den Extrapolationsalgorithmus an einem Beispiel erläutern.

Beispiel 2.15. Es seien $k = 2$, $n_1 = 1$, $n_2 = 2$ und $l = 2$. Das Interpolationspolynom ist damit von der Gestalt $P(h) = e_0 - e_p h^p$. Mit den sich daraus ergebenden lokalen Schrittweiten $h_1 = H$ und $h_2 = H/2$ lauten die Interpolationsbedingungen (2.118)

$$P(H) = T_{1,1} \quad \text{und} \quad P(\frac{H}{2}) = T_{2,1}.$$

Das daraus resultierende lineare Gleichungssystem (2.119) nimmt somit die Gestalt

$$\begin{pmatrix} I & \frac{1}{2^p} I \\ I & I \end{pmatrix} \begin{pmatrix} e_0 \\ -e_p H^p \end{pmatrix} = \begin{pmatrix} T_{2,1} \\ T_{1,1} \end{pmatrix}$$

an. Um dieses Gleichungssystem aufzulösen, multipliziert man zunächst die erste Gleichung

$$e_0 - 1/2^p e_p H^p = T_{2,1}$$

mit 2^p und subtrahiert davon die zweite Gleichung

$$e_0 - e_p H^p = T_{1,1}.$$

Es resultiert $2^p e_0 - e_0 = 2^p T_{2,1} - T_{1,1}$. Diese Gleichung schreiben wir in der Form

$$(2^p - 1)e_0 = 2^p T_{2,1} - T_{2,1} - T_{1,1} + T_{2,1}$$

und lösen sie nach e_0 auf. Es ergibt sich

$$e_0 = \frac{(2^p - 1)T_{2,1} - T_{1,1} + T_{2,1}}{(2^p - 1)} = T_{2,1} + \frac{T_{2,1} - T_{1,1}}{(2^p - 1)} \equiv T_{2,2}.$$

Offensichtlich entspricht die obige Formel zur Bestimmung des neuen Näherungswertes $T_{2,2}$ für $p = 1$ dem bekannten *Aitken-Neville-Algorithmus* (siehe hierzu Hermann (2011)). □

Wir wollen uns nun davon überzeugen, dass diese Technik tatsächlich zu einer Erhöhung der Konsistenzordnung führt. Das entsprechende Resultat ist im folgenden Satz formuliert.

Satz 2.25. *Die Näherungswerte $T_{l,k}$ definieren ein numerisches Integrationsverfahren von der Konsistenzordnung mindestens $p + k - 1$, d. h., es gilt*

$$x(t_0 + H) - T_{l,k} = O(H^{p+k}). \tag{2.120}$$

Beweis. Nach (2.72) ist

$$A \begin{pmatrix} x(t_0 + H) \\ -e_p(t_0 + H)H^p \\ \vdots \\ -e_{p+k-2}(t_0 + H)H^{p+k-2} \end{pmatrix} - \begin{pmatrix} \triangle_l \\ \triangle_{l-1} \\ \vdots \\ \triangle_{l-k+1} \end{pmatrix} = \begin{pmatrix} T_{l,1} \\ T_{l-1,1} \\ \vdots \\ T_{l-k+1,1} \end{pmatrix}, \tag{2.121}$$

mit $\triangle_i \equiv e_{p+k-1}(t_0 + H)h_i^{p+k-1} + E_{p+k}(t, h_i)h_i^{p+k}$. Wegen $e_{p+k-1}(t_0) = 0$ und $h_i \leq H$ ergibt sich $\triangle_i = O(H^{p+k})$ für $i = l, l-1, \ldots, l-k+1$. Aus (2.121) resultiert unter Berücksichtigung der Invertierbarkeit von A und unter Beachtung von (2.119)

$$\underbrace{\begin{pmatrix} x(t_0 + H) - e_0 \\ -(e_p(t_0 + H) - e_p)H^p \\ \vdots \\ -(e_{p+k-2}(t_0 + H) - e_{p+k-2})H^{p+k-2} \end{pmatrix}}_{\equiv z} = A^{-1} \begin{pmatrix} \triangle_l \\ \triangle_{l-1} \\ \vdots \\ \triangle_{l-k+1} \end{pmatrix}. \tag{2.122}$$

Versieht man den Block–Vektor z mit der Norm

$$\|z\| \equiv \max\left(\|x(t_0 + H) - e_0\|, \ldots, \|e_{p+k-2}(t_0 + H) - e_{p+k-2}\|H^{p+k-2}\right),$$

dann impliziert (2.122)

$$\|x(t_0 + H) - e_0\| \leq \|A^{-1}\|_\infty \max_i \|\triangle_i\| = O(H^{p+k}),$$

d. h., die Näherungswerte $T_{l,k}$ besitzen die Konsistenzordnung $p + k - 1$. $\qquad\square$

Folgerung 2.6. *Die Näherungswerte $T_{l,k}$ eines symmetrischen ESVs mit der asymptotischen h^2-Entwicklung (2.115) erfüllen*

$$\|x(t_0 + H) - T_{l,k}\| = O(H^{2\gamma+2k-1}), \tag{2.123}$$

d. h., die Werte $T_{l,k}$ definieren bezüglich der Grundschrittweite H ein numerisches Integrationsverfahren der Konsistenzordnung $p = 2\gamma + 2k - 2$. $\qquad\square$

Der Vorteil des dargestellten Extrapolationsalgorithmus besteht darin, dass man nicht nur eine, sondern i. Allg. eine große Anzahl von Näherungen unterschiedlicher Genauigkeitsordnung für die Lösung des gegebenen AWPs erhält, die man vernünftigerweise in Tabellenform anordnet (siehe Tabelle 2.28).

Tab. 2.28: Extrapolationstabelle.

$T_{1,1}$				
$T_{2,1}$	$T_{2,2}$			
$T_{3,1}$	$T_{3,2}$	$T_{3,3}$		
$T_{4,1}$	$T_{4,2}$	$T_{4,3}$	$T_{4,4}$	
...	...	...	...	...

Die in der Tabelle 2.28 implizit enthaltenen (eingebetteten) Verfahren unterschiedlicher Konsistenzordnung können insbesondere dazu genutzt werden, mit wenig Aufwand den lokalen Diskretisierungsfehler zu schätzen und die Ordnung zu variieren.

Besitzt das ESV die asymptotische Entwicklung (2.72) mit $p = 1$, dann sind die Werte $T_{l,k}$ von der Konsistenzordnung k, d. h., pro Spalte der Extrapolationstabelle vergrößert sich die zugehörige Ordnung um 1. Ist andererseits das ESV symmetrisch und besitzt es die asymptotische h^2-Entwicklung (2.115) mit $\gamma = 1$, dann sind die Werte $T_{l,k}$ von der Konsistenzordnung $p = 2k$. Pro Spalte der Extrapolationstabelle vergrößert sich jetzt die Ordnung um zwei. Damit sind die symmetrischen ESVn den unsymmetrischen Verfahren weitaus überlegen und werden in der Praxis fast ausschließlich im Extrapolationsalgorithmus verwendet.

Zur Berechnung der ersten Spalte in der Tabelle 2.28 haben sich in der Praxis verschiedene Schrittzahlfolgen $n_1 < n_2 < n_3 < \cdots$ bewährt:

- ROMBERG-FOLGE:
  $$F_R = \{1, 2, 4, 8, 16, 32, 64, 128, \ldots\}, \quad n_i = 2^{i-1},$$
- BULIRSCH-FOLGE:
  $$F_B = \{1, 2, 3, 4, 6, 8, 12, 16, 24, \ldots\}, \quad n_i = 2n_{i-2} \text{ für } i \geq 4,$$
- HARMONISCHE FOLGE:
  $$F_H = \{1, 2, 3, 4, 5, \ldots\}.$$

Die Bulirsch-Folge benötigt weniger Funktionswertberechnungen zur Erreichung einer höheren Ordnung als die Romberg-Folge. Sie wurde insbesondere durch den sehr häufig verwendeten Gragg-Bulirsch-Stoer-Algorithmus (siehe Bulirsch & Stoer (1966)) bekannt. Beide Folgen haben die Eigenschaft, dass bei reinen Quadraturproblemen $\dot{x}(t) = f(t)$ viele der berechneten Funktionswerte abgespeichert und für kleinere Schrittweiten h_i wiederverwendet werden können. Wenn man jedoch echte AWPe der Form (1.5) lösen möchte, dann ist die harmonische Folge den anderen überlegen (siehe Deuflhard (1983)).

Besitzt das Grundverfahren die Konsistenzordnung $p = 1$, dann liegt das klassische Interpolationsproblem vor. Da man nur den Wert des Interpolationspolynoms

$$P(h) = e_0 - e_1 h - \cdots - e_{k-1} h^{k-1} \tag{2.124}$$

an der Stelle $h = 0$ benötigt, bietet sich, wie im Beispiel 2.15 gezeigt, der Aitken-Neville-Algorithmus an. Die zugehörige Rechenvorschrift lautet:

$$T_{l,k+1} = T_{l,k} + \frac{T_{l,k} - T_{l-1,k}}{\left(\frac{n_l}{n_{l-k}}\right) - 1}. \tag{2.125}$$

Ein symmetrisches ESV mit der Konsistenzordnung $p = 2$ besitzt bei genügender Glattheit von f die asymptotische h^2-Entwicklung

$$e_{i+1}^h = e_2(t_{i+1})h^2 + e_4(t_{i+1})h^4 + \cdots + e_{2k}(t_{i+1})h^{2k} + O(h^{2k+2}).$$

Im Interpolationspolynom kann man deshalb h durch h^2 ersetzen, so dass das Aitken-Neville-Schema nun wie folgt lautet:

$$T_{l,k+1} = T_{l,k} + \frac{T_{l,k} - T_{l-1,k}}{\left(\frac{n_l}{n_{l-k}}\right)^2 - 1}. \tag{2.126}$$

Ein großer Durchbruch bei den Extrapolationsverfahren wurde von Gragg (1964) (siehe auch Gragg (1965)) erreicht, indem er zeigte, dass das kombinierte Verfahren

$$
\begin{aligned}
&1. \quad x_1^h = x_0^h + hf(t_0, x_0^h), \\
&2. \quad x_{m+1}^h = x_{m-1}^h + 2hf(t_m, x_m^h), \quad m = 1, \ldots, 2N, \\
&3. \quad S_h(t) = \frac{1}{4}(x_{2N-1}^h + 2x_{2N}^h + x_{2N+1}^h) \\
&\quad (t_m = t_0 + mh, \quad t = t_0 + 2Nh)
\end{aligned}
\tag{2.127}
$$

eine asymptotische h^2-Entwicklung besitzt. Dieser sogenannte *Algorithmus von Gragg* setzt sich aus dem Euler(vorwärts)-Verfahren (1.) als Startwert, aus $2N$-Schritten mit der Mittelpunktsregel (2.) sowie aus dem Schlussschritt (3.), der eine gewichtete Mittelung der drei Näherungswerte $x_{2N-1}^h, x_{2N}^h, x_{2N+1}^h$ darstellt, zusammen.

Satz 2.26. *Es sei $f \in \mathbb{C}^{2l+2}$. Dann besitzt die durch die Vorschrift (2.127) definierte Näherungslösung $S_h(t)$ für $t \equiv t_0 + 2Nh$ eine asymptotische Entwicklung der Form*

$$
x(t) - S_h(t) = \sum_{i=1}^{l} e_{2i}(t)h^{2i} + h^{2l+2}E(t, h).
\tag{2.128}
$$

Dabei gilt $e_{2i}(t_0) = 0$ und der Restterm $E(t, h)$ ist beschränkt für alle $t_0 \leq t \leq t_e$ und $0 \leq h \leq h_0$.

Beweis. Siehe die Arbeit von Gragg (1965). Der dort angegebene Beweis kann beträchtlich verkürzt werden, indem der zweite Schritt des Algorithmus (2.127) als ein ESV interpretiert wird. Hierzu hat man nach Stetter (1970) den Algorithmus (2.127) in Ausdrücken von geraden und ungeraden Indizes umzuschreiben. Der detaillierte Beweis ist in Hairer et al. (1993) zu finden. □

Das obige Verfahren bildet den Grundbaustein für den *Extrapolationsalgorithmus von Gragg-Bulirsch-Stoer* (siehe Bulirsch & Stoer (1966)). Man wählt hier eine monoton fallende Schrittweitenfolge $\{h_i\} = \{H/n_i\}$ mit einer geraden Schrittzahlfolge $\{n_i\}$, z. B. die

- doppelte Romberg-Folge:
  $F_{2R} = \{2, 4, 8, 16, 32, 64, 128, 256, \ldots\}$,
- doppelte Bulirsch-Folge:
  $F_{2R} = \{2, 4, 6, 8, 12, 16, 24, 32, \ldots\}$,
- doppelte harmonische Folge:
  $F_{2R} = \{2, 4, 6, 8, 10, 12, 14, 16, \ldots\}$.

Dann setzt man

$$
T_{i,1} \equiv S_{h_i}(t_0 + H)
$$

und berechnet die extrapolierten Werte $T_{l,k}$, basierend auf der h^2-Entwicklung (2.128), nach dem Aitken-Neville-Schema (2.126).

Der große Vorteil der Extrapolationsverfahren besteht darin, dass neben der Schrittweite auch die Ordnung (d. h. die Anzahl der Spalten in der Tabelle 2.28) in jedem Schritt verändert werden kann. Eine effektive Implementierung unter Ausnutzung dieses doppelten Freiheitsgrades ist wesentlich komplizierter als bei den RKVn mit fester Ordnung. Aufbauend auf dem GBS-Algorithmus von Bulirsch & Stoer (1966) wurden von Deuflhard (1983, 1985) wesentliche Beiträge zur Theorie und Praxis von Extrapolationsverfahren geschaffen. Die in der Praxis häufig verwendeten Codes `difex1` und `difex2` bieten ein beredtes Beispiel dafür. Genauere Ausführungen zur Ordnungs- und Schrittweitensteuerung in Extrapolationsverfahren finden sich u. a. in Deuflhard & Bornemann (2002) und Hairer et al. (1993).

2.10 Numerische Verfahren für Differentialgleichungen 2. Ordnung

In den Anwendungen treten sehr häufig AWPe für Systeme von DGLn 2. Ordnung

$$\ddot{x}(t) = f(t, x(t), \dot{x}(t)), \quad x(t_0) = x_0, \ \dot{x}(t_0) = \dot{x}_0 \tag{2.129}$$

direkt auf. Ein solches System lässt sich immer in die Standardform (1.5) überführen, indem man den Vektor $(x, \dot{x})^T$ als neue Variable auffasst und

$$\frac{d}{dt}\begin{pmatrix} x \\ \dot{x} \end{pmatrix} = \begin{pmatrix} \dot{x} \\ f(t, x, \dot{x}) \end{pmatrix}, \quad \begin{array}{l} x(t_0) = x_0, \\ \dot{x}(t_0) = \dot{x}_0 \end{array} \tag{2.130}$$

schreibt. Um nun das AWP (2.129) numerisch zu lösen, kann man beispielsweise ein m-stufiges RKV auf (2.130) anwenden. Es resultiert:

$$x_{i+1}^h = x_i^h + h \sum_{j=1}^{m} \beta_j k_j, \quad \dot{x}_{i+1}^h = \dot{x}_i^h + h \sum_{j=1}^{m} \beta_j \dot{k}_j,$$

$$k_j = \dot{x}_i^h + h \sum_{l=1}^{m} \gamma_{jl} \dot{k}_l, \quad \dot{k}_j = f\left(t_0 + \varrho_j h, x_i^h + h \sum_{l=1}^{m} \gamma_{jl} k_l, \dot{x}_i^h + h \sum_{l=1}^{m} \gamma_{jl} \dot{k}_l\right). \tag{2.131}$$

Wir wollen an dieser Stelle voraussetzen, dass das verwendete RKV konsistent ist und darüber hinaus für dieses die Knotenbeziehung (2.16) gilt. Substituiert man die dritte Formel aus (2.131) in die anderen, dann ergeben sich die Gleichungen

$$x_{i+1}^h = x_i^h + h\dot{x}_i^h + h^2 \sum_{j=1}^{m} \bar{\beta}_j \dot{k}_j, \quad \dot{x}_{i+1}^h = \dot{x}_i^h + h \sum_{j=1}^{m} \beta_j \dot{k}_j,$$

$$\dot{k}_j = f\left(t_0 + \varrho_j h, x_i^h + \varrho_j h\dot{x}_i^h + h^2 \sum_{l=1}^{m} \bar{\gamma}_{jl} \dot{k}_l, \dot{x}_i^h + h \sum_{l=1}^{m} \gamma_{jl} \dot{k}_l\right), \tag{2.132}$$

mit

$$\bar{\gamma}_{jl} \equiv \sum_{s=1}^{m} \gamma_{js} \gamma_{sl}, \quad \bar{\beta}_j \equiv \sum_{l=1}^{m} \beta_l \gamma_{lj}. \tag{2.133}$$

Offensichtlich ist für eine Implementierung des RKVs die Darstellung (2.132) günstiger als (2.131), da dabei etwa die Hälfte an Speicherplatz eingespart werden kann. Das ist insbesondere für große Systeme der Form (2.129) von Bedeutung.

Die Verfahrensvorschrift (2.132) geht auf Nyström (1925) zurück, wobei von ihm nicht gefordert wurde, dass die Koeffizienten des Verfahrens die Bedingungen (2.133) notwendigerweise erfüllen müssen. Wir kommen damit zur

Definition 2.15. Es sei $m \in \mathbb{N}$. Ein ESV der Gestalt (2.132) heißt *m-stufiges Nyström-Verfahren*. Dabei sind die Koeffizienten γ_{ij}, $\bar{\gamma}_{ij}$, ϱ_j, β_j und $\bar{\beta}_j$ geeignet gewählte reelle Zahlen, durch die das Verfahren eindeutig charakterisiert ist.　　□

Die Koeffizienten eines Nyström-Verfahrens ordnet man wieder in einem Butcher-Diagramm an, das jetzt wie in der Tabelle 2.29 angegeben aussieht.

Tab. 2.29: Butcher-Diagramm der Nyström-Verfahren.

$$
\begin{array}{c|c|c}
\varrho & \bar{\Gamma} & \Gamma \\
\hline
 & \bar{\beta}^T & \beta^T
\end{array}
$$

Die Ordnung eines Nyström-Verfahrens wird analog dem eines gewöhnlichen ESVs erklärt.

Definition 2.16. Ein Nyström-Verfahren (2.132) besitzt die *Ordnung p*, wenn für eine hinreichend glatte Funktion $f(t, x, \dot{x})$ im AWP (2.129) gilt:

$$x(t_0 + h) - x_1^h = O(h^{p+1}), \quad \dot{x}(t_0 + h) - \dot{x}_1^h = O(h^{p+1}). \tag{2.134}$$

　　□

Durch die Tabelle 2.30 ist ein Nyström-Verfahren 4. Ordnung definiert. Wie man sofort nachrechnet, sind hier die Bedingungen (2.133) nicht erfüllt.

Es lässt sich sehr einfach zeigen, dass ein Nyström-Verfahren zur Lösung des allgemeinen AWPs zweiter Ordnung (2.129) keinerlei Vorteile gegenüber einem RKV, das man auf das transformierte Problem (2.130) anwendet, besitzt. Bei der Implementierung des RKVs sollte man jedoch immer auf die Form (2.132) zurückgreifen. Eine tatsächliche Reduktion des Aufwandes ergibt sich aber, wenn die rechte Seite der DGL nicht von $\dot{x}$ abhängt, d. h. für AWPe der Form

$$\ddot{x}(t) = f(t, x(t)), \quad x(t_0) = x_0, \quad \dot{x}(t_0) = \dot{x}_0. \tag{2.135}$$

Tab. 2.30: Nyström-Verfahren 4. Ordnung.

0	0	0	0	0	0	0	0	0
$\dfrac{1}{2}$	$\dfrac{1}{8}$	0	0	0	$\dfrac{1}{2}$	0	0	0
$\dfrac{1}{2}$	$\dfrac{1}{8}$	0	0	0	0	$\dfrac{1}{2}$	0	0
1	0	0	$\dfrac{1}{2}$	0	0	0	1	0
	$\dfrac{1}{6}$	$\dfrac{1}{6}$	$\dfrac{1}{6}$	0	$\dfrac{1}{6}$	$\dfrac{1}{3}$	$\dfrac{1}{3}$	$\dfrac{1}{6}$

Die Definitionsgleichungen (2.132) eines Nyström-Verfahrens gehen in diesem Falle über in

$$x_{i+1}^h = x_i^h + h\dot{x}_i^h + h^2 \sum_{j=1}^{m} \bar{\beta}_j k_j, \qquad \dot{x}_{i+1}^h = \dot{x}_i^h + h \sum_{j=1}^{m} \beta_j k_j,$$

$$k_j = f(t_0 + \varrho_j h, \, x_i^h + \varrho_j h \dot{x}_i^h + h^2 \sum_{l=1}^{m} \bar{\gamma}_{jl} k_l). \tag{2.136}$$

Somit werden die Koeffizienten γ_{ij} in diesem Falle nicht mehr benötigt. Das Butcher-Diagramm ist jetzt von der in der in Tabelle 2.31 dargestellten Form.

Tab. 2.31: Butcher-Diagramm der Nyström-Verfahren für (2.135).

ϱ	$\bar{\Gamma}$
	$\bar{\beta}^T$
	β^T

In der Tabelle 2.32 sind zwei Beispiele von Nyström-Verfahren für AWPe der Form (2.135) angegeben.

Das in der Tabelle 2.32 dargestellte Nyström-Verfahren 5. Ordnung benötigt pro Integrationsschritt nur vier Berechnungen der Funktion $f(t, x)$. Dies ist eine beträchtliche Verbesserung gegenüber der Anwendung eines RKVs, das mindestens sechs Funktionsaufrufe erfordert (vergleiche die Tabelle 2.12).

Weitergehende Aussagen über die Klasse der Nyström-Verfahren findet man unter anderem in der Monografie von Hairer et al. (1993).

Tab. 2.32: Nyström-Verfahren 4. und 5. Ordnung für (2.135).

0	0	0	0
$\frac{1}{2}$	$\frac{1}{8}$	0	0
1	0	$\frac{1}{2}$	0
	$\frac{1}{6}$	$\frac{1}{3}$	0
	$\frac{1}{6}$	$\frac{2}{3}$	$\frac{1}{6}$

0	0	0	0	0
$\frac{1}{5}$	$\frac{1}{50}$	0	0	0
$\frac{2}{3}$	$-\frac{1}{27}$	$\frac{7}{27}$	0	0
1	$\frac{3}{10}$	$-\frac{2}{35}$	$\frac{9}{35}$	0
	$\frac{7}{168}$	$\frac{25}{84}$	$\frac{9}{56}$	0
	$\frac{1}{24}$	$\frac{125}{336}$	$\frac{27}{56}$	$\frac{35}{336}$

2.11 Stetige Runge-Kutta-Verfahren

Wie wir in den vorangegangenen Abschnitten gesehen haben, werden bei einer Implementierung des RKVs (2.5) die Anzahl N der Gitterpunkte des zugrundeliegenden Gitters J_h (siehe Formel (1.49)) sowie die Verteilung der Gitterpunkte adaptiv bestimmt. Dabei wird das Ziel verfolgt, eine ausreichende Genauigkeit bei minimalem numerischen Aufwand zu erreichen. Dies lässt sich i. Allg. dadurch realisieren, indem man N so klein wie möglich wählt und dabei beachtet, dass eine Schätzung des Fehlers $\max_{i=1,\dots,N} \|x(t_i) - x_i\|$ unterhalb einer vorgegebenen Toleranz TOL liegt. Man bezeichnet die bisher betrachteten klassischen RKVn deshalb auch genauer als *diskrete* Runge-Kutta-Verfahren, da die Näherungslösungen x_i an (automatisch bestimmten) diskreten Stellen t_i berechnet werden.

In vielen Anwendungen wird jedoch die Näherungslösung außerhalb des durch die Schrittweitensteuerung erzeugten Gitters J_h benötigt. Mögliche Szenarien sind:
- die Näherungslösungen sollen grafisch dargestellt werden, was ein sehr feines Gitter erforderlich macht (dies steht im offensichtlichen Gegensatz zu der oben dargestellten Strategie),
- es soll ein AWP mit nacheilendem Argument (ein sogenanntes *retardiertes* AWP) gelöst werden, d. h.

$$\dot{x}(t) = f(t, x(t), x(t - \tau)),$$
$$x(t) = g(t) \text{ für } t \in [t_0 - \tau, t_0], \tag{2.137}$$

wobei τ eine positive Konstante ist und die Funktion f nicht nur vom aktuellen Zeitpunkt t und dessen Funktionswert $x(t)$ abhängt, sondern auch vom Wert der Funktion x an einem zurückliegenden Zeitpunkt $t - \tau$.

In den letzten Jahren wurden zur Behandlung solcher Problemstellungen stetige Erweiterungen der diskreten RKVn entwickelt. Hier ordnet man jeder diskreten Approximation $\{t_i, x_i\}_{i=1}^N$ ein stückweise zusammengesetztes Polynom $P(t)$ zu, das für alle $t \in [t_0, t_N]$ definiert ist und die Beziehung $P(t_i) = x_i$, $i = 1, \ldots, N$, erfüllt.

Um eine stetige Erweiterung des RKVs (2.5) zu erhalten, schreiben wir dieses in der folgenden Form auf

$$x_{i+1} = x_i + h_{i+1} \sum_{j=1}^m \beta_j f\left(t_{i+1}^j, y_{i+1}^j\right),$$

$$\tag{2.138}$$

$$y_{i+1}^j = x_i + h_{i+1} \sum_{l=1}^m \gamma_{jl} f\left(t_{i+1}^l, y_{i+1}^l\right),$$

mit

$$t_{i+1}^j \equiv t_i + \rho_j h_{i+1}, \quad \rho_j \equiv \sum_{l=1}^m \gamma_{jl}, \quad h_{i+1} = t_{i+1} - t_i.$$

In der Literatur gibt es sehr unterschiedliche Strategien, die obige diskrete Approximation auf das gesamte Integrationsintervall zu erweitern. Die am häufigsten verwendete Strategie besteht in der Konstruktion von Einschritt-Interpolationsvorschriften, die in jedem Teilintervall $[t_i, t_{i+1}]$ auf die Information aus den Formeln (2.138) zurückgreifen. Hier wird eine stetige Erweiterung (oder Interpolierende) $P(t)$ des RKVs (2.138) stückweise aus Polynomen $P_{i+1}(t)$ konstruiert, die auf den Teilintervallen $[t_i, t_{i+1}]$ wie folgt definiert sind

$$P_{i+1}(t_i + \theta h_{i+1}) = x_i + h_{i+1} \sum_{j=1}^m \beta_j(\theta) f\left(t_{i+1}^j, y_{i+1}^j\right), \tag{2.139}$$

mit $0 \leq \theta \leq 1$ und $i \geq 0$. Die Koeffizienten $\beta_i(\theta)$ sind Polynome vom geeigneten Grad p, die die Stetigkeitsbedingungen $\beta_j(0) = 0$ und $\beta_j(1) = \beta_j$, $j = 1, \ldots, m$, erfüllen. Entscheidend ist hier der Sachverhalt, dass in diese stetige Erweiterung nur die Funktionswertberechnungen des zugrundeliegenden RKVs eingehen. Das durch die Formeln (2.138) und (2.139) definierte Integrationsverfahren wird i. Allg. als *stetiges Runge-Kutta-Verfahren* (CRK) bezeichnet. Grundlegende Beiträge zu dieser Thematik findet man z. B. in Shampine (1985); Enright et al. (1986); Zennaro (1986); Verner & Zennaro (1995). Des Weiteren werden konkrete Parametersätze u.a. in den Arbeiten von Owren & Zennaro (1991, 1992); Verner (1993) sowie Corwin & Thompson (1996) angegeben. Es zeigt sich jedoch, dass bei einer vorgegebenen Konsistenzordnung die Anzahl der Stufen eines CRK größer ist als beim zugehörigen diskreten Verfahren.

Ein *explizites* CRK liegt vor, wenn die zweite Gleichung in (2.138) durch die Gleichung

$$y_{i+1}^j = x_i + h_{i+1} \sum_{l=1}^{j-1} \gamma_{jl} f\left(t_{i+1}^l, y_{i+1}^l\right)$$

ersetzt wird.

Zur Demonstration wollen wir ein sehr einfaches explizites CRK herleiten. Dazu werde angenommen, dass auf dem Intervall $[t_i, t_{i+1}]$ die Punkte (t_i, x_i) und (t_{i+1}, x_{i+1})

gegeben sind und die Polynome $P_{i+1}(t)$ durch lineare Interpolation gefunden werden sollen. Somit lässt sich $P_{i+1}(t)$, mit $t = t_i + \theta h_{i+1}$, wie folgt darstellen:

$$P_{i+1}(\theta) \equiv P_{i+1}(t_i + \theta h_{i+1}) = x_i + \theta(x_{i+1} - x_i), \quad 0 \leq \theta \leq 1. \tag{2.140}$$

Setzt man nun die Darstellung (2.138) von x_{i+1} in (2.140) ein, dann erhält man das explizite CRK:

$$P_{i+1}(\theta) = x_i + \theta \left(x_i + h_{i+1} \sum_{j=1}^{m} \beta_j f\left(t_{i+1}^j, y_{i+1}^j\right) - x_i \right)$$

$$= x_i + h_{i+1} \sum_{j=1}^{m} \theta \beta_j f\left(t_{i+1}^j, y_{i+1}^j\right), \tag{2.141}$$

$$y_{i+1}^j = x_i + h_{i+1} \sum_{l=1}^{j-1} \gamma_{jl} f\left(t_{i+1}^l, y_{i+1}^l\right).$$

Offensichtlich gilt $\beta_j(\theta) = \theta \beta_j$. Es kann gezeigt werden (z. B. unter Verwendung der Resultate von Nørsett & Wanner (1979)), dass das CRK (2.141) für jede Wahl der Abszissen $\rho_1, \ldots, \rho_m \in [0, 1]$ und für hinreichend glattes f die *gleichmäßige Ordnung* 1 besitzt, d. h., es besteht die Beziehung

$$\max_{t_0 \leq t \leq t_N} \|x(t) - P(t)\| = O(h),$$

mit $h \equiv \max_{1 \leq i \leq N} h_i$.

Eine bessere Approximation erhält man, wenn anstelle der linearen Interpolation für die als bekannt vorausgesetzten Punkte (t_i, x_i) und (t_{i+1}, x_{i+1}) das Hermite-Interpolationspolynom vom Grad 3 konstruiert wird, d. h.

$$P_{i+1}(\theta) = (1 - \theta)x_i + \theta x_{i+1}$$
$$+ \theta(\theta - 1)[(1 - 2\theta)(x_{i+1} - x_i) + (\theta - 1)h_{i+1}f_i + \theta h_{i+1}f_{i+1}] \tag{2.142}$$

mit $0 \leq \theta \leq 1$. Es gilt

$$P_{i+1}(0) = x_i, \quad P'_{i+1}(0) = h_{i+1}f_i, \quad P_{i+1}(1) = x_{i+1}, \quad P'_{i+1}(1) = h_{i+1}f_{i+1},$$

so dass die Hermite-Interpolationsbedingungen erfüllt sind. Setzt man nun die Darstellung (2.138) von x_{i+1} in (2.142) ein, dann kann man sich unmittelbar davon überzeugen, dass (2.142) ein Spezialfall von (2.139) ist. Falls das zugrundeliegende diskrete RKV von der Ordnung $p \geq 3$ ist, erhält man auf diese Weise ein stetiges RKV der Ordnung 3.

Eine stetige Erweiterung des klassischen RKVs (2.8) wird von Hairer et al. (1993) angegeben. Das stetige RKV besitzt die gleiche Stufenzahl $m = 4$ wie das klassische RKV, während sich die Ordnung auf $p = 3$ reduziert. Die zugehörigen Koeffizienten β_j sind:

$$\beta_1(\theta) = \theta - \frac{3}{2}\theta^2 + \frac{2}{3}\theta^3, \quad \beta_2(\theta) = \beta_3(\theta) = \theta^2 - \frac{2}{3}\theta^3, \quad \beta_4(\theta) = -\frac{1}{2}\theta^2 + \frac{2}{3}\theta^3. \tag{2.143}$$

Ein in der Praxis häufig verwendetes RKV ist das in der Tabelle 2.10 angegebene siebenstufige Verfahren DOPRI5 von Dormand & Prince (1980), das die Ordnung 5 besitzt. Auch für dieses Verfahren lässt sich, ohne zusätzliche Stufen einzuführen, eine stetige Erweiterung auf der Basis der Hermite-Interpolation konstruieren, die die gleichmäßige Ordnung 4 besitzt (siehe Hairer et al. (1993)). Die zugehörigen Koeffizienten β_j lauten:

$$\beta_1(\theta) = \theta^2(3 - 2\theta)\beta_1 + \theta(\theta - 1)^2$$
$$- \theta^2(\theta - 1)^2 \, 5 \, [2558722523 - 31403016\theta]/11282082432,$$

$$\beta_2(\theta) = 0,$$

$$\beta_3(\theta) = \theta^2(3 - 2\theta)\beta_3 + \theta^2(\theta - 1)^2 \, 100 \, [882725551 - 15701508\,\theta]/32700410799,$$

$$\beta_4(\theta) = \theta^2(3 - 2\theta)\beta_4 - \theta^2(\theta - 1)^2 \, 25 \, [443332067 - 31403016\,\theta]/1880347072,$$

$$\beta_5(\theta) = \theta^2(3 - 2\theta)\beta_5 + \theta^2(\theta - 1)^2 \, 32805 \, [23143187 - 3489224\,\theta]/199316789632,$$

$$\beta_6(\theta) = \theta^2(3 - 2\theta)\beta_6 - \theta^2(\theta - 1)^2 \, 55 \, [29972135 - 7076736\,\theta]/822651844,$$

$$\beta_7(\theta) = \theta^2(\theta - 1) + \theta^2(\theta - 1)^2 \, 10 \, [7414447 - 829305\,\theta]/29380423.$$

$$(2.144)$$

Man kann sich unmittelbar davon überzeugen, dass für das durch die Formeln (2.139) und (2.144) definierte Interpolationspolynom $P_{i+1}(\theta)$ gilt:

$$P_{i+1}(0) = x_i, \quad P'_{i+1}(0) = h_{i+1}f_i, \quad P_{i+1}(1) = x_{i+1}, \quad P'_{i+1}(1) = h_{i+1}f_{i+1}.$$

Damit ist $P(t)$ eine einmal stetig differenzierbare Approximation der Lösung $x(t)$ des AWPs (1.5).

3 Numerische Analyse von linearen Mehrschrittverfahren

3.1 Lineare Mehrschrittverfahren

Im Abschnitt 1.3 haben wir bereits gesehen, dass Diskretisierungen von DGLn auch auf Mehrschrittverfahren führen können. So lässt sich einerseits in der *Integraldarstellung* (1.55) des AWPs (1.5),

$$x(t_{i+1}) = x(t_{i-k+1}) + \int_{t_{i-k+1}}^{t_{i+1}} f(\tau, x(\tau))d\tau, \tag{3.1}$$

der Integrand durch eine interpolatorische Quadraturformel (siehe hierzu Anhang C) auf den Gitterpunkten $t_{i-k+1}, \ldots, t_i, t_{i+1}$ approximieren. Für $k = 2$ und ein äquidistantes Gitter mit der Schrittweite h resultiert bei diesem Vorgehen die Simpsonregel

$$x_{i+1}^h - x_{i-1}^h = h\left[\frac{1}{3}f(t_{i+1}, x_{i+1}^h) + \frac{4}{3}f(t_i, x_i^h) + \frac{1}{3}f(t_{i-1}, x_{i-1}^h)\right]. \tag{3.2}$$

Wählt man andererseits die ursprüngliche *Differentialgleichung*

$$\dot{x}(t) = f(t, x(t))|_{t=t_{i+1}} \tag{3.3}$$

zum Ausgangspunkt und approximiert die Ableitung mittels einer numerischen Differentiationsformel (siehe u. a. Hermann (2011)), wie z. B. durch

$$\dot{x}(t_{i+1}) \approx \frac{1}{2h}\left[3x(t_{i+1}) - 4x(t_i) + x(t_{i-1})\right], \tag{3.4}$$

dann resultiert daraus das Integrationsverfahren

$$\frac{3}{2}x_{i+1}^h - 2x_i^h + \frac{1}{2}x_{i-1}^h = hf(t_{i+1}, x_{i+1}^h). \tag{3.5}$$

Dieses lässt sich auch als Kombination des Euler(rückwärts)-Verfahrens und einer Korrektur des lokalen Fehlers um etwa $(1/2)\ddot{x}(t_{i+1})h$, unter Verwendung bereits bekannter Werte von x an vorangegangenen Zeitpunkten, interpretieren.

Sowohl die aus der Integraldarstellung (3.1) als auch die aus der DGL-Darstellung (3.3) resultierenden Verfahren gehören zur Klasse der linearen Mehrschrittverfahren.

Definition 3.1. Ein *lineares Mehrschrittverfahren* (LMV) mit k Schritten (oder auch *lineares k-Schrittverfahren* genannt) zur Bestimmung einer Gitterfunktion $x^h(t)$ für die Lösung $x(t)$ des AWPs (1.5) auf einem äquidistanten Gitter J_h ist durch die Vorgabe von k Startwerten

$$x^h(t_j) = x_j^h, \quad j = 0, 1, \ldots, k-1, \tag{3.6}$$

DOI 10.1515/9783110498882-004

und einer $\triangle$GL

$$\sum_{j=0}^{k} \alpha_j x_{i-j+1}^h = h \sum_{j=0}^{k} \beta_j f(t_{i-j+1}, x_{i-j+1}^h), \tag{3.7}$$

mit

$$\alpha_j, \beta_j \in \mathbb{R}, \quad \alpha_0 \neq 0 \quad \text{und} \quad |\alpha_k| + |\beta_k| > 0, \tag{3.8}$$

definiert. $\qquad\qquad\square$

Bemerkung 3.1.

– Das LMV (3.7) nennt man *linear*, da die Inkrementfunktion (Verfahrensfunktion)

$$\Phi(t_i, x_{i-k+1}^h, \dots, x_{i+1}^h; h) \equiv \sum_{j=0}^{k} \beta_j f(t_{i-j+1}, x_{i-j+1}^h)$$

von den Funktionswerten $f(t_{i-j+1}, x_{i-j+1}^h)$ linear abhängt.
– Die Forderung $\alpha_0 \neq 0$ sichert, dass die implizite $\triangle$GL (3.7) eine eindeutige Lösung x_{i+1}^h besitzt (zumindest für hinreichend kleine h).
– Durch die Forderung $|\alpha_k| + |\beta_k| > 0$ ist die Schrittzahl k eindeutig festgelegt.
– Im Falle $\beta_0 = 0$ handelt es sich um ein *explizites* LMV, d. h., zur Bestimmung von x_{i+1}^h muss kein nichtlineares Gleichungssystem gelöst werden. $\qquad\square$

Unter Verwendung des Verschiebungsoperators E (siehe Formel (1.36)) lässt sich (3.7) kompakt in der Form

$$\left(\sum_{j=0}^{k} \alpha_j E^{k-j}\right) x_{i-k+1}^h = h \left(\sum_{j=0}^{k} \beta_j E^{k-j}\right) f(t_{i-k+1}, x_{i-k+1}^h)$$

aufschreiben. Definiert man die charakteristischen Polynome $\varrho(\lambda)$ und $\sigma(\lambda)$ zu

$$\varrho(\lambda) \equiv \sum_{j=0}^{k} \alpha_j \lambda^{k-j}, \quad \sigma(\lambda) \equiv \sum_{j=0}^{k} \beta_j \lambda^{k-j}, \tag{3.9}$$

dann nimmt das LMV die folgende Form an

$$\varrho(E) x_{i-k+1}^h = h \sigma(E) f(t_{i-k+1}, x_{i-k+1}^h). \tag{3.10}$$

Die Polynome $\varrho(\lambda)$ und $\sigma(\lambda)$ sind ein nützliches Hilfsmittel bei der Analyse von LMVn. Es erweisen sich jedoch nicht alle möglichen Koeffizientenkombinationen α_j, β_j bzw. die daraus resultierenden $\varrho(\lambda)$ und $\sigma(\lambda)$ als sachgemäß. Wie bei den ESVn muss auch hier zumindest die $\triangle$GL mit der DGL konsistent sein. Bevor wir im nächsten Abschnitt auf diese Fragestellung eingehen, wollen wir im folgenden Beispiel einige der in der Praxis häufig verwendeten Verfahren angeben.

Beispiel 3.1.
1. Um auf dem Intervall $[t_i, t_{i+1}]$ das AWP (1.5) zu integrieren, werde das Polynom $\varrho(\lambda) \equiv \lambda^k - \lambda^{k-1}$ gesetzt. Die Koeffizienten von $\sigma(\lambda)$ bestimmt man durch die Konstruktion des Interpolationspolynoms von $f(t, x(t))$ auf den Stützstel-

len $t_{i-k+1}, \ldots, t_i, t_{i+1}$ sowie anschließender Integration dieses Polynoms auf $[t_i, t_{i+1}]$. Es resultiert die folgende Klasse *impliziter* Integrationsverfahren

$$x_{i+1}^h = x_i^h + h \sum_{j=0}^{k} \beta_j f(t_{i-j+1}, x_{i-j+1}^h), \tag{3.11}$$

deren Vertreter üblicherweise als *Adams-Moulton-Formeln* bezeichnet werden.

Tab. 3.1: Koeffizienten der Adams-Moulton-Formeln.

k	β_0	β_1	β_2	β_3
0	1			
1	$\dfrac{1}{2}$	$\dfrac{1}{2}$		
2	$\dfrac{5}{12}$	$\dfrac{8}{12}$	$-\dfrac{1}{12}$	
3	$\dfrac{9}{24}$	$\dfrac{19}{24}$	$-\dfrac{5}{24}$	$\dfrac{1}{24}$

Für die Werte $k = 0, \ldots, 3$ sind die zugehörigen Koeffizienten von $\sigma(\lambda)$ in der Tabelle 3.1 angegeben. Wie man unschwer erkennt, ergeben $k = 0$ und $k = 1$ das Euler(rückwärts)-Verfahren bzw. die Trapezregel.

2. Man geht zunächst wie unter 1. vor, d. h., man setzt $\varrho(\lambda) \equiv \lambda^k - \lambda^{k-1}$. Das Interpolationspolynom von $f(t, x(t))$ wird jetzt jedoch nur auf den Stützstellen $t_{i-k+1}, \ldots, t_{i-1}, t_i$ bestimmt. Da man die Stützstelle t_{i+1} nicht mit in das Gitter J_h aufnimmt, erhält man eine Klasse *expliziter* Integrationsverfahren

$$x_{i+1}^h = x_i^h + h \sum_{j=1}^{k} \beta_j f(t_{i-j+1}, x_{i-j+1}^h), \tag{3.12}$$

deren Vertreter *Adams-Bashforth-Formeln* genannt werden. Für die Werte $k = 1, \ldots, 4$ sind die zugehörigen Koeffizienten des Polynoms $\sigma(\lambda)$ in der Tabelle 3.2 eingetragen. Ein Blick auf diese Tabelle zeigt, dass im Falle $k = 1$ das bekannte Euler(vorwärts)-Verfahren vorliegt.

3. Approximiert man in der DGL $\dot{x}(t_{i+1}) = f(t_{i+1}, x(t_{i+1}))$ die Ableitung mit einer Interpolationsformel auf Basis rückwärtsgenommener Differenzen (siehe die Formel (1.38)), so erhält man die folgende Klasse *impliziter* Integrationsverfahren:

$$\sum_{j=0}^{k} \alpha_j x_{i-j+1}^h = h\beta_0 f(t_{i+1}, x_{i+1}^h), \tag{3.13}$$

deren Vertreter als *Rückwärtige Differenzen-Formeln* bezeichnet werden. Die englische Übersetzung lautet „Backward Difference Formula". Es ist auch im Deutschen üblich, die Anfangsbuchstaben der englischen Bezeichnung als Abkürzung

Tab. 3.2: Koeffizienten der Adams-Bashforth-Formeln.

k	β_1	β_2	β_3	β_4
1	1			
2	$\dfrac{3}{2}$	$-\dfrac{1}{2}$		
3	$\dfrac{23}{12}$	$-\dfrac{16}{12}$	$\dfrac{5}{12}$	
4	$\dfrac{55}{24}$	$-\dfrac{59}{24}$	$\dfrac{37}{24}$	$-\dfrac{9}{24}$

Tab. 3.3: Koeffizienten der BDF-Formeln.

k	α_0	α_1	α_2	α_3	α_4	α_5	α_6
1	1	-1					
2	$\dfrac{3}{2}$	-2	$\dfrac{1}{2}$				
3	$\dfrac{11}{6}$	-3	$\dfrac{3}{2}$	$-\dfrac{1}{3}$			
4	$\dfrac{25}{12}$	-4	3	$-\dfrac{4}{3}$	$\dfrac{1}{4}$		
5	$\dfrac{137}{60}$	-5	5	$-\dfrac{10}{3}$	$\dfrac{15}{12}$	$-\dfrac{1}{5}$	
6	$\dfrac{147}{60}$	-6	$\dfrac{15}{2}$	$-\dfrac{20}{3}$	$\dfrac{15}{4}$	$-\dfrac{6}{5}$	$\dfrac{1}{6}$

zu verwenden, d. h., man spricht von der Klasse der *BDF-Verfahren*. Für $\beta_0 = 1$ und $k = 1, \ldots, 6$ sind die zugehörigen Koeffizienten in der Tabelle 3.3 angegeben. Offensichtlich liegt im Falle $k = 1$ wiederum das Euler(rückwärts)-Verfahren vor. Das explizite und das implizite Euler-Verfahren lassen sich somit den verschiedensten Verfahrensklassen zuordnen. □

3.2 Lokaler Fehler und Konsistenz

Wie bei den ESVn hat man an ein LMV die Minimalforderung zu stellen, dass die zugehörige △GL konsistent mit der DGL des AWPs (1.5) ist. Dann geht für $h \to 0$ das jeweilige LMV in die DGL über. Zur mathematischen Beschreibung dieses Sachverhaltes benötigen wir den Begriff des lokalen Fehlers bzw. des lokalen Diskretisierungsfehlers.

Definition 3.2. Der *lokale Fehler* von (3.7) sei definiert zu

$$\hat{\delta}(t_{i+1}, x(t_{i+1}); h) \equiv \frac{1}{h}\left[x(t_{i+1}) - x_{i+1}^h \right], \qquad (3.14)$$

wobei $x(t_{i+1})$ die exakte Lösung und x_{i+1}^h deren Approximation an der Stelle t_{i+1} bezeichnen. Dabei wird vorausgesetzt, dass die Eingabedaten *exakt* gegeben sind. Mit anderen Worten, die Gleichung (3.7) wird als eine Berechnungsvorschrift für x_{i+1}^h aufgefasst, bei der alle vorangegangenen Werte $x_{i-k+1}^h, \ldots, x_i^h$ *korrekt* vorgegeben sind, d. h., $x_j^h = x(t_j)$ für $j < i + 1$. $\qquad \square$

Um den Zusammenhang zu anderen möglichen Definitionen des lokalen Fehlers aufzuzeigen, ordnen wir dem LMV den folgenden linearen Differenzenoperator δ zu:

$$\delta(t_{i+1}, x(t_{i+1}); h) = \frac{1}{h}\sum_{j=0}^{k}\left(\alpha_j\, x(t_{i-j+1}) - h\,\beta_j\, f(t_{i-j+1}, x(t_{i-j+1})) \right). \qquad (3.15)$$

Hierbei ist $x(t)$ eine differenzierbare Vektorfunktion, die auf einem Intervall, das die Stützstellen $t_{i-k+1}, \ldots, t_{i+1}$ enthält, definiert ist.

Der folgende Satz zeigt einen wichtigen Zusammenhang zwischen $\hat{\delta}(t_{i+1}, x(t_{i+1}); h)$ und $\delta(t_{i+1}, x(t_{i+1}); h)$ auf.

Satz 3.1. *Gegeben sei die DGL* (1.2) *mit einer stetig differenzierbaren rechten Seite* $f(t, x)$ *und ihrer Lösung* $x(t)$. *Dann gilt für den lokalen Fehler*

$$\hat{\delta}(t_{i+1}, x(t_{i+1}); h) = \left(\alpha_0 I - h\,\beta_0\, \frac{\partial f(t_{i+1}, \eta)}{\partial x} \right)^{-1} \delta(t_{i+1}, x(t_{i+1}); h), \qquad (3.16)$$

wobei $\eta \in \mathbb{R}^n$ *auf einem Segment liegt, das* $x(t_{i+1})$ *und* x_{i+1}^h *verbindet.*

Beweis. Entsprechend der Definition 3.2 ist x_{i+1}^h implizit durch die Gleichung

$$\sum_{j=1}^{k}\left(\alpha_j\, x(t_{i-j+1}) - h\,\beta_j\, f(t_{i-j+1}, x(t_{i-j+1})) \right) + \alpha_0\, x_{i+1}^h - h\,\beta_0\, f(t_{i+1}, x_{i+1}^h) = 0$$

definiert. Setzt man nun (3.16) in die obige Gleichung ein, so resultiert

$$h\,\delta(t_{i+1}, x(t_{i+1}); h) - \alpha_0\, x(t_{i+1}) + h\,\beta_0\, f(t_{i+1}, x(t_{i+1})) + \alpha_0\, x_{i+1}^h - h\,\beta_0\, f(t_{i+1}, x_{i+1}^h) = 0.$$

Hieraus ergibt sich

$$\delta(t_{i+1}, x(t_{i+1}); h) = \frac{1}{h}\left[\alpha_0\left(x(t_{i+1}) - x_{i+1}^h \right) - h\,\beta_0\left(f(t_{i+1}, x(t_{i+1})) - f(t_{i+1}, x_{i+1}^h) \right) \right]$$

$$= \alpha_0\, \hat{\delta}(t_{i+1}, x(t_{i+1}); h) - h\,\beta_0\, \frac{\partial f(t_{i+1}, \eta)}{\partial x}\, \hat{\delta}$$

$$= \left(\alpha_0 I - h\,\beta_0\, \frac{\partial f(t_{i+1}, \eta)}{\partial x} \right) \hat{\delta}(t_{i+1}, x(t_{i+1}); h),$$

$$\qquad (3.17)$$

woraus die Behauptung unmittelbar folgt. $\qquad \square$

Der Satz 3.1 zeigt, dass $\alpha_0^{-1}\,\delta(t_{i+1}, x(t_{i+1}); h)$ im Wesentlichen mit dem lokalen Fehler $\hat{\delta}(\cdot)$ übereinstimmt. Offensichtlich sind bei expliziten LMVn beide Ausdrücke gleich. Wir erklären deshalb den lokalen Diskretisierungsfehler für LMVn über das Funktional $\delta(\cdot)$ wie folgt.

Definition 3.3. Unter dem *lokalen Diskretisierungsfehler* eines LMVs soll das Residuum $\delta(t_{i+1}, x(t_{i+1}); h)$ verstanden werden, das durch Einsetzen der exakten Lösung $x(t)$ des AWPs (1.5) in das LMV (3.10) entsteht, d. h.

$$\delta(t_{i+1}, x(t_{i+1}); h) \equiv \frac{1}{h}\left[\varrho(E)\,x(t_{i-k+1}) - h\,\sigma(E)\,f(t_{i-k+1}, x(t_{i-k+1}))\right]. \tag{3.18}$$

$\square$

Die Konsistenz eines LMVs ist dann analog wie bei den ESVn erklärt (siehe auch die Gleichung (2.11)).

Definition 3.4. Ein LMV heißt *konsistent* mit dem AWP (1.5), falls $\delta(\cdot) = O(h)$ für $h \to 0$ gilt. Darüber hinaus wird die größtmögliche ganze Zahl $p \geq 1$, für die $\delta(\cdot) = O(h^p)$ erfüllt ist, *Konsistenzordnung* genannt. $\square$

Ein eindeutiges Kriterium für die Konsistenz eines LMV ist im folgenden Satz genannt.

Satz 3.2. *Das LMV ist genau dann konsistent, falls*

$$\varrho(1) = 0 \ \text{und} \ \dot{\varrho}(1) = \sigma(1) \tag{3.19}$$

gilt.

Beweis. Mittels Taylorreihenentwicklung erhält man

$$x(t_{i-j+1}) = x(t_{i-k+1} + (k-j)h) = x(t_{i-k+1}) + (k-j)h\dot{x}(t_{i-k+1}) + O(h^2),$$
$$h\,f(t_{i-j+1}, x(t_{i-j+1})) = h\dot{x}(t_{i-j+1}) = h\dot{x}(t_{i-k+1}) + O(h^2).$$

Somit gilt

$$\delta(t_{i+1}, x(t_{i+1}); h) = \frac{1}{h}\left[\sum_{j=0}^{k}\alpha_j x(t_{i-j+1}) - h\sum_{j=0}^{k}\beta_j f(t_{i-j+1}, x(t_{i-j+1}))\right]$$

$$= \frac{1}{h}\left[\left(\sum_{j=0}^{k}\alpha_j\right)x(t_{i-k+1}) + h\left(\sum_{j=0}^{k}(k-j)\alpha_j\right)\dot{x}(t_{i-k+1}) + O(h^2)\right.$$

$$\left. -h\left(\sum_{j=0}^{k}\beta_j\right)\dot{x}(t_{i-k+1}) + O(h^2)\right]$$

$$= \frac{1}{h}\left[\varrho(1)\,x(t_{i-k+1}) + h\,\dot{\varrho}(1)\,\dot{x}(t_{i-k+1}) - h\,\sigma(1)\,\dot{x}(t_{i-k+1}) + O(h^2)\right].$$

Damit $\delta(\cdot) = O(h)$ ist, müssen die Summanden mit h^0 und h^1 verschwinden, d. h. $\varrho(1) = 0$ und $\dot{\varrho}(1) - \sigma(1) = 0$. $\square$

Bei der Herleitung eines konsistenten LMVs kann man noch über einen Freiheitsgrad verfügen. Man verwendet diesen zur Skalierung der △GL.

Folgerung 3.1. *Normalisiert man das LMV so, dass $\dot{\varrho}(1) = 1$ ist, dann gilt*

$$\frac{1}{h}\left[\sum_{j=0}^{k} \alpha_j\, x(t_{i-j+1})\right] \to \dot{x}(t_{i+1}) \quad \text{für } h \to 0.$$

$\qquad\qquad\qquad\qquad\qquad\qquad\qquad\qquad\qquad\qquad\qquad\qquad\qquad\qquad\qquad\quad\square$

Falls nicht anders angegeben, werden wir im Folgenden stets $\dot{\varrho}(1) = 1$ annehmen. Damit liegt Übereinstimmung mit den ESVn vor, für die stets $\dot{\varrho}(1) = 1$ erfüllt ist.

Beispiel 3.2. Wir betrachten die *Mittelpunktsregel*

$$\frac{1}{2}x_{i+1}^h - \frac{1}{2}x_{i-1}^h = hf(t_i, x_i^h). \tag{3.20}$$

Offensichtlich gelten $\sigma(\lambda) = \lambda$ und $\varrho(\lambda) = (1/2)\lambda^2 - 1/2$. Hieraus resultieren die Beziehungen $\varrho(1) = 0$, $\dot{\varrho}(\lambda) = \lambda = \sigma(\lambda)$ und $\dot{\varrho}(1) = 1 = \sigma(1)$. Das Verfahren ist somit konsistent und die Konsistenzordnung mindestens gleich 1. Um den lokalen Diskretisierungsfehler genauer zu bestimmen, entwickeln wir $x(t_{i+1})$ und $x(t_{i-1})$ an der Stelle t_i in Taylorreihen

$$x(t_{i+1}) = x(t_i + h) = x(t_i) + h\dot{x}(t_i) + \frac{h^2}{2}\ddot{x}(t_i) + \frac{h^3}{6}\dddot{x}(t_i) + O(h^4),$$

$$x(t_{i-1}) = x(t_i - h) = x(t_i) - h\dot{x}(t_i) + \frac{h^2}{2}\ddot{x}(t_i) - \frac{h^3}{6}\dddot{x}(t_i) + O(h^4).$$

Man erkennt sofort, dass

$$\delta(t_{i+1}, x(t_{i+1}); h) = \frac{h^2}{6}\dddot{x}(t_i) + O(h^3)$$

ist, d. h., die Mittelpunktsregel besitzt die Konsistenzordnung 2. $\qquad\qquad\square$

Wir wollen jetzt der Frage nachgehen, welche Bedingungen an die Koeffizienten eines LMVs zu stellen sind, damit dieses eine vorgegebene Konsistenzordnung besitzt. Hierzu sei wie bisher das LMV in der Darstellung

$$\alpha_0\, x_{i+1}^h + \alpha_1\, x_i^h + \cdots + \alpha_k\, x_{i-k+1}^h = h\,\{\beta_0 f_{i+1} + \cdots + \beta_k f_{i-k+1}\} \tag{3.21}$$

gegeben und es werde vorerst vorausgesetzt, dass die Lösung $x(t)$ der DGL (1.5) 4-mal stetig differenzierbar ist. Um die Darstellung zu vereinfachen, setzen wir $\hat{t} \equiv t_{i-k+1}$. Für die Untersuchung des lokalen Diskretisierungsfehlers von (3.21) werden die Taylorreihen von $x(\hat{t} + kh)$ und $\dot{x}(\hat{t} + kh)$ an der Stelle $\hat{t}$ benötigt. Sie lauten

$$x(\hat{t} + kh) = x(\hat{t}) + \dot{x}(\hat{t})kh + \frac{1}{2}\ddot{x}(\hat{t})(kh)^2 + \frac{1}{6}\dddot{x}(\hat{t})(kh)^3 + O(h^4),$$

$$\dot{x}(\hat{t} + kh) = \dot{x}(\hat{t}) + \ddot{x}(\hat{t})kh + \frac{1}{2}\dddot{x}(\hat{t})(kh)^2 + O(h^3).$$

Setzt man diese Entwicklungen in

$$\delta(t_{i+1}, x(t_{i+1}); h) = \frac{1}{h} \left[\alpha_0\, x(\hat{t} + kh) + \alpha_1\, x(\hat{t} + (k-1)h) + \cdots + \alpha_k\, x(\hat{t}) \right]$$
$$- \left[\beta_0\, \dot{x}(\hat{t} + kh) + \cdots + \beta_k\, \dot{x}(\hat{t}) \right]$$

ein, so resultiert

$$\delta(t_{i+1}, x(t_{i+1}); h)$$
$$= \frac{1}{h} \left\{ \alpha_0 \left[x(\hat{t}) + \dot{x}(\hat{t})kh + \frac{1}{2}\ddot{x}(\hat{t})(kh)^2 + \frac{1}{6}\dddot{x}(\hat{t})(kh)^3 + O(h^4) \right] \right.$$
$$+ \alpha_1 \left[x(\hat{t}) + \dot{x}(\hat{t})(k-1)h + \frac{1}{2}\ddot{x}(\hat{t})(k-1)^2 h^2 \right.$$
$$\left. + \frac{1}{6}\dddot{x}(\hat{t})(k-1)^3 h^3 + O(h^4) \right]$$
$$+ \cdots + \alpha_{k-1} \left[x(\hat{t}) + \dot{x}(\hat{t})h + \frac{1}{2}\ddot{x}(\hat{t})h^2 + \frac{1}{6}\dddot{x}(\hat{t})h^3 + O(h^4) \right] + \alpha_k x(\hat{t}) \right\}$$
$$- \left\{ \beta_0 \left[\dot{x}(\hat{t}) + \ddot{x}(\hat{t})kh + \frac{1}{2}\dddot{x}(\hat{t})(kh)^2 + O(h^3) \right] \right.$$
$$+ \cdots + \beta_{k-1} \left[\dot{x}(\hat{t}) + \ddot{x}(\hat{t})h + \frac{1}{2}\dddot{x}(\hat{t})h^2 + O(h^3) \right] + \beta_k \dot{x}(\hat{t}) \right\}.$$

Eine Umordnung der Terme ergibt schließlich

$$\delta(t_{i+1}, x(t_{i+1}); h) = x(\hat{t})\, h^{-1} \left\{ \alpha_0 + \alpha_1 + \cdots + \alpha_k \right\}$$
$$+ \dot{x}(\hat{t})\, h^0 \left\{ \alpha_0 k + \alpha_1(k-1) + \cdots + \alpha_{k-1} - [\beta_0 + \beta_1 + \cdots + \beta_k] \right\}$$
$$+ \ddot{x}(\hat{t}) h^1 \left\{ \frac{1}{2} \left[\alpha_0 k^2 + \alpha_1(k-1)^2 + \cdots + \alpha_{k-1} \right] \right.$$
$$\left. - \left[\beta_0 k + \beta_1(k-1) + \cdots + \beta_{k-1} \right] \right\}$$
$$+ \dddot{x}(\hat{t}) h^2 \left\{ \frac{1}{6} \left[\alpha_0 k^3 + \alpha_1(k-1)^3 + \cdots + \alpha_{k-1} \right] \right.$$
$$\left. - \frac{1}{2} \left[\beta_0 k^2 + \beta_1(k-1)^2 + \cdots + \beta_{k-1} \right] \right\} + O(h^3). \tag{3.22}$$

Möchte man zum Beispiel erreichen, dass die Konsistenzordnung des LMVs mindestens 3 ist, dann müssen unabhängig von der Lösung $x(t)$ alle obigen Terme bis auf $O(h^3)$ verschwinden. Dies führt auf die *Ordnungsbedingungen*

$$c_0 \equiv \sum_{j=0}^{k} \alpha_j = 0, \qquad\qquad c_2 \equiv \sum_{j=0}^{k} \left(\frac{1}{2}\alpha_j(k-j)^2 - \beta_j(k-j) \right) = 0, \tag{3.23}$$

$$c_1 \equiv \sum_{j=0}^{k} (\alpha_j(k-j) - \beta_j) = 0, \qquad c_3 \equiv \sum_{j=0}^{k} \left(\frac{1}{6}\alpha_j(k-j)^3 - \frac{1}{2}\beta_j(k-j)^2 \right) = 0. \tag{3.24}$$

Offensichtlich stimmen die Gleichungen $c_0 = 0$ und $c_1 = 0$ genau mit den bekannten Konsistenzbedingungen (3.19) überein.

Bei hinreichender Glattheit der Lösung $x(t)$ des AWPs (1.5) lässt sich durch Fortführung der obigen Strategie eine weit höhere Konsistenzordnung des LMVs erzielen. Ob dies jedoch sinnvoll ist, werden wir an späterer Stelle untersuchen (siehe hierzu die Aussage des Satzes 3.11).

Die Formel (3.22) weist eine spezielle Struktur auf, so dass man mit

$$c_m \equiv \sum_{j=0}^{k} \left(\frac{1}{m!} \alpha_j (k-j)^m - \frac{1}{(m-1)!} \beta_j (k-j)^{m-1} \right), \quad m = 1, 2, \ldots \tag{3.25}$$

den lokalen Diskretisierungsfehler in der Form

$$\delta(\cdot) = \sum_{m=0}^{\infty} c_m \, h^{m-1} x^{(m)}(t_{i-k+1}) \tag{3.26}$$

schreiben kann, wobei wir die übliche Notation $0! = 1$ und $j^0 = 1$ verwendet haben. Eine wichtige Aussage über die Konsistenzordnung findet man im

Satz 3.3. *Die folgenden drei Eigenschaften eines LMVs sind äquivalent:*
1. $c_0 = c_1 = \cdots = c_p = 0$.
2. $\delta(t_{i+1}, x(t_{i+1}); h) = 0$ *für jedes Polynom $P(t)$ mit* $\deg P(t) \leq p$.
3. $\delta(t_{i+1}, x(t_{i+1}); h)$ *ist* $O(h^p)$ *für alle* $x \in \mathbb{C}^p$.

Beweis.

(a) Ist 1. erfüllt, dann nimmt der lokale Diskretisierungsfehler die Gestalt

$$\delta(t_{i+1}, x(t_{i+1}); h) = c_{p+1} \, h^p \, x^{(p+1)}(t_{i-k+1}) + \cdots \tag{3.27}$$

an. Ist nun $x(t)$ ein Polynom vom Grad kleiner oder gleich p, dann gilt $x^{(j)}(t) = 0$ für alle $j > p$ und nach (3.27) hat man $\delta(\cdot) = 0$. Somit impliziert die Eigenschaft 1. die Eigenschaft 2.

(b) Es werde angenommen, dass 2. erfüllt ist. Gilt $x \in \mathbb{C}^{p+1}$, dann kann man nach dem Taylor'schen Satz $x(t) = q(t) + r(t)$ schreiben, wobei $q(t)$ ein Polynom vom Grad kleiner oder gleich p und $r(t)$ eine Funktion ist, deren ersten p-Ableitungen an der Stelle t_{i-k+1} verschwinden. Da $\delta(t_{i+1}, q(t_{i+1}); h) = 0$ vorausgesetzt wurde, ergibt die Gleichung (3.26)

$$\delta(t_{i+1}, x(t_{i+1}); h) = c_{p+1} \, h^p \, r^{(p+1)}(t_{i-k+1}) + O(h^{p+1}) = O(h^p),$$

d. h., 2. impliziert 3.

(c) Schließlich werde die Eigenschaft 3. vorausgesetzt. Nach der Formel (3.26) muss dann $c_0 = c_1 = \cdots = c_p = 0$ gelten. Folglich impliziert die Eigenschaft 3. die Eigenschaft 1. □

Aus dem obigen Satz ergibt sich unmittelbar die

Folgerung 3.2. *Die Konsistenzordnung eines LMVs ist die eindeutige positive ganze Zahl p, so dass*

$$c_0 = c_1 = \cdots = c_p = 0 \neq c_{p+1} \tag{3.28}$$

gilt. □

Man könnte vermuten, dass die von den Gitterpunkten $t \in J_h$ unabhängige Abbruchkonstante c_{p+1} ein geeignetes Fehlermaß für das LMV darstellt. Dies ist aber nicht der Fall, wie wir nun zeigen werden. Multipliziert man nämlich das LMV (3.7) mit einer reellen Konstanten $c \neq 0$, d. h.

$$c \sum_{j=0}^{k} a_j x_{i-j+1}^h = c\, h \sum_{j=0}^{k} \beta_j f(t_{i-j+1}, x_{i-j+1}^h),$$

dann ergibt sich offensichtlich die neue Abbruchkonstante $\tilde{c}_{p+1}$ zu

$$\tilde{c}_{p+1} = c\, c_{p+1}.$$

Somit lässt sich durch eine geeignete Wahl von c die Abbruchkonstante $\tilde{c}_{p+1}$ beliebig klein machen, ohne dass sich die Näherungsfolge $\{x_i^h\}_{i=0}^{\infty}$ dadurch ändert. Da aber die Konstante $\sigma(1)$ für alle konsistenten und wurzelstabilen LMVn von Null verschieden ist (siehe Abschnitt 3.3.2), kann man daraus eine neue Konstante konstruieren, die ein vernünftiges Maß für die Genauigkeit eines LMVs darstellt.

Definition 3.5. Die Konstante

$$c_{p+1}^* \equiv \frac{c_{p+1}}{\sigma(1)} \tag{3.29}$$

heißt *Fehlerkonstante* des LMVs. Sie ist invariant gegenüber einer Multiplikation des LMVs mit einer Konstanten $c \neq 0$. □

3.3 Wurzelstabilität

3.3.1 Inhärente Instabilität (Kondition)

Wir untersuchen in diesem Abschnitt die Abhängigkeit der Lösung $x(t)$ des AWPs (1.5) vom Anfangswert $x(t_0) = x_0$. Dazu betrachten wir mit $F \in C^1(J)$ und $t_0 \in J$ das folgende skalare AWP

$$\dot{x} = \lambda\{x(t) - F(t)\} + \dot{F}(t), \quad x(t_0) = x_0. \tag{3.30}$$

Für die Lösung der homogenen DGL gilt $x_{\text{hom}}(t) = c e^{\lambda t}$ und als partikuläre Lösung erhält man $x_{\text{part}}(t) = F(t)$. Somit lässt sich die allgemeine Lösung des AWPs (3.30) in der Form

$$x(t) = \{x_0 - F(t_0)\}e^{\lambda(t-t_0)} + F(t) \tag{3.31}$$

darstellen. Mit dem speziellen Anfangswert $x_0 = F(t_0)$ resultiert $x(t) = F(t)$, d. h., der exponentielle Anteil ist in der Lösung nicht mehr enthalten. Ändert man den Anfangswert nur geringfügig ab, z. B. zu $\hat{x}_0 = F(t_0) + \varepsilon$, ε sehr klein, dann tritt der exponentielle Anteil in der Lösung wieder auf:

$$\hat{x}(t) = \varepsilon e^{\lambda(t-t_0)} + F(t). \tag{3.32}$$

Ist nun $\lambda \in \mathbb{R}$, $\lambda > 0$, so nimmt der erste Summand in $\hat{x}(t)$ mit wachsendem t exponentiell zu. Folglich wächst $|x(t) - \hat{x}(t)|$ für $t \to \infty$ exponentiell an. Es besteht somit eine starke Empfindlichkeit der Lösung gegenüber kleinen Änderungen des Anfangswertes. Man nennt eine solche Aufgabenstellung *schlecht konditioniert* und das Phänomen selbst *inhärente Instabilität*. Diese starke Empfindlichkeit der Lösung ist unabhängig vom speziell verwendeten numerischen Verfahren. Sie hat zur Konsequenz, dass sich bei einer Wahl des speziellen Anfangswertes $x_0 = F(t_0)$ die berechneten Werte x_i^h von den exakten Werten $x(t_i) = F(t_i)$ in exponentieller Weise entfernen.

In der Praxis lässt sich die inhärente Instabilität nur dadurch etwas abmildern, indem man mit einem Verfahren sehr hoher Konsistenzordnung sowie auch mit sehr großer Rechengenauigkeit arbeitet, d. h., man hält sowohl den Diskretisierungs- als auch den Rundungsfehler klein.

Wir wollen jetzt die Auswirkungen der inhärenten Instabilität anhand eines Beispiels demonstrieren.

Beispiel 3.3. Gegeben sei das AWP (siehe auch Schwarz (1993))

$$\dot{x}(t) = 10 \left\{ x(t) - \frac{t^2}{1 + t^2} \right\} + \frac{2t}{(1 + t^2)^2}, \quad x(0) = 0. \tag{3.33}$$

Mit

$$F(t) = \frac{t^2}{1 + t^2} \quad \text{und} \quad x_0 = 0$$

ist (3.33) von der Form (3.32). Die exakte Lösung lautet

$$x(t) = \frac{t^2}{1 + t^2},$$

wovon sich durch einfaches Einsetzen sofort überzeugt werden kann. Die exakte Lösung sowie die mit RKVn unterschiedlicher Ordnung berechneten numerischen Lösungen sind in der Abbildung 3.1 grafisch dargestellt. Verwendet wurden dabei
- ode23, ode15s und ode45: MATLAB tools,
- rkeh108dk und rktf1210dk: siehe Kaiser (2013),
- ode78: Implementierung von Daljeet Singh and Howard Wilson, Department of Electrical Engineering, The University of Alabama, 11-24-1988.

Man erkennt unmittelbar, dass die numerischen Lösungen die exakte Lösung $x(t)$ lediglich auf einem sehr kleinen Intervall gut approximieren. Eine Vergrößerung der Konsistenzordnung des verwendeten Integrationsverfahrens verschiebt den Zeitpunkt, von dem ab die numerischen Approximationen gegenüber $x(t)$ stark abweichen, nur unwesentlich. Das Gleiche trifft auf den Effekt zu, den man durch eine Erhöhung der Rechengenauigkeit erreicht. □

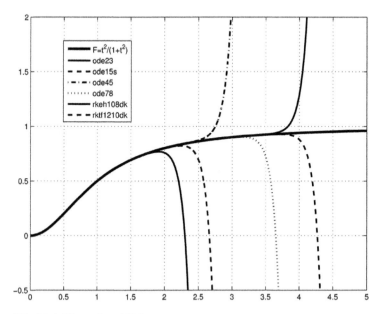

Abb. 3.1: Inhärente Instabilität.

3.3.2 Wurzelstabilität (Nullstabilität, D-Stabilität)

Wir betrachten noch einmal $\triangle$GLn der Form

$$x_{i+1} = G(x_i), \quad i = 0, 1, \ldots, \tag{3.34}$$

mit $G : \mathbb{R}^n \to \mathbb{R}^n$, wobei der Startvektor x_0 bekannt sei.

Definition 3.6. Es sei $G : \mathbb{R}^n \to \mathbb{R}^n$ gegeben. Dann heißt eine Lösung $\{x_i\}_{i=0}^{\infty}$ der $\triangle$GL (3.34)

1. *stabil*, wenn zu vorgegebenem $\varepsilon > 0$ ein $\delta > 0$ existiert, so dass für alle weiteren Lösungen $\{\hat{x}_i\}_{i=0}^{\infty}$ von (3.34), welche $\|x_0 - \hat{x}_0\| \leq \delta$ erfüllen, gilt

$$\|x_i - \hat{x}_i\| \leq \varepsilon, \quad i = 1, 2, \ldots, \tag{3.35}$$

2. *asymptotisch stabil*, wenn zusätzlich gilt

$$\|x_i - \hat{x}_i\| \to 0 \text{ für } i \to \infty, \tag{3.36}$$

3. *relativ stabil*, wenn (3.35) ersetzt wird durch

$$\|x_i - \hat{x}_i\| \le \varepsilon \|x_i\|, \quad i = 1, 2, \ldots . \tag{3.37}$$

□

Um zu überprüfbaren Kriterien für die obigen Stabilitätsbegriffe zu gelangen, beschränken wir uns auf lineare △GLn mit konstanten Koeffizienten:

$$x_{i+1} = Ax_i + b, \quad i = 0, 1, \ldots, \quad x_0 \text{ vorgegebener Anfangsvektor.} \tag{3.38}$$

Damit wir für diese Problemklasse Stabilitätsaussagen postulieren und beweisen können, wird noch das folgende Resultat benötigt.

Satz 3.4. *Es sei $A \in \mathbb{R}^{n \times n}$. Dann gilt*
1. *A ist eine konvergente Matrix (d.h., es gilt $\lim_{i \to \infty} A^i = 0$) genau dann, wenn $\varrho(A) < 1$ ist.*
2. *$\|A^i\|$ bleibt für $i \to \infty$ genau dann beschränkt, wenn $\varrho(A) < 1$ gilt oder aber $\varrho(A) = 1$ ist und die Eigenwerte λ von A mit der Eigenschaft $|\lambda| = 1$ einfach sind.*
Dabei bezeichnet $\varrho(A)$ den Spektralradius der Matrix A, d.h. $\varrho(A) \equiv \max_{j=1,\ldots,n} |\lambda_j|$, wobei $\lambda_1, \ldots, \lambda_n$ die Eigenwerte von A sind.

Beweis.

1a. Es sei $\varrho(A) < 1$.
Zu jeder Matrix $A \in \mathbb{R}^{n \times n}$ existiert eine nichtsinguläre Matrix $W \in \mathbb{R}^{n \times n}$, so dass

$$W^{-1}AW = J = \mathrm{diag}(J_1, \ldots, J_t) \tag{3.39}$$

gilt (siehe auch die Formel (A.32), Anhang A). Die Teilblöcke J_i bestehen bei *einfachen* Eigenwerten von A nur aus diesen, d.h., sie sind eindimensional, während sie bei *mehrfachen* Eigenwerten von der Gestalt

$$J_i = \begin{pmatrix} \lambda_i & 1 & & \\ & \ddots & \ddots & \\ & & \ddots & 1 \\ & & & \lambda_i \end{pmatrix} \in \mathbb{R}^{m_i \times m_i} \tag{3.40}$$

sind. Dabei gilt $n = m_1 + m_2 + \cdots + m_t$. Man nennt (3.39) die *Jordan'sche Normalform* der Matrix A. Auf Grund der Voraussetzung kann man ein $\varepsilon > 0$ so wählen, dass die Beziehung $|\lambda| + \varepsilon < 1$ gilt. Mit diesem ε bilden wir die Diagonalmatrix

$$D \equiv \mathrm{diag}(1, \varepsilon, \ldots, \varepsilon^{n-1})$$

und berechnen $\hat{J} \equiv D^{-1}JD$. Die Matrix $\hat{J}$ besitzt formal die gleiche Gestalt wie J, d.h. $\hat{J} = \mathrm{diag}(\hat{J}_1, \ldots, \hat{J}_t)$. Die den einfachen Eigenwerten von A zugeordneten

Blöcke von $\hat{J}$ bestehen unverändert nur aus den Eigenwerten selbst, während die Blöcke (3.40) in

$$\hat{J}_i = \begin{pmatrix} \lambda_i & \varepsilon & & \\ & \ddots & \ddots & \\ & & \ddots & \varepsilon \\ & & & \lambda_i \end{pmatrix} \in \mathbb{R}^{m_i \times m_i} \tag{3.41}$$

übergehen.

Es sei $T \equiv (WD)^{-1}$. Der Ausdruck $||x||_T \equiv ||Tx||_\infty$ erfüllt offensichtlich die Eigenschaften einer Vektornorm. Es werde nun die zugeordnete Matrixnorm (siehe (A.20), Anhang A) konstruiert:

$$||A||_T = \max_{||x||_T=1} ||Ax||_T = \max_{||Tx||_\infty=1} ||TAx||_\infty = \max_{||Tx||_\infty=1} ||TAT^{-1}Tx||_\infty$$

$$= \max_{||y||_\infty=1} ||TAT^{-1}y||_\infty = ||TAT^{-1}||_\infty.$$

Somit berechnet man mit dem oben gewählten $\varepsilon > 0$

$$||A||_T = ||TAT^{-1}||_\infty = ||D^{-1}W^{-1}AWD||_\infty = ||D^{-1}JD||_\infty = ||\hat{J}||_\infty < 1.$$

Dies wiederum ergibt

$$||A^i||_T \leq ||A||_T^i \to 0 \text{ für } i \to \infty.$$

1b. Es gelte umgekehrt $\varrho(A) \geq 1$ und λ sei ein Eigenwert von A mit $|\lambda| \geq 1$.
Ist x ein zu λ gehöriger Eigenvektor, dann gilt mit einer beliebigen Vektornorm $|| \cdot ||$:

$$||A^i|| \cdot ||x|| \geq ||A^i x|| = |\lambda^i| \cdot ||x|| \geq ||x||, \quad \text{d. h.} \quad ||A^i|| \geq 1 \text{ für alle } i.$$

2a. Es sei $\varrho(A) < 1$ oder es gelte $\varrho(A) = 1$ und die Eigenwerte λ von A, mit $|\lambda| = 1$, sind einfach.
Den ersten Teil haben wir bereits gezeigt, denn es gilt nach 1a., dass $A^i \to 0$ für $i \to \infty$ genau dann, wenn $\varrho(A) < 1$ ist. Dass auch aus der alternativen Forderung die postulierte Beschränktheit folgt, zeigt die sich anschließende Betrachtung.
Es gibt genau dann eine Matrixnorm $|| \cdot ||_T$ mit der Eigenschaft $||A||_T = \varrho(A) = 1$, falls $\varrho(A) = 1$ und die Eigenwerte λ, mit $|\lambda| = 1$, einfach sind. Hierzu braucht nur der Teilbeweis 1a. so modifiziert zu werden, dass man jetzt ein $\varepsilon > 0$ derart wählt, dass für jeden Eigenwert λ von A mit der Eigenschaft $|\lambda| < \varrho(A)$ die Beziehung $|\lambda| + \varepsilon < \varrho(A)$ erfüllt ist. Offensichtlich gilt dann $||A||_T = ||\hat{J}||_\infty = \varrho(A) = 1$. Um die Umkehrung zu zeigen, wollen wir voraussetzen, dass $||A||_T = \varrho(A) = 1$ für eine Norm $|| \cdot ||_T$ erfüllt ist, jedoch ein $(k \times k)$-dimensionaler Jordan-Block, mit $k \geq 2$, existiert, der zu einem Eigenwert λ mit $|\lambda| = \varrho(A) = 1$ gehört. Dann reicht es aus,

einen Jordan-Block

$$
J = \begin{pmatrix} \lambda & 1 & & \\ & \ddots & \ddots & \\ & & \ddots & 1 \\ & & & \lambda \end{pmatrix}, \quad \lambda \neq 0,
$$

zu betrachten und zu zeigen, dass $\|J\| = |\lambda|$ in keiner Vektornorm möglich ist. Nimmt man nämlich an, dass $\|J\| = |\lambda|$ ist, und setzt $\hat{J} \equiv \lambda^{-1}J$, dann folgt unmittelbar $\|\hat{J}\| = 1$. Aber man berechnet andererseits $\hat{J}^i e^{(2)} = (i/\lambda, 1, 0, \ldots, 0)^T$, so dass $\|\hat{J}^i e^{(2)}\| \to \infty$ für $i \to \infty$. Dies widerspricht $\|\hat{J}\| = 1$. Folglich müssen die Eigenwerte mit $|\lambda| = 1$ einfach sein.

Wir können damit von der Existenz einer Matrixnorm $\|\cdot\|_T$, mit der Eigenschaft $\|A\|_T = 1$, ausgehen. Hieraus folgt $\|A^i\|_T \leq 1$ für alle i. Es muss dann aber auch $\|A^i\|$ beschränkt sein, da alle Normen auf einem endlich-dimensionalen linearen Raum äquivalent sind.

2b. Schließlich werde vorausgesetzt, dass $\|A^i\|$ beschränkt ist.

Wegen 1b. muss dann $\varrho(A) \leq 1$ gelten. Wir wollen deshalb $\varrho(A) = 1$ annehmen. Mit der gleichen Argumentation wie im Teilbeweis 2a. lässt sich somit zeigen, dass jeder Jordan-Block J mit $\varrho(J) = 1$ von der Dimension 1×1 sein muss, d. h., die Eigenwerte λ, mit $|\lambda| = 1$, treten nur einfach auf. $\qquad\square$

Jetzt können wir die im folgenden Satz formulierten Aussagen über die Stabilität der Lösungen von (3.38) zeigen.

Satz 3.5 (Stabilitätssatz). *Es seien $A \in \mathbb{R}^{n \times n}$ und $b \in \mathbb{R}^n$. Dann ist eine Lösung $\{x_i\}_{i=0}^{\infty}$ von (3.38)*

1. *stabil genau dann, falls $\varrho(A) \leq 1$ gilt und im Falle $\varrho(A) = 1$ jeder Eigenwert λ mit $|\lambda| = 1$ einfach ist,*

2. *asymptotisch stabil genau dann, falls $\varrho(A) < 1$ ist.*

Beweis.

1. Es sei $\{\hat{x}_i\}_{i=0}^{\infty}$ eine andere Lösung von (3.38). Wir setzen

$$
w_i \equiv \hat{x}_i - x_i, \quad i = 0, 1, \ldots \ .
$$

Damit gilt

$$
w_i = A w_{i-1} = \cdots = A^i w_0; \quad i = 0, 1, \ldots \ . \tag{3.42}
$$

Wird angenommen, dass die Folge $\{A^i\}$ beschränkt ist, d. h.

$$
\|A^i\| \leq \sigma \text{ für } i = 0, 1 \ldots,
$$

dann gilt wegen (3.42)

$$
\|\hat{x}_i - x_i\| \leq \varepsilon \text{ für alle } \hat{x}_0 \text{ mit } \|\hat{x}_0 - x_0\| \leq \delta \equiv \frac{\varepsilon}{\sigma}.
$$

Ist umgekehrt $\{A^i\}$ nicht beschränkt, dann folgt mit einem $x \in \mathbb{R}^n$

$$\|A^i x\| \to \infty \ \text{für} \ i \to \infty.$$

Wird deshalb $\hat{x}_0$ so gewählt, dass $x_0 - \hat{x}_0$ genau in der Richtung von x liegt, dann ergibt sich $\|x_k - \hat{x}_k\| \to \infty$ für $k \to \infty$, so dass die Lösung nicht stabil ist. Die Behauptung folgt nun aus dem Satz 3.4.

2. Man geht wie bei 1. vor. Es folgt unmittelbar, dass die Lösung asymptotisch stabil genau dann ist, wenn $A^j \to 0$ für $j \to \infty$. Das ist aber nach Satz 3.4 genau dann der Fall, wenn $\varrho(A) < 1$ ist. □

Wir betrachten nun eine lineare k-Schritt $\triangle$GL der Form

$$x_{i+1} = -\alpha_1 x_i - \alpha_2 x_{i-1} - \cdots - \alpha_k x_{i-k+1}, \quad i = k - 1, k, \ldots, \tag{3.43}$$

mit vorgegebenen Anfangswerten $x_0, \ldots, x_{k-1}$. Setzt man

$$
y_i \equiv \begin{pmatrix} x_i \\ x_{i-1} \\ \vdots \\ x_{i-k+2} \\ x_{i-k+1} \end{pmatrix}, \
y_{i+1} \equiv \begin{pmatrix} x_{i+1} \\ x_i \\ \vdots \\ \\ x_{i-k+2} \end{pmatrix}, \
A \equiv \begin{pmatrix} -\alpha_1 & -\alpha_2 & \cdots & \cdots & -\alpha_k \\ 1 & 0 & \cdots & \cdots & 0 \\ 0 & 1 & 0 & \cdots & 0 \\ \vdots & \ddots & \ddots & \ddots & \vdots \\ 0 & \cdots & 0 & 1 & 0 \end{pmatrix},
\tag{3.44}
$$

dann lässt sich (3.43) wie folgt darstellen:

$$
\begin{pmatrix} x_{i+1} \\ x_i \\ \vdots \\ \\ x_{i-k+2} \end{pmatrix} = \begin{pmatrix} -\alpha_1 & -\alpha_2 & \cdots & \cdots & -\alpha_k \\ 1 & 0 & \cdots & \cdots & 0 \\ 0 & 1 & 0 & \cdots & 0 \\ \vdots & \ddots & \ddots & \ddots & \vdots \\ 0 & \cdots & 0 & 1 & 0 \end{pmatrix} \begin{pmatrix} x_i \\ x_{i-1} \\ \vdots \\ x_{i-k+2} \\ x_{i-k+1} \end{pmatrix}
\tag{3.45}
$$

beziehungsweise

$$y_{i+1} = A\, y_i, \quad i = k - 1, k, \ldots \,.$$

Um (3.45) in die Form (3.38) zu überführen, wenden wir die Indextransformation $x_j \equiv y_{k-1+j}$, $j = 0, 1, \ldots$, an. Es ergibt sich

$$x_{i+1} = A x_i, \quad i = 0, 1, \ldots \,. \tag{3.46}$$

Jetzt lässt sich der Satz 3.5 auf das System (3.46) anwenden und man erhält den

Satz 3.6. *Es sei $A \in \mathbb{R}^{k \times k}$ durch die Formel (3.44) gegeben. Dann ist die Lösung von (3.45) genau dann stabil, falls alle Wurzeln λ_i des Polynoms*

$$P(\lambda) \equiv \lambda^k + \alpha_1 \lambda^{k-1} + \cdots + \alpha_{k-1}\lambda + \alpha_k \tag{3.47}$$

die folgenden Bedingungen erfüllen

- $|\lambda_i| \le 1$, $i = 1, \ldots, k$,
- *falls ein λ_j mit $|\lambda_j| = 1$ existiert, ist λ_j eine einfache Wurzel des obigen Polynoms.*

Die Lösung ist genau dann asymptotisch stabil, wenn $|\lambda_i| < 1$, $i = 1, \ldots, k$, gilt.

Beweis. Offensichtlich ist A die Begleitmatrix zu $P(\lambda)$. Es gilt: Ist λ_i ein Eigenwert der Vielfachheit $m > 1$, dann gibt es zu λ_i einen Jordan-Block der Dimension m, so dass A nicht die Einfachheitsbedingung erfüllt. Das Resultat folgt dann direkt aus dem Satz 3.5. $\qquad\square$

Wir kehren wieder zu den LMVn zurück. Gegeben sei das folgende (konsistente) LMV

$$x_{i+1}^h - 4x_i^h + 3x_{i-1}^h = -2hf_{i-1}. \tag{3.48}$$

Dieses Verfahren werde auf das AWP

$$\dot{x}(t) = x(t), \quad x(0) = 1 \tag{3.49}$$

angewendet, dessen Lösung durch $x(t) = e^t$ gegeben ist. Es resultiert die $\triangle$GL

$$x_{i+1}^h - 4x_i^h + (3 + 2h)x_{i-1}^h = 0, \quad x_0^h = 1, \tag{3.50}$$

wobei wir hier annehmen wollen, dass der erforderliche zweite Anfangswert x_1^h ebenfalls bekannt ist. Die obige $\triangle$GL lässt sich mit den Methoden aus Abschnitt 1.2 lösen. Dazu verwendet man den Ansatz $x_i^h = \lambda^i$ und substituiert diesen in (3.50). Es resultiert das charakteristische Polynom (siehe Formel (1.43))

$$\varrho(\lambda) = \lambda^2 - 4\lambda + (3 + 2h),$$

dessen einfache Wurzeln

$$\lambda_1 = 2 - \sqrt{1 - 2h} \quad \text{und} \quad \lambda_2 = 2 + \sqrt{1 - 2h}$$

sind. Die allgemeine Lösung der $\triangle$GL lautet somit

$$x_i^h = c_1(2 - \sqrt{1 - 2h})^i + c_2(2 + \sqrt{1 - 2h})^i.$$

Die Konstanten c_1 und c_2 sind durch die Anfangsbedingungen

$$x_0^h = 1 = c_1 + c_2 \quad \text{und} \quad x_1^h = c_1\lambda_1 + c_2\lambda_2$$

bestimmt und ergeben sich zu

$$c_1 = \frac{\lambda_2 - x_1^h}{\lambda_2 - \lambda_1} = \frac{2 - x_1^h + \sqrt{1 - 2h}}{2\sqrt{1 - 2h}}, \quad c_2 = \frac{x_1^h - \lambda_1}{\lambda_2 - \lambda_1} = \frac{x_1^h - 2 + \sqrt{1 - 2h}}{2\sqrt{1 - 2h}}.$$

Die Lösung des AWPs (3.50) ist damit von der Gestalt

$$x_i^h = \frac{2 - x_1^h + \sqrt{1 - 2h}}{2\sqrt{1 - 2h}}(2 - \sqrt{1 - 2h})^i + \frac{x_1^h - 2 + \sqrt{1 - 2h}}{2\sqrt{1 - 2h}}(2 + \sqrt{1 - 2h})^i. \tag{3.51}$$

Wir wollen jetzt für den zweiten Startwert x_1^h die exakte Lösung des AWPs (3.49) an der Stelle $t = h$, d. h. $x_1^h = e^h$, verwenden. Für kleine h gilt

$$\sqrt{1 - 2h} = 1 - h - \frac{1}{2}h^2 - \frac{1}{2}h^3 + O(h^4), \quad e^h = 1 + h + \frac{1}{2}h^2 + \frac{1}{6}h^3 + O(h^4),$$

so dass man die folgenden Entwicklungen in Potenzen von h für die in der Formel (3.51) enthaltenen Größen angeben kann:

$$\lambda_1 = 2 - \sqrt{1 - 2h} = 1 + h + \frac{1}{2}h^2 + \frac{1}{2}h^3 + O(h^4),$$

$$\lambda_2 = 2 + \sqrt{1 - 2h} = 3 - h - \frac{1}{2}h^2 - \frac{1}{2}h^3 + O(h^4),$$

$$c_1 = \frac{\lambda_2 - x_1^h}{\lambda_2 - \lambda_1} = \frac{\lambda_2 - e^h}{\lambda_2 - \lambda_1} = \frac{2 - 2h - h^2 - \frac{2}{3}h^3 + O(h^4)}{2 - 2h - h^2 - h^3 + O(h^4)} = 1 + O(h^3),$$

$$c_2 = \frac{x_1^h - \lambda_1}{\lambda_2 - \lambda_1} = \frac{e^h - \lambda_1}{\lambda_2 - \lambda_1} = \frac{-\frac{1}{3}h^3 + O(h^4)}{2 - 2h - h^2 - h^3 + O(h^4)} = -\frac{1}{6}h^3 + O(h^4).$$

Für fixiertes $t = ih \neq 0$ lässt sich damit die Näherungslösung (3.51) des AWPs (3.49) wie folgt aufschreiben

$$x_i^h = [1 + O((t/i)^3)][1 + t/i + O((t/i)^2)]^i$$
$$- \frac{t^3}{6\,i^3}\,[1 + O((t/i))][3 - t/i + O((t/i)^2)]^i. \tag{3.52}$$

Der erste Summand in der Darstellung (3.52) konvergiert für $i \to \infty$ gegen e^t, während sich der zweite Summand für $i \to \infty$ wie

$$\frac{t^3\,3^i}{6\,i^3}\,e^{-t/3}$$

verhält. Da $\lim_{i\to\infty} 3^i/i^3 = \infty$ ist, strebt der zweite Summand gegen $-\infty$. Somit konvergiert bei dieser Wahl von x_1^h die exakte Lösung der $\triangle$GL (3.50) für $h \to 0$ nicht gegen die Lösung der DGL.

Verwendet man andererseits den speziellen Anfangswert $x_1^h = 2 - \sqrt{1 - 2h}$, dann ist der zweite Summand von (3.52) gleich null und der erste Summand konvergiert für $h \to 0$ weiterhin gegen e^t. Dies ist jedoch der einzige Wert von x_1^h, für den der zweite Anteil verschwindet. Jeder andere Wert von x_1^h führt zur Dominanz des zweiten Summanden. Die Lösung von (3.50), die zu diesem speziellen Anfangswert gehört und somit die Lösung der DGL richtig approximiert, ist

$$x_i^h = (2 - \sqrt{1 - 2h})^i. \tag{3.53}$$

Sie erweist sich jedoch als relativ instabil im Sinne der Definition 3.6.

Die obige Diskussion zeigt, dass eine zusätzliche *Stabilitätsbedingung* erforderlich ist, damit ein konsistentes Verfahren für $h \to 0$ auch konvergent ist. Es erweist sich, dass diese Bedingung genau die Stabilität des linearen Teils des LMVs darstellt.

Definition 3.7. Ein LMV der Form (3.7) wird *wurzelstabil* (oder auch *nullstabil* bzw. *D-stabil*) genannt, wenn jede Lösung der zugehörigen linearen homogenen △GL

$$\alpha_0 x_{i+1}^h + \alpha_1 x_i^h + \cdots + \alpha_k x_{i-k+1}^h = 0 \tag{3.54}$$

stabil im Sinne des Satzes 3.6 ist. □

Unter Beachtung des Satzes 3.6 lässt sich nun folgendes Kriterium für die Wurzelstabilität eines LMVs angeben.

Satz 3.7. (Wurzel-Kriterium)
Das LMV (3.7) ist wurzelstabil genau dann, wenn alle Wurzeln $\lambda_1, \ldots, \lambda_k$ des Polynoms $\varrho(\lambda)$ die Bedingungen
–   *$|\lambda_i| \leq 1$, $\quad i = 1, 2, \ldots, k$, und*
–   *jede Wurzel λ_j mit $|\lambda_j| = 1$ ist einfach*
erfüllen.

Beweis. Im Falle $\alpha_0 \neq 1$ dividiere man (3.54) durch α_0. Das Resultat sei

$$x_{i+1}^h = -\tilde{\alpha}_1 x_i^h - \cdots - \tilde{\alpha}_k x_{i-k+1}^h.$$

Damit liegt eine △GL der Form (3.43) vor. Es gelten dann die Aussagen von Satz 3.6. Insbesondere hat man das Polynom

$$P(\lambda) \equiv \lambda^k + \tilde{\alpha}_1 \lambda^{k-1} + \cdots + \tilde{\alpha}_{k-1} \lambda + \tilde{\alpha}_k$$

zu betrachten. Die Wurzeln von $P(\lambda) = 0$ und $\varrho(\lambda) = 0$ sind jedoch identisch, woraus die Behauptung unmittelbar folgt. □

Bemerkung 3.2. Der Begriff *Wurzel*stabilität nimmt Bezug auf die Wurzeln von $\varrho(\lambda)$, während der Begriff *Null*stabilität die Asymptotik $h \to 0$ verdeutlicht. Das dritte Synonym *D*-Stabilität ist eine Hommage an G. Dahlquist, auf den wichtige Beiträge zu dieser Problematik zurückgehen. □

Offensichtlich ist das Verfahren (3.50) nicht stabil, da das Polynom $\varrho(\lambda) = \lambda^2 - 4\lambda + 3$, welches aus $x_{i+1}^h - 4x_i^h + 3x_{i-1}^h = -2hf_{i-1}$ hervorgeht, die Nullstellen $\lambda_{1/2} = 2 \pm \sqrt{4-3}$, also $\lambda_1 = 1$ und $\lambda_2 = 3$, besitzt.

Man beachte aber auch, dass jedes ESV $x_{i+1}^h = x_i^h + h\Phi(\cdot)$ wurzelstabil ist, da das zugehörige Polynom $\varrho(\lambda) = \lambda - 1$ nur die einfache Wurzel $\lambda = 1$ besitzt.

Im nächsten Abschnitt werden wir zeigen, dass für ein wurzelstabiles und konsistentes LMV der globale Diskretisierungsfehler für $h \to 0$ gegen null konvergiert. Die Wurzelstabilität und die Konsistenz sind aber nicht die einzigen Kriterien für ein geeignetes numerisches Verfahren, da man ja in der Praxis mit einer Schrittweite h, die zwar sehr klein ist, aber dennoch nicht verschwindet, arbeitet. Ein auf nichtverschwindende Schrittweiten angepasster Stabilitätsbegriff wird im Kapitel 4 eingeführt. Zuvor wollen wir noch auf eine Erweiterung der (asymptotischen) Wurzelstabilität kurz eingehen und betrachten hierzu das folgende Beispiel.

Beispiel 3.4. Gegeben sei das Verfahren

$$x_{i+1}^h - x_{i-1}^h = 2hf_i. \tag{3.55}$$

Fragt man nach der Konsistenz, so zeigt sich mit

$$\varrho(\lambda) = \lambda^2 - 1 \;\Rightarrow\; \varrho(1) = 0,$$

$$\dot{\varrho}(\lambda) = 2\lambda \quad \text{und} \quad \sigma(\lambda) = 2\lambda \;\Rightarrow\; \dot{\varrho}(1) = 2 = \sigma(1),$$

dass die erforderlichen Kriterien erfüllt sind. Dies trifft auch auf die Stabilität zu, da

$$\lambda_1 = 1, \quad \lambda_2 = -1$$

die Wurzeln von $\varrho(\lambda)$ sind. Wir wenden nun das Verfahren (3.55) auf das skalare AWP

$$\dot{x}(t) = -x(t), \quad x(0) = 1 \tag{3.56}$$

an, dessen Lösung $x(t) = e^{-t}$ ist. Es ergibt sich

$$x_{i+1}^h - x_{i-1}^h = -2hx_i^h, \quad x_0^h = 1. \tag{3.57}$$

Wir wollen wieder annehmen, dass ein zweiter Anfangswert x_1^h an der Stelle $t_1 = h$ bekannt ist. Die Lösung von (3.57) lautet

$$x_i^h = c_1\lambda_1^i + c_2\lambda_2^i, \tag{3.58}$$

mit

$$\lambda_1 = -h + \sqrt{1 + h^2}, \qquad \lambda_2 = -h - \sqrt{1 + h^2},$$

$$c_1 = \frac{1}{2} + \frac{x_1^h + h}{2\sqrt{1 + h^2}}, \qquad c_2 = \frac{1}{2} - \frac{x_1^h + h}{2\sqrt{1 + h^2}}.$$

Für jedes $h > 0$ gilt somit $|\lambda_2| > 1$. Bis auf den Ausnahmefall, dass x_1^h so gewählt ist, dass $c_2 = 0$ gilt, erfüllt die Näherungslösung die Beziehung $|x_i^h| \to \infty$ für $i \to \infty$. Deshalb wird für hinreichend großes t die Lösung von (3.57) beliebig stark von der exakten Lösung $x(t) = e^{-t}$ des AWPs abweichen. Da andererseits $\lambda_1 \to 1$ für $h \to 0$ gilt, würde das eben gezeigte Verhalten verhindert, wenn die Wurzel λ_2 einen Grenzwert besitzt, der (betragsmäßig) echt kleiner als eins ist. $\qquad\square$

Dies gibt Anlass zu folgender

Definition 3.8. Ein LMV (3.7) wird *streng* wurzelstabil genannt, wenn die Wurzeln des Polynoms $\varrho(\lambda)$ die Bedingung $|\lambda_i| \leq 1$, $i = 1, 2, \ldots, k$, mit strenger Ungleichung für $k - 1$ Wurzeln, erfüllen. $\qquad\square$

Ein wurzelstabiles Verfahren, das im obigen Sinne nicht streng wurzelstabil ist, wird häufig als *schwach* wurzelstabil bezeichnet. Da für ein konsistentes Verfahren $\varrho(1) = 0$ gilt, d. h. $\lambda = 1$ eine Wurzel des zugehörigen Polynoms $\varrho(\lambda)$ ist, muss ein streng wurzelstabiles Verfahren die folgende Eigenschaft besitzen:

$$\lambda_1 = 1, \quad |\lambda_i| < 1, \; i = 2, 3, \ldots, k. \tag{3.59}$$

Insbesondere ist jedes Einschritt-Verfahren streng stabil. Dies gilt auch für alle Verfahren vom Adams-Typ.

3.4 Konvergenz

In diesem Abschnitt soll gezeigt werden, dass die Wurzelstabilität zusammen mit der Konsistenz notwendig und hinreichend für die Konvergenz eines LMVs sind. Diese Aussage wird oftmals in der sehr einprägsamen Form

$$\text{Konvergenz} = \text{Wurzelstabilität} + \text{Konsistenz}$$

angegeben.

Bevor wir auf diese Fragestellung detailliert eingehen, soll das folgende Resultat gezeigt werden.

Lemma 3.1. *Erfüllen die Zahlen $\xi_i \in \mathbb{R}$ Ungleichungen der Form*

$$|\xi_{l+1}| \leq (1+\delta)|\xi_l| + B, \quad \delta > 0, \ B \geq 0, \ l = 0, 1, \ldots,$$

dann gilt

$$|\xi_j| \leq e^{j\delta}|\xi_0| + \frac{e^{j\delta}-1}{\delta}B.$$

Beweis. Man berechnet

$$|\xi_1| \leq (1+\delta)|\xi_0| + B$$
$$|\xi_2| \leq (1+\delta)^2|\xi_0| + B(1+\delta) + B$$
$$\vdots$$
$$|\xi_j| \leq (1+\delta)^j|\xi_0| + B\{1 + (1+\delta) + (1+\delta)^2 + \cdots (1+\delta)^{j-1}\}$$
$$= (1+\delta)^j|\xi_0| + B\frac{(1+\delta)^j - 1}{\delta}$$
$$\leq e^{j\delta}|\xi_0| + B\frac{e^{j\delta}-1}{\delta},$$

da für $\delta > -1$ die Beziehung $0 < 1 + \delta < e^\delta$ besteht. □

Wir setzen nun voraus, dass den nachfolgenden Betrachtungen ein äquidistantes Gitter mit der Schrittweite h zugrunde liegt. Wie im Falle der ESVn (siehe Abschnitt 2.5) erklären wir den globalen Fehler zu

$$e_i^h \equiv x(t_i) - x_i^h \tag{3.60}$$

und definieren die Konvergenz eines LMVs wie folgt.

Definition 3.9. Ein LMV wird konvergent genannt, wenn

$$\lim_{h \to 0, i \to \infty} x_i^h = x(t) \tag{3.61}$$

für alle fixierten $t = t_0 + ih < T$ gilt. Dabei wird vorausgesetzt, dass die Funktion $f(t, x)$ des AWPs (1.5) Lipschitz-stetig ist, auf dem Intervall $[t_0, T]$ eine Lösung $x(t)$ existiert und für die Startwerte $x_0^h, \ldots, x_{k-1}^h$ gilt:

$$\lim_{h \to 0} \|x_j^h - x(t_j)\| = 0, \quad j = 0, \ldots, k - 1. \tag{3.62}$$

$\square$

Wir wollen zuerst notwendige Bedingungen für die Konvergenz eines LMVs angeben.

Satz 3.8. *Ist das LMV (3.7) konvergent, dann ist es auch notwendigerweise*
1. *wurzelstabil und*
2. *konsistent, d. h., es gilt $\varrho(1) = 0$, $\dot{\varrho}(1) = \sigma(1)$.*

Beweis.

1. Gegeben sei das spezielle AWP

$$\dot{x}(t) = 0, \quad x(0) = 0, \tag{3.63}$$

mit der exakten Lösung $x(t) \equiv 0$. Ein LMV führt bei seiner Anwendung auf (3.63) zur linearen homogenen $\triangle$GL

$$\alpha_0 x_{i+1}^h + \alpha_1 x_i^h + \cdots + \alpha_k x_{i-k+1}^h = 0, \quad \text{bzw.} \quad \left(\sum_{j=0}^{k} \alpha_j E^{k-j} \right) x_{i-k+1}^h = 0. \tag{3.64}$$

Nimmt man an, dass das zugehörige Polynom $\varrho(\lambda)$ (siehe Formel (3.9)) eine Wurzel $|\lambda_1| > 1$ oder eine Wurzel $|\lambda_2| = 1$ mit der Vielfachheit $r_2 > 1$ besitzt, dann sind

$$x_i^{(1)} = \lambda_1^i \quad \text{bzw.} \quad x_i^{(2)} = i\lambda_2^i \tag{3.65}$$

für $i \to \infty$ divergente Lösungen von (3.64); siehe auch die Ausführungen im Abschnitt 1.2. Werden beide Lösungen in (3.65) mit $\sqrt{h}$ multipliziert, d. h.

$$x_i^{h(1)} = \sqrt{h}\lambda_1^i, \quad x_i^{h(2)} = \sqrt{h}i\lambda_2^i, \tag{3.66}$$

dann erfüllen $x_i^{h(1)}$ und $x_i^{h(2)}$ weiterhin die homogene $\triangle$GL (3.64) und genügen darüber hinaus der Forderung (3.62) an die Startwerte des LMVs. Für ein fixiertes $t = t_0 + ih = ih$ (in (3.63) ist $t_0 = 0$) schreiben wir (3.66) in der Form

$$x^{h(1)}(t) = \sqrt{h}\,\lambda_1^{t/h}, \quad x^{h(2)}(t) = \frac{t}{\sqrt{h}}\lambda_2^{t/h}. \tag{3.67}$$

Offensichtlich sind die Lösungen in (3.67) für $h \to 0$ divergent. Dies ist ein Widerspruch zur vorausgesetzten Konvergenz. Ein konvergentes LMV muss somit wurzelstabil sein.

2a. Gegeben sei jetzt das spezielle AWP

$$\dot{x}(t) = 0, \quad x(0) = 1, \tag{3.68}$$

das die exakte Lösung $x(t) \equiv 1$ besitzt. Wir wählen $x_0^h = x_1^h = \cdots = x_{k-1}^h = 1$ als Startwerte, womit die Bedingung (3.62) erfüllt ist. Wegen der Konvergenz gilt

$$x_i^h \to x(t_0 + ih) = x(ih) = 1. \tag{3.69}$$

Aus der $\triangle$GL (3.64), die sich auch bei der Anwendung des LMVs auf (3.68) ergibt, folgt mit (3.69)

$$0 = \lim_{h \to 0} \sum_{j=0}^{k} \alpha_j x_{i-j+1}^h = \sum_{j=0}^{k} \alpha_j = \varrho(1), \quad \text{d.h. } \varrho(1) = 0. \tag{3.70}$$

2b. Aus dem Teilbeweis 1 ergibt sich $\dot{\varrho}(1) \neq 0$, da anderenfalls eine doppelte Wurzel auf dem Einheitskreis existiert, was aber der vorausgesetzten Wurzelstabilität widersprechen würde.
Wir betrachten nun abschließend das spezielle AWP

$$\dot{x}(t) = 1, \quad x(0) = 0 \tag{3.71}$$

mit der exakten Lösung $x(t) = t$. Wendet man ein LMV auf (3.71) an, dann resultiert die lineare inhomogene $\triangle$GL

$$\sum_{j=0}^{k} \alpha_j x_{i-j+1}^h = h\sigma(1). \tag{3.72}$$

Definiert man $\{y_i^h\}$ mittels

$$y_i^h \equiv ih\sigma(1)/\dot{\varrho}(1), \tag{3.73}$$

dann ist $\lim_{h \to 0} y_i^h = 0$ für alle $i \leq k - 1$, d.h., die y_i^h erfüllen die Forderung (3.62) an die Startwerte. Wir setzen nun (3.73) in die $\triangle$GL (3.72) ein. Es ergibt sich

$$\sum_{j=0}^{k} \alpha_j y_{i-j+1}^h = \frac{h\,\sigma(1)}{\dot{\varrho}(1)} \sum_{j=0}^{k} \alpha_j (i - j + 1)$$

$$= \frac{h\,\sigma(1)}{\dot{\varrho}(1)} \left\{ (i - k + 1) \underbrace{\sum_{j=0}^{k} \alpha_j}_{\varrho(1)=0} + \underbrace{\sum_{j=0}^{k} (k - j)\alpha_j}_{\dot{\varrho}(1)} \right\} = h\sigma(1),$$

d.h., y_i^h ist eine Lösung von (3.72). Die vorausgesetzte Konvergenz impliziert nun die Beziehung $y_i^h \to x(t_0 + ih) = x(ih)$. Für fixiertes $t = ih$ muss folglich

$$\lim_{h \to 0} ih \frac{\sigma(1)}{\dot{\varrho}(1)} = t$$

gelten, woraus unmittelbar $\sigma(1) = \dot{\varrho}(1)$ folgt. Die Teilbeweise 2a und 2b ergeben zusammen die Konsistenz. $\qquad\square$

Wir wollen nun zeigen, dass die Konsistenz und die Wurzelstabilität auch hinreichend für die Konvergenz eines LMVs sind. Zur Vereinfachung der Darstellung beschränken wir uns auf explizite LMVn. Das zugehörige Resultat vermittelt der

Satz 3.9 (Konsistenz plus Wurzelstabilität implizieren Konvergenz). *Es werde vorausgesetzt, dass das (explizite) LMV*

$$\alpha_0 x_{i+1}^h + \alpha_1 x_i^h + \cdots + \alpha_k x_{i-k+1}^h = h\, \Phi(t_{i-k+1}, \ldots, t_i, x_{i-k+1}^h, \ldots, x_i^h; h) \qquad (3.74)$$

wurzelstabil ist. Des Weiteren erfülle die Inkrementfunktion Φ eine Lipschitzbedingung der Form

$$\|\Phi(t_1, \ldots, t_k, u_1, \ldots, u_k; h) - \Phi(t_1, \ldots, t_k, v_1, \ldots, v_k; h)\|_\infty \leq c \max_{1 \leq j \leq k} \|u_j - v_j\|_\infty,$$
$$(3.75)$$

für alle $t_1, \ldots, t_k \in [t_0, T]$, alle $u_1, \ldots, u_k, v_1, \ldots, v_k \in \mathbb{R}^n$ und alle $h \geq 0$. Die Konstante c sei von h unabhängig. Schließlich werde vorausgesetzt, dass das AWP

$$\dot{x} = f(t, x), \quad t_0 \leq t \leq T, \quad x(t_0) = x_0 \qquad (3.76)$$

eine Lösung $x(t)$ auf $[t_0, T]$ besitzt. Die Lösung der $\triangle$GL (3.74) werde als Funktion von h dargestellt, d. h. $x_i^h = x_i(h)$, $i = 0, 1, \ldots$. Dann existieren Konstanten c_1 und c_2, die von h unabhängig sind, so dass gilt

$$\underbrace{\| x(t_0 + jh) - x_j(h) \|_\infty}_{globaler\ Fehler} \leq \underbrace{c_1\, r(h)}_{Startwerte} + \underbrace{c_2\, \delta(h)}_{Verfahren}, \quad j = k, k+1, \ldots, \frac{T - t_0}{h}. \qquad (3.77)$$

Dabei sind $\delta(h)$ und $r(h)$ wie folgt erklärt

$$\delta(h): \ \|\delta(t_{i+1}, x(t_{i+1}); h)\|_\infty \leq \delta(h), \quad i = k-1, k, \ldots$$

$$r(h): \ r(h) \equiv \max_{0 \leq j \leq k-1} \|x(t_0 + jh) - x_j(h)\|_\infty,$$

mit $x_0(h), x_1(h), \ldots, x_{k-1}(h)$ als Anfangswerte von (3.74). Gilt insbesondere:
- *$r(h) \to 0$ für $h \to 0$, und*
- *das Verfahren (3.74) ist konsistent (d. h., $\delta(h) \to 0$ für $h \to 0$),*
dann besteht für jedes feste $t \in [t_0, T]$ die Beziehung

$$\lim_{h \to 0, j \to \infty} x_j(h) = x(t), \qquad (3.78)$$

wobei der Grenzwert in (3.78) so zu bilden ist, dass $t = t_0 + jh$ fest bleibt.

Beweis. Um die $\triangle$GL (3.74) in ein System zu überführen, definieren wir

$$y_i^h \equiv \begin{pmatrix} x_i^h \\ \vdots \\ x_{i-k+1}^h \end{pmatrix}, \qquad A \equiv \begin{pmatrix} -\frac{\alpha_1}{\alpha_0} & -\frac{\alpha_2}{\alpha_0} & \cdots & -\frac{\alpha_k}{\alpha_0} \\ 1 & \ddots & \vdots & \vdots \\ \vdots & \ddots & \ddots & \vdots \\ 0 & \vdots & 1 & 0 \end{pmatrix}$$

und setzen

$$\Phi(t_i, y_i^h; h) \equiv \begin{pmatrix} \frac{1}{\alpha_0} \Phi(t_{i-k+1}, \ldots, t_i, y_i^h; h) \\ 0 \\ \vdots \\ 0 \end{pmatrix}.$$

Damit lässt sich (3.74) in der Form

$$y_{i+1}^h = A y_i^h + h\Phi(t_i, y_i^h; h), \quad i \ge k - 1, \tag{3.79}$$

schreiben. Es gilt

$$\|\Phi(t_i, u; h) - \Phi(t_i, v; h)\|_\infty$$
$$= \left\| \frac{1}{\alpha_0} \{ \Phi(t_{i-k+1}, \ldots, t_i, u_{i-k+1}, \ldots, u_i; h) - \Phi(t_{i-k+1}, \ldots, t_i, v_{i-k+1}, \ldots, v_i; h) \} \right\|_\infty$$
$$\le \frac{c}{\alpha_0} \|u - v\|_\infty \equiv \mathcal{L} \|u - v\|_\infty. \tag{3.80}$$

Nach der Definition des lokalen Diskretisierungsfehlers gilt

$$h\,\delta(\cdot) = \alpha_0 x(t_{i+1}) + \cdots + \alpha_k x(t_{i-k+1})$$
$$- h\,\Phi(t_{i-k+1}, \ldots, t_i, x(t_{i-k+1}), \ldots, x(t_i); h). \tag{3.81}$$

Wir schreiben

$$\mu_i \equiv \begin{pmatrix} \frac{1}{\alpha_0} \delta(t_{i+1}, x(t_{i+1}); h) \\ 0 \\ \vdots \\ 0 \end{pmatrix} \quad \text{und} \quad x_i \equiv \begin{pmatrix} x(t_i) \\ \vdots \\ x(t_{i-k+1}) \end{pmatrix}.$$

Damit lässt sich (3.81) wie folgt darstellen:

$$x_{i+1} = A x_i + h\Phi(t_i, x_i; h) + h\mu_i. \tag{3.82}$$

Subtrahiert man (3.79) von (3.82), so resultiert

$$x_{i+1} - y_{i+1}^h = A(x_i - y_i^h) + h[\Phi(t_i, x_i; h) - \Phi(t_i, y_i^h; h)] + h\mu_i. \tag{3.83}$$

Mit einer nichtsingulären Matrix T definieren wir $\xi_i \equiv T^{-1} e_i$, wobei $e_i \equiv x_i - y_i^h$ ist. Die Multiplikation von (3.83) mit T^{-1} und das Einsetzen von ξ_i ergibt

$$\xi_{i+1} \equiv T^{-1} e_{i+1} = (T^{-1}AT)\xi_i + hT^{-1} [\Phi(t_i, x_i; h) - \Phi(t_i, y_i^h; h)] + hT^{-1}\mu_i.$$

Hieraus folgt

$$\|\xi_{i+1}\|_\infty \le \|T^{-1}AT\|_\infty \|\xi_i\|_\infty + h\mathcal{L}\|T^{-1}\|_\infty \|x_i - y_i^h\|_\infty + h\,\|T^{-1}\|_\infty \|\mu_i\|_\infty. \tag{3.84}$$

Bei Gültigkeit der Wurzelbedingung lässt sich entsprechend dem Beweis von Satz 3.4 stets eine Matrix T so konstruieren, dass $\|T^{-1}AT\|_\infty \leq 1$ gilt. Da die Matrix T bis hierher noch nicht festgelegt wurde, wollen wir sie jetzt so wählen, dass diese Bedingung erfüllt ist. Dann folgt aus (3.84)

$$\|\xi_{i+1}\|_\infty \leq \|\xi_i\|_\infty + h\mathcal{L}\|T^{-1}\|_\infty\|x_i - y_i^h\|_\infty + h\|T^{-1}\|_\infty\|\mu_i\|_\infty.$$

Es ist nun

$$\|x_i - y_i^h\|_\infty = \|e_i\|_\infty = \|T\xi_i\|_\infty \leq \|T\|_\infty\|\xi_i\|_\infty,$$

so dass

$$\|\xi_{i+1}\|_\infty \leq (1 + h\mathcal{L}\kappa)\|\xi_i\|_\infty + h\|T^{-1}\|_\infty\|\mu_i\|_\infty$$
$$\leq (1 + h\mathcal{L}\kappa)\|\xi_i\|_\infty + h\|T^{-1}\|_\infty \max_{k-1\leq J}\|\mu_J\|_\infty,$$

wobei $\kappa \equiv \mathrm{cond}_\infty(T) = \|T^{-1}\|_\infty\|T\|_\infty$ die Konditionszahl der Matrix T in der ∞-Norm bezeichnet.

Wir wenden jetzt Lemma 3.1 an und erhalten

$$\|\xi_i\|_\infty \leq e^{ih\mathcal{L}\kappa}\|\xi_{k-1}\|_\infty + \frac{e^{ih\mathcal{L}\kappa} - 1}{\mathcal{L}\kappa}\|T^{-1}\|_\infty \max_{k-1\leq J}\|\mu_J\|_\infty. \tag{3.85}$$

Dieses Ergebnis soll nun wieder in den ursprünglichen Variablen aufgeschrieben werden. Für den Fehler der Anfangswerte gilt

$$\|\xi_{k-1}\|_\infty = \|T^{-1}e_{k-1}\|_\infty \leq \|T^{-1}\|_\infty\|e_{k-1}\|_\infty$$
$$\leq \|T^{-1}\|_\infty \max_{0\leq r<k}\|x(t_r) - x_r^h\|_\infty.$$

Es ist

$$\|\mu_i\|_\infty = \frac{1}{|\alpha_0|}\|\delta(t_{i+1}, x(t_{i+1}); h)\|_\infty.$$

Die folgenden Relationen werden wir im Weiteren ausnutzen

$$\|e_i\|_\infty = \|T\xi_i\|_\infty \leq \|T\|_\infty\|\xi_i\|_\infty \quad \text{und} \quad \|e_i\|_\infty = \|x(t_i) - x_i^h\|_\infty.$$

Die Multiplikation von (3.85) mit $\|T\|_\infty$ ergibt

$$\|T\|_\infty\|\xi_i\|_\infty \leq e^{ih\mathcal{L}\kappa}\|T\|_\infty\|\xi_{k-1}\|_\infty + \frac{e^{ih\mathcal{L}\kappa} - 1}{\mathcal{L}} \max_{k-1\leq J}\|\mu_J\|_\infty.$$

Somit ist

$$\|e_i\|_\infty \leq \|T\|_\infty\|\xi_i\|_\infty$$
$$\leq e^{ih\mathcal{L}\kappa}\kappa \max_{0\leq r<k}\|x(t_r) - x_r\|_\infty + \frac{e^{ih\mathcal{L}\kappa} - 1}{\mathcal{L}|\alpha_0|} \max_{k-1\leq J}\|\delta(t_{J+1}, x(t_{J+1}); h)\|_\infty.$$

Unter Beachtung von $t_i = t_0 + ih$ folgt daraus

$$\|e_i\|_\infty \leq e^{(t_i-t_0)\mathcal{L}\kappa}\kappa \max_{0\leq r<k}\|x(t_r) - x_r\|_\infty$$
$$+ \frac{e^{(t_i-t_0)\mathcal{L}\kappa} - 1}{\mathcal{L}|\alpha_0|} \max_{k-1\leq J}\|\delta(t_{J+1}, x(t_{J+1}); h)\|_\infty,$$

so dass wir schließlich

$$\|x(t_i) - x_i^h\|_\infty = \|e_i\|_\infty \le c_1\, r(h) + c_2\, \delta(h)$$

erhalten. Damit ist die Ungleichung (3.77) gezeigt. $\qquad\qquad\square$

In den vorangegangenen Abschnitten haben wir schon einige wurzelstabile und konsistente Verfahren kennengelernt. Damit die Aussagen des Satzes 3.9 auf diese übertragen werden können, muss noch gezeigt werden, dass die jeweilige Inkrementfunktion $\varPhi$ die Bedingung (3.75) erfüllt. Da für die Numerik die Existenz mindestens einer Lösung des AWPs (1.5) gesichert sein muss (siehe die Sätze B.2 und B.3), können wir ohne Einschränkungen davon ausgehen, dass die rechte Seite $f(t, x)$ der DGL eine Lipschitz-Bedingung erfüllt, d. h., es möge

$$\|f(t,u) - f(t,v)\|_\infty \le L \cdot \|u - v\|_\infty \quad \text{für alle } t \in [t_0, T] \text{ und } u, v \in \mathbb{R}^n \qquad (3.86)$$

gelten.

Wenden wir uns zuerst den LMVn zu. Hier ist $\varPhi$ gegeben zu

$$\varPhi(t_{i-k+1}, \ldots, t_i, u_{i-k+1}, \ldots, u_i; h) \equiv \sum_{j=1}^{k} \beta_j f(t_{i-j+1}, u_{i-j+1}). \qquad (3.87)$$

Man berechnet

$$\|\varPhi(t_{i-k+1}, \ldots, t_i, u_{i-k+1}, \ldots, u_i; h) - \varPhi(t_{i-k+1}, \ldots, t_i, v_{i-k+1}, \ldots, v_i; h)\|_\infty$$

$$\le \sum_{j=1}^{k} |\beta_j|\, \|f(t_{i-j+1}, u_{i-j+1}) - f(t_{i-j+1}, v_{i-j+1})\|_\infty$$

$$\le L \sum_{j=1}^{k} |\beta_j|\, \|u_{i-j+1} - v_{i-j+1}\|_\infty$$

$$\le \left(L \sum_{j=1}^{k} |\beta_j| \right) \max_{1 \le j \le k} \|u_{i-j+1} - v_{i-j+1}\|_\infty.$$

Somit ist (3.75) mit $c \equiv L \sum_{j=1}^{k} |\beta_j|$ erfüllt.

Als Nächstes betrachten wir aus der Klasse der RKVn beispielhaft das Heun-Verfahren

$$x_{i+1}^h = x_i^h + \frac{1}{2} h \left[f(t_i, x_i^h) + f(t_{i+1}, x_i^h + h f(t_i, x_i^h)) \right].$$

Die zugehörige Inkrementfunktion $\varPhi$ ist hier

$$\varPhi(t, u; h) = \frac{1}{2} [f(t, u) + f(t + h, u + h f(t, u))].$$

Unter Verwendung von (3.86) berechnet man

$$\|\Phi(t, u; h) - \Phi(t, v; h)\|_\infty$$

$$\leq \frac{1}{2} [\ \|f(t, u) - f(t, v)\|_\infty + \|f(t + h, u + hf(t, u)) - f(t + h, v + hf(t, v))\|_\infty\ ]$$

$$\leq \frac{1}{2} [\ L\|u - v\|_\infty + L\|u + hf(t, u) - v - hf(t, v)\|_\infty\ ]$$

$$\leq L\|u - v\|_\infty + \frac{1}{2}L^2 h\|u - v\|_\infty \leq L(1 + \frac{1}{2}L\,h_{\max})\|u - v\|_\infty,$$

wobei $h_{\max}$ den größten zu berücksichtigenden Wert von h bezeichnet. Folglich ist mit der Konstanten $c \equiv L\,(1 + (L/2)\,h_{\max})$ die Bedingung (3.75) erfüllt. Für jedes andere RKV lässt sich analog eine entsprechende Konstante c ermitteln.

Bemerkung 3.3. Die Voraussetzungen des Satzes 3.9 können abgeschwächt werden, indem man die Bedingung (3.75) nur in einer geeigneten Umgebung der Lösung $x(t)$ fordert. Dies hat zur Folge, dass die partielle Ableitung f_x lediglich in einer Umgebung dieser Lösung stetig sein muss. $\qquad\square$

Es verbleibt noch die Frage nach der *Konvergenzordnung* eines LMVs, d. h., wie schnell geht der globale Fehler gegen null für $h \to 0$. Eine Antwort gibt der folgende

Satz 3.10. *Es werde vorausgesetzt, dass die Bedingungen des Satzes 3.9 für eine DGL mit p-mal stetig differenzierbarer Lösung erfüllt sind. Weiter gelte, dass das Verfahren (3.74) von der Konsistenzordnung p ist und $r(h) = O(h^p)$ gilt. Dann erfüllt der globale Diskretisierungsfehler für $h \to 0$ und fixiertes ih:*

$$\|x(t_0 + ih) - x_i(h)\| = O(h^p). \tag{3.88}$$

Beweis. Der Satz ist eine unmittelbare Folgerung aus (3.77) und der angenommenen Konvergenzordnung des Verfahrens. $\qquad\square$

Bemerkung 3.4. Der Darstellung (3.77) ist sofort zu entnehmen, dass für ESVn die Konvergenzordnung mit der Konsistenzordnung übereinstimmt. $\qquad\square$

Beispiel 3.5. Wie im Beispiel 3.4 betrachten wir das LMV (3.55)

$$x_{i+1}^h - x_{i-1}^h = 2hf_i.$$

Die Konsistenz und die Stabilität des Verfahrens wurden bereits nachgewiesen. Des Weiteren liegt folgende Koeffizientenbelegung vor

$$k = 2, \quad \alpha_0 = 1, \quad \alpha_1 = 0, \quad \alpha_2 = -1, \quad \beta_0 = 0, \quad \beta_1 = 2, \quad \beta_2 = 0,$$

so dass man nun die Ordnungsbedingungen (3.28) überprüfen kann. Man erhält

$$c_0 = \alpha_0 + \alpha_1 + \alpha_2 = 0, \qquad\qquad c_1 = 2\alpha_0 + \alpha_1 - \beta_0 - \beta_1 - \beta_2 = 0,$$

$$c_2 = 2\alpha_0 + \frac{1}{2}\alpha_1 - 2\beta_0 - \beta_1 = 0.$$

Somit ist das Verfahren mindestens von der Ordnung 2. Da aber andererseits

$$c_3 = \frac{4}{3}\alpha_0 + \frac{1}{6}\alpha_1 - 2\beta_0 - \frac{1}{2}\beta_1 = \frac{1}{3} \neq 0$$

gilt, ist das Verfahren (3.55) nicht von der Konsistenzordnung 3, d. h., es besitzt genau die Konsistenzordnung 2. Nach den Sätzen 3.9 und 3.10 liegt somit ein LMV mit der *Konvergenz*ordnung 2 vor. □

Wir wollen uns jetzt der Frage zuwenden, welche Konsistenz- bzw. Konvergenzordnung man mit einem k-Schritt-LMV maximal erreichen kann und ob dieses dann ein vernünftiges Verfahren darstellt. Die Ordnungsbedingungen (3.28) sowie die Normierungsvorschrift $\varrho(1) = 1$ ergeben ein lineares Gleichungssystem in den Verfahrenskonstanten α_i und β_i. Zählt man die Anzahl der Ordnungsbedingungen (einschließlich der Normierung), die für ein LMV der Ordnung p erforderlich sind, so ergibt sich $p + 2$. Andererseits sind $2k + 2$ freie Koeffizienten im Verfahren enthalten, so dass ein k-Schritt-Verfahren höchstens die Konsistenzordnung $p = 2k$ besitzen kann. Jedoch sind nicht alle Verfahren mit hoher Konsistenzordnung von praktischer Bedeutung. Dies geht auf eine von Dahlquist (1956) bewiesene Aussage zurück, die unter dem Begriff *Erste Dahlquist-Schranke* bekannt wurde und im folgenden Satz dargestellt ist.

Satz 3.11 (Erste Dahlquist-Schranke). *Für die Konsistenzordnung p eines wurzelstabilen k-Schritt-LMV gilt*

$p \leq k + 2, \quad$ *falls k gerade ist,*

$p \leq k + 1, \quad$ *falls k ungerade ist,*

$p \leq k, \quad\quad$ *falls $\beta_0/\alpha_0 \leq 0$ ist (insbesondere im Falle eines expliziten LMVs).*

Beweis. Siehe z. B. den Beitrag von Dahlquist (1956) oder die Monografie von Hairer et al. (1993). □

Beispiel 3.6. Der Tabelle 3.1 werde das Adams-Moulton-Verfahren

$$x_{i+1}^h - x_i^h = \frac{h}{24}(9f_{i+1} + 19f_i - 5f_{i-1} + f_{i-2})$$

entnommen. Man prüft leicht nach, dass dieses Verfahren die Konsistenzordnung $p = 4$ besitzt. Da $k = 3$ ungerade ist, zeigt der Satz 3.11, dass es sich hierbei schon um ein optimales 3-Schritt-Verfahren handelt. Jedoch würde sich bereits mit einem 2-Schritt-LMV die gleiche Konsistenzordnung erzielen lassen. □

3.5 Starten, asymptotische Entwicklung des globalen Fehlers

In Analogie zu den ESVn haben wir in den vorangegangenen Abschnitten auch die LMVn anhand wichtiger numerischer Kenngrößen, wie Konsistenzordnung, Wurzelstabilität und Konvergenz, einer Bewertung unterzogen. Ein auf der Basis dieser theoretischen Kriterien als geeignet eingeschätztes Verfahren bedarf jedoch noch gewisser Ergänzungen und Modifikationen, damit es überhaupt realisiert werden kann und sich für die Praxis als tauglich erweist. Auf diesen Problemkreis wollen wir in den restlichen Abschnitten des vorliegenden Kapitels genauer eingehen.

Zuerst wenden wir uns der Frage der Startprozedur zu. Da bei einem AWP allein der Anfangsvektor $x(t_0) = x_0^h$ vorgegeben ist, müssen noch $k-1$ weitere Anfangsvektoren mit hinreichender Genauigkeit bestimmt werden, damit ein k-Schritt-LMV gestartet, d. h. die eigentliche $\triangle$GL angewendet werden kann. Hierzu stehen üblicherweise zwei Strategien zur Verfügung:

1. Man verwendet ein RKV mit automatischer Schrittweitensteuerung (siehe Abschnitt 2.7) und berechnet bei vorgegebenen Toleranzen *ABSTOL* und *RELTOL* mit diesem ESV gesicherte Approximationen für die exakte Lösung $x(t)$ an den Stellen $t_1, \ldots, t_{k-1}$ berechnet. Hierbei hat man die folgenden Probleme zu berücksichtigen:

   (a) die automatisch bestimmten Gitterpunkte sind nicht notwendigerweise äquidistant. In einem solchen Fall lässt sich das LMV nicht direkt anwenden, sondern man muss zuvor die gesuchten Anfangsvektoren auf ein äquidistantes Gitter mit einem numerischen Interpolationsverfahren gleicher Approximationsordnung (siehe Anhang C) projizieren.

   (b) Ist andererseits $h \equiv t_j - t_{j-1}, j = 1, \ldots, k - 1$, dann braucht diese (konstante) Schrittweite h der Anfangsvektoren nicht notwendigerweise mit derjenigen identisch zu sein, die das eigentliche LMV für die geforderte Toleranz benötigt. Dieses Problem lässt sich i. Allg. dadurch beseitigen, indem man ein ESV mit derselben Konsistenzordnung verwendet.

2. Es wird eine Familie von LMVn mit aufsteigender Ordnung eingesetzt. Man startet mit einem Verfahren niedriger Ordnung und erhöht danach sukzessive die Ordnung. Hierbei kann es beim Starten des LMVs mit höherer Ordnung wie unter 1. passieren, dass die Gitterpunkte nicht mehr äquidistant liegen. Auch hier muss man dann auf eine Interpolationsroutine, die eine adäquate Approximationsordnung aufweist, zurückgreifen.

Eine wichtige Klasse von Integrationsverfahren zur Konstruktion geeigneter Anfangsvektoren für LMVn geht auf Beiträge von Milne (1953), Sarafyan (1965) und Collatz (1966) zurück, deren Grundidee hier vorgestellt werden soll. Weitere Verbesserungen dieser Technik finden man in einer Arbeit von Rosser (1967), auf die wir den inter-

essierten Leser besonders hinweisen wollen. Anstelle eines einzelnen Integrationsschrittes realisiert man bei dieser Anfangswerteberechnung einen ganzen Block von
N Schritten gleichzeitig. Hierdurch lässt sich eine signifikante Einsparung an Funktionswertberechnungen erzielen, wenn man iterativ die Ordnung des Verfahrens erhöht. Als Integrationsverfahren werden spezielle Runge-Kutta Approximationen verwendet. Eine Sammlung solcher Verfahren bis zur Ordnung 10 findet man in der Arbeit
von Rosser (1967).

Wir wollen hier, wie dies auch in der Arbeit von Milne (1953) (siehe *Method IV*)
getan wird, die Schrittzahl N auf 4 begrenzen. Es seien die Stützstellen

$$t_1 - t_0 = t_2 - t_1 = t_3 - t_2 = t_4 - t_3 = h > 0 \tag{3.89}$$

äquidistant vorgegeben. Das Ziel ist die Berechnung von Näherungen $x_{1,r}^h, \ldots, x_{4,r}^h$ für
die exakte Lösung $x(t_1), \ldots, x(t_4)$. Mit wachsendem Wert von r sollen diese Approximationen immer genauer werden – zumindest bis zu einem gewissen Grad. Dies wird
wie folgt realisiert. Man beginnt mit Startapproximationen $x_{m,0}^h$, $m = 1, \ldots, 4$, und
berechnet $x_{m,r+1}^h$ aus $x_{m,r}^h$ mittels einer Rekursion, die zu genaueren Approximationen
führt. Die Startapproximationen werden hierbei wie folgt ermittelt:

$$
\begin{aligned}
x_{0,r}^h &= x_0, \ 0 \le r, \\
x_{m,0}^h &= x_0 + m\,h\,f(t_0, x_0), \quad m = 1, \ldots, 4.
\end{aligned}
\tag{3.90}
$$

Dabei bleiben $x_{0,r}^h$ und $\dot{x}_{0,r}^h \equiv f(t_0, x_0)$ bei der Änderung von r konstant. Die Rekursi-
onsvorschrift bezüglich r lautet

$$\dot{x}_{m,r}^h = f(t_m, x_{m,r}^h), \qquad m = 1, \ldots, 4,$$

$$x_{1,r+1}^h = x_0 + \frac{h}{720}\left(251\,\dot{x}_{0,r}^h + 646\,\dot{x}_{1,r}^h - 264\,\dot{x}_{2,r}^h + 106\,\dot{x}_{3,r}^h - 19\,\dot{x}_{4,r}^h\right),$$

$$x_{2,r+1}^h = x_0 + \frac{h}{90}\left(29\,\dot{x}_{0,r}^h + 124\,\dot{x}_{1,r}^h + 24\,\dot{x}_{2,r}^h + 4\,\dot{x}_{3,r}^h - \dot{x}_{4,r}^h\right), \tag{3.91}$$

$$x_{3,r+1}^h = x_0 + \frac{h}{80}\left(27\,\dot{x}_{0,r}^h + 102\,\dot{x}_{1,r}^h + 72\,\dot{x}_{2,r}^h + 42\,\dot{x}_{3,r}^h - 3\,\dot{x}_{4,r}^h\right),$$

$$x_{4,r+1}^h = x_0 + \frac{h}{90}\left(7\,\dot{x}_{0,r}^h + 32\,\dot{x}_{1,r}^h + 12\,\dot{x}_{2,r}^h + 32\,\dot{x}_{3,r}^h + 7\,\dot{x}_{4,r}^h\right).$$

Man kann nun zeigen (siehe die oben angegebene Literatur), dass für $0 \le r \le 4$
jedes $x_{m,r}^h$ eine Approximation von $x(t_m)$ der Ordnung $r + 2$ ist, d. h., die Taylorreihen
von $x_{m,r}^h$ und $x(t_m)$ an der Stelle t_0 stimmen in den ersten $r + 2$ Termen überein. Somit
liegen $O(h^{r+2})$-Approximationen vor.

Beendet man die Rekursion mit $x_{m,4}^h$, dann ist der Fehler in jedem Schritt von der
Ordnung $O(h^6)$. Man kann realistischerweise davon ausgehen, dass der akkumulierte
Fehler an einer Stelle $t = T$ die Ordnung $O(h^5)$ besitzt, da die Anzahl der Schritte von

der Ordnung $(T - t_0)/h$ ist. Somit liegt dann ein RKV der Ordnung 5 vor. Ein einzelner Integrationsschritt mit einem solchen RKV erfordert mindestens sechs Funktionswertberechnungen, wie der Tabelle 2.12 entnommen werden kann. Die Rekursion (3.91) benötigt jedoch nur 17 Funktionswertberechnungen in einem Block von vier Schritten, so dass umgerechnet pro Integrationsschritt lediglich 4.25 Auswertungen der Funktion $f(t, x)$ erforderlich sind. Aber selbst dieser Aufwand reduziert sich noch, wenn man beachtet, dass in jedem Block $\dot{x}_{4,3}^h$ als $\dot{x}_{0,r}^h$ für den nächsten Block verwendet werden kann. Folglich sind nach dem ersten Block nur vier Funktionswertberechnungen erforderlich, um ein RKV der Ordnung 5 zu erhalten.

Beendet man die Rekursion mit $x_{m,5}^h$, dann hat man an den Stützstellen t_1, t_2 und t_3 noch einen Fehler von der Ordnung $O(h^6)$, aber der Fehler in t_4 ist von der Ordnung $O(h^7)$. Da in den nächsten Block nur die Approximation an der Stelle t_4 eingeht, ist der akkumulierte Fehler von der Ordnung $O(h^6)$. Dies resultiert aus der Erkenntnis, dass man die Anzahl der Blöcke mit der Ordnung $(T - t_0)/(4\,h)$ abschätzen kann. Damit liegt aber nach dem ersten Block ein RKV der Ordnung 6 mit nur fünf Funktionswertberechnungen pro Integrationsschritt vor.

Verbesserungen dieser (blockweise) selbststartenden Technik von Milne, wie z. B. die Vergrößerung von N, die weitere Reduktion von Funktionswertberechnungen, die Steuerung der Schrittweite sowie die automatische Schätzung des lokalen Fehlers, werden in der Arbeit von Rosser (1967) aufgezeigt.

Wie bei den ESVn wollen wir jetzt zeigen, dass ohne Rückgriff auf die Lipschitz-Konstante L der gegebenen DGL eine (asymptotisch) schärfere Schätzung des globalen Fehlers abgeleitet werden kann, als wir dies im Satz 3.9 und den anschließenden Betrachtungen getan haben.

Satz 3.12. *Das LMV besitze die Konsistenzordnung $p \geq 1$, sei wurzelstabil und normiert im Sinne der Folgerung 3.1. Die absoluten Fehler $e_0^h, \ldots, e_{k-1}^h$ der Anfangsvektoren $x_0^h, \ldots, x_{k-1}^h$ seien von der Ordnung $O(h^{p+1})$. Schließlich besitze das AWP (1.5) eine Lösung $x(t) \in \mathbb{C}^{p+2}([t_0, T])$. Dann existiert eine Vektorfunktion $e_p \in \mathbb{C}^1([t_0, T])$, welche globale Fehlerfunktion genannt wird und die das AWP*

$$\dot{e}_p(t) = \frac{\partial f(t, x(t))}{\partial x}\, e_p(t) + c_{p+1}\, x^{(p+1)}(t), \quad e_p(t_0) = 0 \tag{3.92}$$

erfüllt. Dabei ist $c_{p+1} \in \mathbb{R}$ wie in (3.25) definiert und es gilt nach (3.26)

$$\delta(t_{i+1}, x(t_{i+1}); h) = c_{p+1}\, h^p\, x^{(p+1)}(t_{i-k+1}) + O(h^{p+1}).$$

Mit der globalen Fehlerfunktion $e_p(t)$ aus (3.92) stellt sich der globale Fehler wie folgt dar:

$$e_{i+1}^h = e_p(t_{i+1})\, h^p + O(h^{p+1}).$$

Beweis. Mit $e_j^h \equiv x(t_j) - x_j^h$ und der Taylorentwicklung von $f(t, x(t))$ findet sich

$$f(t_j, x_j^h) = f(t_j, x(t_j) - e_j^h) = f(t_j, x(t_j)) - \frac{\partial f}{\partial x}(t_j, x(t_j))e_j^h + \frac{1}{2}\frac{\partial^2 f}{\partial x^2}(t_j, x_j^*)\, e_j^h\, e_j^h,$$

wobei x_j^* zwischen $x(t_j)$ und x_j^h liegt. Hieraus folgt

$$f(t_j, x(t_j)) - f(t_j, x_j^h) = \frac{\partial f}{\partial x}(t_j, x(t_j))e_j^h - \frac{1}{2}\frac{\partial^2 f}{\partial x^2}(t_j, x_j^*)\, e_j^h\, e_j^h. \tag{3.93}$$

Der lokale Diskretisierungsfehler des k-Schritt-LMVs

$$0 = \sum_{j=0}^{k} \alpha_j\, x_{i-j+1}^h - h \sum_{j=0}^{k} \beta_j\, f(t_{i-j+1}, x_{i-j+1}^h) \tag{3.94}$$

ist wie bisher zu

$$h\,\delta(\cdot) = \sum_{j=0}^{k} \alpha_j\, x(t_{i-j+1}) - h \sum_{j=0}^{k} \beta_j\, f(t_{i-j+1}, x(t_{i-j+1})) \tag{3.95}$$

gegeben. Subtrahiert man (3.94) von (3.95), dann ergibt sich die Gleichung

$$h\,\delta(\cdot) = \sum_{j=0}^{k} \alpha_j\, e_{i-j+1}^h - h \sum_{j=0}^{k} \beta_j\, [f(t_{i-j+1}, x(t_{i-j+1})) - f(t_{i-j+1}, x_{i-j+1}^h)]. \tag{3.96}$$

Die Substitution von (3.93) in (3.96) führt auf

$$\sum_{j=0}^{k} \left[\alpha_j - h\beta_j \frac{\partial f}{\partial x}(t_{i-j+1}, x(t_{i-j+1})) \right] e_{i-j+1}^h + O(h^{2p})$$

$$= c_{p+1}\, h^{p+1}\, x^{(p+1)}(t_{i-k+1}) + O(h^{p+2}), \tag{3.97}$$

wobei entsprechend Satz 3.10 die Asymptotik $e_j^h = O(h^p)$ ausgenutzt wurde.

Unter Verwendung der Normierungsvorschrift $1 = \dot{\varrho}(1) = \sigma(1) = \sum_{j=0}^{k} \beta_j$ und der Taylorentwicklung von $x^{(p+1)}(t_{i-k+1})$ an der Stelle t_{i-j+1} lässt sich $x^{(p+1)}(t_{i-k+1})$ wie folgt aufschreiben:

$$x^{(p+1)}(t_{i-k+1}) = \sum_{j=0}^{k} \beta_j\, x^{(p+1)}(t_{i-j+1}) + O(h). \tag{3.98}$$

Setzt man dies in die rechte Seite von (3.97) ein, so resultiert

$$\sum_{j=0}^{k} \left[\alpha_j - h\beta_j \frac{\partial f}{\partial x}(t_{i-j+1}, x(t_{i-j+1})) \right] e_{i-j+1}^h = \sum_{j=0}^{k} h^{p+1}\beta_j\, c_{p+1}\, x^{(p+1)}(t_{i-j+1}) + O(h^{p+2}).$$

Mit $\hat{e}_i^h \equiv e_i^h / h^p$ ergibt sich schließlich

$$\sum_{j=0}^{k} [\alpha_j - h\beta_j \frac{\partial f}{\partial x}(t_{i-j+1}, x(t_{i-j+1}))]\hat{e}_{i-j+1}^h = \sum_{j=0}^{k} h\beta_j\, c_{p+1}\, x^{(p+1)}(t_{i-j+1}) + O(h^2). \tag{3.99}$$

Die Gleichung (3.99) entsteht offensichtlich bei der Anwendung des LMVs auf das AWP (3.92) der globalen Fehlerfunktion $e_p(t)$, wobei hier noch ein zusätzlicher Quellterm $O(h^2)$ enthalten ist. Mit der Abschätzung des Satzes 3.10 und unter Beachtung von $\hat{e}_0^h, \ldots, \hat{e}_{k-1}^h = O(h)$ findet man

$$e_p(t_{i+1}) - \hat{e}_{i+1}^h = O(h),$$

woraus die Behauptung des Satzes unmittelbar folgt. $\qquad\qquad\qquad\square$

3.6 Implizite lineare Mehrschrittverfahren: Prädiktor-Korrektor-Technik

Im Kapitel 2 haben wir *implizite* ESVn nur am Rande betrachtet, da diese i. Allg. die Lösung eines Systems nichtlinearer algebraischer Gleichungen mittels Fixpunkt-Iteration oder Newton-Verfahren erfordern. Wir wollen hier zeigen, dass sich die Situation bei LMVn etwas anders darstellt, und geben Varianten für die Realisierung dieser Verfahrensklasse an. Als Gründe dafür, warum implizite LMVn überhaupt in der Praxis angewendet werden, sind unter anderem zu nennen:
- ihre größere Genauigkeit gegenüber vergleichbaren expliziten Verfahren,
- ihre besseren numerischen Stabilitätseigenschaften sowie
- eine einfache Strategie für die Fehlerschätzung.

Gegeben sei das folgende *implizite* (k-Schritt-)LMV

$$\sum_{j=0}^{k} \bar{\alpha}_j \, x_{i-j+1}^h = h \sum_{j=0}^{k} \bar{\beta}_j f(t_{i-j+1}, x_{i-j+1}^h), \tag{3.100}$$

wobei wir $\bar{\beta}_0 \neq 0$ und $\bar{\alpha}_0 = 1$ voraussetzen wollen. Wir nehmen weiter an, dass die Vektoren $x_{i-k+1}^h, \ldots, x_i^h$ bekannt sind. Bestimmt werden soll nun aus (3.100) eine Näherung x_{i+1}^h für die exakte Lösung $x(t_{i+1})$.

Mit $G(y) \equiv h\bar{\beta}_0 f(t_{i+1}, y)$ und $w \equiv -\sum_{j=1}^{k} \left[\bar{\alpha}_j \, x_{i-j+1}^h - h \bar{\beta}_j f(t_{i-j+1}, x_{i-j+1}^h) \right]$ stellt die Formel (3.100) eine *Fixpunktgleichung*

$$y = G(y) + w \tag{3.101}$$

für die Unbekannte $y \equiv x_{i+1}^h \in \mathbb{R}^n$ dar. Zur numerischen Approximation von y bietet sich die *Fixpunkt-Iteration*

$$y^{(j+1)} = G(y^{(j)}) + w, \ j = 0, 1, \ldots, \quad y^{(0)} - \text{geeigneter Startvektor}, \tag{3.102}$$

an (siehe z. B. Hermann (2011)).

Wir wollen zunächst die Konvergenz der resultierenden Vektorfolge $\{y^{(j)}\}_{j=0}^{\infty}$ studieren. Unter der üblichen Annahme, dass die Funktion $f(t, x)$ Lipschitz-stetig mit der Konstanten L ist, findet man

$$\|y^{(j+1)} - y^{(j)}\| = \|G(y^{(j)}) - G(y^{(j-1)})\| = h\,|\bar{\beta}_0|\,\|f(t_{i+1}, y^{(j)}) - f(t_{i+1}, y^{(j-1)})\|$$
$$\leq h\,|\bar{\beta}_0|\,L\,\|y^{(j)} - y^{(j-1)}\| \leq \cdots \leq (h|\bar{\beta}_0|L)^j\,\|y^{(1)} - y^{(0)}\|.$$

Im Falle, dass der Faktor $h\,|\bar{\beta}_0|\,L < 1$ ist, konvergiert $\{y^{(j)}\}_{j=0}^{\infty}$ ganz sicher gegen y. Diese Situation liegt vor, wenn $\|\partial f(t, x)/\partial x\|$ nicht zu groß und die verwendete Schrittweite h hinreichend klein ist. Die genannten Bedingungen stellen i. Allg. keine signifikante Einschränkung dar, insbesondere, wenn berücksichtigt wird, dass man sowieso mit sehr kleinen Werten von h arbeiten muss, um den Anforderungen an die Genauigkeit der Approximation sowie an die Stabilitätseigenschaften des Verfahrens Rechnung zu tragen. Es verbleibt somit die Suche nach einem geeigneten Startvektor $y^{(0)}$. Diesen kann man jedoch mit Hilfe eines *expliziten* LMVs

$$\sum_{j=0}^{k} \hat{\alpha}_j\, x_{i-j+1}^h = h \sum_{j=1}^{k} \hat{\beta}_j f(t_{i-j+1}, x_{i-j+1}^h), \qquad \hat{\alpha}_0 = 1 \tag{3.103}$$

finden. Die aus (3.103) resultierende Näherung für $x(t_{i+1})$ wird *Prädiktor* genannt. Wir wollen sie mit $x_{i+1}^h(P)$ kennzeichnen. Entsprechend bezeichnet man das explizite LMV auch als *Prädiktorgleichung*. Das zugehörige implizite LMV stellt die *Korrektorgleichung* und die daraus berechnete Näherung $x_{i+1}^h(K)$ den *Korrektor* dar. Ist die Konsistenzordnung der Prädiktorgleichung hinreichend groß, dann kann man erwarten, dass $x_{i+1}^h(P)$ recht nahe bei $x_{i+1}^h(K)$ liegt. Deshalb bietet es sich an, als Startvektor für die Korrektor-Iteration (d. h. für die Fixpunkt-Iteration auf Basis der Korrektorgleichung) $y^{(0)} \equiv x_{i+1}^h(P)$ zu verwenden. Oftmals reicht sogar nur ein Korrektorschritt aus, um $\|y^{(1)} - y^{(0)}\| < TOL$ zu erhalten, wobei der Parameter TOL die geforderte Genauigkeit der Näherung von $x(t_{i+1})$ beschreibt. Mit anderen Worten, bereits ein Schritt der Fixpunkt-Iteration garantiert dann $\|y^{(1)} - x(t_{i+1})\| < TOL$.

Zwei algorithmische Umsetzungen der obigen Prädiktor-Korrektor Strategie werden häufig in der Praxis angewendet. Sie basieren beide auf m Schritten der Korrektor-Iteration und unterscheiden sich lediglich in der Ausführung des letzten Schrittes. Wird nach Abschluss des m-ten Iterationsschrittes mit dem Näherungswert $y^{(m)}$ noch eine Funktionswertberechnung $f(t_{i+1}, y^{(m)})$ ausgeführt, dann spricht man von einem $P(EC)_m E$-Verfahren. Dieser Funktionswert wird dann bei der Anwendung des Prädiktors für den nächsten Integrationsschritt verwendet. Wenn man aber auf die letzte Funktionswertberechnung $f(t_{i+1}, y^{(m)})$ verzichtet, spricht man von einem $P(EC)_m$-Verfahren. Für den nachfolgenden Integrationsschritt wird hier der Funktionswert $f(t_{i+1}, y^{(m-1)})$ verwendet.

In den Algorithmen 3.1 und 3.2 sind beide Prädiktor-Korrektor Varianten dargestellt.

Algorithmus 3.1. Erste Variante eines Prädiktor-Korrektor-Algorithmus

---

$$P(EC)_m - \textbf{Algorithmus}$$

(1) **P**redict

Ermittle den Prädiktor $x_{i+1}^h(P)$ nach der Vorschrift:

$$x_{i+1}^h(P) \equiv -\sum_{j=1}^{k} \hat{\alpha}_j\, x_{i-j+1}^h(K) + h \sum_{j=1}^{k} \hat{\beta}_j f(t_{i-j+1}, x_{i-j+1}^h(P)).$$

Setze als Anfangswert für die Korrektoriteration:

$$y^{(0)} \equiv x_{i+1}^h(P).$$

(2) for $l = 1, \ldots, m$

  (2a) **E**valuate

  Berechne den Funktionswert:

  $$f(t_{i+1}, y^{(l-1)}).$$

  (2b) **C**orrect

  Verbessere den Korrektor $x_{i+1}^h(K)$ nach der Vorschrift:

  $$y^{(l)} \equiv -\sum_{j=1}^{k} \bar{\alpha}_j\, x_{i-j+1}^h(K) + h\, \bar{\beta}_0 f(t_{i+1}, y^{(l-1)})$$

  $$+ h \sum_{j=1}^{k} \bar{\beta}_j f(t_{i-j+1}, x_{i-j+1}^h(P)).$$

(3) Vorbereitung des nächsten Integationsschrittes:

  $$x_{i+1}^h(K) \equiv y^{(m)}, \quad f(t_{i+1}, x_{i+1}^h(P)) \equiv f(t_{i+1}, y^{(m-1)}).$$

Bemerkung 3.5. 3.5. Verwendet man in den Algorithmen 3.1 und 3.2 nur einen Schritt der Korrektor-Iteration, d. h., es ist $m = 1$, dann spricht man von einem PEC-Algorithmus bzw. von einem PECE-Algorithmus. □

Algorithmus 3.2. Zweite Variante eines Prädiktor-Korrektor-Algorithmus

$$\textbf{P(EC)}_\textbf{m}\textbf{E – Algorithmus}$$

(1) **P**redict

Ermittle den Prädiktor $x_{i+1}^h(P)$ nach der Vorschrift:

$$x_{i+1}^h(P) \equiv -\sum_{j=1}^{k} \hat{\alpha}_j\, x_{i-j+1}^h(K) + h \sum_{j=1}^{k} \hat{\beta}_j\, f(t_{i-j+1}, x_{i-j+1}^h(K)).$$

Setze als Anfangswert für die Korrektoriteration:

$$y^{(0)} \equiv x_{i+1}^h(P).$$

(2) for $l = 1, \ldots, m$

(2a) **E**valuate

Berechne den Funktionswert

$$f(t_{i+1}, y^{(l-1)}).$$

(2b) **C**orrect

Verbessere den Korrektor $x_{i+1}^h(K)$ nach der Vorschrift

$$y^{(l)} \equiv -\sum_{j=1}^{k} \bar{\alpha}_j\, x_{i-j+1}^h(K) + h\,\bar{\beta}_0\, f(t_{i+1}, y^{(l-1)})$$

$$+ h \sum_{j=1}^{k} \bar{\beta}_j\, f(t_{i-j+1}, x_{i-j+1}^h(K)).$$

(3) **E**valuate

Berechne den Funktionswert:

$$f(t_{i+1}, y^{(m)}).$$

(4) Vorbereitung des nächsten Integrationsschrittes:

$$x_{i+1}^h(K) \equiv y^{(m)}, \quad f(t_{i+1}, x_{i+1}^h(K)) \equiv f(t_{i+1}, y^{(m)}).$$

Beispiel 3.7. Wir wollen die Algorithmen 3.1 und 3.2 für den Fall aufschreiben, dass $m = 1$ ist und die Trapezregel (implizite Methode)

$$x_{i+1}^h = x_i^h + \frac{h}{2}[f(t_i, x_i^h) + f(t_{i+1}, x_{i+1}^h)]$$

als Korrektorgleichung sowie das Euler(vorwärts)-Verfahren (explizite Methode)

$$x_{i+1}^h = x_i^h + hf(t_i, x_i^h)$$

als Prädiktorgleichung verwendet werden. Damit erhalten wir die folgenden zwei kombinierten Verfahren:

1. PEC-Algorithmus

    Predict: $x_{i+1}^h(P) = x_i^h(K) + hf(t_i, x_i^h(P))$
    Evaluate: $f(t_{i+1}, x_{i+1}^h(P))$
    Correct: $x_{i+1}^h(K) = x_i^h(K) + \frac{h}{2}[f(t_i, x_i^h(P)) + f(t_{i+1}, x_{i+1}^h(P))]$

2. PECE-Algorithmus

    Predict: $x_{i+1}^h(P) = x_i^h(K) + hf(t_i, x_i^h(K))$
    Evaluate: $f(t_{i+1}, x_{i+1}^h(P))$
    Correct: $x_{i+1}^h(K) = x_i^h(K) + \frac{h}{2}[f(t_i, x_i^h(K)) + f(t_{i+1}, x_{i+1}^h(P))]$
    Evaluate: $f(t_{i+1}, x_{i+1}^h(K))$

Offensichtlich führt die zweite Variante auf das bereits bekannte Heun-Verfahren (siehe Formel (2.7)). Es ist nicht zu erwarten, dass die Konsistenzordnung dieses Prädiktor-Korrektor-Verfahrens größer als 2 ist. Tatsächlich handelt es sich um ein 2-Schritt-Verfahren der Ordnung 2, wie wir dem Satz 3.13 und der Folgerung 3.3 entnehmen können. □

Eine typische Aussage über den lokalen Diskretisierungsfehler von Prädiktor-Korrektor-Verfahren findet man im

Satz 3.13. *Es seien* $\delta_{i+1}^h(P) = O(h^q)$ *der lokale Diskretisierungsfehler der Prädiktorgleichung* (3.103) *und* $\delta_{i+1}^h(K)$ *der lokale Diskretisierungsfehler der Korrektorgleichung* (3.100). *Ist* $m = 1$, *dann gilt für den lokalen Diskretisierungsfehler* $\delta_{i+1}^h(PECE)$ *des PECE-Algorithmus*

$$\delta_{i+1}^h(PECE) = \delta_{i+1}^h(K) + \bar{\beta}_0\, h\, \frac{\partial f}{\partial x}(t_{i+1}, x(t_{i+1}))\, \delta_{i+1}^h(P) + O(h^{2q+2}). \qquad (3.104)$$

Beweis. Das PECE-Verfahren lässt sich wie folgt aufschreiben:

$$x_{i+1}^h(K) \equiv -\sum_{j=1}^k \bar{\alpha}_j\, x_{i-j+1}^h(K) + h\sum_{j=1}^k \bar{\beta}_j\, f(t_{i-j+1}, x_{i-j+1}^h(K))$$

$$+ h\bar{\beta}_0\, f\Big(t_{i+1}, -\sum_{j=1}^k \hat{\alpha}_j\, x_{i-j+1}^h(K) + h\sum_{j=1}^k \hat{\beta}_j\, f(t_{i-j+1}, x_{i-j+1}^h(K))\Big).$$

Damit ergibt sich der lokale Diskretisierungsfehler für dieses Verfahren zu

$$h\,\delta_{i+1}^h(PECE)$$

$$= x(t_{i+1}) + \sum_{j=1}^k \bar{\alpha}_j\, x(t_{i-j+1}) - h\sum_{j=1}^k \bar{\beta}_j\, f(t_{i-j+1}, x(t_{i-j+1}))$$

$$- h\,\bar{\beta}_0\, f\left(t_{i+1}, -\sum_{j=1}^k \hat{\alpha}_j\, x(t_{i-j+1}) + h\sum_{j=1}^k \hat{\beta}_j\, f(t_{i-j+1}, x(t_{i-j+1}))\right).$$

Mit

$$-\sum_{j=1}^k \hat{\alpha}_j\, x(t_{i-j+1}) + h\sum_{j=1}^k \hat{\beta}_j\, f(t_{i-j+1}, x(t_{i-j+1})) = x(t_{i+1}) - h\delta_{i+1}^h(P)$$

geht der lokale Fehler über in

$$h\,\delta_{i+1}^h(PECE) = x(t_{i+1}) + \sum_{j=1}^k \bar{\alpha}_j\, x(t_{i-j+1}) - h\sum_{j=1}^k \bar{\beta}_j\, f(t_{i-j+1}, x(t_{i-j+1}))$$

$$- h\bar{\beta}_0\, f(t_{i+1}, x(t_{i+1}) - h\delta_{i+1}^h(P)).$$

Wird in der obigen Gleichung die Funktion $f(t_{i+1}, x(t_{i+1}) - h\delta_{i+1}^h(P))$ in eine Taylorreihe entwickelt, so erhält man

$$h\,\delta_{i+1}^h(PECE) = \underline{x(t_{i+1}) + \sum_{j=1}^k \bar{\alpha}_j\, x(t_{i-j+1}) - h\sum_{j=1}^k \bar{\beta}_j\, f(t_{i-j+1}, x(t_{i-j+1}))}$$

$$\underline{-h\bar{\beta}_0\left\{f(t_{i+1}, x(t_{i+1})) - h\delta_{i+1}^h(P)\frac{\partial f}{\partial x}(t_{i+1}, x(t_{i+1}))\right.} + O((h\,\delta_{i+1}^h(P))^2)\Big\}.$$

Der unterstrichene Teil dieser Formel stimmt mit $h\,\delta_{i+1}^h(K)$ überein, so dass man unter Berücksichtigung von $\delta_{i+1}^h(P) = O(h^q)$ für den lokalen Fehler

$$h\,\delta_{i+1}^h(PECE) = h\,\delta_{i+1}^h(K) + h^2\bar{\beta}_0\frac{\partial f}{\partial x}(t_{i+1}, x(t_{i+1}))\,\delta_{i+1}^h(P) + O(h^{2q+3})$$

erhält. Nach einer Division durch h ergibt sich die Behauptung des Satzes. $\qquad\square$

Folgerung 3.3. *Unter der Voraussetzung, dass $\delta_{i+1}^h(K) = O(h^p)$ ist, mit $q \geq p - 1$, gilt $\delta_{i+1}^h(PECE) = O(h^p)$.* $\qquad\square$

Man sieht nun unmittelbar, dass der PECE-Algorithmus aus Beispiel 3.7 ein Verfahren der Konsistenzordnung 2 darstellt, denn die entscheidenden Parameter sind hier $q = 1$ und $p = 2$.

Die Klasse der Adams-Verfahren erweist sich für die Anwendung der Prädiktor-Korrektor-Technik als sehr geeignet. Die Prädiktorgleichung ist dann eine (explizite) Adams-Bashforth-Formel, während als Korrektorgleichung eine (implizite) Adams-

Moulton-Formel verwendet wird. Im nächsten Abschnitt werden wir noch genauer darauf eingehen.

Wie im Falle der RKVn kann man auch bei LMVn Schätzungen für den lokalen Diskretisierungsfehler berechnen und anhand dieser die Schrittweite steuern. Da die Prädiktor-Korrektor-Technik bereits auf zwei unterschiedliche numerische Verfahren zurückgreift, lassen sich diese Schätzungen mit relativ geringem zusätzlichen Rechenaufwand generieren.

Wir wollen zuerst davon ausgehen, dass die verwendeten Prädiktor- und Korrektorgleichungen dieselbe Konsistenzordnung p besitzen. Ein Blick auf die Darstellung (3.104) im Satz 3.13 zeigt, dass die lokale Fehlerkonstante des PECE-Algorithmus mit der des Korrektors übereinstimmt. In erster Näherung gilt deshalb $\delta^h_{i+1}(PECE) \approx \delta^h_{i+1}(K)$.

Zur Herleitung einer ersten Schätzung für den lokalen Fehler seien die lokalen Diskretisierungsfehler des Prädiktors und des Korrektors wie folgt gegeben:

$$\delta^h_{i+1}(P) = c_P \, h^p \, x^{(p+1)}(t_{i-k+1}) + O(h^{p+1}),$$
$$\delta^h_{i+1}(K) = c_K \, h^p \, x^{(p+1)}(t_{i-k+1}) + O(h^{p+1}). \tag{3.105}$$

Unter Berücksichtigung der Formeln (3.14) und (3.16) gilt:

$$x(t_{i+1}) - x^h_{i+1}(P) = h \, \hat{\delta}^h_{i+1}(P) = h \, \delta^h_{i+1}(P),$$
$$x(t_{i+1}) - x^h_{i+1}(K) = h \, \hat{\delta}^h_{i+1}(K) = h \left(I - h \bar{\beta}_0 \frac{\partial f}{\partial x}(\cdot) \right)^{-1} \delta^h_{i+1}(K). \tag{3.106}$$

Ist h hinreichend klein, dann lässt sich die Inverse auf der rechten Seite der zweiten Formel durch die Neumann'sche Reihe darstellen. Setzt man desWeiteren die Darstellung (3.105) der lokalen Diskretisierungsfehler in (3.106) ein, so folgt

$$x(t_{i+1}) - x^h_{i+1}(P) = c_P \, h^{p+1} \, x^{(p+1)}(t_{i-k+1}) + O(h^{p+2}),$$
$$x(t_{i+1}) - x^h_{i+1}(K) = c_K \, h^{p+1} \, x^{(p+1)}(t_{i-k+1}) + O(h^{p+2}). \tag{3.107}$$

Die Subtraktion der ersten von der zweiten Gleichung in (3.107) ergibt schließlich

$$x^h_{i+1}(P) - x^h_{i+1}(K) = (c_K - c_P)h^{p+1} x^{(p+1)}(t_{i-k+1}) + O(h^{p+2}). \tag{3.108}$$

Stellt man (3.108) nach $x^{(p+1)}(t_{i-k+1})$ um, so resultiert

$$x^{(p+1)}(t_{i-k+1}) = \frac{x^h_{i+1}(P) - x^h_{i+1}(K)}{(c_K - c_P)h^{p+1}} + O(h).$$

Wird dies in die zweite Formel in (3.105) eingesetzt, dann ergibt sich

$$\delta^h_{i+1}(K) = \frac{c_K}{h(c_K - c_P)} \left(x^h_{i+1}(P) - x^h_{i+1}(K) \right) + O(h^{p+1}). \tag{3.109}$$

Somit ist

$$EST_{i+1}^{(l)} \equiv \frac{|c_K|}{h|c_K - c_P|} \left\| x_{i+1}^h(P) - x_{i+1}^h(K) \right\| \tag{3.110}$$

eine vernünftige Schätzung für den lokalen Fehler des PECE-Verfahrens. Die Konstanten c_K und c_P lassen sich nach (3.25) explizit angeben. Diese Schätzung des lokalen Diskretisierungsfehlers ist unter dem Namen *Milne-Technik* bekannt und stellt ein Analogon zur lokalen Extrapolation bei den ESVn dar.

Wie bei den ESVn ist auch hier eine Fehlerschätzung mittels zweier Verfahren unterschiedlicher Konsistenzordnung möglich. Um dies zu realisieren, ist noch ein zweiter Korrektor der Konsistenzordnung $p + 1$ erforderlich. Mit diesem wird an der Stelle t_{i+1} eine weitere Näherung $x_{i+1}^h(\widetilde{K})$ für $x(t_{i+1})$ berechnet, deren lokaler Diskretisierungsfehler wie folgt angegeben werden kann:

$$\delta_{i+1}^h(\widetilde{K}) = c_{\widetilde{K}} h^{p+1} x^{(p+2)}(t_{i-k+1}) + O(h^{p+2}). \tag{3.111}$$

Berücksichtigt man wieder den in der Formel (3.16) dargestellten Zusammenhang zwischen dem lokalen Fehler und dem lokalen Diskretisierungsfehler und geht von einer hinreichend kleinen Schrittweite h aus, dann folgt

$$x_{i+1}^h(\widetilde{K}) - x_{i+1}^h(K) = h\,\delta_{i+1}^h(K) - h\,\delta_{i+1}^h(\widetilde{K}),$$

woraus sich unmittelbar

$$\frac{x_{i+1}^h(\widetilde{K}) - x_{i+1}^h(K)}{h} + \delta_{i+1}^h(\widetilde{K}) = \delta_{i+1}^h(K). \tag{3.112}$$

ergibt. Somit stellt

$$EST_{i+1}^{(l)} \equiv \frac{1}{h} \left\| x_{i+1}^h(\widetilde{K}) - x_{i+1}^h(K) \right\| \tag{3.113}$$

eine geeignete Schätzung für den lokalen Diskretisierungsfehler des Korrektors mit der kleineren Konsistenzordnung (p-ter Ordnung) dar.

Es liegt auf der Hand, dass die zusätzliche Näherung $x_{i+1}^h(\widetilde{K})$ mit möglichst geringem Aufwand berechnet werden sollte. Dies lässt sich mit den Adams-Verfahren des nachfolgenden Abschnittes sehr gut realisieren.

3.7 Algorithmen mit variablem Schritt und variabler Ordnung

Obwohl die bisher vorgestellte Theorie für alle LMVn Gültigkeit besitzt, greift man in den Anwendungen sehr häufig auf Vertreter aus der Klasse der Adams-Verfahren zurück. In den Tabellen 3.1 und 3.2 wurden bereits einige derartige Verfahren angegeben. Wie im Beispiel 3.1 ist ein (explizites) k-Schritt-Adams-Bashforth-Verfahren durch die △GL

$$x_{i+1}^h = x_i^h + h \sum_{j=1}^{k} \beta_j f(t_{i-j+1}, x_{i-j+1}^h) \tag{3.114}$$

charakterisiert. Die $\triangle$GL eines (impliziten) k-Schritt-Adams-Moulton-Verfahrens lautet

$$\bar{x}_{i+1}^h = \bar{x}_i^h + h \sum_{j=0}^{k} \bar{\beta}_j f(t_{i-j+1}, \bar{x}_{i-j+1}^h). \tag{3.115}$$

Bemerkung 3.6. Aufgrund der Konstruktion der Adams-Verfahren mit Hilfe von Interpolationspolynomen (siehe Beispiel 3.1) erhält man die folgende Aussage. Die expliziten k-Schritt-Adams-Verfahren (3.114) haben die Konsistenzordnung $p = k$ und die impliziten k-Schritt-Adams-Verfahren (3.115) die Konsistenzordnung $p = k + 1$. $\qquad\square$

Die Adams-Verfahren sind garantiert wurzel-stabil (außer der einfachen Wurzel $\lambda = 1$ des zugehörigen charakteristischen Polynoms $\varrho(\lambda) = \lambda^k - \lambda^{k-1}$ sind alle anderen Wurzeln null), haben eine maximale Konsistenzordnung und besitzen darüber hinaus noch weitere günstige Eigenschaften, die sie für die praktische Implementierung auszeichnen. Man muss aber hierbei bedenken, dass im Gegensatz zu den RKVn eine Schrittweitensteuerung i. Allg. wesentlich komplizierter zu realisieren ist. Deshalb sollte man in einem praktischen Algorithmus ganze Familien von Adams-Verfahren integrieren, um insbesondere Näherungen mit Verfahren sehr hoher Konsistenzordnung berechnen zu können, die ja relativ große Schrittweiten erlauben. Auch wird es dadurch möglich, die Ordnung ohne größeren Aufwand zu erhöhen oder zu erniedrigen.

Für die folgenden Betrachtungen ist es günstig, die Verfahren (3.114) und (3.115) durch rückwärtsgenommene Differenzen darzustellen. Diese sind wie folgt rekursiv erklärt.

Definition 3.10. Gegeben sei eine Folge $\{x_i\}_{i=0}^{\infty}$. Unter den zugehörigen *rückwärtsgenommenen Differenzen* (0. Ordnung) $\nabla^0 x_i$ sollen die Ausdrücke

$$\nabla^0 x_i \equiv x_i, \quad i = 0, 1, \dots \tag{3.116}$$

verstanden werden. Rückwärtsgenommene Differenzen höherer Ordnung $\nabla^j x_i$ seien durch die Beziehung

$$\nabla^j x_i \equiv \nabla^{j-1} x_i - \nabla^{j-1} x_{i-1}, \quad j \geq 1 \tag{3.117}$$

erklärt. $\qquad\square$

Die rückwärtsgenommenen Differenzen berechnen sich damit zu

$$\nabla^1 x_i = \nabla^0 x_i - \nabla^0 x_{i-1} = x_i - x_{i-1},$$

$$\nabla^2 x_i = \nabla^1 x_i - \nabla^1 x_{i-1} = x_i - x_{i-1} - x_{i-1} + x_{i-2} = x_i - 2x_{i-1} + x_{i-2},$$

$$\vdots$$

$$\nabla^k x_i = \sum_{j=0}^{k} (-1)^j \binom{k}{j} x_{i-j}.$$

Schreibt man abkürzend f_j für $f(t_j, x_j^h)$ und $\bar{f}_j$ für $f(t_j, \bar{x}_j^h)$, dann kann man auch rückwärtsgenommene Differenzen für die Funktionswerte f_j bzw. $\bar{f}_j$ bilden. Offensichtlich ist $\nabla^k f_{i+1}$ eine Linearkombination der Funktionswerte $f_{i-k+1}, \ldots, f_{i+1}$. Ebenso kann man die Differenz $\nabla^j f_{i+1}$, $j < k$, als eine Linearkombination dieser Werte auffassen. Folglich lassen sich (3.114) und (3.115) umformulieren zu

$$x_{i+1}^h = x_i^h + h \sum_{j=0}^{k-1} \gamma_j \nabla^j f_i \tag{3.118}$$

und

$$\bar{x}_{i+1}^h = \bar{x}_i^h + h \sum_{j=0}^{k} \bar{\gamma}_j \nabla^j \bar{f}_{i+1}, \tag{3.119}$$

mit eindeutig bestimmten Koeffizienten γ_j und $\bar{\gamma}_j$. Diese Koeffizienten sind im Unterschied zu den β_j und $\bar{\beta}_j$ von k unabhängig und können wie folgt berechnet werden (siehe z. B. Mattheij & Molenaar (1996)):

$$\gamma_j = (-1)^j \int_0^1 \binom{-s}{j} \, ds, \quad \bar{\gamma}_j = (-1)^j \int_{-1}^0 \binom{-s}{j} \, ds. \tag{3.120}$$

Für praktische Implementierungen bietet es sich jedoch an, die Koeffizienten rekursiv zu ermitteln. Für die γ_j gilt

$$\gamma_0 = 1, \quad \gamma_j = 1 - \frac{1}{j+1} \gamma_0 - \frac{1}{j} \gamma_1 - \cdots - \frac{1}{2} \gamma_{j-1}, \quad j \geq 1. \tag{3.121}$$

Analog lassen sich die $\bar{\gamma}_j$ mit der Rekursion

$$\bar{\gamma}_0 = 1, \quad \bar{\gamma}_j = -\frac{1}{j+1} \bar{\gamma}_0 - \frac{1}{j} \bar{\gamma}_1 - \cdots - \frac{1}{2} \bar{\gamma}_{j-1}, \quad j \geq 1, \tag{3.122}$$

berechnen. In den Tabellen 3.4 und 3.5 sind die ersten Koeffizienten γ_j sowie $\bar{\gamma}_j$ angegeben.

Tab. 3.4: Werte der ersten γ_j.

j	0	1	2	3	4	5	6
γ_j	1	$\frac{1}{2}$	$\frac{5}{12}$	$\frac{3}{8}$	$\frac{251}{720}$	$\frac{95}{288}$	$\frac{19087}{60480}$

Wir kombinieren nun (3.118) und (3.119) im PECE-Modus. Dazu sei x_{i+1}^h die mittels des Prädiktors gefundene Näherung und $\bar{x}_{i+1}^h$ die mittels des Korrektors bestimmte Nähe-

Tab. 3.5: Werte der ersten $\bar{\gamma}_j$.

j	0	1	2	3	4	5	6
$\bar{\gamma}_j$	1	$-\dfrac{1}{2}$	$-\dfrac{1}{12}$	$-\dfrac{1}{24}$	$-\dfrac{19}{720}$	$-\dfrac{3}{160}$	$-\dfrac{863}{60480}$

rung. Der PECE-Algorithmus kann formal wie folgt dargestellt werden:

$$x_{i+1}^h = \bar{x}_i^h + h \sum_{j=0}^{k-1} \gamma_j \, \nabla^j \bar{f}_i \tag{3.123}$$

$$\bar{x}_{i+1}^h = \bar{x}_i^h + h \sum_{j=0}^{k} \bar{\gamma}_j \, \nabla^j \bar{f}_{i+1}. \tag{3.124}$$

Man beachte, dass in der Formel (3.124) $\bar{f}_{i+1}$ geschrieben wurde, um darauf hinzuweisen, dass in die zugehörigen Differenzen $\nabla^j \bar{f}_{i+1}$ neben den korrigierten Funktionswerten $\bar{f}_{i-k+1}, \ldots, \bar{f}_i$ auch der unkorrigierte Funktionswert f_{i+1} eingeht.

Um den lokalen Fehler des Korrektors $(k+1)$-ter Ordnung, wie in der Formel (3.112) angegeben, abzuschätzen, verwenden wir ein zusätzliches $(k + 1)$-Schritt Adams-Moulton-Verfahren der Ordnung $k + 2$:

$$\hat{x}_{i+1}^h = \bar{x}_i^h + h \sum_{j=0}^{k+1} \bar{\gamma}_j \, \nabla^j \bar{f}_{i+1}. \tag{3.125}$$

Da wir mit rückwärtsgenommenen Differenzen arbeiten und die zugehörigen Koeffizienten $\bar{\gamma}_j$ nicht von k abhängen, ist im Vergleich zum bereits verwendeten Verfahren (3.124) hierfür nur ein zusätzlicher Summand (eine Funktionswertbestimmung!) zu berechnen. Dies macht den großen Vorteil der Adams-Verfahren aus.

Die Schätzung ergibt sich dann zu

$$EST_{i+1}^{(k)} \equiv \frac{\left\| \hat{x}_{i+1}^h - \bar{x}_{i+1}^h \right\|}{h} = \bar{\gamma}_{k+1} \left\| \nabla^{k+1} \bar{f}_{i+1} \right\|. \tag{3.126}$$

Man beachte: Bei der Bezeichnung „EST" für die verwendete Schätzung steht als oberer Index nicht wie bisher ein l (l für „lokale" Schätzung) in runden Klammern, sondern direkt die Schrittzahl k.

Nun kann man, basierend auf der obigen Schätzung, analog zu der im Abschnitt 2.8 für die RKVn dargestellten automatischen Schrittweitenwahl, auch Schrittweitensteuerungen für die LMVn entwickeln. Wir wollen hier eine in der Praxis häufig verwendete Variante angeben und setzen dazu voraus, dass in der jeweiligen Implementierung der Zugriff auf eine ganze Familie von Adams-Verfahren gewährleistet ist. Dann lassen sich analog zu (3.126) auch Schätzungen für den lokalen Diskretisierungsfehler eines Verfahrens $(k-1)$-ter sowie eines Verfahrens k-ter Ordnung angeben. Diese drei Schätzungen können wir wie folgt zusammenfassen:

$$EST_{i+1}^{(j)} = \bar{\gamma}_j \left\| \nabla^j \tilde{f}_{i+1} \right\|, \quad j = k-1, k, k+1. \tag{3.127}$$

Wird beispielsweise das EPUS-Kriterium (siehe Abschnitt 2.8) mit einer vorgegebenen Toleranz TOL verwendet, dann untersucht man, welche der drei Größen

$$\left(\frac{TOL}{EST_{i+1}^{(j)}} \right)^{\frac{1}{j}}, \quad j = k-1, k, k+1, \tag{3.128}$$

den maximalen Wert aufweist. Angenommen, dies ist für $j = j^*$, $j^* \in \{k-1, k, k+1\}$, der Fall, dann wird die neue Schrittweite mittels der Vorschrift

$$h_{\text{neu}} \equiv h_i \left(\frac{TOL}{EST_{i+1}^{(j^*)}} \right)^{\frac{1}{j^*}} \tag{3.129}$$

festgelegt.

Bei einer Veränderung der aktuellen Schrittweite h gehen jedoch Funktionswerte an Zeitpunkten in die Verfahrensvorschrift ein, an denen sie noch nicht berechnet wurden. Diese Funktionswerte lassen sich aber durch Interpolation mit einem Polynom entsprechend hohen Grades, d. h. mit angepasster Genauigkeitsordnung, approximieren. Hierzu wird man zweckmäßigerweise auf die Funktionswerte

$$f(t_i + (1-j)\omega h) \equiv f\left(t_i + (1-j)\omega h, x_i^h((1-j)\omega h) \right) \tag{3.130}$$

zurückgreifen, wobei $x_i^h((1-j)\omega h)$ eine Approximation der exakten Lösung $x(t)$ an der Stützstelle $t = t_i + (1-j)\omega\, h$ bezeichnet. Die Größe ω ist derjenige Faktor, um den die Schrittweite h reduziert oder vergrößert werden soll.

Eine reizvolle Alternative hierzu, auf einfache Weise eine Abänderung der Schrittweite im jeweiligen Verfahren zu berücksichtigen, besteht im Rückgriff auf die Information zurückliegender Schritte mit Hilfe der sogenannten *Nordsieck-Darstellung*. Hierbei führt man für ein k-Schritt-Verfahren den *Nordsieck-Vektor*

$$z_i^h \equiv \left(x^h(t_i),\, h\, \dot{x}^h(t_i),\, \frac{h^2}{2} \ddot{x}^h(t_i),\, \ldots,\, \frac{h^k}{k!} \frac{d^k}{d\,t^k} x^h(t_i) \right)^T \in \mathbb{R}^{n(k+1)} \tag{3.131}$$

ein. Dabei bezeichnen $\frac{d^j}{d\,t^j} x^h(t_i)$, $j = 1, \ldots, k$, gewisse Näherungen für die Ableitungen $\frac{d^j}{d\,t^j} x(t_i)$ der exakten Lösung $x(t)$ des AWPs (1.5) im Gitterpunkt t_i. Diese Näherungen bestimmt man aus einem Interpolationspolynom $(k-1)$-ten Grades (i. Allg. in Lagrange-Darstellung, siehe Anhang C) und dessen Ableitungen. Das Polynom selbst besteht aus Summanden mit f_{i-j}-Werten, deren Koeffizienten wiederum Polynome in t

sind. Da nun Adams-Verfahren aus der Integration von Interpolationspolynomen hervorgehen, lassen sich diese Formeln einfach als die Summe der Komponenten des zugehörigen Nordsieck-Vektors z_i^h darstellen. Wir wollen dies an einem Beispiel verdeutlichen.

Beispiel 3.8. Es seien $x_i^h \equiv x^h(t_i)$ und $f_i^h \equiv f(t_i, x^h(t_i))$. Um ein explizites 3-Schritt-LMV durch einen Nordsieck-Vektor darzustellen, wird das Interpolationspolynom $P_2(t)$, das die Interpolationsbedingungen (C.2) in den drei Punkten (t_{i-2}, f_{i-2}^h), (t_{i-1}, f_{i-1}^h) und (t_i, f_i^h) erfüllt, bestimmt. Es lautet in der Lagrange-Darstellung

$$P_2(t) = \frac{(t - t_i)(t - t_{i-1})}{2h^2} f_{i-2}^h + \frac{(t - t_i)(t - t_{i-2})}{-h^2} f_{i-1}^h \\ + \frac{(t - t_{i-1})(t - t_{i-2})}{2h^2} f_i^h. \tag{3.132}$$

Man berechnet

$$P_2(t_i) = f_i^h, \quad \dot{P}_2(t_i) = \frac{1}{2h} f_{i-2}^h - \frac{2}{h} f_{i-1}^h + \frac{3}{2h} f_i^h,$$

$$\ddot{P}_2(t_i) = \frac{1}{h^2} f_{i-2}^h - \frac{2}{h^2} f_{i-1}^h + \frac{1}{h^2} f_i^h.$$

Daraus ergibt sich der Nordsieck-Vektor z_i^h zu

$$z_i^h = \left(x_i^h, h f_i^h, \frac{h}{4} \left[3 f_i^h - 4 f_{i-1}^h + f_{i-2}^h \right], \frac{h}{6} \left[f_i^h - 2 f_{i-1}^h + f_{i-2}^h \right] \right)^T.$$

Aus der Addition der Komponenten des Nordsieck-Vektors resultiert schließlich die rechte Seite des gesuchten 3-Schritt Adams-Bashforth-Verfahren, das die Darstellung (vergleiche auch mit der Tabelle 3.2, $k = 3$)

$$x_{i+1}^h = x_i^h + h \left(\frac{23}{12} f_i^h - \frac{16}{12} f_{i-1}^h + \frac{5}{12} f_{i-2}^h \right). \tag{3.133}$$

besitzt. □

Wird für die Implementierung eines Adams-Verfahrens die Nordsieck-Darstellung verwendet, so kann eine Schrittweitenänderung sehr einfach durchgeführt werden. Soll im Integrationsschritt $t_i \rightarrow t_{i+1}$ für die Berechnung des Näherungswertes x_{i+1}^h statt der alten Schrittweite h die neue Schrittweite h_{neu} verwendet werden, so hat man den Nordsieck-Vektor (3.131) lediglich mit der Diagonalmatrix

$$\text{diag} \left(1, \frac{h_{neu}}{h}, \frac{h_{neu}^2}{h^2}, \dots, \frac{h_{neu}^k}{h^k} \right) \tag{3.134}$$

zu multiplizieren.

Neben einer Veränderung der Schrittweite ist es auch möglich, die Ordnung des Verfahrens automatisch dem Problem anzupassen. Dies wollen wir hier jedoch nicht weiter betrachten und verweisen auf die entsprechende Literatur (siehe z. B. Hairer et al. (1993) sowie Strehmel & Weiner (1995)).

4 Absolute Stabilität und Steifheit

4.1 Absolute Stabilität

Gegeben sei das von Dahlquist (1963) erstmalig eingeführte Testproblem

$$\dot{x}(t) = \lambda\, x(t), \quad x(0) = 1, \tag{4.1}$$

wobei $\lambda \in \mathbb{R}$ bzw. $\lambda \in \mathbb{C}$ gelte. Die Funktion $x(t) = e^{\lambda t}$ stellt die exakte Lösung dieses AWPs dar, deren qualitatives Verhalten als bekannt vorausgesetzt werden kann.

Das Interesse für dieses Testproblem lässt sich wie folgt begründen. Es sei $x^*(t)$ eine glatte Lösung der DGL. Wie wir bereits im Kapitel 1 gesehen haben, wird das Lösungsverhalten von (4.1) in der Umgebung von $x^*(t)$ näherungsweise durch die Variationsgleichung (siehe Definition 1.3)

$$\dot{\xi}(t) = J(t, x^*)\xi(t)$$

beschrieben, mit $\xi(t) \equiv x(t) - x^*(t)$. Nimmt man einmal vereinfachend an, dass sich die zugehörige Matrix $J(t, x^*)$ nur wenig ändert, dann kann diese durch eine konstante Matrix J hinreichend genau approximiert werden. Wir wollen des Weiteren davon ausgehen, dass die Matrix J diagonalisierbar ist, d. h., es existiert eine nichtsinguläre Matrix W, mit der die Ähnlichkeitstransformation von J auf eine Diagonalmatrix führt (siehe auch Anhang A, Formel (A.31)):

$$W^{-1} J\, W = \operatorname{diag}(\lambda_1, \ldots, \lambda_n).$$

Bei der Anwendung der Transformation $\zeta(t) = Wx(t)$ entkoppelt sich dann das n-dimensionale System von DGLn

$$\dot{\zeta}(t) = J\zeta(t)$$

in n skalare DGLn der Form

$$\dot{x}(t) = \lambda\, x(t). \tag{4.2}$$

Offensichtlich stimmt jede dieser Gleichungen mit der DGL des Testproblems (4.1) überein.

Wir wollen zuerst untersuchen, wie sich das klassische RKV (siehe Tabelle 2.6) verhält, wenn es auf das Testproblem (4.1) angewendet wird. Da wir es hier mit einem autonomen Problem zu tun haben, vereinfacht sich die $\triangle$GL des klassischen RKVs wie folgt

$$x_{i+1}^h = x_i^h + h\left\{ \frac{1}{6}k_1 + \frac{1}{3}k_2 + \frac{1}{3}k_3 + \frac{1}{6}k_4 \right\},$$

mit

$$k_1 = f(x_i^h), \quad k_2 = f\left(x_i^h + \frac{1}{2}hk_1\right), \quad k_3 = f\left(x_i^h + \frac{1}{2}hk_2\right), \quad k_4 = f(x_i^h + hk_3).$$

DOI 10.1515/9783110498882-005

Damit berechnen sich für das AWP (4.1):

$$k_1 = \lambda x_i^h,$$

$$k_2 = \lambda \left(x_i^h + \frac{1}{2} h k_1 \right) = \left(\lambda + \frac{1}{2} h \lambda^2 \right) x_i^h,$$

$$k_3 = \lambda \left(x_i^h + \frac{1}{2} h k_2 \right) = \left(\lambda + \frac{1}{2} h \lambda^2 + \frac{1}{4} h^2 \lambda^3 \right) x_i^h, \qquad (4.3)$$

$$k_4 = \lambda \left(x_i^h + h k_3 \right) = \left(\lambda + h \lambda^2 + \frac{1}{2} h^2 \lambda^3 + \frac{1}{4} h^3 \lambda^4 \right) x_i^h,$$

$$x_{i+1}^h = \left(1 + h \lambda + \frac{1}{2} h^2 \lambda^2 + \frac{1}{6} h^3 \lambda^3 + \frac{1}{24} h^4 \lambda^4 \right) x_i^h.$$

Wird

$$\Psi(h\lambda) \equiv 1 + h\lambda + \frac{1}{2} h^2 \lambda^2 + \frac{1}{6} h^3 \lambda^3 + \frac{1}{24} h^4 \lambda^4 \qquad (4.4)$$

gesetzt, dann kann die obige Gleichung unter Verwendung der *Stabilitätsfunktion* $\Psi(h\lambda)$ in der Form

$$x_{i+1}^h = \Psi(h\lambda) \, x_i^h \qquad (4.5)$$

dargestellt werden. Andererseits gilt für die exakte Lösung $x(t)$ des Testproblems

$$x(t_{i+1}) = e^{\lambda(t_i+h)} = e^{h\lambda} e^{\lambda t_i} = \left(e^{h\lambda} \right) x(t_i). \qquad (4.6)$$

Die in der Formel (4.5) enthaltene Stabilitätsfunktion (4.4) stimmt mit der abgebrochenen Taylorreihe von $e^{h\lambda}$ bis einschließlich des Terms 4. Ordnung in h überein. Der Ausdruck $e^{h\lambda}$ ist aber genau der dem Faktor $\Psi(h\lambda)$ entsprechende Faktor in der Gleichung (4.6), die das Wachstumsverhalten der exakten Lösung $x(t)$ beschreibt. Wir sehen damit die Aussage aus dem Kapitel 2 dieses Buches noch einmal bestätigt, dass für den lokalen Diskretisierungsfehler des klassischen RKVs $\delta(\cdot) = O(h^4)$ gilt. Die Stabilitätsfunktion $\Psi(h\lambda)$ stellt somit für betragskleine $h\lambda$ eine gute Approximation für $e^{h\lambda}$ dar.

Ist $\lambda \in \mathbb{R}$, dann lassen sich aus den obigen Betrachtungen folgende Schlussfolgerungen ziehen:

1. Im Falle $\lambda > 0$ (woraus $z \equiv h\lambda > 0$ folgt) ist stets $\Psi(z) > 1$ erfüllt, d. h., die numerisch berechnete Gitterfunktion $\{x_i^h\}_{i=0}^{\infty}$ wächst kontinuierlich und verhält sich im Vergleich mit der Gitterfunktion der exakten Lösung in ihrem Wachstumsverhalten qualitativ richtig. Man sagt: „Wachsende Lösungen werden auch wachsend integriert." Da hier das Wachstumsverhalten beider Gitterfunktionen ohne einschränkende Bedingungen an die Stabilitätsfunktion $\Psi(h\lambda)$ identisch ist, handelt es sich bei $\lambda > 0$ sicher nicht um den interessanten Fall. Auch stellt das AWP (4.1) für große positive λ ein schlecht konditioniertes Problem dar, da selbst bei sehr kleinen Unterschieden in den Anfangswerten die Differenz zwischen den zugehörigen Lösungskurven in der Zeit stark anwächst.

2. Völlig anders ist der Sachverhalt im Falle $\lambda < 0$. Das AWP (4.1) ist jetzt gut konditioniert, da kleine Änderungen des Anfangswertes bei wachsendem t nicht zu

großen Unterschieden in den entsprechenden exakten Lösungskurven führen. Ein Blick auf die Formel (4.5) zeigt, dass die numerisch berechnete Gitterfunktion $\{x_i^h\}_{i=0}^\infty$ dann und nur dann das gleiche qualitative Wachstumsverhalten wie die exakte Gitterfunktion $\{x(t_i)\}_{i=0}^\infty$ aufweist, falls die zugehörige Stabilitätsfunktion die Eigenschaft $|\Psi(z)| < 1$ besitzt. Trifft dies zu, dann sagt man: „Fallende Lösungen werden auch fallend integriert." Wie wir gesehen haben, führt jedoch das klassische RKV zu der Stabilitätsfunktion (4.4), die ein Polynom 4. Grades darstellt. Für ein solches Polynom gilt

$$\lim_{z \to -\infty} \Psi(z) = +\infty.$$

Somit ist hier die Bedingung $|\Psi(z)| < 1$ nicht für alle negativen Werte von z erfüllt. Sie erweist sich deshalb als eine echte Zusatzbedingung, die auch für andere Verfahren eine große Rolle spielen wird.

Diese Schlussfolgerungen legen nun unter anderem den Gedanken nahe, das Testproblem (4.1) dahingehend einzuschränken, dass man den weniger interessanten Fall $\lambda > 0$ generell ausschließt. Wir werden dies im Weiteren auch tun.

In den Anwendungen besitzen Systeme von DGLn oftmals auch oszillierende Komponenten, die auf komplexe Werte von λ im AWP (4.1) führen. Für die Lösungen dieses AWPs mit $\lambda \in \mathbb{C}$ gilt ebenfalls die Beziehung (4.6)

$$x(t_{i+1}) = \left(e^{h\lambda}\right) x(t_i).$$

Im Falle $\mathrm{Re}(\lambda) < 0$ ist der komplexe Faktor $e^{h\lambda}$ betragsmäßig kleiner eins, d. h., genau wie im Reellen liegt dann der wirklich interessante Fall vor, bei dem die exakte Lösung exponentiell abklingt. Damit die numerisch berechnete Gitterfunktion $\{x_i^h\}_{i=0}^\infty$ das gleiche qualitative Wachstumsverhalten wie $\{x(t_i)\}_{i=0}^\infty$ aufweist, muss wiederum die dafür notwendige und hinreichende Bedingung

$$|\Psi(z)| < 1, \quad z \equiv h\lambda, \tag{4.7}$$

erfüllt sein.

Da, wie wir oben gesehen haben, sowohl für reell- als auch komplexwertige λ nur die fallenden Lösungen für Stabilitätsuntersuchungen von Interesse sind und in beiden Fällen die Zusatzbedingung (4.7) eine wichtige Rolle spielt, wollen wir das Testproblem (4.1) wie folgt erweitern

$$\dot{x}(t) = \lambda x(t), \ x(0) = 1, \quad \lambda \in \mathbb{C} \text{ mit } \mathrm{Re}(\lambda) < 0. \tag{4.8}$$

Nicht nur das klassische RKV, sondern alle Vertreter aus der allgemeinen Klasse der RKVn (2.5) führen bei ihrer Anwendung auf das Testproblem (4.8) zu einer $\triangle$GL der Form (4.5).

Des Weiteren kann für jedes RKV das folgende Resultat gezeigt werden.

Satz 4.1. *Die Koeffizienten eines m-stufigen RKVs (2.5) seien durch ein Butcher-Diagramm, das durch die Matrix $\Gamma \in \mathbb{R}^{m \times m}$ sowie die Vektoren $\beta, \varrho \in \mathbb{R}^m$ charakterisiert ist (siehe die Tabelle 2.1), gegeben. Dann gilt für die Stabilitätsfunktion*

$$\Psi(h\lambda) = 1 + \beta^T h\lambda(I - h\lambda\Gamma)^{-1}\mathbb{1}, \quad \mathbb{1} \equiv (1, 1, \dots, 1)^T. \tag{4.9}$$

Beweis. Siehe die Monografie von Dekker & Verwer (1984). □

Berücksichtigt man nun, dass die Koeffizientenmatrix Γ für explizite RKVn nilpotent ist, d. h., sie erfüllt $\Gamma^m = 0$, dann lässt sich für hinreichend kleine h die Inverse in der Formel (4.9) durch die Neumann'sche Reihe darstellen und man erhält die

Folgerung 4.1. *Für explizite RKVn gilt*

$$\Psi(h\lambda) = 1 + \beta^T h\lambda \sum_{j=0}^{m-1} (h\lambda\Gamma)^j \mathbb{1}. \tag{4.10}$$

Somit ist die zugehörige Stabilitätsfunktion ein Polynom in $h\lambda$ vom Grad m. □

Genauer kann gezeigt werden:
- bei Anwendung eines p-stufigen RKVs der Ordnung $p \leq 4$ auf das Testproblem (4.8) stimmt die Stabilitätsfunktion $\Psi(h\lambda)$ stets mit den ersten $p + 1$ Termen der Taylorreihe von $e^{\lambda h}$ überein.
- RKVn der Ordnung $p > 4$ erfordern $m > p$ Stufen, so dass dann $\Psi(h\lambda)$ ein Polynom vom Grad m ist, welches in den ersten $p + 1$ Termen mit der Taylorreihe von $e^{h\lambda}$ übereinstimmt. Die Koeffizienten der sich daran anschließenden Terme hängen vom speziellen Verfahren ab.

Die bis jetzt gewonnenen Erkenntnisse geben Anlass zu der folgenden Definition.

Definition 4.1. Gegeben sei ein ESV, das bei seiner Anwendung auf das Testproblem (4.8) zu der Vorschrift $x_{i+1}^h = \Psi(z)x_i^h$, $z \equiv h\lambda$, führt. Dann heißt die Menge

$$S \equiv \{z \in \mathbb{C} : |\Psi(z)| \leq 1\} \tag{4.11}$$

das zu dem ESV gehörende *Gebiet der absoluten Stabilität*. □

Die Schrittweite h muss nun im Falle $\text{Re}(\lambda) < 0$ stets so gewählt werden, dass $z = h\lambda$ im Stabilitätsgebiet S liegt. Offensichtlich bleiben dann die Näherungen x_i^h für $i \to \infty$ beschränkt, d. h., das numerische Integrationsverfahren verhält sich *stabil*.

Definition 4.2. Ein ESV, dessen Stabilitätsgebiet S der Beziehung

$$S \supset \mathbb{C}^- \equiv \{z \in \mathbb{C} : \text{Re}(z) \leq 0\} \tag{4.12}$$

genügt, wird *absolut stabil* bzw. *A-stabil* genannt. Die Stabilitätsfunktion $\Psi(z)$ heißt in diesem Falle *A-verträglich*. □

Offensichtlich kann bei einem absolut stabilen ESV die Schrittweite h im Hinblick auf das korrekte Wachstumsverhalten der numerischen Lösung ohne Einschränkungen gewählt werden. Natürlich erfordert eine vorgegebene Fehlertoleranz an die zu berechnende Lösung, dass die Schrittweite hinreichend klein gewählt wird. Aber das ist dann nur noch eine Genauigkeitsfrage. Für die *expliziten* RKVn trifft dies jedoch nicht zu, wie der folgende Satz zeigt.

Satz 4.2. *Das Stabilitätsgebiet eines konsistenten, m-stufigen expliziten RKVs ist nicht leer, beschränkt und liegt lokal links vom Nullpunkt.*

Beweis. Die Beschränktheit folgt unmittelbar aus der speziellen Gestalt (4.10) der Stabilitätsfunktion. Für $p \geq 1$ gilt

$$\Psi(z) = 1 + z + O(z^2), \text{ für } z \to 0.$$

Somit ist

$$|\Psi(z)| \begin{cases} > 1 & \text{für } z \in \mathbb{R}, z > 0, z \text{ klein} \\ < 1 & \text{für } z \in \mathbb{R}, z < 0, |z| \text{ klein,} \end{cases}$$

d. h., das Stabilitätsgebiet ist nicht leer und liegt lokal links vom Nullpunkt. □

Als Stabilitätsgebiet des Euler(vorwärts)-Verfahrens ergibt sich der Kreis mit dem Mittelpunkt $z = -1$ und dem Radius eins. Mit zunehmender Konsistenzordnung werden die Stabilitätsgebiete der expliziten ESVn immer größer, wie der Abbildung 4.1 entnommen werden kann.

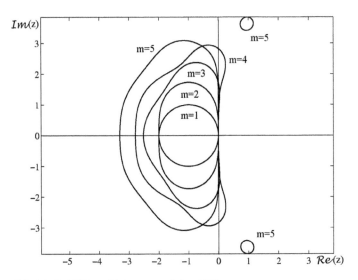

Abb. 4.1: Stabilitätsgebiete von expliziten ESVn.

Es stellt sich nun die Frage, wie das Stabilitätsgebiet eines speziellen ESVs grafisch dargestellt werden kann. Hierzu beachte man, dass sich alle Zahlen mit dem Betrag eins in der komplexen Ebene durch $e^{i\theta}$, $0 \le \theta \le 2\pi$, darstellen lassen. Die Stabilitätsbedingung lautet $|\Psi(z)| \le 1$, wobei $\Psi(z)$ durch (4.10) gegeben ist. Um nun den Rand des Stabilitätsgebietes zu bestimmen, sind die Wurzeln $z(\theta)$ der Gleichung

$$\Psi(z) = e^{i\theta} \tag{4.13}$$

für eine Folge von θ-Werten zu berechnen. Man beginnt üblicherweise mit dem Wert $\theta = 0$, für den $z = 0$ ist. Dann vergrößert man sukzessive θ um einen kleinen Zuwachs und berechnet jedes Mal das zugehörige z mit einem Verfahren zur Nullstellenbestimmung, wobei als Startwert die für das vorherige θ erhaltene Lösung verwendet wird. Man führt diesen Prozess solange durch, bis der Rand des Stabilitätsgebietes wieder den Ursprung erreicht.

Zur groben Bestimmung des Stabilitätsgebietes kann man natürlich auch einen recht großen Teil der komplexen Ebene, einschließlich des Ursprungs, mit einem Gitter überziehen. In jedem Gitterpunkt berechnet man die Stabilitätsfunktion $\Psi(z)$ und markiert jene Gitterpunkte z_{ij} als zum Stabilitätsgebiet gehörend, für die $|\Psi(z_{ij})| < 1$ gilt.

Ein Maß für die Größe des Stabilitätsgebietes ist auch das sogenannte *Stabilitätsintervall* (die Projektion des Stabilitätsgebietes auf die reelle Achse), das insbesondere für $\lambda \in \mathbb{R}$ von Bedeutung ist.

Tab. 4.1: Stabilitätsintervalle von expliziten ESVn.

Ordnung p	1	2	3	4	5
Stabilitätsintervall	$[-2, 0]$	$[-2, 0]$	$[-2.51, 0]$	$[-2.78, 0]$	$[-3.21, 0]$

Wir wollen jetzt die Stabilitätsgebiete von impliziten ESVn betrachten. Wendet man die Trapezregel (2.6) auf das Testproblem (4.8) an, so resultiert

$$x_{i+1}^h = x_i^h + \frac{h}{2}\{\lambda x_i^h + \lambda x_{i+1}^h\} \quad \text{bzw.} \quad x_{i+1}^h = \frac{1 + 1/2h\lambda}{1 - 1/2h\lambda} x_i^h \equiv \Psi(h\lambda)\, x_i^h. \tag{4.14}$$

Die für das Stabilitätsverhalten des ESVs entscheidende Funktion $\Psi(z)$ ist jetzt gebrochen rational und erfüllt

$$|\Psi(z)| = \left|\frac{2+z}{2-z}\right| < 1 \quad \text{für alle } z \text{ mit } \mathrm{Re}(z) < 0,$$

da der Realteil des Zählers für $\mathrm{Re}(z) < 0$ betragsmäßig stets kleiner als der Realteil des Nenners ist, während sich die Imaginärteile nur im Vorzeichen unterscheiden. Folglich umfasst das Gebiet der absoluten Stabilität der Trapezregel die gesamte linke Halbebene, d. h., das Verfahren ist A-stabil.

Betrachten wir als Nächstes das implizite 1-stufige RKV

$$x_{i+1}^h = x_i^h + hk_1, \quad \text{mit } k_1 = f(t_i + \frac{1}{2}h, x_i^h + \frac{1}{2}hk_1). \tag{4.15}$$

Seine Anwendung auf das Testproblem (4.8) ergibt

$$k_1 = \lambda(x_i^h + \frac{1}{2}hk_1), \quad \text{d. h., } k_1 = \frac{\lambda}{1 - 1/2h\lambda}x_i^h,$$

woraus unmittelbar

$$x_{i+1}^h = x_i^h + hk_1 = \frac{1 + 1/2h\lambda}{1 - 1/2h\lambda}x_i^h = \Psi(h\lambda)x_i^h$$

folgt. Die Stabilitätsfunktion $\Psi(z)$ ist somit die gleiche wie bei der Trapezregel. Damit ist auch dieses Verfahren absolut stabil.

Schließlich wollen wir noch das folgende 2-stufige Gauß-Verfahren (siehe Tabelle 2.15) betrachten:

$$x_{i+1}^h = x_i^h + \frac{h}{2}(k_1 + k_2), \quad \text{mit}$$

$$k_1 = f\left(t_i + \frac{3 - \sqrt{3}}{6}h, x_i^h + \frac{1}{4}hk_1 + \frac{3 - 2\sqrt{3}}{12}hk_2\right),$$

$$k_2 = f\left(t_i + \frac{3 + \sqrt{3}}{6}h, x_i^h + \frac{3 + 2\sqrt{3}}{12}hk_1 + \frac{1}{4}hk_2\right). \tag{4.16}$$

Wendet man dieses Verfahren auf das Testproblem (4.8) an, so ergibt sich nach einer einfachen Rechnung

$$x_{i+1}^h = \frac{1 + \frac{1}{2}h\lambda + \frac{1}{12}h^2\lambda^2}{1 - \frac{1}{2}h\lambda + \frac{1}{12}h^2\lambda^2}x_i^h \equiv \Psi(h\lambda)x_i^h.$$

Die Stabilitätsfunktion $\Psi(z)$ ist wie bei den beiden vorherigen Beispielen eine gebrochen rationale Funktion. Insbesondere ist sie eine Padé-Approximation für e^z, die die Eigenschaft besitzt, dass $|\Psi(z)| \leq 1$ für alle z mit $\text{Re}(z) \leq 0$ gilt. Folglich ist auch (4.16) A-stabil.

Damit steht man unmittelbar vor der Frage, ob nicht alle impliziten RKVn absolut stabil sind. Zur Beantwortung dieser Frage benötigen wir den bereits im vorangegangenen Beispiel verwendeten Begriff einer Padé-Approximation.

Definition 4.3. Es sei $f(z)$ eine in der Umgebung von $z = 0$ analytische Funktion. Dann heißt die rationale Funktion

$$R_{jk}(z) = \frac{P_{jk}(z)}{Q_{jk}(z)} = \frac{\sum_{l=0}^k a_l z^l}{\sum_{l=0}^j b_l z^l}, \quad b_0 = 1,$$

eine *Padé-Approximation* von $f(z)$ vom *Index* (j, k), wenn gilt

$$R_{jk}^{(l)}(0) = f^{(l)}(0), \quad \text{für } l = 0, \ldots, j + k. \tag{4.17}$$

□

Für die im Kapitel 2 betrachteten impliziten RKVn gilt nun der

Satz 4.3. *Die Stabilitätsfunktion $\Psi(z)$ der nachfolgend genannten m-stufigen Verfahren ist eine Padé-Approximation von e^z, und zwar für*
- *das Gauß-Verfahren mit dem Index (m, m),*
- *das Radau-IA-Verfahren mit dem Index $(m, m-1)$,*
- *das Radau-IIA-Verfahren mit dem Index $(m, m-1)$,*
- *das Lobatto-IIIA-Verfahren mit dem Index $(m-1, m-1)$,*
- *das Lobatto-IIIB-Verfahren mit dem Index $(m-1, m-1)$,*
- *das Lobatto-IIIC-Verfahren mit dem Index $(m, m-2)$.*

Beweis. Siehe z. B. Strehmel & Weiner (1995). □

Für den Nachweis der A-Stabilität eines impliziten RKVs hat man somit die A-Verträglichkeit der zugehörigen Padé-Approximation zu zeigen. Hierzu liefert der folgende Satz eine wichtige Aussage.

Satz 4.4. *Padé-Approximationen vom Index (j, k), mit $j - 2 \leq k \leq j$, sind A-verträglich.*

Beweis. Siehe z. B. Strehmel & Weiner (1995). □

Diese Aussage impliziert unmittelbar, dass alle im Satz 4.3 genannten impliziten RKVn die wichtige Eigenschaft der A-Stabilität besitzen.

Um nun die impliziten RKVn im Hinblick auf ihre Stabilitätseigenschaften besser unterscheiden zu können, wurde von Ehle (1969) ein etwas strengerer Stabilitätsbegriff als die A-Stabilität eingeführt. Es handelt sich dabei um die sogenannte L-Stabilität, die wie folgt erklärt ist.

Definition 4.4. Ein Integrationsverfahren wird *L-stabil* genannt, wenn es A-stabil ist und zusätzlich

$$\lim_{\mathrm{Re}(z) \to -\infty} \Psi(z) = 0 \tag{4.18}$$

gilt. Erfüllt ein A-stabiles Verfahren nur die schwächere Beziehung

$$\lim_{\mathrm{Re}(z) \to -\infty} |\Psi(z)| < 1, \tag{4.19}$$

dann heißt es *stark A-stabil*. □

Offensichtlich wird von einem L-stabilen numerischen Integrationsverfahren die Eigenschaft der exakten Lösung des Testproblems (4.8),

$$\lim_{h\,\mathrm{Re}(\lambda) \to -\infty} x(t_i + h) = 0,$$

auf die erzeugte Näherungslösung x_i^h übertragen.

Es kann gezeigt werden, dass das Stabilitätsgebiet von L-stabilen Verfahren immer bis in die positive komplexe Halbebene reicht. Beispiele für L-stabile Verfahren sind das Euler(rückwärts)- und das Radau-IIA-Verfahren.

Ein weiterer Schritt auf der Suche nach verbesserten Kriterien zur Beschreibung der Stabilitätseigenschaften von impliziten RKVn besteht darin, das relativ einfache Testproblem (4.8) durch ein komplexeres Problem zu ersetzen. Auf Butcher (1975) geht der Vorschlag zurück, dass folgende n-dimensionale nichtlineare Testproblem zu betrachten:

$$\dot{x}(t) = f(t, x(t)), \quad \text{wobei die Funktion } f(t, x) \in \mathbb{R}^n, \text{ die Beziehung}$$

$$(f(t, x) - f(t, y))^T (x - y) \le 0 \quad \text{für alle } x, y \in \mathbb{R}^n \text{ erfüllt.} \tag{4.20}$$

Die in (4.20) postulierte Bedingung an die rechte Seite $f(t, x)$ garantiert, dass der Abstand zweier beliebiger exakter Lösungen der DGL eine nichtwachsende Funktion von t ist. Diese Eigenschaft sollten dann auch die mit einem numerischen Verfahren erzeugten Näherungslösungen aufweisen.

Definition 4.5. Ein implizites RKVn wird *B-stabil* genannt, wenn für alle $h \ge 0$ die Beziehung

$$\|x_1^h - y_1^h\| \le \|x_0 - y_0\| \tag{4.21}$$

gilt. Dabei bezeichnen x_1^h und y_1^h zwei numerische Approximationen, die mit diesem RKV nach einem Schritt unter Verwendung des Startvektors x_0 bzw. y_0 für das Testproblem (4.8) berechnet wurden. □

Indem man $f(t, x) \equiv \lambda x$ in (4.20) setzt, lässt sich unmittelbar zeigen, dass die B-Stabilität die A-Stabilität impliziert.

Auf Burrage & Butcher (1979) geht ein einfaches algebraisches Kriterium zurück, das eine hinreichende Bedingung für die B-Stabilität liefert.

Satz 4.5. *Erfüllen die Koeffizienten eines m-stufigen RKVs (2.5) die Bedingungen*
- $\beta_i \ge 0$, *für $i = 1, \ldots, m$,*
- $M = (m_{ij}) \equiv (\beta_i \gamma_{ij} + \beta_j \gamma_{ji} - \beta_i \beta_j)_{i,j=1}^m$ *ist positiv semidefinit, d. h., $x^T M x \ge 0$ für alle $x \in \mathbb{R}^m$,*

dann ist dieses Verfahren B-stabil.

Beweis. Siehe z. B. Hairer & Wanner (1991) oder Burrage & Butcher (1979). □

Definition 4.6. Ein RKV, welches die beiden Voraussetzungen des Satzes 4.5 erfüllt, wird *algebraisch stabil* genannt. □

Als Beispiele für algebraisch stabile Verfahren können die Gauß-, Radau-IA-, Radau-IIA- und die Lobatto-IIIC-Verfahren genannt werden, die dann nach dem Satz 4.5 auch B-stabil sind. Die Trapezregel (2.6) ist aber nicht algebraisch stabil, da die zugehörige Matrix

$$M = \frac{1}{4} \begin{pmatrix} -1 & 0 \\ 0 & 1 \end{pmatrix}$$

offensichtlich indefinit ist.

Die bisher betrachteten Testprobleme (4.8) und (4.20) stellen zwei Extreme dar. Das eine ist linear und autonom, während das andere vollständig nichtlinear ist. Eine Stabilitätstheorie, die auf einem Testproblem basiert, das zwischen (4.8) und (4.20) einzuordnen ist, geht auf Burrage & Butcher (1979) sowie Scherer (1979) zurück. Es handelt sich dabei um das folgende skalare Testproblem mit einer linearen, nichtautonomen DGL:

$$\dot{x}(t) = \lambda(t)x(t), \quad \mathrm{Re}(\lambda(t)) \leq 0. \tag{4.22}$$

Dabei bezeichnet $\lambda(t)$ eine beliebig variierende komplexwertige Funktion. Wendet man nun ein RKV auf (4.22) an, so resultiert (in Vektordarstellung)

$$k = \mathbb{1}\, x_i^h + \Gamma Z k, \tag{4.23}$$

mit $Z \equiv \mathrm{diag}(z_1, \ldots, z_m)$, $z_j \equiv h\lambda(t_i + \varrho_j h)$, $k \equiv (k_1, \ldots, k_m)^T$ und $\mathbb{1} \equiv (1, \ldots, 1)^T$. Aus (4.23) folgt

$$k = (I - \Gamma Z)^{-1} \mathbb{1}\, x_i^h.$$

Setzt man dies in die Runge-Kutta Formel ein, so resultiert

$$x_{i+1}^h = K(Z) x_i^h, \tag{4.24}$$

wobei $K(Z) \equiv 1 + \beta^T Z (I - \Gamma Z)^{-1} \mathbb{1}$ gesetzt wurde. Dies gibt nun Anlass zu der folgenden Definition.

Definition 4.7. Ein RKV wird *AN-stabil* genannt, falls

$$|K(Z)| \leq 1 \quad \begin{cases} \text{für alle } Z \in \mathbb{R}^{m \times m}, \text{ für die gilt:} \\ \mathrm{Re}(z_j) \leq 0 \text{ und } z_j = z_l \text{ falls } \varrho_j = \varrho_l \ (j, l = 1, \ldots, m). \end{cases} \tag{4.25}$$

□

Ein Vergleich von (4.24) mit (4.9) zeigt, dass

$$K(\mathrm{diag}(z, z, \ldots, z)) = \Psi(z)$$

gilt. Indem man im Testproblem (4.20) $f(t, x) \equiv \lambda(t)x(t)$ setzt, erhält man andererseits die Aussage, dass aus der B-Stabilität die AN-Stabilität folgt. Damit sind wir für die RKVn zu folgendem Resultat gekommen:

$$\text{B-Stabilität} \Rightarrow \text{AN-Stabilität} \Rightarrow \text{A-Stabilität}.$$

Beispiel 4.1. Das RKV mit

$$\Gamma = \begin{pmatrix} \dfrac{1}{8} & \dfrac{1}{8} \\ \dfrac{3}{8} & \dfrac{3}{8} \end{pmatrix}, \quad \varrho = \begin{pmatrix} \dfrac{1}{4} \\ \dfrac{3}{4} \end{pmatrix}, \quad \beta = \begin{pmatrix} \dfrac{1}{2} \\ \dfrac{1}{2} \end{pmatrix}$$

führt auf die Stabilitätsfunktion

$$\Psi(z) = \frac{2 + z}{2 - z}$$

sowie auf

$$K(Z) = \frac{8 + 3z_1 + z_2}{8 - z_1 - 3z_2}.$$

Es liegt somit ein A-stabiles Verfahren vor. Jedoch erweist sich dieses Verfahren nicht als AN-stabil, da $K(Z)$ für $\mathrm{Re}(z_1)$, $\mathrm{Re}(z_2) \leq 0$ unbeschränkt ist. □

Schließlich zeigen Hairer & Wanner (1991), dass für RKVn, bei denen alle ϱ_j unterschiedlich sind, die Konzepte der AN-Stabilität, der B-Stabilität und algebraischen Stabilität äquivalent sind.

Das Stabilitätsproblem betrifft natürlich auch die linearen Mehrschrittverfahren. Wir wollen wieder mit der A-Stabilität beginnen, die auf dem skalaren, linearen Testproblem (4.8) basiert. Wendet man deshalb ein LMV

$$\varrho(E)x^h_{i-k+1} = h\sigma(E)f(t_{i-k+1}, x^h_{i-k+1})$$

auf das Testproblem (4.8) an, so ergibt sich

$$\varrho(E)x^h_{i-k+1} = h\lambda\sigma(E)x^h_{i-k+1}, \quad \text{bzw. } (\varrho(E) - h\lambda\sigma(E))x^h_{i-k+1} = 0. \tag{4.26}$$

Dies ist eine homogene △GL. Bezeichnen nun $w_1, \ldots, w_k$ die Wurzeln der charakteristischen Gleichung

$$\varphi(w) \equiv \varrho(w) - h\lambda\sigma(w) = 0 \tag{4.27}$$

und nimmt man vereinfachend an, dass die w_j paarweise verschieden sind, dann lässt sich die allgemeine Lösung in der Form

$$x^h_i = c_1 w^i_1 + c_2 w^i_2 + \cdots c_k w^i_k \tag{4.28}$$

darstellen. Offensichtlich wächst die Lösung x^h_i genau dann nicht mit i an, falls $|w_j| \leq 1$ für $j = 1, \ldots, k$ gilt. Treten mehrfache Wurzeln der Gleichung (4.27) auf, dann stellt sich die allgemeine Lösung der △GL (4.26) in der Form (1.46) dar. Um die Beschränktheit dieser numerischen Approximation bei wachsendem i zu garantieren, dürfen mehrfache Wurzeln betragsmäßig nur echt kleiner eins sein, während für die einfachen Wurzeln auch Gleichheit zugelassen ist. Damit kommt man unmittelbar zu der

Definition 4.8. Gegeben sei ein LMV, das bei seiner Anwendung auf das Testproblem (4.8) zu der Vorschrift (4.26) führt. Dann heißt die Menge

$$S \equiv \left\{ z = h\lambda \in \mathbb{C} : \begin{array}{l} \text{alle Wurzeln } w_j \text{ von (4.27) erfüllen } |w_j| \leq 1, \\ \text{mehrfache Wurzeln erfüllen } |w_j| < 1 \end{array} \right\} \tag{4.29}$$

das zu dem LMV gehörende *Gebiet der absoluten Stabilität*. □

Es ist nun üblich, das Stabilitätsgebiet S eines LMVs grafisch darzustellen. Hierzu benötigt man den zugehörigen Rand ∂S, der dadurch charakterisiert ist, dass mindestens eine Nullstelle des charakteristischen Polynoms vom Betrag eins ist. Man stellt deshalb die Gleichung (4.27) nach $z = h\lambda$ um und bestimmt für $|w| = 1$, d. h. $w = e^{i\theta}$, $\theta \in [0, 2\pi]$, die zugehörigen z. Es ergibt sich daraus die sogenannte *Wurzelortskurve* (engl.: root locus curve)

$$\Gamma \equiv \left\{z \in \mathbb{C} : z = \varrho(e^{i\theta})/\sigma(e^{i\theta}), \quad \theta \in [0, 2\pi]\right\}. \tag{4.30}$$

Offensichtlich gilt für den Rand des Stabilitätsgebietes $\partial S \subset \Gamma$. Der Rand muss nicht mit der Wurzelortskurve übereinstimmen, da auf Γ neben den Wurzeln vom Betrag eins gleichzeitig auch noch Wurzeln vom Betrag größer als eins liegen können. Die Entscheidung, ob ∂S zum jeweiligen Abschnitt von Γ gehört oder nicht, wird insbesondere dann schwierig, wenn sich Γ selbst schneidet. Die genaue Lage von S kann mit Hilfe des aus der komplexen Analysis bekannten Cauchy-Indexes bestimmt werden (siehe z. B. Hairer & Wanner (1991)).

Analog wie bei den ESVn wird die A-Stabilität für LMVn wie folgt erklärt.

Definition 4.9. Ein LMV, dessen Stabilitätsgebiet S der Beziehung

$$S \supset \mathbb{C}^- \equiv \{z \in \mathbb{C} : \operatorname{Re}(z) \le 0\} \tag{4.31}$$

genügt, wird *absolut stabil* bzw. *A-stabil* genannt. □

Wir wollen zuerst anhand zweier Beispiele das Stabilitätsverhalten von LMVn aufzeigen, bevor wir zu allgemeineren Untersuchungen kommen.

Beispiel 4.2. Das explizite 4-Schritt-Verfahren vom Adams-Bashforth-Typ (siehe die Tabelle 3.2) besitzt die charakteristische Gleichung

$$24\varphi(w) = 24w^4 - (24 + 55z)w^3 + 59zw^2 - 37zw + 9z = 0. \tag{4.32}$$

Für die zugehörige Wurzelortskurve ergibt sich

$$\Gamma = \left\{z \in \mathbb{C} : z = \frac{24w^4 - 24w^3}{55w^3 - 59w^2 + 37w - 9} = \frac{\varrho(w)}{\sigma(w)}, \quad \text{mit } w = e^{i\theta}, \, 0 \le \theta \le 2\pi\right\}.$$

Das resultierende Stabilitätsgebiet ist in der Abbildung 4.2 im dritten Teilbild angegeben und offensichtlich symmetrisch zur reellen Achse. Als Stabilitätsintervall ergibt sich damit [-0.3,0], was im Vergleich zum klassischen RKV 4. Ordnung etwa neunmal kleiner ist. Explizite Adams-Bashforth-Verfahren besitzen durchweg sehr kleine Stabilitätsgebiete. □

Beispiel 4.3. Das implizite 4-Schritt-Verfahren vom Adams-Moulton-Typ (siehe Tabelle 3.1) besitzt die charakteristische Gleichung

$$729\varphi(w) = (720 - 251z)w^4 - (720 + 646z)w^3 + 264zw^2 - 106zw + 19z = 0. \tag{4.33}$$

Das zugehörige Stabilitätsgebiet ist in der Abbildung 4.3 im dritten Teilbild angegeben. Als Stabilitätsintervall findet man $[-1.836, 0]$. Obwohl ein implizites Verfahren vorliegt, ist das Stabilitätsgebiet endlich und das Verfahren somit nicht absolut stabil. Das Stabilitätsgebiet ist jedoch größer als für das explizite Verfahren mit der gleichen Schrittzahl 4. □

Wir wollen nun das Stabilitätsverhalten der k-Schritt Adams-Verfahren insgesamt betrachten und beginnen mit den (expliziten) Verfahren vom Adams-Bashforth-Typ. Diese mögen in der Darstellung (3.118), die auf rückwärtsgenommenen Differenzen basiert, gegeben sein:

$$x_{i+1}^h = x_i^h + h \sum_{j=0}^{k-1} \gamma_j \nabla^j f_i, \quad \gamma_j \text{ siehe Tabelle 3.4.}$$

Wendet man nun dieses Verfahren auf das Testproblem (4.8) an, so resultiert

$$x_{i+1}^h = x_i^h + z \sum_{j=0}^{k-1} \gamma_j \nabla^j x_i^h. \tag{4.34}$$

Substituiert man den Ansatz $x_i^h = w^i$ in (4.34) und dividiert anschließend durch w^i, dann folgt

$$w - 1 = z \left\{ \gamma_0 + \gamma_1 \left(1 - \frac{1}{w} \right) + \gamma_2 \left(1 - \frac{2}{w} + \frac{1}{w^2} \right) + \cdots \right\}.$$

Diese Gleichung lässt sich nach z umstellen und man erhält die zugehörige Wurzelortskurve

$$\Gamma_{AB} \equiv \left\{ z \in \mathbb{C} : z = (w - 1) / \left(\sum_{j=0}^{k-1} \gamma_j \left(1 - \frac{1}{w} \right)^j \right), \quad w = e^{i\theta}, \ 0 \le \theta \le 2\pi \right\}. \tag{4.35}$$

Für $k = 1$ liegt das explizite Euler(vorwärts)-Verfahren vor, dessen Stabilitätsgebiet bekanntermaßen (siehe die Abbildung 4.1) aus dem Einheitskreis in der komplexen Ebene mit dem Mittelpunkt (-1,0) besteht. Die sich aus (4.35) ergebenden Stabilitätsgebiete für die Adams-Bashforth-Verfahren mit $k = 2, \ldots, 5$ sind in der Abbildung 4.2 angegeben.

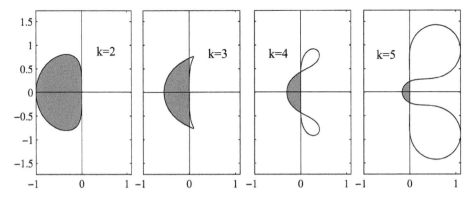

Abb. 4.2: Stabilitätsgebiete einiger Adams-Bashforth-Verfahren.

Man erkennt, dass sich die Stabilitätsgebiete mit wachsender Schrittzahl k merklich verkleinern. Deshalb sind die expliziten Adams-Verfahren für die im nächsten Abschnitt beschriebenen steifen DGLn nicht geeignet.

Wir kommen jetzt zu den (impliziten) Verfahren vom Adams-Moulton-Typ. In der Schreibweise mit rückwärtsgenommenen Differenzen (siehe (3.119)) lauten sie

$$x_{i+1}^h = x_i^h + h \sum_{j=0}^{k} \bar{\gamma}_j \nabla^j f_{i+1}, \quad \bar{\gamma}_j \text{ siehe Tabelle 3.5.}$$

Wendet man dieses Verfahren auf das Testproblem (4.8) an, so resultiert

$$x_{i+1}^h = x_i^h + z \sum_{j=0}^{k} \bar{\gamma}_j \nabla^j x_{i+1}^h. \tag{4.36}$$

Substituiert man wiederum den Ansatz $x_i^h = w^i$ in (4.36) und dividiert anschließend durch w^{i+1}, dann folgt

$$1 - \frac{1}{w} = z \left\{ \bar{\gamma}_0 + \bar{\gamma}_1 \left(1 - \frac{1}{w}\right) + \bar{\gamma}_2 \left(1 - \frac{2}{w} + \frac{1}{w^2}\right) + \cdots \right\}.$$

Für die zugehörige Wurzelortskurve ergibt sich daraus die Darstellung

$$\Gamma_{\text{AM}} \equiv \left\{ z \in \mathbb{C} : z = \left(1 - \frac{1}{w}\right) \bigg/ \left(\sum_{j=0}^{k} \bar{\gamma}_j \left(1 - \frac{1}{w}\right)^j \right), \right.$$

$$\left. w = e^{i\theta}, \quad 0 \le \theta \le 2\pi \right\}. \tag{4.37}$$

Der Fall $k = 1$ entspricht bekanntermaßen der Trapezregel, die bei ihrer Anwendung auf das Testproblem (4.8) zu der Gleichung (4.14) führt. Ausgehend von dieser Beziehung haben wir gezeigt, dass das Verfahren A-stabil ist. Es stellt aber diesbezüglich eine gewisse Ausnahme unter den Adams-Moulton-Verfahren dar. Die Stabilitätsgebiete für $k = 2, \ldots, 5$ sind in der Abbildung 4.3 angegeben.

Sie sind viel größer als die entsprechenden Gebiete der expliziten Adams-Verfahren, umfassen aber keinesfalls die gesamte linke komplexe Halbebene und werden mit wachsender Schrittzahl k ebenfalls immer kleiner. Im Unterschied zu den impliziten RKVn sind die impliziten LMVn nicht A-stabil.

Es verbleibt schließlich die Frage, wie sich die Kombination der Adams-Bashforth-Verfahren und Adams-Moulton-Verfahren zur Klasse der Prädiktor-Korrektor-Verfahren auf das Stabilitätsverhalten auswirkt. Wie in dem Abschnitt 3.7 gezeigt wurde, verwendet man bei einem Prädiktor-Korrektor-Verfahren i. Allg. als Prädiktor ein k-Schritt-Adams-Bashforth-Verfahren, das bei Anwendung auf das Testproblem (4.8) die Gestalt

$$\hat{x}_{i+1}^h = x_i^h + z\{\gamma_0 x_i^h + \gamma_1 (x_i^h - x_{i-1}^h) + \gamma_2 (x_i^h - 2x_{i-1}^h + x_{i-2}^h) + \cdots\} \tag{4.38}$$

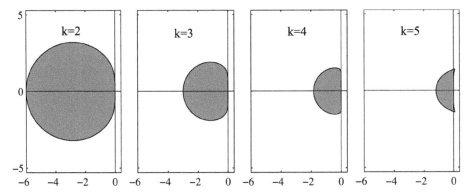

Abb. 4.3: Stabilitätsgebiete einiger Adams-Moulton-Verfahren.

annimmt. Der so erzeugte Prädiktorwert $\hat{x}_{i+1}^h$ wird nun in ein k-Schritt-Adams-Moulton-Verfahren, das als Korrektor dient, eingesetzt. Daraus resultiert die PECE-Formel

$$x_{i+1}^h = x_i^h + z\{\bar{\gamma}_0\hat{x}_{i+1}^h + \bar{\gamma}_1(\hat{x}_{i+1}^h - x_i^h) + \bar{\gamma}_2(\hat{x}_{i+1}^h - 2x_i^h + x_{i-1}^h)$$
$$+ \bar{\gamma}_3(\hat{x}_{i+1}^h - 3x_i^h + 3x_{i-1}^h - x_{i-2}^h) + \cdots\} \tag{4.39}$$

Wie zuvor substituiert man den Ansatz $x_i^h = w^i$ in (4.39). Nach der Division der resultierenden Gleichung durch w^i ergibt sich jetzt eine *quadratische* Gleichung in der Variablen $z = h\lambda$. Dies war auch zu erwarten, da sowohl in (4.38) als auch in (4.39) das Argument z auftritt. Die quadratische Gleichung lässt sich in der Form

$$c_1 z^2 + c_2 z + c_3 = 0, \tag{4.40}$$

mit

$$c_1 \equiv \left(\sum_{j=0}^{k} \bar{\gamma}_j\right)\left(\sum_{j=0}^{k-1} \gamma_j\left(1 - \frac{1}{w}\right)^j\right),$$

$$c_2 \equiv (1 - w)\sum_{j=0}^{k} \bar{\gamma}_j + w\sum_{j=0}^{k} \bar{\gamma}_j\left(1 - \frac{1}{w}\right)^j,$$

$$c_3 \equiv 1 - w,$$

schreiben. Für jedes $w = e^{i\theta}$ besitzt (4.40) zwei Nullstellen. Wenn θ wieder das Intervall $[0, 2\pi]$ durchläuft, dann entstehen hier *zwei* Wurzelortskurven, die den Rand des Stabilitätsgebietes bestimmen. In der Abbildung 4.4 sind für $k = 2, \ldots, 5$ die Stabilitätsgebiete des entsprechenden PECE-Verfahrens eingezeichnet.

Man erkennt unmittelbar, dass ein nicht unbeträchtlicher Stabilitätsverlust eintritt. Instruktiv ist z. B. der Fall $k = 1$, denn hier geht die absolut stabile Trapezregel in ein explizites RKV 2. Ordnung über, d. h., die A-Stabilität wird durch den Prädiktor-Korrektor-Prozess zerstört. Derartige Auswirkungen auf die Stabilität von LMVn wurden erstmalig von Chase (1962) aufgezeigt.

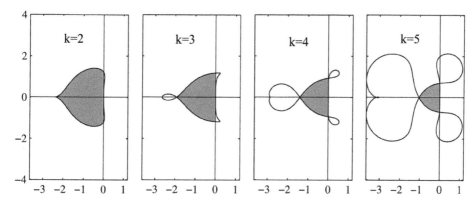

Abb. 4.4: Stabilitätsgebiete einiger PECE-Verfahren.

Bisher haben wir kein A-stabiles LMV angetroffen, für dessen Konsistenzordnung $p > 2$ gilt. Dies ist kein Zufall, da solche Verfahren überhaupt nicht existieren können, wie von Dahlquist (1963) bewiesen wurde.

Satz 4.6 (Zweite Dahlquist-Schranke).
Es gilt:
- *Ein explizites LMV ist niemals A-stabil.*
- *Ein A-stabiles implizites LMV besitzt höchstens die Ordnung $p = 2$. Wenn $p = 2$ ist, dann genügt die in der Formel (3.29) definierte Fehlerkonstante der Bedingung $c_3^* \leq -1/12$.*
- *Die Trapezregel ist das einzige A-stabile implizite LMV der Ordnung 2 mit der Fehlerkonstanten $c_3^* = -1/12$.*

Beweis. Siehe unter anderem die Monografien von Dahlquist (1963), Hairer & Wanner (1991) sowie Strehmel & Weiner (1995). □

4.2 Steife Differentialgleichungen

Zur Zeit der Entstehung der digitalen Rechentechnik ging man von der Annahme aus, dass sich alle AWPe mit den damals bekannten einfachen Integrationstechniken, wie den expliziten RKVn oder den Prädiktor-Korrektor-Verfahren, unter Verwendung einer geeigneten Schrittweitensteuerung in angemessener Zeit hinreichend genau berechnen lassen. Doch die Entdeckung sogenannter *steifer* DGLn veränderte diese Auffassung dramatisch. Auch treten heute steife DGLn in den Anwendungen zu häufig auf, um sie ignorieren zu können. Anwendungsfelder, für die das Auftreten von steifen DGLn charakteristisch ist, sind beispielsweise chemische Reaktionsgleichungen, regelungstechnische Systeme, mechanische Systeme mit starken Dämpfern oder allgemeine Systeme mit Zeitkonstanten, die sich um Größenordnungen unterscheiden.

Als eine Ursache für die Steifheit eines AWPs kann die Existenz von sehr unterschiedlichen Zeitskalen im jeweiligen Problem genannt werden. Die *Zeitskala* bzw. die *Zeitkonstante* ist ein Begriff, der von Physikern und Ingenieuren verwendet wird, um das Tempo einer zeitlichen Veränderung zu charakterisieren. Ergibt sich z. B. als Lösung eines mathematischen Problems die Funktion $x(t) = c\,e^{\lambda t}$, dann versteht man unter der zugehörigen Zeitskala den Ausdruck $|1/\lambda|$. Somit ist die Zeitskala diejenige Zeitspanne, in der die Lösung $x(t)$ um den Faktor e wächst oder fällt. Für eine beliebige Funktion $x(t)$ ist die Zeitskala zu $|f(t)/f'(t)|$ definiert.

Wir wollen jetzt Systeme von DGLn betrachten, deren Komponenten sehr stark variierende Zeitskalen aufweisen. Damit sich unter dieser Bedingung akzeptable Lösungen mit den numerischen Standardverfahren berechnen lassen, muss ein Zeitschritt $t_i \to t_{i+1}$ gewählt werden, der kleiner ist als die kleinste dieser auftretenden Zeitskalen. Diese Forderung erweist sich i. Allg. als sehr restriktiv und impliziert, dass die Integration eines AWPs nicht in einer überschaubaren Zeit realisiert werden kann.

Wachsen einige Komponenten mit der Zeit an, dann wird stets diejenige mit der kleinsten Zeitskala dominieren, während die anderen Komponenten immer unbedeutender werden. Wenn die Zeitskalen der zeitlich abnehmenden Komponenten ebenfalls größer als die der dominierenden Komponente sind, dann ist die DGL nicht steif, da die Lösung im Wesentlichen durch die kleinste Zeitskala bestimmt wird. Wir haben in diesem Falle die Integration mit Zeitschritten, die von der Größenordnung dieser kleinsten Zeitskala sind, fortzusetzen (unabhängig vom verwendeten Verfahren).

Falls nun aber andererseits einige Komponenten im Problem auftreten, die mit einer Zeitskala abnehmen, die viel kleiner ist als die der dominanten Lösung (unabhängig davon, ob die dominante Lösung selbst in der Zeit zu- oder abnimmt), dann verändert sich die aktuelle Lösung mit einer Zeitskala, die viel größer ist als die kleinste im Problem auftretende Zeitskala. Komponenten mit kleinen Zeitskalen werden dann sehr schnell unbedeutend im Vergleich mit der dominanten Lösung. Solche DGLn nennt man üblicherweise steif. Man beachte jedoch, dass der Begriff der Steifheit eines AWPs sehr vielschichtig ist und in der Literatur uneinheitlich definiert wird. Auf diese Problematik werden wir im Weiteren eingehen.

Wir wollen die numerischen Probleme, die sich aus der Steifheit einer DGL ergeben, anhand des folgenden Beispiels aufzeigen.

Beispiel 4.4. Gegeben sei das AWP

$$\begin{pmatrix} \dot{x}_1(t) \\ \dot{x}_2(t) \end{pmatrix} = \begin{pmatrix} -500.5 & 499.5 \\ 499.5 & -500.5 \end{pmatrix} \begin{pmatrix} x_1(t) \\ x_2(t) \end{pmatrix} + \begin{pmatrix} 50\sin(100t) \\ 3 \end{pmatrix}, \quad x(t_0) \equiv \begin{pmatrix} -1 \\ 2 \end{pmatrix}. \quad (4.41)$$

Die Eigenwerte der Matrix A sind -1000 und -1. Wenn man das Euler(vorwärts)-Verfahren zur Lösung von (4.41) anwenden möchte, dann hat man $z = h\lambda$ aus dem Gebiet der absoluten Stabilität zu wählen. Dieses ist durch $|\Psi(z)| = |1 + z| < 1$ charakterisiert. Hieraus resultiert, dass man sich bei der Wahl der Schrittweite h an der Restriktion $h < 0.002$ zu orientieren hat. Mit einer Schrittweite $h_1 = 0.0002 \ll 0.002$ ergibt sich die in der Abbildung 4.5 angegebene niederfrequent schwingende Kurve, die die exakte Lösung recht gut approximiert.

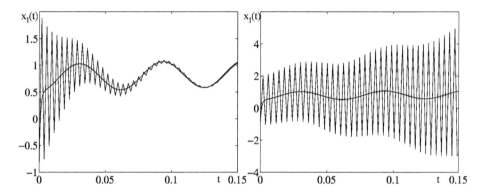

Abb. 4.5: Numerisch berechnete Approximationen für das AWP (4.41).

Wählt man aber die Schrittweite gerade noch unterhalb des Schwellenwertes, z. B. $h_2 = 0.00192$, dann beginnt die zugehörige Trajektorie mit hoher Frequenz zu schwingen. Sie nähert sich jedoch für wachsendes t an die exakte Lösungskurve an (siehe die erste Grafik in der Abbildung 4.5). Bereits ein geringfügiges Überschreiten des Schwellenwertes, z. B. mit der Schrittweite $h_3 = 0.00201$, führt sofort zu einer hochfrequent schwingenden Trajektorie, die sich aber jetzt nicht mehr an die exakte Lösungskurve annähert, sondern divergiert (siehe die zweite Grafik in der Abbildung 4.5). □

Wir betrachten nun allgemein die folgende lineare inhomogene DGL mit einer konstanten Koeffizientenmatrix $A \in \mathbb{R}^{n \times n}$

$$\dot{x}(t) = A\,x(t) + b(t). \tag{4.42}$$

Die Matrix A sei diagonalisierbar und es gelte $\mathrm{Re}(\lambda_i) < 0$ für alle Eigenwerte λ_i von A. Dann lässt sich die Lösung von (4.42) in der Form

$$x(t) = \sum_{i=1}^{n} c_i e^{\lambda_i t}\,v^{(i)} + p(t) \tag{4.43}$$

angeben. Dabei bezeichnet $v^{(i)}$ denjenigen Eigenvektor von A, der zum Eigenwert λ_i gehört. Da wir $\mathrm{Re}(\lambda_i) < 0$, $i = 1, \ldots, n$, vorausgesetzt haben, geht der erste Summand (allgemeine Lösung des homogenen Problems) für $t \to \infty$ gegen 0. Für $t \to \infty$ strebt somit $x(t)$ gegen $p(t)$. Man nennt deshalb $p(t)$ die *stationäre* Lösung des Problems. Die Zielstellung bei einer derartigen Aufgabe ist natürlich die Bestimmung dieser stationären Lösung. Hierzu ist es erforderlich, die numerische Lösung so lange zu verfolgen, bis der am langsamsten abklingende Term $c_i e^{\lambda_i t} v^{(i)}$ vernachlässigbar klein ist. Im Falle, dass $|\text{Re}(\lambda_i)|$ sehr klein ist, wird dieser Integrationsweg sehr lang. Falls darüber hinaus ein Eigenwert mit $|\text{Re}(\lambda_k)|$ sehr groß existiert, dann muss für diesen langen Weg eine sehr kleine Schrittweite h verwendet werden, damit $z_k = h\lambda_k$ im Bereich der absoluten Stabilität liegt. Falls also

$$|\text{Re}(\lambda_1)| \geq |\text{Re}(\lambda_2)| \geq \cdots \geq |\text{Re}(\lambda_n)| \quad \text{und} \quad |\text{Re}(\lambda_1)| \gg |\text{Re}(\lambda_n)| \tag{4.44}$$

gilt, muss sehr lange mit einer äußerst kleinen Schrittweite gerechnet werden. Diese Schwierigkeiten bei der numerischen Lösung von (4.42), die, wie oben beschrieben, auf sehr unterschiedliche Zeitskalen im Problem zurückzuführen sind, legen die folgende Definition nahe.

Definition 4.10. Die lineare inhomogene DGL (4.42) heißt *steif*, falls gilt:
- $\text{Re}(\lambda_i) < 0$ für alle Eigenwerte λ_i von $A \in \mathbb{R}^{n \times n}$,
- $\max_{i=1,\ldots,n} |\text{Re}(\lambda_i)| \gg \min_{i=1,\ldots,n} |\text{Re}(\lambda_i)|$. $\qquad\square$

Um die Steifheit eines Problems zu quantifizieren, führt man üblicherweise die folgende Größe ein.

Definition 4.11. Das *Steifheitsmaß* S der DGL (4.42) ist der Quotient

$$S \equiv \frac{\max_{i=1,\ldots,n} |\text{Re}(\lambda_i)|}{\min_{i=1,\ldots,n} |\text{Re}(\lambda_i)|}. \tag{4.45}$$
$\qquad\square$

In der Praxis sind Steifheitsmaße in der Größenordnung von 10^3 bis 10^6 nicht unüblich. Das Problem besteht nun darin, die Schrittweite h so zu wählen, dass $z = h\lambda$ im Bereich der absoluten Stabilität liegt. Besser ist es jedoch, nur solche numerischen Integrationsverfahren zu verwenden, deren Gebiet der absoluten Stabilität die gesamte linke komplexe Halbebene umfasst. Diese Bedingung erfüllen die impliziten RKVn, wie wir im Abschnitt 4.1 gesehen haben. Das AWP (4.41) besitzt das Steifheitsmaß $S = 10^3$ und wird somit durch die obigen Definitionen als ein steifes Problem erkannt und klassifiziert.

Um den Steifheitsbegriff auf allgemeine nichtlineare DGLn zu erweitern, betrachten wir das Problem

$$\dot{x}(t) = f(t, x(t)), \quad x : [t_0, t_e] \to \mathbb{R}^n. \tag{4.46}$$

Die Steifheit von (4.46) wird über eine Linearisierung definiert. Man studiert dabei das lokale Verhalten der exakten Lösung $x(t)$ in einer Umgebung von x_i^h, wobei x_i^h die Näherungslösung an der Stelle t_i unter der Anfangsbedingung $x(t_i) = x_i^h$ darstellt. Wir setzen dazu $x(t)$ in der Form

$$x(t) = x_i^h + w(t), \quad t_i \leq t \leq t_i + h \tag{4.47}$$

an und gehen von der Annahme aus, dass sowohl die Schrittweite h als auch die Norm des Vektors $w(t) = (w_1(t), w_2(t), \ldots, w_n(t))^T$ klein sind. Substituiert man nun (4.47) in (4.46) und linearisiert die rechte Seite der DGL, so ergibt sich

$$
\dot{w}_j(t) = f_j\left(t_i + (t - t_i), x^h_{i,1} + w_1(t), x^h_{i,2} + w_2(t), \ldots, x^h_{i,n} + w_n(t)\right)
$$

$$
\approx f_j(t_i, x^h_i) + (t - t_i)\frac{\partial f_j(t_i, x^h_i)}{\partial t} + \sum_{k=1}^{n} \frac{\partial f_j(t_i, x^h_i)}{\partial x_k} w_k(t), \quad j = 1, \ldots, n. \tag{4.48}
$$

Die so erhaltenen n linearen homogenen DGLn für $w_1(t), w_2(t), \ldots, w_n(t)$ lassen sich mit

$$
J(t_i) \equiv \begin{pmatrix} \frac{\partial f_1}{\partial x_1} & \frac{\partial f_1}{\partial x_2} & \cdots & \frac{\partial f_1}{\partial x_n} \\ \vdots & & & \vdots \\ \frac{\partial f_n}{\partial x_1} & \frac{\partial f_n}{\partial x_2} & \cdots & \frac{\partial f_n}{\partial x_n} \end{pmatrix}\Bigg|_{(t_i, x^h_i)} \in \mathbb{R}^{n \times n}
$$

und den Vektoren

$$
w(t) \equiv \begin{pmatrix} w_1(t) \\ w_2(t) \\ \vdots \\ w_n(t) \end{pmatrix}, \quad f_i \equiv \begin{pmatrix} f_1(t_i, x^h_i) \\ f_2(t_i, x^h_i) \\ \vdots \\ f_n(t_i, x^h_i) \end{pmatrix}, \quad g_i \equiv \begin{pmatrix} \frac{\partial f_1}{\partial t}(t_i, x^h_i) \\ \frac{\partial f_2}{\partial t}(t_i, x^h_i) \\ \vdots \\ \frac{\partial f_n}{\partial t}(t_i, x^h_i) \end{pmatrix} \in \mathbb{R}^n
$$

zusammenfassen zu

$$
\dot{w}(t) = J(t_i)\, w(t) + f_i + (t - t_i)g_i, \quad w(t_i) = 0, \tag{4.49}
$$

wobei wir hier wieder das Gleichheitszeichen verwendet haben, d. h., die Lösung von (4.49) stimmt in erster Näherung mit der Lösung von (4.48) überein. Somit wird das qualitative Verhalten von $x(t)$ in der Umgebung von t_i durch $w(t)$ als Lösung von (4.49) beschrieben.

Damit haben wir das Problem der Steifheit einer nichtlinearen DGL auf das einer linearen DGL von der Form (4.49) zurückgeführt und können nun analog zur Definition 4.10 die Steifheit wie folgt erklären.

Definition 4.12. Die nichtlineare DGL (4.46) heißt *steif* in einer Umgebung der Stelle $t = t_i$, falls gilt:
- $\mathrm{Re}(\lambda_i) < 0$ für alle Eigenwerte λ_i von $J(t_i) \in \mathbb{R}^{n \times n}$,
- $\max_{i=1,\ldots,n} |\mathrm{Re}(\lambda_i)| \gg \min_{i=1,\ldots,n} |\mathrm{Re}(\lambda_i)|$.

Das *Steifheitsmaß S* der DGL (4.46) an der Stelle t_i ist der Quotient

$$
S(t_i, x^h_i) \equiv \frac{\max_{i=1,\ldots,n} |\mathrm{Re}(\lambda_i)|}{\min_{i=1,\ldots,n} |\mathrm{Re}(\lambda_i)|}. \tag{4.50}
$$

$\square$

Man beachte, dass jetzt das Steifheitsmaß der DGL (4.46) von der Stelle t_i und von der momentanen Lösung x^h_i abhängt, so dass sich S im Verlauf der Integration stark ändern kann. Wir wollen dies anhand des folgenden Beispiels demonstrieren.

Beispiel 4.5. Gegeben sei das folgende AWP (siehe „Example: MUSN" in Ascher et al. (1988), Seite 523). Anstelle des dort verwendeten Parameterwertes 0.5 steht hier 100. Des Weiteren haben wir das ursprünglich 5-dimensionale Problem in ein 4-dimensionales Problem transformiert und die letzte Randbedingung durch eine entsprechende Anfangsbedingung ersetzt.

$$\dot{x}_1(t) = 100 \frac{x_1(t)}{x_2(t)} (x_3(t) - x_1(t))$$
$$\dot{x}_2(t) = -100(x_3(t) - x_1(t))$$
$$\dot{x}_3(t) = (0.9 - 1000(x_3(t) - x_4(t)) - 100\, x_3(t)(x_3(t) - x_1(t)))/(-9 - x_2(t))$$
$$\dot{x}_4(t) = -100(x_4(t) - x_3(t))$$
$$x_1(0) = x_2(0) = x_3(0) = 1,\ x_4(0) = p$$

(4.51)

Dieses Problem wurde mit den MATLAB-Codes ode45 (Runge-Kutta-Dormand-Prince-Verfahren, siehe Tabelle 2.10) und ode23s (Rosenbrock-Verfahren, siehe Formel (4.89)) für die zwei Parameterwerte $p = 0.989$ und $p = 1.1$ auf dem Intervall $[0, 1]$ gelöst. In der Abbildung 4.6 sind für $p = 1.1$ die Realteile der Eigenwerte $\lambda_1(t), \ldots, \lambda_4(t)$ der zugehörigen Jacobi-Matrix $J(t)$ über der Zeit t aufgetragen. Man kann hieraus die zeitliche Veränderung des Steifheitsmaßes S (siehe (4.50)) ablesen.

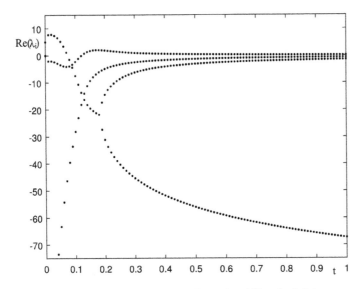

Abb. 4.6: Die Eigenwerte der Jacobi-Matrix von (4.51) über der Zeit t.

In der Tabelle 4.2 sind neben den (stark gerundeten) Werten des Stabilitätsmaßes S an den Zeitpunkten 0, 0.5 und 1 auch die von den zwei MATLAB-Codes benötigten relativen CPU-Zeiten angegeben. Insbesondere die Rechenzeit des expliziten RKVs stellt

Tab. 4.2: Die Veränderung des Stabilitätsmaßes S beim AWP (4.51).

	$p = 0.989$			$p = 1.1$		
t	0	0.5	1	0	0.5	1
S	$> 10^{13}$	$> 10^5$	$> 10^{15}$	$> 10^{14}$	135	459
ode23s		10.6 sec			6 sec	
ode45		730 sec			1 sec	

einen Indikator für den Steifheitsgrad des jeweiligen Problems dar. Gerechnet wurde mit $ABSTOL = RELTOL = 10^{-6}$. □

Die Steifheit eines AWPs lässt sich jedoch nicht immer mit der oben dargestellten Theorie beschreiben. Im folgenden Beispiel sehen wir, dass eine geringfügige Modifikation des Problems (4.41) zu einem AWP führt, dessen Lösung sich qualitativ gleichartig verhält, obwohl das Steifheitsmaß (4.45) keinerlei Steifheit signalisiert.

Beispiel 4.6. Wir betrachten das AWP

$$\begin{pmatrix} \dot{x}_1(t) \\ \dot{x}_2(t) \end{pmatrix} = \begin{pmatrix} -950 & 50 \\ 50 & -950 \end{pmatrix} \begin{pmatrix} x_1(t) \\ x_2(t) \end{pmatrix} + \begin{pmatrix} 50\sin(100t) \\ 3 \end{pmatrix}, \quad x(t_0) \equiv \begin{pmatrix} -1 \\ 2 \end{pmatrix}. \qquad (4.52)$$

Gegenüber dem Problem (4.41) hat sich nur die Matrix A auf der rechten Seite des DGL-Systems verändert. Die Eigenwerte dieser Matrix sind jetzt -1000 und -900. Somit ergibt sich nach (4.45) ein Steifheitsmaß S in der Größenordnung von 10^0. Nach der Definition 4.10 ist das Problem (4.52) keinesfalls steif. Wendet man wieder, wie in Beispiel 4.4, das Euler(vorwärts)-Verfahren mit den dort genannten Schrittweiten an, dann ergeben sich die in der Abbildung 4.7 angeführten Resultate.

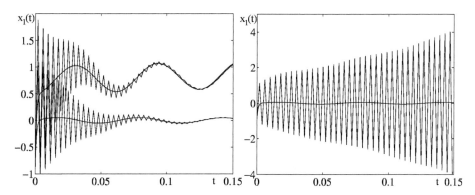

Abb. 4.7: Numerisch berechnete Approximationen für das AWP (4.52).

Im linken Bild sind die Trajektorien der Probleme (4.41) (oben) und (4.52) (unten) für die Schrittweite $h = 0.00192$, die sehr nahe unterhalb des Schwellenwertes $h = 0.002$ liegt, eingezeichnet. In beiden Fällen konvergiert die numerisch berechnete (anfänglich hochfrequent schwingende) Lösung gegen die exakte Lösung. Im rechten Bild ist das Verhalten der numerisch berechneten Lösung für die Schrittweite $h = 0.00201$ zu sehen. Damit ist offensichtlich, dass sich die beiden AWPe (4.41) und (4.52) bei einer numerischen Behandlung qualitativ nicht unterscheiden, obwohl das berechnete Steifheitsmaß (4.45) dies keinesfalls nahelegt. $\square$

Um eine andere (verbesserte) Charakterisierung steifer Probleme vorzunehmen, benötigen wir den von Dahlquist (1959) eingeführten Begriff einer logarithmischen Matrixnorm.

Definition 4.13. Es sei A eine quadratische Matrix. Die Größe

$$\mu[A] \equiv \lim_{h \to +0} \frac{\|I + hA\| - 1}{h} \tag{4.53}$$

heißt die *logarithmische Norm* von A. $\square$

Offensichtlich hängt die logarithmische Norm $\mu[A]$ von der verwendeten Matrixnorm $\|A\|$ ab. Im folgenden Satz sind für die bekannten Matrixnormen $\|A\|_2$, $\|A\|_\infty$ und $\|A\|_1$ die zugehörigen logarithmischen Normen angegeben.

Satz 4.7. *Es sei $A \in \mathbb{R}^{n \times n}$ eine quadratische Matrix. Dann gilt*

$$\|A\|_2 = \sqrt{\lambda_{\max}(A^T A)}, \qquad \mu_2[A] = \lambda_{\max}(\tfrac{1}{2}(A + A^T)),$$

$$\|A\|_\infty = \max_{i=1}^{n} \sum_{j=1}^{n} |a_{ij}|, \qquad \mu_\infty[A] = \max_{i=1}^{n} \left(a_{ii} + \sum_{j=1, j \neq i}^{n} |a_{ij}| \right), \tag{4.54}$$

$$\|A\|_1 = \max_{j=1}^{n} \sum_{i=1}^{n} |a_{ij}|, \qquad \mu_1[A] = \max_{j=1}^{n} \left(a_{jj} + \sum_{i=1, i \neq j}^{n} |a_{ij}| \right),$$

wobei $\lambda_{\max}(B)$ den maximalen Eigenwert der Matrix B bezeichnet.

Beweis. Siehe z. B. Dahlquist (1959), Eltermann (1955), Strehmel & Weiner (1995) oder Hairer et al. (1993). $\square$

Man beachte, dass die (gewöhnliche) Norm einer Matrix niemals negativ ist, während dies aber für die logarithmische Norm durchaus zutreffen kann.

Der folgende Steifheitsbegriff geht auf Strehmel & Weiner (1995) zurück.

Definition 4.14. Das AWP (1.5) wird als *steif* bezeichnet, falls eine logarithmische Matrixnorm existiert, so dass für $t_0 \leq t \leq t_N$ und $y \in \mathbb{R}^n$ aus einer Umgebung der exakten Lösung $x(t)$ für die Jacobi-Matrix $f_x(t, x)$ gilt:

$$(t_N - t_0) \sup \mu[f_x(t, y)] \equiv \mu_0 \ll (t_N - t_0) \sup \|f_x(t, y)\|. \tag{4.55}$$

$\square$

Die in den Beispielen 4.4 und 4.5 betrachteten AWPe werden nun mit der Definition 4.14 sachlich richtig erfasst und beide als steif beschrieben. Für die Matrizen A beider Probleme gilt nämlich $\|A\|_2 = 10^3$. Für das in den zugehörigen Abbildungen verwendete Integrationsintervall $t_N - t_0 = 0.15$ ist bei dem AWP (4.41) $\mu_0 = -0.15$ und bei dem AWP (4.52) $\mu_0 = -135$. Deshalb ist die Beziehung (4.55) jeweils erfüllt. Im Gegensatz zu der Aussage über das Steifheitsmaß (4.50) erscheint sogar das Problem (4.52) das „steifere" der beiden AWPe zu sein.

Die Bestimmung einer geeigneten logarithmischen Norm ist im Falle nichtlinearer DGLn i. Allg. recht schwierig, so dass man oftmals die Bedingung (4.55) durch

$$(t_N - t_0)\, \|f_x(t,x)\| \gg 1 \tag{4.56}$$

oder aber durch

$$L\,(t_N - t_0) \gg 1 \tag{4.57}$$

ersetzt, wobei L die klassische Lipschitzkonstante bezeichnet.

Abschließend wollen wir noch eine weitaus pragmatischere Definition der Steifheit angeben, die aber für die Praxis völlig ausreichend ist (siehe auch Ascher & Petzold (1998)). Der Steifheitsbegriff wird hier an das Verhalten eines numerischen Verfahrens, das stellvertretend für alle *expliziten* RKVn steht, gekoppelt.

Definition 4.15. Ein AWP wird auf einem Intervall $[t_0, t_N]$ als *steif* bezeichnet, falls die für die Gewährleistung der Stabilität des Euler(vorwärts)-Verfahrens erforderliche Schrittweite viel kleiner als diejenige Schrittweite ist, die zur Berechnung einer hinreichend genauen Lösung benötigt wird. □

4.3 Weitere Stabilitätsbegriffe

In diesem Abschnitt wollen wir eine Übersicht über einige Erweiterungen bzw. Einschränkungen des Begriffs der A-Stabilität, die in der Literatur häufig verwendet werden, geben. Wir beginnen mit einer Abschwächung der A-Stabilität, die durch die im Satz 4.6 dargestellten Ergebnisse wesentlich motiviert ist und von Widlund (1967) erstmals eingeführt wurde.

Definition 4.16. Ein konvergentes LMV heißt A(α)-*stabil*, wenn für das zugehörige Stabilitätsgebiet S gilt:

$$S \supset S_\alpha \equiv \{z \in \mathbb{C} : \ -\alpha < \pi - \arg(z) < \alpha, \ 0 < \alpha < \pi/2\}. \tag{4.58}$$

Es heißt A(0)-*stabil*, falls es A(α)-stabil für ein hinreichend kleines $\alpha > 0$ ist. □

In der Abbildung 4.8 ist das Gebiet S_α veranschaulicht.

Aus der Definition 4.8 folgt unmittelbar:

$$A\!\left(\frac{\pi}{2}\right)\text{-Stabilität} = \text{A-Stabilität}.$$

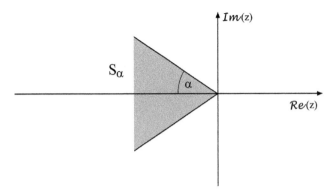

Abb. 4.8: $A(\alpha)$-Stabilität.

Einige interessante Resultate bezüglich der $A(\alpha)$-Stabilität und der $A(0)$-Stabilität sind im Satz 4.8 zusammengestellt.

Satz 4.8.
- *Ein explizites LMV ist niemals $A(0)$-stabil.*
- *Die Trapezregel ist das einzige $A(0)$-stabile k-Schrittverfahren mit der Konsistenzordnung $p \geq k + 1$.*
- *Für alle $\alpha < \pi/2$, α beliebig nahe an $\pi/2$, gibt es ein $A(\alpha)$-stabiles LMV der Ordnung $p = k$ für $p = 3$ und $p = 4$.*
- *Es sei $\alpha < \pi/2$ gegeben. Dann existiert für jedes $k \in \mathbb{N}$ ein $A(\alpha)$-stabiles lineares k-Schrittverfahren der Ordnung $p = k$.*

Beweis. Siehe Widlund (1967) sowie Grigorieff & Schroll (1978). □

Andere Stabilitätskonzepte gehen auf Gear (1969, 1971), Nevanlinna & Liniger (1979) sowie Cryer (1973) zurück.

Definition 4.17.
- Ein Verfahren wird *steif-stabil* genannt, wenn mit positiven rellen Zahlen a und c für das zugehörige Stabilitätsgebiet S gilt:

$$S \supset S_1 \equiv \{z : \operatorname{Re}(z) < -a\}, \text{ und}$$
$$S \supset S_2 \equiv \{z : -a \leq \operatorname{Re}(z) < 0, \ -c \leq \operatorname{Im}(z) \leq c\}. \tag{4.59}$$

- Ein Verfahren wird A_0-*stabil* genannt, wenn für die Wurzeln der charakteristischen Gleichung (4.27) gilt:

$$|w_j(z)| < 1, \ j = 1, \dots k, \quad -\infty < z < 0. \tag{4.60}$$

- Ein Verfahren wird $\mathring{A}$-*stabil* genannt, wenn für das zugehörige Stabilitätsgebiet S gilt:

$$S \supset S_{Re} \equiv \{z : \operatorname{Im}(z) = 0, \ \operatorname{Re}(z) \leq 0\}. \tag{4.61}$$
□

Offensichtlich besteht zwischen den obigen Stabilitätsbegriffen der folgende Zusammenhang:

L-Stabilität ⟹ A(α)-Stabilität ⟹ A(0)-Stabilität ⟹ A_0-Stabilität ⟹ Å-Stabilität.

4.4 BDF-Verfahren

In diesem Abschnitt wollen wir eine neue Klasse von LMVn betrachten, die sich im Aufbau von den Adams-Verfahren signifikant unterscheiden, jedoch für die Lösung steifer AWPe wesentlich besser geeignet sind. Es handelt sich dabei um die bereits im Beispiel 3.1, Formel (3.13), erwähnten „Rückwärtigen Differenzen-Formeln", die abkürzend auch als BDF-Verfahren bezeichnet werden. Sie wurden erstmalig von Curtiss & Hirschfelder (1952) vorgeschlagen und studiert. Wie man der Tabelle 3.3 (Fall k=1) entnehmen kann, lässt sich das bereits von den impliziten RKVn her bekannte Euler(rückwärts)-Verfahren auch in die Klasse der BDF-Verfahren einordnen.

Aus der allgemeinen Darstellung der BDF-Verfahren

$$\sum_{j=0}^{k} \alpha_j x_{i-j+1}^h = h\beta_0 f(t_{i+1}, x_{i+1}^h) \tag{4.62}$$

ist unmittelbar ersichtlich, dass sich jetzt das Polynom $\sigma(\lambda)$ besonders einfach darstellt,

$$\sigma(\lambda) = \beta_0 \lambda^k, \tag{4.63}$$

während das Polynom $\varrho(\lambda)$ von der allgemeinen Gestalt

$$\varrho(\lambda) = \alpha_0 \lambda^k + \alpha_1 \lambda^{k-1} + \cdots + \alpha_k \tag{4.64}$$

ist. Ein Blick auf die Adams-Verfahren (3.114) und (3.115) zeigt, dass hier genau eine umgekehrte Situation vorliegt: Das Polynom $\varrho(\lambda)$ ist sehr einfach aufgebaut, während das Polynom $\sigma(\lambda)$ in voller Allgemeinheit vorliegt.

Diese für die BDF-Verfahren typische Wahl des Polynoms $\sigma(\lambda)$ kann wie folgt begründet werden. Nach Satz 4.6 (2. Dahlquist-Schranke) kann die Ordnung eines A-stabilen LMVs höchstens zwei sein. Dies ist für eine effektive Lösung steifer Probleme i. Allg. zu wenig. Für eine Vielzahl praktischer Probleme reicht es jedoch aus, mit einem Verfahren zu arbeiten, das nur A(α)-stabil für ein hinreichend großes α ist. Von den ESVn ist nun andererseits bekannt, dass bei sehr steifen Problemen die Eigenschaft (4.18) große Bedeutung besitzt. Nach der Definition 4.4 erweist sich nämlich ein A-stabiles Verfahren bei Vorliegen dieser Eigenschaft auch als L-stabil. Im Falle von LMVn entspricht (4.18) der Situation, dass für $|z| \to \infty$ alle k Wurzeln $w_1, \ldots, w_k$ der charakteristischen Gleichung (4.27) gegen null konvergieren. Das ist aber wegen

$$\varrho(w)/z = \sigma(w)$$

äquivalent zu

$$\sigma(w) = \beta_0 w^k, \quad \beta_0 \neq 0.$$

Somit sind im LMV (3.7) die Koeffizienten $\beta_1 = \cdots = \beta_k = 0$ und es ergibt sich daraus das BDF-Verfahren (4.62).

Um den Namen dieser Verfahrensklasse zu erklären, verwenden wir wieder die durch die Formeln (3.116) und (3.117) definierten rückwärtsgenommenen Differenzen. Wie bereits bei den Adams-Verfahren gezeigt wurde (siehe (3.118)–(3.122)), lässt sich eine Linearkombination von Näherungswerten $x^h_{i-j+1}, j = 0, \ldots, k$, auch als Linearkombination von rückwärtsgenommenen Differenzen $\nabla^j x^h_{i+1}, j = 0, \ldots, k$, aufschreiben. Damit geht die Darstellung (4.62) über in

$$\sum_{j=0}^{k} \gamma_j \, \nabla^j \, x^h_{i+1} = h\beta_0 f(t_{i+1}, x^h_{i+1}). \tag{4.65}$$

Die noch frei wählbaren Koeffizienten γ_j werden nun in (4.65) so bestimmt, dass eine möglichst hohe Konsistenzordnung vorliegt.

Beispiel 4.7.
1. Wir betrachten zuerst das BDF-Verfahren mit $k = 1$, d. h.

$$\gamma_0 x^h_{i+1} + \gamma_1 (x^h_{i+1} - x^h_i) = h\beta_0 f(t_{i+1}, x^h_{i+1}). \tag{4.66}$$

Die noch freien Koeffizienten γ_0 und γ_1 sollen nun so bestimmt werden, dass die obige Formel konsistent ist. Um die üblichen Konsistenzbedingungen für allgemeine LMVn ($\varrho(1) = 0$, $\dot\varrho(1) = \sigma(1)$) anwenden zu können, überführen wir zuerst (4.66) wieder in die Darstellung (3.7). Es ergibt sich

$$\underbrace{(\gamma_0 + \gamma_1)}_{\alpha_0} x^h_{i+1} \underbrace{-\gamma_1}_{\alpha_1} x^h_i = h\beta_0 f(t_{i+1}, x^h_{i+1}).$$

Somit ist

$$\varrho(\lambda) = (\gamma_0 + \gamma_1)\lambda - \gamma_1, \quad \sigma(\lambda) = \beta_0 \lambda^k,$$

woraus

$$\dot\varrho(\lambda) = \gamma_0 + \gamma_1$$

folgt. Die Konsistenzbedingungen ergeben dann

$$\varrho(1) = \gamma_0 \doteq 0, \quad \dot\varrho(1) = \gamma_1 \doteq \sigma(1) = \beta_0.$$

Der noch verbleibende Freiheitsgrad kann über die Skalierung $\dot\varrho(1) = 1$ festgelegt werden. Daraus resultiert

$$\dot\varrho(1) = \gamma_1 \doteq 1.$$

Folglich sind die gesuchten Koeffizienten bestimmt zu

$$\gamma_0 = 0, \quad \gamma_1 = 1, \quad \beta_0 = 1,$$

woraus schließlich das BDF-Verfahren

$$\nabla^1 x_{i+1}^h = hf(t_{i+1}, x_{i+1}^h)$$

resultiert. Löst man die rückwärtsgenommene Differenz auf, dann hat man unmittelbar die bekannte △GL des Euler(rückwärts)-Verfahrens vorliegen:

$$x_{i+1}^h = x_i^h + hf(t_{i+1}, x_{i+1}^h).$$

2. Wir betrachten jetzt das BDF-Verfahren mit $k = 2$

$$\gamma_0 x_{i+1}^h + \gamma_1(x_{i+1}^h - x_i^h) + \gamma_2(x_{i+1}^h - 2x_i^h + x_{i-1}^h) = h\beta_0 f(t_{i+1}, x_{i+1}^h). \tag{4.67}$$

Aus der Darstellung dieses Verfahrens als LMV finden wir

$$\underbrace{(\gamma_0 + \gamma_1 + \gamma_2)}_{\alpha_0} x_{i+1}^h \underbrace{-(\gamma_1 + 2\gamma_2)}_{\alpha_1} x_i^h + \underbrace{\gamma_2}_{\alpha_2} x_{i-1}^h = h\beta_0 f(t_{i+1}, x_{i+1}^h), \tag{4.68}$$

woraus sich unmittelbar die Polynome $\varrho(\lambda)$ und $\sigma(\lambda)$ ergeben

$$\varrho(\lambda) = (\gamma_0 + \gamma_1 + \gamma_2)\lambda^2 - (\gamma_1 + 2\gamma_2)\lambda + \gamma_2, \quad \sigma(\lambda) = \beta_0 \lambda^k.$$

Man berechnet nun

$$\dot{\varrho}(\lambda) = 2(\gamma_0 + \gamma_1 + \gamma_2)\lambda - (\gamma_1 + 2\gamma_2).$$

Die Konsistenzbedingungen ergeben

$$\varrho(1) = \gamma_0 + \gamma_1 + \gamma_2 - \gamma_1 - 2\gamma_2 + \gamma_2 = \gamma_0 \doteq 0,$$
$$\dot{\varrho}(1) = 2(\gamma_0 + \gamma_1 + \gamma_2) - \gamma_1 - 2\gamma_2 = \gamma_1 \doteq \sigma(1) = \beta_0.$$

Aus der Skalierungsbedingung folgt

$$\gamma_1 = \beta_0 = 1.$$

Bis hierher ist γ_2 noch nicht bestimmt und wir können diesen verbleibenden Freiheitsgrad dazu nutzen, für das Verfahren (4.67) die Konsistenzordnung 2 anzustreben. Da in unserem Falle $k = 2$ ist, muss nach der Formel (3.24) deshalb gelten

$$c_2 \equiv \sum_{j=0}^{2} \left(\frac{1}{2} \alpha_j (2-j)^2 - \beta_j (2-j) \right) \doteq 0, \quad \text{mit } \beta_0 = 1, \ \beta_1 = \beta_2 = 0.$$

Man berechnet

$$2c_2 = 4\alpha_0 + \alpha_1 - 4 = 0, \quad \text{d.h.} \ 4 = 4\alpha_0 + \alpha_1.$$

Setzt man nun für α_0 und α_1 die in der Formel (4.68) angegebenen Ausdrücke ein, dann ergibt sich

$$4 = 4(\gamma_0 + \gamma_1 + \gamma_2) - (\gamma_1 + 2\gamma_2) = 4(1 + \gamma_2) - (1 + 2\gamma_2) = 3 + 2\gamma_2.$$

Somit ist y_2 zu

$$y_2 = 1/2$$

bestimmt. Mit dem jetzt vollständig bestimmten Koeffizientensatz ergibt sich das BDF-Verfahren

$$\nabla x_{i+1}^h + \frac{1}{2} \nabla^2 x_{i+1}^h = hf(t_{i+1}, x_{i+1}^h)$$

oder nach Auflösen der rückwärtsgenommenen Differenzen

$$\frac{3}{2} x_{i+1}^h - 2x_i^h + \frac{1}{2} x_{i-1}^h = hf(t_{i+1}, x_{i+1}^h).$$

$\square$

Setzt man in der Darstellung (4.65) der BDF-Verfahren $\beta_0 = 1$ (die Normierungsbedingung ist damit erfüllt) und bestimmt die verbleibenden Koeffizienten $y_0, \ldots, y_k$, wie im Beispiel 4.7 demonstriert wurde, jeweils so, dass sich eine größtmögliche Konsistenzordnung einstellt, dann ergibt sich allgemein

$$y_0 = 0, \quad y_j = \frac{1}{j}, \ j = 1, \ldots, k. \tag{4.69}$$

Unter Berücksichtigung dieser Koeffizientenwahl erhält man schließlich für die BDF-Verfahren die in der Literatur übliche Schreibweise

$$\sum_{j=1}^{k} \frac{1}{j} \nabla^j x_{i+1}^h = hf(t_{i+1}, x_{i+1}^h). \tag{4.70}$$

Die Wurzelstabilität der BDF-Verfahren (4.70) ist nicht automatisch durch die oben beschriebene Konstruktion garantiert, sondern muss anhand des Polynoms $\varrho(\lambda)$ für jedes k überprüft werden. Durch eine Berechnung der Wurzeln dieses Polynoms lässt sich recht einfach zeigen, dass die BDF-Verfahren für $k \leq 6$ wurzelstabil sind, während dies für $k > 6$ nicht mehr zutrifft (siehe z. B. Cryer (1972)). In der Tabelle 3.3 sind die Koeffizienten der wurzelstabilen BDF-Verfahren angegeben. Es gilt nun der

Satz 4.9. *Die BDF-Verfahren* (4.70) *mit* $k \leq 6$ *besitzen die Konsistenzordnung* $p = k$. *Die zugehörige Fehlerkonstante ist*

$$c_{p+1}^* = -\frac{1}{k+1}.$$

Wegen der Wurzelstabilität sind diese Verfahren auch konvergent mit der Ordnung p.

Beweis. Den ersten Teil der Behauptung erhält man durch die Überprüfung der Ordnungsbedingungen (3.23) und (3.24). Für $k = 1$ und $k = 2$ wurde dies bereits im Beispiel 4.7 gezeigt. Der zweite Teil folgt unmittelbar aus dem Satz 3.9. $\square$

Die Wurzelortskurve der BDF-Verfahren ist durch

$$\Gamma_{BDF} \equiv \left\{ z \in \mathbb{C} : z = \sum_{j=1}^{k} \frac{1}{j} \left(1 - \frac{1}{w} \right)^j, \ w = e^{i\theta}, \ 0 \leq \theta \leq 2\pi \right\} \tag{4.71}$$

gegeben. Für $k = 1$ liegt das Euler(rückwärts)-Verfahren mit dem schon bekannten Stabilitätsgebiet $S = \{z \in \mathbb{C} : |z - 1| \geq 1\}$ vor. Wie wir bereits wissen, ist dieses Verfahren L-stabil. Im Falle $k = 2$ gilt für z auf der Wurzelortskurve

$$\text{Re}(z) = \frac{3}{2} - 2\cos\theta + \frac{1}{2}\cos 2\theta \geq 0 \text{ für alle } \theta.$$

Folglich ist auch dieses Verfahren A-stabil. Für $k > 2$ sind die BDF-Verfahren nur noch A(α)-stabil. Alle betrachteten BDF-Verfahren sind aber auch steif-stabil. Die zugehörigen Parameterwerte α und a sind in der Tabelle 4.3 angegeben (siehe auch Hairer & Wanner (1991)).

Tab. 4.3: Parameter α und a für die BDF-Verfahren.

k	1	2	3	4	5	6
α	90°	90°	86.03^o	73.35^o	51.84^o	17.84^o
a	0	0	0.083	0.667	2.327	6.075

Schließlich sind in der Abbildung 4.9 die Stabilitätsgebiete der wurzelstabilen BDF-Verfahren der Ordnung 1 bis 6 dargestellt. Zusätzlich ist die Wurzelortskurve des nicht mehr wurzelstabilen BDF-Verfahrens der Ordnung 7 mit eingezeichnet, die zeigt, dass die BDF-Verfahren höherer Ordnung natürlich auch nicht A(α)-stabil sind.

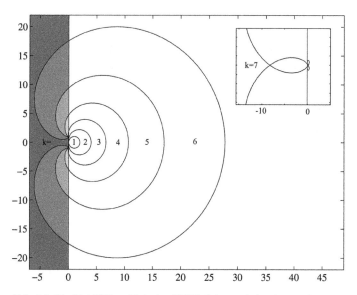

Abb. 4.9: Die Stabilitätsgebiete der BDF-Verfahren mit $k = 1, \ldots, 6$.

Wir wollen jetzt die praktische Umsetzung der BDF-Verfahren betrachten, die die Basis für die meisten Implementierungen von LMVn für steife Probleme darstellen. Wie bei den Adams-Verfahren spielt auch hier das Prädiktor-Korrektor-Prinzip eine tragende Rolle. Die Mehrzahl der Ideen geht dabei auf Gear (1971) zurück, der mit seinem Code DIFSUB wichtige Grundlagen geschaffen hat. Da alle BDF-Formeln implizit sind, kommt der Bestimmung eines geeigneten Prädiktors besondere Bedeutung zu. Auf explizite LMVn kann hier i. Allg. nicht zurückgegriffen werden, weil diese im Falle steifer Probleme völlig ungeeignet sind. Stattdessen konstruiert man bei der Verwendung eines BDF-Verfahrens k-ter Ordnung als Korrektor das Interpolationspolynom k-ten Grades $P_i(t)$, das durch die Punkte $(t_{i-k}, x^h_{i-k}), \dots, (t_i, x^h_i)$ verläuft. Der Prädiktorwert $x^h_{i+1}(P)$ an der Stelle t_{i+1} ergibt sich dann durch Extrapolation mit diesem Interpolationspolynom:

$$x^h_{i+1}(P) = P_i(t_{i+1}). \tag{4.72}$$

Den zugehörigen korrigierten Wert $x^h_{i+1}(K)$ findet man mit dem BDF-Verfahren (4.70) nach der Vorschrift

$$\sum_{j=1}^{k} \frac{1}{j} \, \nabla^j x^h_{i+1}(K) = h f(t_{i+1}, x^h_{i+1}(P)). \tag{4.73}$$

Wie in den Abschnitten 3.6 und 3.7 gezeigt wurde, lässt sich nun nach einem solchen Korrektorschritt eine Schätzung für den lokalen Diskretisierungsfehler mit der Formel

$$EST^{(l)}_{i+1} \equiv \frac{1}{h} \left\| x^h_{i+1}(K) - x^h_{i+1}(P) \right\| \tag{4.74}$$

berechnen. Diese Schätzung kann wieder zur Grundlage genommen werden, um die Schrittweite und/oder die Ordnung des Verfahrens zu steuern.

Es ist jedoch wichtig zu bemerken, dass sich eine fortgesetzte Fixpunktiteration (siehe (3.99)) für steife Probleme i. Allg. nicht als günstig erweist. Wie wir gesehen haben, stellt die Beziehung $\|h \, \partial f / \partial x\| < 1$ eine Voraussetzung für die Konvergenz der Fixpunktiteration dar. Aber genau bei steifen Problemen besteht die Tendenz, dass $\|\partial f / \partial x\|$ sehr groß wird, was wiederum bedeutet, dass man dann h vergleichsweise sehr klein wählen muss. Sachgemäßer ist es, das BDF-Verfahren in impliziter Form

$$\sum_{j=1}^{k} \frac{1}{j} \, \nabla^j x^h_{i+1}(K) = h f(t_{i+1}, x^h_{i+1}(K)) \tag{4.75}$$

aufzuschreiben und diese $\triangle$GL mit dem Newton-Verfahren zu lösen. Offensichtlich ist $x^h_{i+1}(P)$ ein geeigneter Startvektor. In den Fällen, bei denen das Newton-Verfahren sehr langsam konvergiert, hält man üblicherweise die zugehörige Jacobi-Matrix des nichtlinearen Gleichungssystems einige Iterationsschritte (etwa zehn Schritte) konstant, um den Rechenaufwand etwas zu reduzieren. Diese Variante des Newton-Verfahrens ist in der Literatur unter dem Namen *vereinfachtes* Newton-Verfahren bekannt (siehe Ortega & Rheinboldt (1970) oder Schwetlick (1979)).

4.5 Rosenbrock-Verfahren

Wie wir bereits gesehen haben, lassen sich steife Probleme nicht mit expliziten RKVn lösen, sondern man muss auf die impliziten RKVn zurückgreifen, bei denen jedoch eine große Anzahl nichtlinearer algebraischer Gleichungen zu lösen ist. Die sogenannten Rosenbrock-Verfahren gehören zu einer umfassenden Klasse numerischer Integrationstechniken, die die Auflösung der anfallenden nichtlinearen Gleichungssysteme dadurch umgehen, indem sie diese durch eine Folge linearer Systeme ersetzen. Deshalb werden sie oftmals auch als *linear-implizite* RKVn bezeichnet.

Auf Rosenbrock (1963) geht der Vorschlag zurück, nur den linearen Anteil der rechten Seite der DGL (1.5) mit einem diagonal-impliziten Verfahren zu behandeln und den verbleibenden Rest mit einem expliziten Verfahren. Wir wollen dieses Vorgehen ohne Beschränkung der Allgemeinheit (siehe (2.13)) anhand des AWPs für eine autonome DGL

$$\dot{x}(t) = f(x(t)), \quad x(t_0) = x_0 \tag{4.76}$$

genauer beschreiben. Um einen linearen Anteil auf der rechten Seite der DGL in (4.76) explizit zu erhalten, schreiben wir mit $J_i \equiv f'(x_i^h) = \partial f(x_i^h)/\partial x$ diese DGL in der Form

$$\dot{x} = \left(f(x_i^h) + J_i(x - x_i^h)\right) + \left(f(x) - f(x_i^h) - J_i(x - x_i^h)\right).$$

Damit ist die rechte Seite der DGL in (4.76) in die Linearisierung von $f(x)$ an der Stelle $x = x_i^h$ sowie einen zugehörigen Rest zerlegt. Der erste Summand kann für das steife Verhalten der DGL verantwortlich gemacht werden, während der zweite Summand bei einer hinreichend kleinen Schrittweite h keinen großen Beitrag liefert. Nun wird der lineare Anteil mit einem diagonal-impliziten RKV und der Rest mit einem expliziten RKV integriert. Beachtet man, dass beide Verfahren den konstanten Anteil $f(x_i^h) - J_i x_i^h$ exakt integrieren, so liegt es nahe, die geschilderte Idee direkt auf die Zerlegung

$$\dot{x}(t) = \underbrace{J_i x(t)}_{\text{linearer Anteil}} + \underbrace{\left(f(x(t)) - J_i x(t)\right)}_{\text{nichtlinearer Anteil}} \tag{4.77}$$

der rechten Seite von (4.76) anzuwenden. Bezeichnen $(\bar{\alpha}_{ij})_{i,j=1}^m$ die Koeffizientenmatrix des diagonal-impliziten und $(\alpha_{ij})_{i,j=1}^m$ die Koeffizientenmatrix des expliziten RKVs, dann hat man hierfür die Steigungen (siehe Definition 2.1)

$$k_j = J_i\left(x_i^h + h\sum_{l=1}^{j}\bar{\alpha}_{jl}k_l\right) + \left(f\left(x_i^h + h\sum_{l=1}^{j-1}\alpha_{jl}k_l\right) - J_i\left(x_i^h + h\sum_{l=1}^{j-1}\alpha_{jl}k_l\right)\right), \tag{4.78}$$

$j = 1, \ldots, m$, zu berechnen. Für ein fixiertes j tritt das zu bestimmende k_j auf der rechten Seite von (4.78) ausschließlich linear auf, während in die nichtlineare Funktion f nur die bereits ermittelten $k_1, \ldots, k_{j-1}$ eingehen. Somit lassen sich jetzt die gesuchten Steigungen k_j aus einem linearen Gleichungssystem bestimmen. Wir erhalten damit das folgende Verfahren

$$(I - h\bar{a}_{jj}J_i)k_j = hJ_i \sum_{l=1}^{j-1}(\bar{\alpha}_{jl} - \alpha_{jl})k_l + f(x_i^h + h\sum_{l=1}^{j-1}\alpha_{jl}k_l), \quad j = 1,\ldots,m,$$

$$x_{i+1}^h = x_i^h + h\sum_{j=1}^{m}\beta_j k_j, \tag{4.79}$$

wobei $J_i \equiv f'(x_i^h)$ gilt. Mit $\gamma_{jl} \equiv \bar{\alpha}_{jl} - \alpha_{jl}$, $l = 1,\ldots,j$, und unter Beachtung, dass $\alpha_{jj} = 0$ ist, geht (4.79) über in

$$(I - h\gamma_{jj}J_i)k_j = hJ_i \sum_{l=1}^{j-1}\gamma_{jl}k_l + f(x_i^h + h\sum_{l=1}^{j-1}\alpha_{jl}k_l), \quad j = 1,\ldots,m,$$

$$x_{i+1}^h = x_i^h + h\sum_{j=1}^{m}\beta_j k_j.$$

Die obige Darstellung gibt nun Anlass zu der folgenden Definition.

Definition 4.18. Ein m-stufiges *Rosenbrock-Verfahren* ist durch die Formeln

$$(I - h\gamma_{jj}J_i)k_j = hJ_i \sum_{l=1}^{j-1}\gamma_{jl}k_l + f(x_i^h + h\sum_{l=1}^{j-1}\alpha_{jl}k_l), \quad j = 1,\ldots,m,$$

$$x_{i+1}^h = x_i^h + h\sum_{j=1}^{m}\beta_j k_j, \tag{4.80}$$

definiert, wobei γ_{jl}, α_{jl} und β_j die zugehörigen (noch frei wählbaren) Verfahrenskoeffizienten sind und die Abkürzung $J_i \equiv f'(x_i^h)$ verwendet wird. □

Jeder Schritt des Verfahrens erfordert die Lösung von m linearen Gleichungssystemen. Im Hinblick auf den rechentechnischen Aufwand sind solche Verfahren von besonderem Interesse, für die $\gamma_{11} = \cdots = \gamma_{mm} = \gamma$ gilt, so dass nur noch eine *LU*-Faktorisierung pro Schritt berechnet werden muss.

Wendet man das Rosenbrock-Verfahren (4.80) auf das Testproblem (4.8) an, dann fallen alle Terme, die α_{jl} enthalten, heraus und die numerische Lösung bestimmt sich zu $x_{i+1}^h = \Psi(z)x_i^h$, mit

$$\Psi(z) = 1 + z\beta^T(I - zB)^{-1}\mathbb{1} \tag{4.81}$$

sowie $z \equiv h\lambda$, $\beta^T \equiv (\beta_1,\ldots,\beta_m)$ und $B \equiv (\gamma_{jl})_{j,l=1}^m$. Da B eine untere $\triangle$-Matrix ist, stimmt die Stabilitätsfunktion (4.81) mit derjenigen eines diagonal-impliziten RKVs mit der Koeffizientenmatrix $\Gamma = B$ überein. Die Eigenschaften dieser Stabilitätsfunktionen findet man z. B. in den Monografien von Hairer & Wanner (1991) sowie Strehmel & Weiner (1995). Insbesondere wird dort gezeigt, dass es Rosenbrock-Verfahren gibt, die A- und L-stabil sind.

Das einfachste Rosenbrock-Verfahren ist das einstufige *linear-implizite Euler-Verfahren*

$$\left(I - hf'(x_i^h)\right)k_1 = f(x_i^h), \quad x_{i+1}^h = x_i^h + h k_1. \tag{4.82}$$

Es ist von der Konsistenzordnung 1 und besitzt die gleiche Stabilitätsfunktion wie das Euler(rückwärts)-Verfahren. Somit ist dieses Verfahren ebenfalls L-stabil.

Ein weiteres Beispiel für ein Rosenbrock-Verfahren ist das von Steihaug & Wolfbrandt (1979) entwickelte zweistufige Verfahren

$$\left(I - \frac{h}{2 + \sqrt{2}} J_i\right)k_1 = f(x_i^h),$$

$$\left(I - \frac{h}{2 + \sqrt{2}} J_i\right)k_2 = f\left(x_i^h + \frac{2h}{3}k_1\right) - \frac{4h}{3(2 + \sqrt{2})} J_i k_1 \tag{4.83}$$

$$x_{i+1}^h = x_i^h + \frac{h}{4}(k_1 + 3k_2),$$

mit $J_i \equiv f'(x_i^h)$. Das Verfahren besitzt die Konsistenzordnung 2 und ist L-stabil.

Bisher sind wir von autonomen DGLn ausgegangen. Ist diese Voraussetzung nicht gegeben, dann kann man mit einer Autonomisierung (siehe (2.13)) das Problem so umformulieren, dass dabei eine autonome DGL resultiert. Wendet man nun das Rosenbrock-Verfahren (4.80) auf das autonomisierte System an, dann können die Komponenten, die der t-Variablen entsprechen, explizit berechnet werden und man erhält die folgende Vorschrift für ein m-stufiges Rosenbrock-Verfahren, das für nichtautonome DGLn sachgemäß ist:

$$(I - h\gamma_{jj}J_i)k_j = f\left(t_i + \varrho_j h, x_i^h + h\sum_{l=1}^{j-1} \alpha_{jl}k_l\right) + \gamma_j h\frac{\partial}{\partial t}f(t_i, x_i^h)$$

$$+ hJ_i \sum_{l=1}^{j-1} \gamma_{jl}k_l, \quad j = 1, \ldots, m, \tag{4.84}$$

$$x_{i+1}^h = x_i^h + h\sum_{j=1}^{m} \beta_j k_j,$$

mit

$$J_i \equiv \frac{\partial}{\partial x}f(t_i, x_i^h), \quad \varrho_j \equiv \sum_{l=1}^{j-1} \alpha_{jl}, \quad \gamma_j \equiv \sum_{l=1}^{j} \gamma_{jl}.$$

Betrachtet man als Beispiel das linear-implizite Euler-Verfahren (4.82), dann nimmt dieses für AWPe mit einer nichtautonomen DGL die Form

$$\left(I - h\frac{\partial}{\partial x}f(t_i, x_i^h)\right)k_1 = f(t_i, x_i^h) + h\frac{\partial}{\partial t}f(t_i, x_i^h),$$

$$x_{i+1}^h = x_i^h + hk_1 \tag{4.85}$$

an.

Es gibt verschiedene Verallgemeinerungen und Varianten der Rosenbrock-Verfahren (4.80) und (4.84). Strehmel & Weiner (1995) führen die sogenannte Klasse der *Verfahren vom Rosenbrock-Typ* ein. Hier wird in der Formel (4.80) anstelle der für die Stufe j konstanten Matrix J_i eine sich mit j ändernde (frei wählbare) Matrix T_j zugelassen. Des Weiteren kommen in der Praxis nur Varianten von (4.80) zur Anwendung, bei denen man anstelle der exakten Jacobi-Matrix $J_i \equiv f'(x_i^h)$ auf eine Approximation $\tilde{J}_i$ derselben zurückgreift. Hierdurch werden die Verfahren erst implementierbar. Wie bereits bemerkt wurde, lässt sich numerischer Aufwand dadurch einsparen, indem in (4.80)

$$\gamma_{jj} \equiv \gamma \text{ für alle } j \qquad (4.86)$$

gesetzt wird. Pro Integrationsschritt sind jetzt nur noch eine LU-Faktorisierung sowie m Rückwärtssubstitutionen erforderlich. Verwendet man darüber hinaus in (4.80) anstelle von J_i eine beliebige (konstante) Matrix $T \in \mathbb{R}^{m \times m}$, dann erhält man die nach Steihaug & Wolfbrandt (1979) benannte Klasse der *W-Verfahren*:

$$(I - h\gamma T)k_j = hT \sum_{l=1}^{j-1} \gamma_{jl}k_l + f\left(x_i^h + h\sum_{l=1}^{j-1} \alpha_{jl}k_l\right), \quad j = 1, \ldots, m,$$

$$x_{i+1}^h = x_i^h + h\sum_{j=1}^{m} \beta_j k_j. \qquad (4.87)$$

Trifft man in (4.87) die spezielle Wahl $T = J_i \equiv f'(x_i^h)$, dann resultieren daraus die sogenannten *ROW-Verfahren*. Ein wichtiger Vorteil dieser Verfahrensklasse für autonome Probleme basiert auf der Eigenschaft, dass wegen der exakten Jacobi-Matrix $f'(x)f(x) = f'(x)\dot{x}(t) = \ddot{x}(t)$ gilt. Dies hat zur Folge, dass wesentlich weniger Konsistenzbedingungen als bei den W-Verfahren anfallen. Folglich kann man mit weniger Stufen eine höhere Konsistenzordnung erzielen. Die Übertragung der ROW-Verfahren auf nichtautonome Probleme unter Beibehaltung dieses Vorteils lautet

$$(I - h\gamma J_i)k_j = f\left(t_i + \varrho_j h, x_i^h + h\sum_{l=1}^{j-1} \alpha_{jl}k_l\right) + \gamma_j h\frac{\partial}{\partial t}f(t_i, x_i^h)$$

$$+ hJ_i \sum_{l=1}^{j-1} \gamma_{jl}k_l, \quad j = 1, \ldots, m, \qquad (4.88)$$

$$x_{i+1}^h = x_i^h + h\sum_{j=1}^{m} \beta_j k_j,$$

mit

$$J_i \equiv \frac{\partial}{\partial x}f(t_i, x_i^h), \quad \varrho_j \equiv \sum_{l=1}^{j-1} \alpha_{jl}, \quad \gamma_j \equiv \gamma + \sum_{l=1}^{j-1} \gamma_{jl}.$$

Die Tabelle 4.4, die der Monografie von Hairer & Wanner (1991) entnommen wurde, vermittelt einen Eindruck davon, wie rasant sich die Anzahl der Ordnungsbedingungen mit wachsender Ordnung p für die W-Verfahren vergrößert.

Für die ROW-Verfahren kann gezeigt werden, dass die Stabilitätsfunktion $\Psi(z)$ für Verfahren der Konsistenzordnung $p \geq m$ eindeutig durch den Koeffizienten γ festgelegt ist. Es lassen sich deshalb Parameterintervalle angeben, für die die zugehörigen Verfahren A-stabil bzw. L-stabil sind (siehe Burrage (1978) sowie Hairer & Wanner (1991)). Die Tabelle 4.5 enthält diese Resultate.

Tab. 4.4: Anzahl der Ordnungsbedingungen für die W-Verfahren.

Ordnung p	1	2	3	4	5	6	7	8
Anzahl der Bedingungen	1	3	8	21	58	166	498	1540

Tab. 4.5: A- und L-Stabilität von ROW-Verfahren mit $p \geq m$.

m	A-Stabilität für γ aus	L-Stabilität	A-Stabilität und $p = m + 1$
1	$[\frac{1}{2}, \infty)$	1	$\frac{1}{2}$
2	$[\frac{1}{4}, \infty)$	$1 \pm \frac{\sqrt{2}}{2}$	$\frac{3 + \sqrt{3}}{6}$
3	$[\frac{1}{3}, 1.06857902]$	0.435866	1.06857902
4	$[0.39433757, 1.28057976]$	0.57282	–
5	$[0.24650519, 0.36180340] \cup$ $[0.42078251, 0.47326839]$	0.27805	0.47326839
6	$[0.28406464, 0.54090688]$	0.33414	–

Setzt man $T = \lambda$ bei Anwendung eines W-Verfahrens auf das Testproblem (4.8), dann treffen die in der Tabelle 4.5 angegebenen Stabilitätsaussagen auch auf die W-Verfahren zu. Andererseits sind Stabilitätsuntersuchungen für die Verfahren vom Rosenbrock-Typ mit $T \neq J_i \equiv f'(x_i^h)$ sehr kompliziert, so dass es für diesen Fall nur wenige allgemeingültige Aussagen gibt.

Wir wollen zum Schluss dieses Abschnittes ein häufig verwendetes Rosenbrock-Verfahren angeben, das in der von L. F. Shampine und M. W. Reichelt für die MATLAB entwickelten *ODE Suite* unter dem Namen *ode23s* enthalten ist. Tatsächlich handelt es sich dabei um ein eingebettetes Paar von Rosenbrock-Formeln der Konsistenzordnung 2 bzw. 3. Wie üblich wird das Verfahren der Ordnung 3 zur Schätzung des lokalen Diskretisierungsfehlers verwendet. Ein wichtiger Grundgedanke bei der Konstruktion dieser Verfahrensvariante besteht darin, dass die erste (*first*) Berechnung der Funktion f für den nächsten Schritt die gleiche ist wie (*same as*) die letzte (*last*) des aktuellen Schrittes. Die Abkürzung der in Klammern gesetzten englischen Umschreibung dieses Prinzips führte zu dessen Bezeichnung *FSAL*. Hierdurch entfällt gewöhnlich eine Funktionswertberechnung, da die meisten Schritte erfolgreich verlaufen. Die folgenden Formeln beschreiben nun das eingebettete Rosenbrock-Verfahren *ode23s*:

$$f_0 \equiv f(t_i, x_i^h)$$

$$Wk_1 = f_0 + hyu_i \quad f_1 \equiv f(t_i + \frac{h}{2}, x_i^h + \frac{h}{2}k_1)$$

$$Wk_2 = f_1 + (W - I)k_1 \quad x_{i+1}^h = x_i^h + hk_2 \qquad (4.89)$$

$$Wk_3 = f_2 - c(k_2 - f_1) - 2(k_1 - f_0) + hyu_i$$

$$EST_{i+1}^{(l)} = \frac{h}{6}\|k_1 - 2k_2 + k_3\|,$$

mit

$$W \equiv I - hyJ_i, \quad y \equiv \frac{1}{2 - \sqrt{2}}, \quad c \equiv 6 + \sqrt{2}, \quad J_i \approx \frac{\partial f}{\partial x}(t_i, x_i^h), \quad u_i \approx \frac{\partial f}{\partial t}(t_i, x_i^h).$$

Wird der Schritt $t_i \rightarrow t_{i+1} = t_i + h$ akzeptiert, dann ist der Funktionswert f_2 des aktuellen Schrittes der Funktionswert f_0 des nächsten Schrittes. Unter der Bedingung $J_i = \partial f/\partial x$ ist das Verfahren (4.89) L-stabil. Da es auf die Funktionswerte an den beiden Enden von $[t_i, t_{i+1}]$ zurückgreift, ist anzunehmen, dass sehr starke Funktionswertänderungen, die innerhalb dieses Intervalls eventuell auftreten, auch bei der Integration erkannt werden.

5 Allgemeine Lineare Verfahren und Fast-Runge-Kutta Verfahren

5.1 Allgemeine Lineare Verfahren

Wie wir bisher gesehen haben, lassen sich die traditionellen numerischen Verfahren zur Lösung von AWPn gewöhnlicher DGLn in zwei Hauptklassen einteilen: die (mehrstufigen) RKVn und die (mehrwertigen) LMVn. Beide Klassen haben ihre Vor- und Nachteile. Von Butcher (1966) wurden die sogenannten Allgemeinen Linearen Verfahren entwickelt, um auf eine einheitliche Weise die Eigenschaften der traditionellen Verfahren, wie Konsistenz, Stabilität und Konvergenz, untersuchen zu können. Darüber hinaus ermöglicht die zugehörige Theorie die Konstruktion neuer numerischer Verfahren mit klaren Vorteilen gegenüber den klassischen Techniken.

Gegeben sei das AWP für ein autonomes System gewöhnlicher DGLn:

$$\dot{x}(t) = f(x(t)), \quad x(t_0) = x_0, \quad x(t) \in \mathbb{R}^n, \quad f(x(t)) : \mathbb{R}^n \to \mathbb{R}^n. \tag{5.1}$$

Zur Bestimmung einer Lösung von (5.1) wollen wir Verfahren betrachten, bei denen eine Menge von Vektoren am Beginn des jeweiligen Integrationsschrittes den Input darstellt. Eine ähnliche Menge von Vektoren wird am Ende des aktuellen Schrittes als Output bereitgestellt und ist gleichzeitig wieder der Input für den nächsten Schritt. Damit handelt es sich klar um ein mehrwertiges Verfahren und wir schreiben im Folgenden r für die Anzahl der auf diese Weise bearbeiteten Größen. Es werde weiter davon ausgegangen, dass bei den Berechnungen zur Erzeugung der Ausgabegrößen für m Approximationen der exakten Lösung an Stellen, die nahe beim gegenwärtigen Zeitschritt liegen, der Wert der Funktion f zu bestimmen ist. Wie bei den RKVn sprechen wir auch hier von den zugehörigen Stufen und es liegt damit ein m-stufiges Verfahren vor.

Entsprechend der Notation von Burrage & Butcher (1980) charakterisieren wir ein solches Verfahren durch die vier Matrizen Γ, U, B und V. Üblicherweise ordnet man diese in einer partitionierten Matrix

$$\begin{pmatrix} \Gamma & U \\ B & V \end{pmatrix} \in \mathbb{R}^{(m+r) \times (m+r)} \tag{5.2}$$

an. Die am Beginn des Integrationsschrittes i vorliegenden Eingabevektoren mögen mit $x_1^{[i-1]}, x_2^{[i-1]}, \ldots, x_r^{[i-1]}$ bezeichnet werden. Die Berechnungen im i-ten Schritt führen zu den Stufenwerten $X_1^{[i]}, X_2^{[i]}, \ldots, X_m^{[i]}$, in denen dann die Ableitungswerte $f(X_j^{[i]})$, $j = 1, \ldots, m$, zu bestimmen sind. Schließlich werden die Ausgabewerte des aktuellen Schrittes berechnet. Da diese den Input für den $(i+1)$-ten Schritt darstellen, bezeichnen wir sie wieder mit $x_j^{[i]}$, $j = 1, \ldots, r$. Die Beziehungen zwischen den genannten Größen werden in Ausdrücken der Elemente von Γ, U, B und V durch die folgenden

DOI 10.1515/9783110498882-006

Gleichungen dargestellt:

$$X_j^{[i]} = \sum_{k=1}^{m} \gamma_{jk} h f(X_k^{[i]}) + \sum_{k=1}^{r} u_{jk} x_k^{[i-1]}, \quad j = 1, \dots, m,$$

$$x_j^{[i]} = \sum_{k=1}^{m} b_{jk} h f(X_k^{[i]}) + \sum_{k=1}^{r} v_{jk} x_k^{[i-1]}, \quad j = 1, \dots, r. \tag{5.3}$$

Um zu einer kompakteren Bezeichnung zu kommen, führen wir neue Vektoren $X^{[i]}$, $f(X^{[i]})$, $x^{[i-1]}$ und $x^{[i]}$, ein:

$$X^{[i]} \equiv \begin{pmatrix} X_1^{[i]} \\ X_2^{[i]} \\ \vdots \\ X_m^{[i]} \end{pmatrix}, \quad f(X^{[i]}) \equiv \begin{pmatrix} f(X_1^{[i]}) \\ f(X_2^{[i]}) \\ \vdots \\ f(X_m^{[i]}) \end{pmatrix}, \quad x^{[i-1]} \equiv \begin{pmatrix} x_1^{[i-1]} \\ x_2^{[i-1]} \\ \vdots \\ x_r^{[i-1]} \end{pmatrix}, \quad x^{[i]} \equiv \begin{pmatrix} x_1^{[i]} \\ x_2^{[i]} \\ \vdots \\ x_r^{[i]} \end{pmatrix}.$$

Unter Verwendung dieser Vektoren lässt sich (5.3) in der Form

$$\begin{pmatrix} X^{[i]} \\ x^{[i]} \end{pmatrix} = \begin{pmatrix} \Gamma \otimes I_n & U \otimes I_n \\ B \otimes I_n & V \otimes I_n \end{pmatrix} \begin{pmatrix} h f(X^{[i]}) \\ x^{[i-1]} \end{pmatrix} \tag{5.4}$$

aufschreiben. Hierbei bezeichnet I_n die $n \times n$ Einheitsmatrix und das Kronecker-Produkt ist wie in der Formel (2.52) erklärt. Wenn es zu keinen Missverständnissen führt, vereinfachen wir die Notation nochmals, indem wir das Kronecker-Produkt mit der Einheitsmatrix weglassen. Dies hat u. a. zur Folge, dass in (5.4)

$$\begin{pmatrix} \Gamma \otimes I_n & U \otimes I_n \\ B \otimes I_n & V \otimes I_n \end{pmatrix} \quad \text{durch} \quad \begin{pmatrix} \Gamma & U \\ B & V \end{pmatrix}$$

formal zu ersetzen ist. Eine Vorschrift der Form (5.3) bzw. (5.4) (charakterisiert durch die Matrix (5.2)) wird als *Allgemeines Lineares Verfahren* (ALV) bezeichnet.

Wir kommen nun zu einer wichtigen Eigenschaft dieser Verfahren. Es sei T eine nichtsinguläre $r \times r$ Matrix. Ein spezielles ALV sei durch die Matrizen (Γ, U, B, V) gegeben. Wir betrachten nun ein zweites Verfahren, bei dem die Eingabegrößen und die zugehörigen Ausgabegrößen durch Linearkombinationen der Teilvektoren in $x^{[i-1]}$ und $x^{[i]}$ ersetzt sind, wobei die Zeilen von T die Koeffizienten für diese Linearkombinationen liefern. Es bezeichne $z_j^{[i-1]}$, $j = 1, \dots, r$, eine Komponente der transformierten Eingabegrößen, d. h., es gilt

$$z_j^{[i-1]} = \sum_{k=1}^{r} t_{jk} x_k^{[i-1]}.$$

Mit einer ähnlichen Transformation für die Ausgabegrößen können wir in kompakter Form

$$z^{[i-1]} = T x^{[i-1]}, \quad z^{[i]} = T x^{[i]}$$

schreiben. Damit lässt sich das erste Verfahren wie folgt umformulieren:

$$X^{[i]} = h\Gamma f(X^{[i]}) + Ux^{[i-1]} = h\Gamma f(X^{[i]}) + UT^{-1}z^{[i-1]}. \tag{5.5}$$

Der Ausdruck $f(X^{[i]})$ ist dabei so zu verstehen, dass die Funktion f auf jeden Teilvektor von $X^{[i]}$ komponentenweise wirkt. Entsprechend geht $x^{[i]} = hBf(X^{[i]}) + Vx^{[i-1]}$ über in

$$z^{[i]} = T(hBf(X^{[i]}) + Vx^{[i-1]}) = h(TB)f(X^{[i]}) + (TVT^{-1})z^{[i-1]}. \tag{5.6}$$

Fasst man nun (5.5) und (5.6) zu einer Formel zusammen, dann resultiert das ALV

$$\begin{pmatrix} X^{[i]} \\ z^{[i]} \end{pmatrix} = \begin{pmatrix} \Gamma & UT^{-1} \\ TB & TVT^{-1} \end{pmatrix} \begin{pmatrix} hf(X^{[i]}) \\ z^{[i-1]} \end{pmatrix}. \tag{5.7}$$

Somit steht das Verfahren mit den Koeffizientenmatrizen $(\Gamma, UT^{-1}, TB, TVT^{-1})$ mit dem ursprünglichen Verfahren (Γ, U, B, V) in einer wichtigen Äquivalenzbeziehung. Eine Folge von Approximationen, die mit dem einen der beiden Verfahren erzeugt wurde, kann ganz einfach in eine solche Folge transformiert werden, die sich aus der Anwendung des anderen Verfahrens ergeben würde.

Es soll jetzt gezeigt werden, wie sich die in den Kapiteln 2 und 3 betrachteten RKVn und LMVn als spezielle ALVn interpretieren lassen (siehe hierzu auch Butcher (2003)). Wir beginnen mit dem klassischen RKV (siehe Tabelle 2.6). Dieses kann offensichtlich durch die partitionierte Matrix

$$\begin{pmatrix} \Gamma & U \\ B & V \end{pmatrix} = \left(\begin{array}{cccc|c} 0 & 0 & 0 & 0 & 1 \\ \frac{1}{2} & 0 & 0 & 0 & 1 \\ 0 & \frac{1}{2} & 0 & 0 & 1 \\ 0 & 0 & 1 & 0 & 1 \\ \hline \frac{1}{6} & \frac{1}{3} & \frac{1}{3} & \frac{1}{6} & 1 \end{array} \right) \tag{5.8}$$

dargestellt werden.

Eine geeignete Formulierung des in der Tabelle 2.21 angegebenen Lobatto-IIIA-Verfahrens der Ordnung 4 als ALV mit $m = r = 2$ lautet

$$\begin{pmatrix} \Gamma & U \\ B & V \end{pmatrix} = \left(\begin{array}{cc|cc} \frac{1}{3} & -\frac{1}{24} & 1 & \frac{5}{24} \\ \frac{2}{3} & \frac{1}{6} & 1 & \frac{1}{6} \\ \hline \frac{2}{3} & \frac{1}{6} & 1 & \frac{1}{6} \\ 0 & 1 & 0 & 0 \end{array} \right). \tag{5.9}$$

Die Eingabegrößen sind dabei

$$x_1^{[i-1]} \approx x(t_{i-1}), \quad x_2^{[i-1]} \approx h\dot{x}(t_{i-1}).$$

Wir kommen nun zu den LMVn (k-Schritt-Verfahren). Für den Spezialfall, dass für das Polynom $\rho(\lambda) = 1 - \lambda$ gilt (Verfahren vom Adams-Typ), lässt sich ein solches LMV stets mit $r \equiv k + 1$, $m = 1$ und den Eingabegrößen

$$x^{[i-1]} \approx \begin{pmatrix} x(t_{i-1}) \\ h\dot{x}(t_{i-1}) \\ h\dot{x}(t_{i-2}) \\ \vdots \\ h\dot{x}(t_{i-k}) \end{pmatrix}$$

als ALV in der Form

$$\begin{pmatrix} \Gamma & U \\ B & V \end{pmatrix} = \left(\begin{array}{c|ccccc} \beta_0 & 1 & \beta_1 & \beta_2 & \cdots & \beta_{k-1} & \beta_k \\ \hline \beta_0 & 1 & \beta_1 & \beta_2 & \cdots & \beta_{k-1} & \beta_k \\ 1 & 0 & 0 & 0 & \cdots & 0 & 0 \\ 0 & 0 & 1 & 0 & \cdots & 0 & 0 \\ 0 & 0 & 0 & 1 & \cdots & 0 & 0 \\ \vdots & \vdots & \vdots & \vdots & & \vdots & \vdots \\ 0 & 0 & 0 & 0 & \cdots & 0 & 0 \\ 0 & 0 & 0 & 0 & \cdots & 1 & 0 \end{array} \right) \tag{5.10}$$

schreiben. Da aber $x_1^{[i-1]}$ und $x_{k+1}^{[i-1]}$ an den Stellen, wo diese beiden Größen verwendet werden, nur in der Kombination $x_1^{[i-1]} + \beta_k x_{k+1}^{[i-1]}$ auftreten, kann man versuchen, das obige ALV unter Verwendung der Transformationsmatrix

$$T = \begin{pmatrix} 1 & 0 & 0 & \cdots & 0 & \beta_k \\ 0 & 1 & 0 & \cdots & 0 & 0 \\ \vdots & \vdots & \vdots & & \vdots & \vdots \\ 0 & 0 & 0 & \cdots & 1 & 0 \\ 0 & 0 & 0 & \cdots & 0 & 1 \end{pmatrix}$$

entsprechend den Formeln (5.5)–(5.7) zu transformieren. Es resultiert die neue Koeffizientenmatrix

$$
\begin{pmatrix} \Gamma & UT^{-1} \\ TB & TVT^{-1} \end{pmatrix} = \left(\begin{array}{c|cccccc} \beta_0 & 1 & \beta_1 & \beta_2 & \cdots & \beta_{k-1} & 0 \\ \beta_0 & 1 & \beta_1 & \beta_2 & \cdots & \beta_{k-1}+\beta_k & 0 \\ \hline 1 & 0 & 0 & 0 & \cdots & 0 & 0 \\ 0 & 0 & 1 & 0 & \cdots & 0 & 0 \\ 0 & 0 & 0 & 1 & \cdots & 0 & 0 \\ \vdots & \vdots & \vdots & \vdots & & \vdots & \vdots \\ 0 & 0 & 0 & 0 & \cdots & 0 & 0 \\ 0 & 0 & 0 & 0 & \cdots & 1 & 0 \end{array}\right). \tag{5.11}
$$

Man sieht damit unmittelbar, dass r von $k+1$ auf k verkleinert werden kann.

Es ist auch möglich, die Prädiktor-Korrektor-Kombination zweier Adams-Verfahren als ALV zu formulieren. Wie in Butcher (2003) wollen wir den PECE-Algorithmus für das 2-Schritt Adams-Moulton-Verfahren (siehe Tabelle 3.1, $k = 2$) und das 3-Schritt Adams-Bashforth Verfahren (siehe Tabelle 3.2, $k = 3$) betrachten. Hierzu bezeichnen wir die Prädiktor-Approximation mit $\bar{x}_i$ und den korrigierten Wert mit x_i. Der PECE-Algorithmus ist damit zu

$$
\begin{aligned}
\bar{x}_i &= x_{i-1} + \frac{23}{12}hf(t_{i-1}, x_{i-1}) - \frac{4}{3}hf(t_{i-2}, x_{i-2}) + \frac{5}{12}hf(t_{i-3}, x_{i-3}), \\
x_i &= x_{i-1} + \frac{5}{12}hf(t_i, \bar{x}_i) + \frac{2}{3}hf(t_{i-1}, x_{i-1}) - \frac{1}{12}hf(t_{i-2}, x_{i-2}).
\end{aligned} \tag{5.12}
$$

gegeben. Um (5.12) als 2-stufiges ALV zu schreiben, setzen wir $X_1^{[i]} \equiv \bar{x}_i$ und $X_2^{[i]} \equiv x_i$. Die $r = 4$ Eingabegrößen sind die Werte von x_{i-1}, $hf(t_{i-1}, x_{i-1})$, $hf(t_{i-2}, x_{i-2})$ sowie $hf(t_{i-3}, x_{i-3})$. Für die $(m+r) \times (m+r)$ Koeffizientenmatrix des Verfahrens ergibt sich schließlich

$$
\begin{pmatrix} \Gamma & U \\ B & V \end{pmatrix} = \left(\begin{array}{cc|cccc} 0 & 0 & 1 & \frac{23}{12} & -\frac{4}{3} & \frac{5}{12} \\ \frac{5}{12} & 0 & 1 & \frac{2}{3} & -\frac{1}{12} & 0 \\ \hline \frac{5}{12} & 0 & 1 & \frac{2}{3} & -\frac{1}{12} & 0 \\ 0 & 1 & 0 & 0 & 0 & 0 \\ 0 & 0 & 0 & 1 & 0 & 0 \\ 0 & 0 & 0 & 0 & 1 & 0 \end{array}\right). \tag{5.13}
$$

Die Interpretation weiterer Integrationstechniken als ALVn findet man beispielsweise in Butcher (2003) und Wright (2002). Auch die im Abschnitt 5.2 betrachteten Fast-Runge-Kutta-Verfahren bilden Spezialfälle dieses allgemeinen ALV-Prinzips.

Wie bei den klassischen Verfahren hat man auch die ALVn im Hinblick auf die Kenngrößen Konsistenz, Stabilität und Konvergenz zu untersuchen. Der erste wichtige Begriff stellt hier die *Präkonsistenz* dar. Sie beschäftigt sich mit der Frage, ob die triviale eindimensionale DGL $\dot{x}(t) = 0$, die für die Anfangsbedingung $x(t_0) = 1$ die exakte Lösung $x(t) \equiv 1$ besitzt, sowohl am Anfang als auch am Ende jeden Schrittes exakt gelöst wird. Man bestimmt deshalb den *Präkonsistenz-Vektor u* so, dass

$$x^{[i-1]} = u\,x(t_{i-1}) + O(h), \quad x^{[i]} = u\,x(t_i) + O(h) \tag{5.14}$$

garantiert ist. Verwendet man nun ein ALV zur Lösung des Problems $\dot{x}(t) = 0$, dann stellen sich die inneren Stufen und die Ausgabe-Approximationen wie folgt dar:

$$X^{[i]} = U\,x^{[i-1]}, \quad x^{[i]} = V\,x^{[i-1]}. \tag{5.15}$$

Die erste Gleichung impliziert $\mathbb{1} = U\,u$, wobei $\mathbb{1}$ wie in (2.52) einen Vektor bezeichnet, der nur aus Einsen besteht. Aus der zweiten Gleichung folgt $u = V\,u$. Damit ergeben sich die Präkonsistenz-Bedingungen zu

$$V\,u = u, \quad U\,u = \mathbb{1}. \tag{5.16}$$

Die *Konsistenz* steht im Zusammenhang mit der Lösung der eindimensionalen DGL $\dot{x}(t) = 1$, die für die Anfangsbedingung $x(t_0) = 0$ die exakte Lösung $x(t) = t - t_0$ besitzt. Die numerische Lösung sollte sowohl am Anfang als auch am Ende jeden Schrittes exakt sein. Die Größen, die von Schritt zu Schritt bei einem ALV weitergegeben werden, sind Approximationen der Lösung $x(t)$, der skalierten Ableitung $h\dot{x}(t)$ oder einer beliebigen Linearkombination. Der *Konsistenz-Vektor v* wird nun so bestimmt, dass die Beziehungen

$$x^{[i-1]} = u\,x(t_{i-1}) + v\,h\dot{x}(t_{i-1}) + O(h^2),$$
$$x^{[i]} = u\,x(t_i) + v\,h\dot{x}(t_i) + O(h^2) \tag{5.17}$$

sichergestellt sind. Bei Anwendung eines ALVs auf das Problem $\dot{x}(t) = 1$ ergibt sich für die inneren Stufen und die Ausgabe-Approximationen

$$X^{[i]} = \Gamma\mathbb{1}\,h + U\,x^{[i-1]}, \quad x^{[i]} = B\mathbb{1}\,h + V\,x^{[i-1]}. \tag{5.18}$$

Da die Stufenwerte Approximationen der exakten Lösung darstellen, kann man natürlich $X^{[i]}_j \approx x(t_{i-1} + \rho_j)h$, $j = 1, \ldots, m$, schreiben. Der dabei entstehende Vektor

$$\rho \equiv (\rho_1, \rho_2, \ldots, \rho_m)^T$$

wird *Abszissenvektor* genannt. Aus der ersten Gleichung in (5.18) folgt nun die Beziehung $\rho = \Gamma\mathbb{1} + U\,v$, während die zweite Gleichung $u + v = B\mathbb{1} + V\,v$ impliziert. Die Konsistenz-Bedingungen sind deshalb

$$\rho = \Gamma\mathbb{1} + U\,v, \quad B\mathbb{1} + V\,v = u + v. \tag{5.19}$$

Wie bei den LMVn ist noch ein Stabilitätskonzept erforderlich. In Vorbereitung hierzu sei die Stabilität einer Matrix wie folgt erklärt.

Definition 5.1. Die Matrix V wird *stabil* genannt, wenn es eine Konstante C gibt, so dass für alle $i = 1, 2, \ldots$, die Beziehung $\|V^i\|_\infty \leq C$ gilt. □

Die Stabilität eines ALVs (Γ, U, B, V) ist gesichert, wenn die Lösung der trivialen skalaren DGL $\dot{x}(t) = 0$ beschränkt ist. Das hat zur Folge, dass sich die in einem Schritt entstehenden Fehler nicht dramatisch auf die späteren Schritte auswirken. Werden für die triviale DGL die ausgehenden Approximationen in Ausdrücken der eingehenden Approximationen beschrieben, d. h.,

$$x^{[i]} = V x^{[i-1]} = V^i x^{[0]},$$

dann erkennt man unmittelbar, dass das ALV stabil ist, wenn V eine stabile Matrix ist. Das führt auf die

Definition 5.2. Man nennt ein ALV *streng stabil*, wenn sich alle Eigenwerte von V, mit Ausnahme eines einzigen, innerhalb des Einheitskreises befinden. Dieser eine Eigenwert liegt auf dem Rand. □

Ein ALV heißt nun *konvergent*, falls ein nichtverschwindender Vektor $u \in \mathbb{R}^r$ existiert, so dass im Falle $x^{[0]} = u\,x(t_0)+O(h)$ die Beziehung $x^{[i]} = u\,x(t_0+ih)+O(h)$ für alle i (mit ih beschränkt) gilt. Die Verallgemeinerung des im Abschnitt 3.4 dargestellten Resultates von Dahlquist (1956), dass für die Konvergenz eines LMVs die Konsistenz und die Stabilität notwendig und hinreichend sind, wurde von Butcher (1966) für ALVn verallgemeinert (siehe hierzu auch Butcher (2003), Seiten 369–380). Anstelle der Stabilität tritt hier jedoch die in der Definition 5.2 erklärte strenge Stabilität.

Für ALVn lassen sich auch wie bei den klassischen Techniken Stabilitätsbegriffe für eine nichtverschwindende Schrittweite h definieren. Gegeben sei wieder das im Abschnitt 4.1 betrachtete Testproblem von Dahlquist (1963)

$$\dot{x}(t) = \lambda\,x(t), \quad x(0) = 1, \quad \text{mit } \operatorname{Re}(\lambda) < 0. \tag{5.20}$$

Wendet man das ALV (5.4) auf das obige Testproblem an, dann ergibt sich für die inneren Stufen die Darstellung

$$X^{[i]} = z\,\Gamma X^{[i]} + U\,x^{[i-1]} = (I - z\,\Gamma)^{-1} U\,x^{[i-1]}, \tag{5.21}$$

wobei $(I - z\Gamma)$ nichtsingulär ist und $z \equiv h\lambda$ gesetzt wurde. Die Ausgabe-Approximationen nehmen dabei die Gestalt

$$x^{[i]} = zBX^{[i]} + Vx^{[i-1]} = (V + zB(I - z\Gamma)^{-1}U)x^{[i-1]} \tag{5.22}$$

an. Es sei $M(z)$ zu

$$M(z) \equiv V + z\,B(I - z\Gamma)^{-1}U \tag{5.23}$$

definiert und werde *Stabilitätsmatrix* genannt. Die folgende Bedingung garantiert, dass an ein ALV aus der Sicht der Stabilität keinerlei Restriktionen an die verwendete Schrittweite h gestellt werden muss.

Definition 5.3. Ein ALV ist *A-stabil*, wenn für alle $z \in \mathbb{C}^-$ die Matrix $(I - z\Gamma)$ nichtsingulär ist und $M(z)$ eine stabile Matrix darstellt. ☐

Wie wir bei den RKVn und den LMVn gesehen haben, sind nicht alle Verfahren A-stabil. Das trifft insbesondere auf die expliziten Techniken zu. Ein wichtiges Charakteristikum für das Stabilitätsverhalten eines Verfahrens ist die Größe des Stabilitätsgebietes:

$$S \equiv \{z \in \mathbb{C} : \text{ es existiert ein } C \text{ mit } \|M(z)\|^i \leq C, \text{ für alle } i \geq 1\}. \tag{5.24}$$

Die oben verwendete Bedingung an die Norm von $M(z)$ kann auch durch die folgende Forderung ersetzt werden. Alle Eigenwerte w von $M(z)$ mit der Vielfachheit eins erfüllen $|w| \leq 1$ und alle Eigenwerte w von $M(z)$ mit der Vielfachheit größer als eins erfüllen $|w| < 1$. Diese Aussage ergibt sich unmittelbar, wenn das zur Matrix $M(z)$ gehörende *charakteristische Polynom*

$$p(w, z) \equiv \det(wI - M(z)) = p_0(z)w^r + p_1(z)w^{r-1} + \cdots + p_r(z), \tag{5.25}$$

betrachtet wird, wobei die komplexen Funktionen $p_j(z), j = 1, \ldots, r$, vom Grad höchstens m sind. Das Polynom $p(w, z)$ wird auch als *Stabilitätsfunktion* bezeichnet. Ein Punkt z der komplexen Ebene gehört zu S genau dann, wenn alle Wurzeln von $p(w, z)$ innerhalb oder auf dem Einheitskreis liegen. Wurzeln mit der Vielfachheit größer als eins dürfen dabei nicht auf dem Rand des Kreises liegen.

5.2 Fast-Runge-Kutta-Verfahren

In diesem Abschnitt betrachten wir numerische Verfahren, die sich von den RKVn nur darin unterscheiden, dass sie mehrwertig sind und die zugehörigen Stufen eine größere Ordnung besitzen können, als dies mit expliziten RKVn möglich ist. Andererseits weisen sie viele andere wichtige Eigenschaften der bekannten ESVn auf. Insbesondere haben sie die gleichen Stabilitätseigenschaften wie die RKVn und es ist relativ einfach, die Verfahren zu starten und während des Integrationsprozesses die Schrittweite zu verändern. Auf Grund der hohen Ordnung der Stufen lässt sich eine stetige Ausgabe leichter erreichen als bei den RKVn. Diese neuen Verfahren gewinnen zunehmend an Bedeutung. Sie stellen einen Spezialfall der ALVn dar und wurden von Butcher (1997) erstmalig unter dem Namen ARK (engl.: Almost Runge-Kutta methods) eingeführt. Wir wollen hier ebenfalls die Abkürzung ARK verwenden.

    Wie bereits erwähnt, stellen die ARK spezielle ALVn dar, die wir im vorangegangenen Abschnitt betrachtet haben. Sie sind von der Gestalt (5.4), wobei die Matrix (5.2) die Form

$$
\begin{pmatrix} \Gamma & U \\ B & V \end{pmatrix} = \left(\begin{array}{c|ccc} \Gamma & \mathbb{1} & \rho - \Gamma\mathbb{1} & \frac{1}{2}\rho^2 - \Gamma\rho \\ \hline \beta^T & 1 & \beta_0 & 0 \\ e_m^T & 0 & 0 & 0 \\ b^T & 0 & b_0 & 0 \end{array} \right)
\tag{5.26}
$$

besitzt. Bezeichnen x_i, $h\dot{x}_i$ und $h^2\ddot{x}_i$ Approximationen von $x(t_i)$, $h\dot{x}(t_i)$ und $h^2\ddot{x}(t_i)$, dann stellt sich ein ARK wie folgt dar

$$
\left(\begin{array}{c} X^{[i]} \\ \hline x_i \\ h\dot{x}_i \\ \ddot{x}_i \end{array} \right) = \left(\begin{array}{c|ccc} \Gamma & \mathbb{1} & \rho - \Gamma\mathbb{1} & \frac{1}{2}\rho^2 - \Gamma\rho \\ \hline \beta^T & 1 & \beta_0 & 0 \\ e_m^T & 0 & 0 & 0 \\ b^T & 0 & b_0 & 0 \end{array} \right) \left(\begin{array}{c} hf(X^{[i]}) \\ \hline x_{i-1} \\ h\dot{x}_{i-1} \\ \ddot{x}_{i-1} \end{array} \right).
\tag{5.27}
$$

In (5.26) ist Γ eine streng untere $m \times m$ Dreiecksmatrix mit der Eigenschaft $e_m^T\Gamma = \beta^T$, d. h., die letzte Zeile von Γ stimmt mit dem Vektor β^T überein. Wie bei den traditionellen RKVn ist β^T ein Vektor der Länge m, der die Gewichte angibt, und ρ ist ebenfalls ein Vektor der Länge m, der die Positionen fixiert, an denen die Funktion f ausgewertet wird. Potenzen des Vektors ρ sind hier stets komponentenweise zu interpretieren. Der Vektor e_m ist von der Länge m und besteht vollständig aus Nullen, ausgenommen die m-te Komponente, die eine Eins enthält. Schließlich bezeichnen wir die letzte Zeile der Matrix B mit b^T.

Die spezielle Form der Matrix U sichert, dass die inneren Stufen die Ordnung zwei besitzen. Dies lässt sich mit einer Taylorreihen-Entwicklung zeigen. Die Stufen des Verfahrens werden durch die Formel

$$
x(t_0 + \rho_i h) = u_{i1}\, x(t_0) + u_{i2}\, h\dot{x}(t_0) + u_{i3}\, h^2\ddot{x}(t_0) + h\sum_{j=1}^{i-1} \gamma_{ij}\, \dot{x}(t_0 + \rho_j h)
\tag{5.28}
$$

beschrieben. Führt man auf beiden Seiten der obigen Gleichung eine Taylorreihen-Entwicklung durch und gleicht die Terme mit h^0 ab, so resultiert

$$
x(t_0) = u_{i1}x(t_0), \quad \text{d.\,h.,} \quad u_{i1} = 1.
$$

Der Abgleich der Terme mit h^1 ergibt

$$
\rho_i\dot{x}(t_0) = u_{i2}\dot{x}(t_0) + \sum_{j=1}^{i-1} \gamma_{ij}\dot{x}(t_0), \quad \text{d.\,h.,} \quad u_{i2} = \rho_i - \sum_{j=1}^{i-1} \gamma_{ij}.
$$

Gleicht man schließlich die Terme in h^2 ab, dann folgt

$$
\frac{1}{2}\rho_i^2\ddot{x}(t_0) = u_{i3}\ddot{x}(t_0) + \sum_{j=1}^{i-1} \gamma_{ij}\rho_j\ddot{x}(t_0), \quad \text{d.\,h.,} \quad u_{i3} = \frac{1}{2}\rho_i^2 - \sum_{j=1}^{i-1} \gamma_{ij}\rho_j.
$$

Die Gestalt der Matrizen B und V ist eine Konsequenz aus den folgenden zwei Forderungen, die in den Arbeiten von Butcher (1998), Moir (2001) sowie Butcher & Moir (2003) stets zugrunde gelegt werden. Die letzte innere Stufe soll zu der gleichen Größe führen, die als erste Ausgabe-Approximation exportiert wird. Dies bedeutet, dass die erste Zeile der Matrix B mit der letzten Zeile der Matrix Γ übereinstimmt. Des Weiteren muss die erste Zeile der Matrix V die gleiche sein, wie die letzte Zeile der Matrix U. Somit gilt dann stets $\rho_m = 1$. Als zweite Forderung wird postuliert, dass die zweite Ausgabe-Approximation gleich dem h-Fachen der Ableitung der letzten Stufe ist. Dies hat zur Konsequenz, dass die zweiten Zeilen von B und V vollständig aus Nullen bestehen, mit Ausnahme einer Eins in der Position $(2,m)$ von B.

Das folgende Beispiel stellt ein ARK 4. Ordnung mit vier Stufen dar und wird u.a. in Butcher & Moir (2003) sowie Butcher (1998) betrachtet. Die zugehörigen Matrizen und Vektoren sind

$$
\rho = \begin{pmatrix} 1 \\ \frac{1}{2} \\ 1 \\ 1 \end{pmatrix}, \quad
\begin{pmatrix} \Gamma & U \\ B & V \end{pmatrix} =
\left(\begin{array}{cccc|ccc}
0 & 0 & 0 & 0 & 1 & 1 & \frac{1}{2} \\
\frac{1}{16} & 0 & 0 & 0 & 1 & \frac{7}{16} & \frac{1}{16} \\
-\frac{1}{4} & 2 & 0 & 0 & 1 & -\frac{3}{4} & -\frac{1}{4} \\
0 & \frac{2}{3} & \frac{1}{6} & 0 & 1 & \frac{1}{6} & 0 \\
\hline
0 & \frac{2}{3} & \frac{1}{6} & 0 & 1 & \frac{1}{6} & 0 \\
0 & 0 & 0 & 1 & 0 & 0 & 0 \\
-\frac{1}{3} & 0 & -\frac{2}{3} & 2 & 0 & -1 & 0
\end{array} \right). \quad (5.29)
$$

Interpretiert man dieses Verfahren als ALV, dann werden $r = 3$ Größen von Schritt zu Schritt weitergegeben und pro Schritt $m = 4$ Stufen berechnet. Die Ordnung der Stufen ist $q = 2$. Dies ist ein wesentlicher Unterschied zu den expliziten RKVn, für die q nicht größer als 1 sein kann.

Betrachtet man die Stabilitätsmatrix (5.23) des obigen Verfahrens, dann ergibt sich

$$
M(z) = V + zB(I - z\Gamma)^{-1}U =
$$

$$
\begin{pmatrix}
1 + \frac{5}{6}z + \frac{1}{3}z^2 + \frac{1}{48}z^3 & \frac{1}{6} + \frac{1}{6}z + \frac{7}{48}z^2 + \frac{1}{48}z^3 & \frac{1}{48}z^2 + \frac{1}{96}z^3 \\[2mm]
z + \frac{5}{6}z^2 + \frac{1}{3}z^3 + \frac{1}{48}z^4 & \frac{1}{6}z + \frac{1}{6}z^2 + \frac{7}{48}z^3 + \frac{1}{48}z^4 & \frac{1}{48}z^3 + \frac{1}{96}z^4 \\[2mm]
z + \frac{1}{2}z^2 + \frac{7}{12}z^3 + \frac{1}{24}z^4 & -1 + \frac{1}{2}z - \frac{1}{12}z^2 + \frac{5}{24}z^3 + \frac{1}{24}z^4 & \frac{1}{48}z^4
\end{pmatrix}.
$$

$$(5.30)$$

Die Eigenwerte dieser Matrix sind

$$\sigma(M(z)) = \left\{ 1 + z + \frac{1}{2}z^2 + \frac{1}{6}z^3 + \frac{1}{24}z^4, 0, 0 \right\}.$$

Der einzige nichtverschwindende Eigenwert stimmt mit der Stabilitätsfunktion $\Psi(z)$ (siehe Formel (4.4)) des klassischen Runge-Kutta-Verfahrens 4. Ordnung überein. Dies ist charakteristisch für alle ARK, denn die Koeffizienten werden so festgelegt, dass das jeweilige Verfahren eine wichtige Eigenschaft, nämlich die sogenannte Runge-Kutta-Stabilität, aufweist.

Definition 5.4. Ein ALV (Γ, U, B, V) besitzt die *Runge-Kutta-Stabilität*, wenn das zugehörige charakteristische Polynom (5.25) von der Form

$$p(w, z) = w^{r-1}(w - R(z)) \tag{5.31}$$

ist. Für ein Verfahren mit Runge-Kutta-Stabilität wird die rationale Funktion $R(z)$ als die *Stabilitätsfunktion* des Verfahrens bezeichnet. □

Gewöhnlich wird „Runge-Kutta-Stabilität" mit „RK-Stabilität" abgekürzt. Für ein Verfahren, dessen Ordnung mit der Anzahl der Stufen übereinstimmt (d. h. $m = p$), ist eine notwendige Bedingung für die RK-Stabilität, dass für die Spur von $M(z)$ gilt:

$$\text{tr}(M(z)) = \sum_{j=0}^{p} \frac{z^j}{j!}.$$

Andere Eigenschaften des Verfahrens (5.29) lassen sich wie folgt beschreiben. Mit der nur geringen Information, die zwischen den einzelnen Schritten ausgetauscht wird, kann die Ordnung 2 der Stufen garantiert werden. Des Weiteren braucht der dritte Eingabe- und Ausgabe-Vektor wegen der sogenannten *Auslöschungsbedingungen* (engl.: annihilation conditions) nicht mit großer Genauigkeit berechnet zu werden. Diese Bedingungen sichern, dass Fehler in der Größenordnung von $O(h^3)$ im Eingabe-Vektor $x_3^{[i-1]}$ die Ausgabe-Resultate nur in der Größenordnung von $O(h^5)$ beeinflussen. Deshalb lässt sich ein Startwert für diese Größe dadurch bestimmen, indem ein Schritt mit dem Euler(vorwärts)-Verfahren durchgeführt und die Differenz zwischen den Ableitungen in diesen Punkten verwendet wird. Daraus ergibt sich der Startvektor

$$\left(x(t_0), \, hf(x(t_0)), \, h\{f(x(t_0) + hf(x(t_0))) - f(x(t_0))\} \right)^T.$$

Eine Veränderung der Schrittweite verursacht keine Probleme, da man den Vektor auf die gleiche Weise skalieren kann, wie man einen Nordsieck-Vektor skaliert. Wird abkürzend $d \equiv h_j/h_{j-1}$ gesetzt, dann braucht der Vektor nur mit $(1, d, d^2)^T$ skaliert zu werden.

Wir wollen nun die Ordnungsbedingungen für die 4-stufigen ARK der Ordnung $p = 4$ herleiten (siehe hierzu auch Butcher (2003)). In diesem Falle nimmt die Matrix

(5.26) die Gestalt

$$
\begin{pmatrix} \Gamma & U \\ B & V \end{pmatrix} = \left(\begin{array}{cccc|ccc} 0 & 0 & 0 & 0 & 1 & u_{12} & u_{13} \\ \gamma_{21} & 0 & 0 & 0 & 1 & u_{22} & u_{23} \\ \gamma_{31} & \gamma_{32} & 0 & 0 & 1 & u_{32} & u_{33} \\ \hline \beta_1 & \beta_2 & \beta_3 & 0 & 1 & \beta_0 & 0 \\ \beta_1 & \beta_2 & \beta_3 & 0 & 1 & \beta_0 & 0 \\ 0 & 0 & 0 & 1 & 0 & 0 & 0 \\ b_1 & b_2 & b_3 & b_4 & 1 & b_0 & 0 \end{array}\right)
\tag{5.32}
$$

an. Wie bisher sei $\rho^T \equiv (\rho_1, \rho_2, \rho_3, \rho_4)$ der Abszissenvektor und wir schreiben wieder $\beta^T \equiv (\beta_1, \beta_2, \beta_3, 0)$ sowie $b^T \equiv (b_1, b_2, b_3, b_4)$.

In Analogie zu dem Verfahren (5.29) werden die Eingabe-Approximationen von der Form $x(t_{i-1}) + O(h^5)$, $h\dot{x}(t_{i-1}) + O(h^5)$ und $h^2 \ddot{x}(t_{i-1}) + O(h^3)$ sein. Wir setzen bei unseren Untersuchungen voraus, dass jede der inneren Stufen zumindest mit der Ordnung 2 bestimmt wird und dass die drei Ausgabegrößen nicht durch die Störung der dritten Eingabe-Approximation in der Größenordnung von $O(h^3)$ beeinflusst werden. Wie bereits gezeigt wurde, ist für die Ordnung 2 der Stufen notwendig und hinreichend, dass die Matrix U die in (5.26) angegebene Form aufweist.

Die folgenden Ordnungsbedingungen garantieren, dass die erste Ausgabegröße die Ordnung 4 besitzt (siehe Butcher (2003)):

$$
\beta^T \rho = \tfrac{1}{2}, \qquad \beta^T \rho^2 = \tfrac{1}{3}, \qquad \beta^T \rho^3 = \tfrac{1}{4}, \qquad \beta_0 = 1 - \beta^T \mathbb{1},
$$
$$
\beta^T \Gamma \rho^2 = \tfrac{1}{12}, \qquad \beta^T(\rho^2 - 2\Gamma\rho) = 0, \qquad b^T(\rho^2 - 2\Gamma\rho) = 0.
\tag{5.33}
$$

Die beiden letzten Bedingungen wurden in das obige Gleichungssystem integriert, damit ein Fehler des dritten Eingabe-Vektors in der Größenordnung von $O(h^3)$ nicht die angestrebte 4. Ordnung zerstört. Sie werden auch als die zugehörigen *Auslöschungsbedingungen* bezeichnet. Schließlich lassen sich die zweite und die sechste Formel zu einer einzigen Gleichung

$$
\beta^T \Gamma \rho = \frac{1}{6}
\tag{5.34}
$$

zusammenfassen.

Um zu sichern, dass der dritte Ausgabe-Vektor die exakte Größe $h^2 \ddot{x}(t_i)$ mit einer Genauigkeit von $O(h^3)$ approximiert, erweist es sich als erforderlich, die Beziehungen

$$
b^T \mathbb{1} + b_0 = 0, \qquad b^T \rho = 1
\tag{5.35}
$$

zu postulieren. Dies lässt sich sehr einfach anhand einer Taylor-Entwicklung der dritten Ausgabe-Approximation zeigen. Für die genannte Approximation gilt

$$h^2 \ddot{x}(t_0 + h) = h \sum_{j=1}^{m} b_j \dot{x}(t_0 + h\rho_j) + b_0 h \dot{x}(t_0) + O(h^3). \tag{5.36}$$

Eine Taylor-Entwicklung auf beiden Seiten dieser Gleichung ergibt

$$h^2 \ddot{x}(t_0) + O(h^3) = b_0 h \dot{x}(t_0) + h \sum_{j=1}^{m} b_j \left(\dot{x}(t_0) + h \rho_j \ddot{x}(t_0) \right) + O(h^3). \tag{5.37}$$

Gleicht man die Koeffizienten in $\dot{x}(t_0)$ ab, so ergibt sich

$$0 = b_0 h + h \sum_{j=1}^{m} b_i, \quad \text{d. h.} \quad b^T \mathbb{1} + b_0 = 0. \tag{5.38}$$

Setzt man analog die Koeffizienten von $\ddot{x}(t_0)$ gleich, dann resultiert

$$h^2 = h^2 \sum_{j=1}^{m} b_j \rho_j, \quad \text{d. h.} \quad b^T \rho = 1. \tag{5.39}$$

Wir benötigen jetzt noch die Bedingungen für die RK-Stabilität des Verfahrens. Da $\Gamma^4 = 0$ ist, lässt sich die Stabilitätsmatrix (5.23) in der Form

$$M(z) = V + zBU + z^2 B\Gamma U + z^3 B\Gamma^2 U + z^4 B\Gamma^3 U \tag{5.40}$$

aufschreiben. Besitzt die Matrix $M(z)$ nur einen einzigen nichtverschwindenden Eigenwert, dann muss dieser Eigenwert gleich der Spur von $M(z)$ sein. Daraus folgt, dass er für die Ordnung 4 gleich $1 + z + (1/2)z^2 + (1/6)z^3 + (1/24)z^4$ ist. Dies legt nun die Forderung nahe, dass die Spuren der Matrizen BU, $B\Gamma U$, $B\Gamma^2 U$ und $B\Gamma^3 U$ die Werte 1, 1/2, 1/6 sowie 1/24 annehmen sollen. Die erste dieser Forderungen stimmt mit der letzten Gleichung in (5.33) überein. Die anderen können in der Form

$$b^T \Gamma \left(\frac{1}{2} \rho^2 - \Gamma \rho \right) = 0, \quad b^T \Gamma^2 \left(\frac{1}{2} \rho^2 - \Gamma \rho \right) = 0,$$
$$\beta^T \Gamma^2 \rho + b^T \Gamma^3 \left(\frac{1}{2} \rho^2 - \Gamma \rho \right) = \frac{1}{24} \tag{5.41}$$

geschrieben werden. Die letzte Gleichung vereinfacht sich wegen $\Gamma^4 = 0$ zu

$$\left(1 + \frac{1}{2} b_4 \rho_1 \right) \beta^T \Gamma^2 \rho = \frac{1}{24}. \tag{5.42}$$

Um zu zeigen, dass b^T die Gleichung

$$b_4 e_4^T = b^T (I + 2b_4 \Gamma) \tag{5.43}$$

erfüllt, multipliziert man den Term $b_4 e_4^T - b^T (I + 2b_4 \Gamma)$ jeweils mit den Größen $\rho^2/2 - \Gamma \rho$, $\Gamma(\rho^2/2 - \Gamma \rho)$, $\Gamma^2 (\rho^2/2 - \Gamma \rho)$ und $\Gamma^3 (\rho^2/2 - \Gamma \rho)$. Die entstehenden Produkte sind alle genau dann null, wenn jede der Gleichungen in (5.41) erfüllt ist.

Multipliziert man schließlich beide Seiten von (5.43) mit $(I+2b_4\Gamma)^{-1}$ und substituiert den resultierenden Ausdruck für b^T in die zweite Gleichung in (5.35), dann ergibt sich

$$1 = b_4\left(1 + \sum_{k=1}^{3}(-b_4)^k e_4^T \Gamma^k \rho\right) = b_4\left(1 + \sum_{k=1}^{3}(-b_4)^k \beta^T \Gamma^{k-1}\rho\right)$$

$$= b_4\left(1 + \sum_{k=1}^{2}\frac{(-b_4)^k}{(k+1)!} + \frac{(-b_4)^3}{24(1+\frac{1}{2}\rho_1 b_4)}\right).$$

Hieraus folgt

$$\rho_1 = -\frac{2\exp_4(-b_4)}{b_4\exp_3(-b_4)}, \quad \text{mit} \quad \exp_n(t) \equiv \sum_{k=0}^{n}\frac{t^k}{k!}. \tag{5.44}$$

Nach Butcher (2003) sind damit zur Konstruktion eines 4-stufigen ARK die folgenden Schritte auszuführen:

1. Setze $\rho_4 = 1$ und wähle einen Wert für b_4.
2. Man berechne ρ_1 nach der Formel (5.44).
3. Man wähle Werte für ρ_2 und ρ_3.
4. Man bestimme β_j, $j = 0, \ldots, 3$, aus den ersten vier Gleichungen in (5.33).
5. Man berechne y_{21}, y_{31} und y_{32} so, dass (5.34), (5.42) sowie die 5. Gleichung in (5.33) erfüllt sind.
6. Man ermittle die übrigen Elemente von b^T mit der Formel (5.43).
7. Man berechne die Elemente von U entsprechend der Darstellung (5.26).

Abschließend wollen wir noch einige konkrete Verfahren angeben. Der Arbeit von Butcher (1997) sind die folgenden drei 4-stufigen ARK der Ordnung 4 entnommen:

$$\rho = \begin{pmatrix} \frac{11}{24} \\ \frac{2}{3} \\ 1 \\ 1 \end{pmatrix}, \quad \begin{pmatrix} \Gamma & U \\ B & V \end{pmatrix} = \left(\begin{array}{cccc|ccc} 0 & 0 & 0 & 0 & 1 & \frac{11}{24} & \frac{121}{1152} \\ \frac{320}{297} & 0 & 0 & 0 & 1 & -\frac{122}{297} & \frac{22}{81} \\ \frac{416}{495} & \frac{13}{40} & 0 & 0 & 1 & -\frac{131}{792} & -\frac{11}{108} \\ \frac{384}{715} & \frac{3}{20} & \frac{2}{13} & 0 & 1 & \frac{7}{44} & 0 \\ \hline \frac{384}{715} & \frac{3}{20} & \frac{2}{13} & 0 & 1 & \frac{7}{44} & 0 \\ 0 & 0 & 0 & 1 & 0 & 0 & 0 \\ -\frac{192}{143} & 0 & -\frac{18}{13} & 3 & 0 & -\frac{3}{11} & 0 \end{array}\right)$$

$$\tag{5.45}$$

$$\rho = \begin{pmatrix} 1 \\ \frac{3}{8} \\ \frac{9}{10} \\ 1 \end{pmatrix}, \quad \begin{pmatrix} \Gamma & U \\ B & V \end{pmatrix} = \left(\begin{array}{cccc|ccc} 0 & 0 & 0 & 0 & 1 & 1 & \frac{1}{2} \\[2mm] \frac{15}{256} & 0 & 0 & 0 & 1 & \frac{81}{256} & \frac{3}{256} \\[2mm] \frac{9}{2500} & \frac{504}{625} & 0 & 0 & 1 & \frac{9}{100} & \frac{99}{1000} \\[2mm] -\frac{1}{10} & \frac{512}{945} & \frac{250}{567} & 0 & 1 & \frac{19}{162} & 0 \\[2mm] \hline -\frac{1}{10} & \frac{512}{945} & \frac{250}{567} & 0 & 1 & \frac{19}{162} & 0 \\[2mm] 0 & 0 & 0 & 1 & 0 & 0 & 0 \\[2mm] \frac{1}{3} & \frac{128}{189} & -\frac{1000}{567} & 2 & 0 & -\frac{101}{81} & 0 \end{array}\right) \tag{5.46}$$

$$\rho = \left(\frac{15}{34}, \frac{27}{34}, 1, 1\right)^T,$$

$$\begin{pmatrix} \Gamma & U \\ B & V \end{pmatrix} = \left(\begin{array}{cccc|ccc} 0 & 0 & 0 & 0 & 1 & \frac{15}{34} & \frac{225}{2312} \\[2mm] \frac{459}{320} & 0 & 0 & 0 & 1 & -\frac{3483}{5440} & -\frac{11745}{36992} \\[2mm] \frac{81719}{133920} & \frac{2261}{7533} & 0 & 0 & 1 & \frac{108049}{1205280} & -\frac{15}{1984} \\[2mm] \frac{289}{513} & \frac{289}{1701} & \frac{31}{266} & 0 & 1 & \frac{73}{486} & 0 \\[2mm] \hline \frac{289}{513} & \frac{289}{1701} & \frac{31}{266} & 0 & 1 & \frac{73}{486} & 0 \\[2mm] 0 & 0 & 0 & 1 & 0 & 0 & 0 \\[2mm] -\frac{1462}{855} & -\frac{272}{567} & -\frac{248}{133} & 4 & 0 & \frac{22}{405} & 0 \end{array}\right) \tag{5.47}$$

In Butcher (1998) wird gezeigt, dass fünf Stufen notwendig und hinreichend dafür sind, um ein ARK der Ordnung 5 mit RK-Stabilität zu erhalten. Ein Beispiel für ein solches Verfahren ist durch die folgenden Daten gegeben:

$$\rho = \left(\frac{52}{165}, \frac{1}{2}, \frac{4}{5}, 1, 1 \right)^T,$$

$$\begin{pmatrix} \Gamma & U \\ B & V \end{pmatrix} =$$

$$\left(\begin{array}{ccccc|ccc}
0 & 0 & 0 & 0 & 0 & 1 & \dfrac{52}{165} & \dfrac{1352}{27225} \\[2mm]
\dfrac{36905}{78624} & 0 & 0 & 0 & 0 & 1 & \dfrac{2407}{78624} & \dfrac{13}{567} \\[2mm]
\dfrac{39160}{49959} & \dfrac{1792}{3355} & 0 & 0 & 0 & 1 & -\dfrac{23332}{45045} & -\dfrac{10088}{51975} \\[2mm]
-\dfrac{23722655}{65013312} & -\dfrac{13108}{3721} & \dfrac{6215}{3904} & 0 & 0 & 1 & \dfrac{878117}{266448} & \dfrac{4238}{3843} \\[2mm]
\dfrac{9882675}{22939904} & \dfrac{4}{61} & \dfrac{275}{768} & \dfrac{61}{1356} & 0 & 1 & \dfrac{251}{2496} & 0 \\[2mm]
\hline
\dfrac{9882675}{22939904} & \dfrac{4}{61} & \dfrac{275}{768} & \dfrac{61}{1356} & 0 & 1 & \dfrac{251}{2496} & 0 \\[2mm]
0 & 0 & 0 & 0 & 1 & 0 & 0 & 0 \\[2mm]
\dfrac{30490185}{11469952} & -\dfrac{171}{61} & -\dfrac{165}{128} & \dfrac{183}{452} & 3 & 0 & -\dfrac{483}{416} & 0
\end{array} \right)$$

$$(5.48)$$

6 Zweipunkt-Randwertprobleme

6.1 Definitionen und Notationen

In den vorangegangenen Kapiteln haben wir numerische Verfahren zur genäherten Lösung von AWPn der Form (1.5) betrachtet, die sich aus n *nichtlinearen* DGLn 1. Ordnung und n Anfangsbedingungen zusammensetzen. In diesem und den folgenden Kapiteln wollen wir die Anfangsbedingungen durch n *lineare* Zweipunkt-Randbedingungen ersetzen. Darüber hinaus gehen wir davon aus, dass auch die DGLn *linear* sind. Damit liegt die folgende Problemstellung vor

$$\mathscr{L}\,x(t) \equiv \dot{x}(t) - A(t)x(t) = r(t), \quad a \le t \le b,$$
$$\mathscr{B}\,x(t) \equiv B_a\,x(a) + B_b\,x(b) = \beta, \tag{6.1}$$

mit $A(t), B_a, B_b \in \mathbb{R}^{n \times n}$ und $r(t), \beta \in \mathbb{R}^n$. Probleme der Gestalt (6.1) werden (lineare) Zweipunkt-Randwertprobleme (RWPe) genannt. *Nichtlineare* Zweipunkt-Randwertprobleme (die DGLn und eventuell auch die Randbedingungen sind nichtlinear) stehen im Mittelpunkt des zweiten Bandes dieses Buches über die Numerik gewöhnlicher DGLn. Sind für Komponenten der Lösung $x(t)$ an mehr als zwei Stellen Bedingungen vorgegeben, dann spricht man von einem *Mehrpunkt-Randwertproblem*.

AWPe sind ihrem Wesen nach *Evolutionsprobleme* und die Variable t entspricht der Zeit. Da bei einem RWP die Lösung $x(t)$ der DGL (6.1) für $t \in (a, b)$ sowohl von der Vergangenheit (an der Stelle $t = a$) als auch von der Zukunft (an der Stelle $t = b$) abhängt, handelt es sich nicht mehr um ein Evolutionsproblem. Die Variable t beschreibt i. Allg. auch nicht mehr die Zeit, so dass dem Problem jede Dynamik fehlt. Vielmehr lassen sich mit RWPn *statische* Zusammenhänge, wie sie unter anderem in der Elastomechanik auftreten, sachgemäß modellieren.

Einen Spezialfall linearer Randbedingungen stellen die *partiell separierten* Randbedingungen dar. Hier gehen in $p\,(< n)$ Gleichungen aus dem n-dimensionalen linearen System $\mathscr{B}x(t) = \beta$ nur Komponenten der Lösung an einem Randpunkt ein. Wir wollen ohne Beschränkung der Allgemeinheit annehmen, dass dies der linke Randpunkt $t = a$ ist. Nach einer eventuellen Umordnung der Gleichungen können dann die Matrizen B_a und B_b in der Form

$$B_a = \begin{pmatrix} B_a^{(1)} \\ B_a^{(2)} \end{pmatrix}, \quad B_b = \begin{pmatrix} 0 \\ B_b^{(2)} \end{pmatrix} \tag{6.2}$$

aufgeschrieben werden, mit $B_a^{(1)} \in \mathbb{R}^{p \times n}$ und $B_a^{(2)}, B_b^{(2)} \in \mathbb{R}^{q \times n}$, $p + q = n$. Ein weiterer Spezialfall liegt vor, wenn in jede der n Randbedingungen nur die Komponenten der Lösung an einem der beiden Randpunkte eingehen. Nehmen wir einmal an, dass in p Gleichungen nur der linke Randpunkt $t = a$ und in den restlichen $q \equiv n - p$ Gleichungen lediglich der rechte Randpunkt $t = b$ auftritt, dann entstehen nach einer

DOI 10.1515/9783110498882-007

eventuellen Umordnung der Gleichungen Randmatrizen der Form

$$B_a = \begin{pmatrix} B_a^{(1)} \\ 0 \end{pmatrix}, \quad B_b = \begin{pmatrix} 0 \\ B_b^{(2)} \end{pmatrix}, \tag{6.3}$$

d. h., die Matrix $B_a^{(2)}$ wird zu einem $(q \times n)$-dimensionalen Null-Block. Randbedingungen mit Randmatrizen der Gestalt (6.3) werden als *vollständig separiert* bezeichnet. Liegt keiner der genannten Spezialfälle vor, dann spricht man von *nicht separierten* Randbedingungen.

Eine notwendige Bedingung für die Lösbarkeit eines linearen RWPs ist die Forderung, dass der Rang der Matrix $(B_a|B_b) \in \mathbb{R}^{n \times 2n}$, die entsteht, wenn man B_a und B_b in einer Matrix hintereinander aufschreibt, gleich n ist. Damit ist gesichert, dass den n DGLn auch n linear unabhängige algebraische Gleichungen hinzugefügt werden. Wir gehen deshalb stets davon aus, dass die Beziehung

$$\text{rang} (B_a|B_b) = n \tag{6.4}$$

erfüllt ist.

Anhand des folgenden Beispiels wollen wir die vereinbarte Notation demonstrieren.

Beispiel 6.1. Gegeben sei das lineare RWP

$$\dot{x}_1(t) = 2x_1(t) + x_2(t), \qquad x_1(1) = e,$$
$$\dot{x}_2(t) = x_1(t) + 2x_2(t), \qquad x_2(0) = -1,$$

das auf dem Intervall $[0, 1]$ die exakte Lösung $x_1(t) = e^t$ und $x_2(t) = -e^t$ besitzt. Da die DGLn homogen sind, ist in (6.1) $r(t) \equiv 0$. In Matrizen-Schreibweise lauten dann die DGLn

$$\dot{x}(t) - \begin{pmatrix} 2 & 1 \\ 1 & 2 \end{pmatrix} x(t) = 0,$$

wobei $x(t) \equiv (x_1(t), x_2(t))^T$ ist. Mit den Randmatrizen

$$B_a \equiv \begin{pmatrix} 0 & 1 \\ 0 & 0 \end{pmatrix} \quad \text{und} \quad B_b \equiv \begin{pmatrix} 0 & 0 \\ 1 & 0 \end{pmatrix}$$

lassen sich die separierten Randbedingungen in der Form

$$\begin{pmatrix} 0 & 1 \\ 0 & 0 \end{pmatrix} x(0) + \begin{pmatrix} 0 & 0 \\ 1 & 0 \end{pmatrix} x(1) = \begin{pmatrix} -1 \\ e \end{pmatrix}$$

schreiben. Setzt man $p = q \equiv 1$, $B_a^{(1)} \equiv (0, 1)$, $B_b^{(2)} \equiv (1, 0)$, $B_a^{(2)} = B_b^{(1)} \equiv (0, 0)$, dann erkennt man unmittelbar, dass die Randmatrizen dieses Problems die Struktur (6.3) besitzen.

Die Forderung (6.4) ist erfüllt, da die Matrix

$$(B_a|B_b) = \begin{pmatrix} 0 & 1 & 0 & 0 \\ 0 & 0 & 1 & 0 \end{pmatrix} \in \mathbb{R}^{2 \times 4}$$

den Rang 2 besitzt.   □

Sehr häufig treten in der Praxis auch RWPe für DGLn höherer Ordnung auf. Besonders interessant sind dabei die Gleichungen 2. Ordnung

$$\ddot{y}(t) = a_1(t)\dot{y}(t) + a_2(t)y(t) + a_3(t), \quad a \le t \le b, \tag{6.5}$$

da deren unmittelbare Verallgemeinerung auf (elliptische) partielle DGLn führt. Für eine solche DGL kann man beispielsweise Dirichlet-Randbedingungen verwenden:

$$y(a) = y_a, \quad y(b) = y_b. \tag{6.6}$$

Offensichtlich lässt sich das RWP (6.5),(6.6) in der Form (6.1) schreiben, wie das folgende Beispiel zeigt.

Beispiel 6.2. Gegeben sei das RWP für eine skalare DGL 2. Ordnung auf dem Intervall [0, 1]:
$$\ddot{y}(t) = \alpha\, y(t) + s(t), \quad y(0) = y(1) = 0.$$
Setzt man $x(t) \equiv (y(t), \dot{y}(t))^T$ und $r(t) \equiv (0, s(t))^T$, dann lässt sich dieses RWP in der Darstellung

$$\dot{x}(t) - \begin{pmatrix} 0 & 1 \\ \alpha & 0 \end{pmatrix} x(t) = r(t), \quad \begin{pmatrix} 1 & 0 \\ 0 & 0 \end{pmatrix} x(0) + \begin{pmatrix} 0 & 0 \\ 1 & 0 \end{pmatrix} x(1) = \begin{pmatrix} 0 \\ 0 \end{pmatrix}$$

angeben.   □

6.2 Existenz von Lösungen, Green'sche Funktion

Der Nachweis der Existenz und Eindeutigkeit von Lösungen eines gegebenen RWPs ist i. Allg. eine wesentlich schwierigere Aufgabe, als dies bei den AWPn der Fall war (siehe z. B. die Sätze B.2 und B.3). Reichten zum Nachweis einer Lösung bei den AWPn bereits die Stetigkeit und Beschränktheit der Funktion $f(t, x)$ aus, so muss man bei den RWPn wesentlich strengere Voraussetzungen an das Problem stellen. Insbesondere lässt sich bei *nichtlinearen* RWPn häufig die Existenz einer Lösung theoretisch nicht beweisen.

In diesem Band beschäftigen wir uns jedoch mit dem relativ einfachen Fall eines linearen RWPs (6.1). Die zugehörige DGL lautet

$$\mathscr{L}\, x(t) = r(t), \quad a \le t \le b. \tag{6.7}$$

Es sei $X(t; a) \in \mathbb{R}^{n \times n}$ eine Fundamentalmatrix des homogenen Teils von (6.7), d. h., $X(t; a)$ erfüllt

$$\mathscr{L}\, X(t; a) = 0, \quad a \le t \le b, \quad X(a; a) = X^a \in \mathbb{R}^{n \times n}, \text{ mit } \det(X^a) \ne 0. \tag{6.8}$$

Des Weiteren sei eine partikuläre Lösung $v(t; a) \in \mathbb{R}^n$ der inhomogenen DGL (6.7) gegeben, die der Beziehung

$$\mathscr{L}\, v(t; a) = r(t), \quad a \le t \le b, \quad v(a; a) = v^a \in \mathbb{R}^n \text{ beliebig,} \tag{6.9}$$

genügt. Das zweite Argument in $X(t; a)$ und $v(t; a)$ soll jetzt darauf hinweisen, dass diese Größen durch Anfangswerte an der Stelle $t = a$ festgelegt sind. Da wir es hier mit einer linearen Problemstellung zu tun haben, gilt wieder das Superpositionsprinzip (siehe Abschnitt 1.1). Somit stellt sich die allgemeine Lösung von (6.7) mit einem noch unbestimmten Vektor $c \in \mathbb{R}^n$ in der Form

$$x(t) = X(t; a)\, c + v(t; a) \tag{6.10}$$

dar. Der Vektor c ist durch die in (6.1) formulierten Randbedingungen festgelegt. Deshalb substituiert man den Ansatz (6.10) in die Randbedingungen und erhält ein n-dimensionales lineares algebraisches Gleichungssystem:

$$[B_a X(a; a) + B_b X(b; a)]c = \beta - B_a v(a; a) - B_b v(b; a). \tag{6.11}$$

Damit gilt der

Satz 6.1. *Es bezeichne $X(t; a)$ eine beliebige Fundamentalmatrix. Des Weiteren seien $A(t)$ und $r(t)$ auf $[a, b]$ hinreichend glatt. Dann besitzt das RWP (6.1) eine eindeutige Lösung $x(t)$ genau dann, wenn die Matrix*

$$M \equiv \mathscr{B}\, X(t; a) = B_a X(a; a) + B_b X(b; a) \tag{6.12}$$

nichtsingulär ist.

Beweis. Das Resultat folgt unmittelbar aus (6.11). $\qquad\qquad\square$

Unter der Annahme, dass das Problem *gut gestellt* (engl.: „well-posed") ist, d. h., das Gleichungssystem (6.12) besitzt eine eindeutige Lösung

$$c = M^{-1}[\beta - B_a v(a; a) - B_b v(b; a)],$$

kann diese in den Ansatz (6.10) eingesetzt werden und man erhält formal die gesuchte Lösung $x(t)$ des RWPs (6.1). Diese Strategie wird später die Basis für effektivere numerische Verfahren darstellen. Zuvor wollen wir aber die Aussage des Satzes 6.1 anhand eines Beispiels demonstrieren.

Beispiel 6.3. Wir betrachten das RWP für eine skalare DGL 2. Ordnung auf dem Intervall $[0, b]$

$$\ddot{y}(t) = -y(t), \quad y(0) = 0, \quad y(b) = y_b. \tag{6.13}$$

Setzt man

$$x = (x_1, x_2)^T \equiv (y, \dot{y})^T, \quad \dot{x}_1 = x_2, \quad \dot{x}_2 = -x_1,$$

dann kann man das Problem in Matrizen-Schreibweise wie folgt notieren:

$$\dot{x}(t) - \begin{pmatrix} 0 & 1 \\ -1 & 0 \end{pmatrix} x(t) = 0, \quad \begin{pmatrix} 1 & 0 \\ 0 & 0 \end{pmatrix} \begin{pmatrix} x_1(0) \\ x_2(0) \end{pmatrix} + \begin{pmatrix} 0 & 0 \\ 1 & 0 \end{pmatrix} \begin{pmatrix} x_1(b) \\ x_2(b) \end{pmatrix} = \begin{pmatrix} 0 \\ y_b \end{pmatrix}.$$

Da es sich um eine lineare homogene DGL mit konstanten Koeffizienten handelt, lässt sich eine Fundamentalmatrix $X(t; 0)$ mit dem üblichen Ansatz auf Basis der Exponentialfunktion ermitteln. Wählt man dabei die Anfangsbedingung $X(0; 0) = I$, so erhält man

$$X(t; 0) = \begin{pmatrix} \cos(t) & \sin(t) \\ -\sin(t) & \cos(t) \end{pmatrix}.$$

Die Matrix M bestimmt sich nach (6.12) zu

$$M = \begin{pmatrix} 1 & 0 \\ 0 & 0 \end{pmatrix} \underbrace{\begin{pmatrix} 1 & 0 \\ 0 & 1 \end{pmatrix}}_{X(0;0)} + \begin{pmatrix} 0 & 0 \\ 1 & 0 \end{pmatrix} \underbrace{\begin{pmatrix} \cos(b) & \sin(b) \\ -\sin(b) & \cos(b) \end{pmatrix}}_{X(b;0)} = \begin{pmatrix} 1 & 0 \\ \cos(b) & \sin(b) \end{pmatrix}.$$

Es existiert also nur eine (eindeutige) Lösung des linearen RWPs (6.1), falls für den rechten Randpunkt des Intervalls $[0, b]$ die Beziehung $b \neq k\pi$, $k \in \mathbb{N}$, gilt. □

Das obige Beispiel zeigt sehr instruktiv, dass selbst bei linearen RWPn eine hinreichende Glattheit der rechten Seite der DGLn nicht ausreicht (wie dies bei AWPn der Fall ist), um die Existenz einer Lösung zu garantieren.

Wenn die im Satz 6.1 definierte Matrix M nichtsingulär ist, dann kann man auch ohne Beschränkung der Allgemeinheit annehmen, dass $M = I$ gilt. Andernfalls ersetze man einfach $X(t; a)$ durch die Fundamentalmatrix $\hat{X}(t; a) \equiv X(t; a)M^{-1}$. Für die folgenden Betrachtungen wollen wir deshalb voraussetzen, dass eine Fundamentalmatrix $X(t; a)$ vorliegt, die durch die Gleichung

$$\mathcal{B} X(t; a) = I \tag{6.14}$$

bestimmt ist. Da $v(t; a)$ eine beliebige partikuläre Lösung der inhomogenen DGL (6.7) bezeichnet, legen wir sie hier durch die Beziehung

$$\mathcal{B} v(t; a) = 0 \tag{6.15}$$

fest.

Wir wollen nun diese partikuläre Lösung $v(t; a)$ durch $X(t; a)$ und $r(t)$ ausdrücken. Dazu verwenden wir wieder die Methode von Lagrange (auch Methode der Variation der Konstanten genannt). Im Abschnitt 1.1 wurde bereits mit dieser Methode die Formel (1.14) hergeleitet, die in der hier verwendeten Notation die Form

$$v(t; a) = X(t; a) \int_a^t X(\tau; a)^{-1} r(\tau) d\tau + X(t; a)k \tag{6.16}$$

annimmt. Im Falle unseres linearen RWPs hat $v(t; a)$ jetzt der Bedingung (6.15) zu genügen, d. h.

$$B_a X(a; a)\,k + B_b X(b; a) \int_a^b X(\tau; a)^{-1} r(\tau)d\tau + B_b X(b; a)\,k = 0.$$

Da wir $\mathcal{B}\,X(t; a) = I$ (siehe Formel (6.14)) vorausgesetzt haben, berechnet sich der Vektor k der Integrationskonstanten zu

$$k = -B_b X(b; a) \int_a^b X(\tau; a)^{-1} r(\tau)d\tau.$$

Setzt man dies in (6.16) ein, so resultiert

$$v(t; a) = X(t; a) \int_a^t X(\tau; a)^{-1} r(\tau)d\tau - X(t; a)B_b X(b; a) \int_a^b X(\tau; a)^{-1} r(\tau)d\tau.$$

Unter Ausnutzung der Linearität des Integrals schreiben wir diese Formel in der Gestalt

$$v(t; a) =$$

$$\int_a^t X(t; a)X(\tau; a)^{-1} r(\tau)d\tau \qquad + \int_t^b 0\,d\tau$$

$$- \int_a^t X(t; a)B_b X(b; a)X(\tau; a)^{-1} r(\tau)d\tau \quad - \int_t^b X(t; a)B_b X(b; a)X(\tau; a)^{-1} r(\tau)d\tau. \tag{6.17}$$

Aus dieser Formel lässt sich nun die folgende Eigenschaft ablesen. Gilt $a \le \tau \le t$, dann ist der Integrand von der Gestalt

$$X(t; a)X(\tau; a)^{-1} r(\tau) - X(t; a)B_b X(b; a)X(\tau; a)^{-1} r(\tau)$$
$$= X(t; a)[I - B_b X(b; a)]X(\tau; a)^{-1} r(\tau)$$
$$= X(t; a)B_a X(a; a)X(\tau; a)^{-1} r(\tau).$$

Gilt andererseits $t < \tau \le b$, dann ist der Integrand von der Gestalt

$$0 - X(t; a)B_b X(b; a)X(\tau; a)^{-1} r(\tau).$$

Es ist deshalb üblich, die Formel (6.17) in der folgenden kompakten Form aufzuschreiben

$$v(t; a) = \int_a^b G(t, \tau)r(\tau)d\tau, \tag{6.18}$$

wobei $G(t, \tau)$ die sogenannte *Green'sche Funktion* bezeichnet. Diese ist definiert zu

$$G(t, \tau) \equiv \begin{cases} X(t; a)B_a X(a; a)X(\tau; a)^{-1}, & t \geq \tau \\ -X(t; a)B_b X(b; a)X(\tau; a)^{-1}, & t < \tau. \end{cases} \tag{6.19}$$

Zur Veranschaulichung betrachten wir ein einfaches, aber instruktives Beispiel (siehe Wallisch & Hermann (1985)). Es handelt sich dabei um eine Schar von Aufgaben mit einem Scharparameter λ, dessen größenordnungsmäßigen Spezifizierungen auf typische Phänomene führen, die bei der numerischen Behandlung von RWPn zu beachten sind.

Beispiel 6.4. Gesucht ist eine Vektorfunktion $x : [0, 1] \to \mathbb{R}^2$ als Lösung des RWPs

$$\dot{x}(t) - \begin{pmatrix} 0 & \lambda \\ \lambda & 0 \end{pmatrix} x(t) = r(t), \quad \lambda > 0, \quad 0 \leq t \leq 1, \tag{6.20}$$

$$B_a x(0) + B_b x(1) = \beta.$$

Schreiben wir das zugehörige homogene System komponentenweise auf, so ergibt sich

$$\dot{x}_1(t) = \lambda x_2(t), \quad \dot{x}_2(t) = \lambda x_1(t).$$

Differenziert man nun die erste Gleichung und setzt anschließend für $\dot{x}_2(t)$ die zweite Gleichung ein, dann erhalten wir die folgende (entkoppelte) skalare Differentialgleichung zweiter Ordnung für $x_1(t)$:

$$\ddot{x}_1(t) = \lambda^2 x_1(t).$$

Um diese homogene DGL mit konstanten Koeffizienten zu lösen, verwenden wir den dafür sachgemäßen Ansatz $x_1(t) = e^{kt}$ und substituieren diesen in die obige DGL. Es resultiert

$$k^2 = \lambda^2,$$

woraus $k = \pm\lambda$ folgt. Somit gilt

$$x_1(t) = c_1 e^{\lambda t} + c_2 e^{-\lambda t}, \quad \dot{x}_1(t) = \lambda c_1 e^{\lambda t} - \lambda c_2 e^{-\lambda t},$$

$$x_2(t) = \frac{1}{\lambda}\dot{x}_1(t) = c_1 e^{\lambda t} - c_2 e^{-\lambda t}.$$

Die allgemeine Lösung des homogenen DGL-Systems in (6.20) lautet damit

$$x(t) = c_1 \begin{pmatrix} e^{\lambda t} \\ e^{\lambda t} \end{pmatrix} + c_2 \begin{pmatrix} e^{-\lambda t} \\ -e^{-\lambda t} \end{pmatrix}.$$

Wir wollen jetzt aus der obigen Darstellung die zugehörige Fundamentalmatrix $U(t; 0)$ bestimmen, welche $U(0; 0) = I$ erfüllt. Wir schreiben dazu $U(t; 0) = \left(u^{(1)}(t; 0)|u^{(2)}(t; 0)\right)$ und beginnen mit der ersten Spalte der Einheitsmatrix:

$$\begin{pmatrix} 1 \\ 0 \end{pmatrix} \doteq c_1 \begin{pmatrix} 1 \\ 1 \end{pmatrix} + c_2 \begin{pmatrix} 1 \\ -1 \end{pmatrix}.$$

Somit ist $1 = c_1 + c_2$ und $c_1 = c_2$, woraus $c_1 = c_2 = 1/2$ folgt. Mit

$$\sinh(\lambda t) \equiv (e^{\lambda t} - e^{-\lambda t})/2, \quad \cosh(\lambda t) \equiv (e^{\lambda t} + e^{-\lambda t})/2$$

können wir nun die erste Spalte der gesuchten Fundamentalmatrix wie folgt aufschreiben:

$$u^{(1)}(t;0) = \frac{1}{2}\begin{pmatrix} e^{\lambda t} \\ e^{\lambda t} \end{pmatrix} + \frac{1}{2}\begin{pmatrix} e^{-\lambda t} \\ -e^{-\lambda t} \end{pmatrix} = \begin{pmatrix} \cosh(\lambda t) \\ \sinh(\lambda t) \end{pmatrix}.$$

Zur Bestimmung der zweiten Spalte von $U(t;0)$ führen wir den obigen Prozess mit der zweiten Spalte der Einheitsmatrix durch, d. h., wir setzen

$$\begin{pmatrix} 0 \\ 1 \end{pmatrix} \doteq c_1 \begin{pmatrix} 1 \\ 1 \end{pmatrix} + c_2 \begin{pmatrix} 1 \\ -1 \end{pmatrix}.$$

Dies ergibt $c_1 = -c_2$ und $1 = c_1 - c_2$, woraus $c_1 = 1/2$ und $c_2 = -1/2$ folgt. Nun lässt sich die zweite Spalte der gesuchten Fundamentalmatrix folgendermaßen angeben:

$$u^{(2)}(t;0) = \frac{1}{2}\begin{pmatrix} e^{\lambda t} \\ e^{\lambda t} \end{pmatrix} + \frac{1}{2}\begin{pmatrix} -e^{-\lambda t} \\ e^{-\lambda t} \end{pmatrix} = \begin{pmatrix} \sinh(\lambda t) \\ \cosh(\lambda t) \end{pmatrix}.$$

Fassen wir schließlich die beiden Vektoren $u^{(1)}(t;0)$ und $u^{(2)}(t;0)$ in einer Matrix zusammen, dann haben wir unser Ziel erreicht. Die gesuchte Fundamentalmatrix lautet:

$$U(t;0) = \begin{pmatrix} \cosh(\lambda t) & \sinh(\lambda t) \\ \sinh(\lambda t) & \cosh(\lambda t) \end{pmatrix}. \tag{6.21}$$

Für die weiteren Betrachtungen stellen wir dem RWP mit

$$B_a \equiv \begin{pmatrix} 1 & 0 \\ 0 & 0 \end{pmatrix}, \quad B_b \equiv \begin{pmatrix} 0 & 0 \\ 1 & 0 \end{pmatrix}, \quad \text{d. h., } x_1(0) = \beta_1, \; x_1(1) = \beta_2, \tag{6.22}$$

das AWP mit

$$B_a \equiv \begin{pmatrix} 1 & 0 \\ 0 & 1 \end{pmatrix}, \quad B_b \equiv \begin{pmatrix} 0 & 0 \\ 0 & 0 \end{pmatrix}, \quad \text{d. h., } x_1(0) = \beta_1, \; x_2(0) = \beta_2, \tag{6.23}$$

gegenüber.

Im Falle (6.22) ergibt sich

$$M = \begin{pmatrix} 1 & 0 \\ \cosh(\lambda) & \sinh(\lambda) \end{pmatrix}, \quad M^{-1} = \frac{1}{\sinh(\lambda)}\begin{pmatrix} \sinh(\lambda) & 0 \\ -\cosh(\lambda) & 1 \end{pmatrix}, \tag{6.24}$$

$$G(t, \tau) = \begin{cases} G_0(t, \tau) & 0 \leq \tau \leq t \\ G_0(t+1, \tau-1) & t < \tau \leq 1 \end{cases}, \tag{6.25}$$

mit

$$G_0(t, \tau) \equiv \frac{1}{\sinh(\lambda)} \begin{pmatrix} \sinh(\lambda(1-t)) & 0 \\ 0 & \cosh(\lambda(1-t)) \end{pmatrix} \begin{pmatrix} 1 & -1 \\ -1 & 1 \end{pmatrix} \times$$

$$\times \begin{pmatrix} \cosh(\lambda\tau) & 0 \\ 0 & \sinh(\lambda\tau) \end{pmatrix},$$

$$\hat{X}(t; 0) \equiv U(t; 0)M^{-1} = \frac{1}{\sinh(\lambda)} \begin{pmatrix} \sinh(\lambda(1-t)) & \sinh(\lambda t) \\ -\cosh(\lambda(1-t)) & \cosh(\lambda t) \end{pmatrix}. \tag{6.26}$$

Im Falle (6.23) ist

$$M = I, \quad G(t, \tau) = \begin{cases} U(t-\tau; 0), & 0 \le \tau \le t \\ 0, & t < \tau \le 1 \end{cases}, \quad \hat{X}(t; 0) = U(t; 0). \tag{6.27}$$

$\square$

Die Lösung des linearen RWPs (6.1) kann nun unter Zuhilfenahme von (6.18) formal in der Darstellung

$$x(t) = X(t; a)\beta + \int_a^b G(t, \tau)r(\tau)d\tau \tag{6.28}$$

angegeben werden.

Wie wir gesehen haben, ergibt sich bei der Verwendung einer Fundamentalmatrix $X(t; a)$, die durch die Gleichungen (6.8) und (6.14) definiert ist, für die Green'sche Funktion $G(t, \tau)$ die Darstellung (6.19). In den Anwendungen (siehe auch Beispiel 6.4) verwendet man jedoch oftmals auch eine andere Fundamentalmatrix $U(t; a)$, die die Lösung des AWPs

$$\mathscr{L} U(t; a) = 0, \quad U(a; a) = I \tag{6.29}$$

darstellt. Wir wollen nun für eine solche Fundamentalmatrix die Green'sche Funktion herleiten. Es sei

$$M \equiv \mathscr{B} U(t; a) = B_a U(a; a) + B_b U(b; a) = B_a + B_b U(b; a). \tag{6.30}$$

Dann gilt

$$X(t; a) = U(t; a)M^{-1}, \tag{6.31}$$

da die so gebildete Matrix $X(t; a)$ die Bedingung (6.14) erfüllt, wovon man sich unmittelbar überzeugen kann:

$$B_a U(a; a)M^{-1} + B_b U(b; a)M^{-1} = [B_a U(a; a) + B_b U(b; a)]M^{-1} = MM^{-1} = I.$$

Folglich lässt sich die über die Gleichungen (6.8) und (6.14) definierte Matrix $X(t; a)$ auch mit den folgenden Definitionsgleichungen beschreiben

$$\mathscr{L} X(t; a) = 0, \quad X(a; a) = M^{-1}, \tag{6.32}$$

wobei M durch (6.30) gegeben ist. Der erste Ausdruck in (6.19) bestimmt sich dann für $t \geq \tau$ zu

$$
\begin{aligned}
X(t; a)B_a X(a; a)X(\tau; a)^{-1} &= U(t; a)M^{-1}B_a U(a; a)M^{-1}MU(\tau; a)^{-1} \\
&= U(t; a)M^{-1}B_a U(a; a)U(\tau; a)^{-1}.
\end{aligned}
\tag{6.33}
$$

Um diese Formel weiter zu vereinfachen, benötigen wir einige wichtige Eigenschaften der Fundamentalmatrix $U(t; a)$, die im folgenden Satz formuliert sind.

Satz 6.2. *Die durch (6.29) definierte Fundamentalmatrix $U(t; a)$ ist eine Wronski-Matrix, d. h., sie erfüllt die folgenden Gruppeneigenschaften:*

1. $U(t; \tau)\, U(\tau; a) = U(t; a)$,

2. $U(a; \tau)^{-1} = U(\tau; a)$,

3. $U(a; a) = I$.

Beweis. Ist $U(t; \tau)$ Lösung von

$$
\mathscr{L}\, U(t; \tau) = 0, \quad a \leq \tau \leq t \leq b, \quad U(\tau; \tau) = I,
\tag{6.34}
$$

dann ist offensichtlich $W(t; \tau) \equiv U(t; \tau)V$, mit einer nichtsingulären Matrix $V \in \mathbb{R}^{n \times n}$, die Lösung von

$$
\mathscr{L}\, W(t; \tau) = 0, \quad W(\tau; \tau) = V.
$$

Setzt man nun $V \equiv U(\tau; a)$, so folgt aus der obigen Beziehung unmittelbar, dass die damit gebildete Matrix $W(t; \tau) \equiv U(t; \tau)U(\tau; a)$ die Lösung von

$$
\mathscr{L}\, W(t; \tau) = 0, \quad W(\tau; \tau) = U(\tau; a)
\tag{6.35}
$$

ist. Andererseits erfüllt $U(t; a)$ das AWP

$$
\mathscr{L}\, U(t; a) = 0, \quad U(a; a) = I.
\tag{6.36}
$$

Die Lösungen von (6.35) und (6.36) stimmen aber überein, d. h., es muss die erste Gruppeneigenschaft gelten. Setzt man nun $t = a$ in diese ein, so resultiert

$$
U(a; \tau)U(\tau; a) = U(a; a) = I, \quad \text{d. h. } U(\tau; a) = U(a; \tau)^{-1},
$$

wodurch die zweite Gruppeneigenschaft gezeigt ist. Die dritte Gruppeneigenschaft ist offensichtlich. $\qquad\square$

Unter Ausnutzung der im Satz 6.2 genannten Eigenschaften lässt sich (6.33) weiter umformen zu

$$
X(t; a)B_a X(a; a)X(\tau; a)^{-1} = U(t; a)M^{-1}B_a U(a; \tau).
\tag{6.37}
$$

Nach Formel (6.30) ist $B_a = M - B_b U(b; a)$, so dass (6.37) übergeht in

$$
\begin{aligned}
X(t; a)B_a X(a; a)X(\tau; a)^{-1} &= U(t; a)M^{-1}[M - B_b U(b; a)]U(a; \tau) \\
&= U(t; a)U(a; \tau) - U(t; a)M^{-1}B_b U(b; a)U(a; \tau) \quad (6.38) \\
&= U(t; \tau) - U(t; a)HU(b; \tau),
\end{aligned}
$$

mit $H \equiv M^{-1}B_b$.

Der zweite Ausdruck in (6.19) berechnet sich für $t < \tau$ wie folgt:

$$
\begin{aligned}
-X(t; a)B_b X(b; a)X(\tau; a)^{-1} &= -U(t; a)M^{-1}B_b U(b; a)M^{-1}MU(\tau; a)^{-1} \\
&= -U(t; a)M^{-1}B_b U(b; a)U(a; \tau) \quad (6.39) \\
&= -U(t; a)HU(b; \tau).
\end{aligned}
$$

Mit den Formeln (6.38) und (6.39) lässt sich die Green'sche Funktion bei der Verwendung der Fundamentalmatrix (6.29) nun wie folgt angeben:

$$
G(t, \tau) = \begin{cases} U(t; \tau) - U(t; a)HU(b; \tau), & t \geq \tau \\ -U(t; a)HU(b; \tau), & t < \tau. \end{cases} \quad (6.40)
$$

Wie wir bereits gezeigt haben, kann die Lösung des RWPs (6.1) auf Basis der Fundamentalmatrix $X(t; a)$ in der Form (6.28) dargestellt werden, d. h., es gilt

$$
x(t) = X(t; a)\beta + \int_a^b G(t, \tau)r(\tau)d\tau,
$$

wobei $G(t, \tau)$ durch (6.19) bestimmt ist. Verwendet man nun anstelle der Fundamentalmatrix $X(t; a)$ die Fundamentalmatrix $U(t; a)$ aus (6.29), dann ergibt sich bei Verwendung des Zusammenhangs (6.31) eine analoge Lösungsdarstellung

$$
x(t) = U(t; a)M^{-1}\beta + \int_a^b G(t, \tau)r(\tau)d\tau, \quad (6.41)
$$

wobei jetzt $G(t, \tau)$ durch (6.40) gegeben ist.

Bisher haben wir zwei Fundamentalmatrizen $X(t; a)$ und $U(t; a)$ betrachtet, die die speziellen Anfangsbedingungen (6.14) bzw. (6.29) erfüllen. Ist nun $Y(t; a)$ eine beliebige Fundamentalmatrix, dann lässt sich die zugehörige Green'sche Funktion offensichtlich in der Form

$$
G(t, \tau) \equiv \begin{cases} Y(t; a)M^{-1}B_a Y(a; a)Y(\tau; a)^{-1}, & t \geq \tau \\ -Y(t; a)M^{-1}B_b Y(b; a)Y(\tau; a)^{-1}, & t < \tau, \end{cases} \quad (6.42)
$$

mit $M \equiv B_a Y(a; a) + B_b Y(b; a)$ angeben. Die Lösungsdarstellung (6.28) geht in diesem Falle über in

$$
x(t) = Y(t; a)M^{-1}\beta + \int_a^b G(t, \tau)r(\tau)d\tau. \quad (6.43)
$$

6.3 Stabilität, Dichotomie und Kondition

Für die numerische Behandlung von linearen RWPn ist die Empfindlichkeit der Lösung $x(t)$ gegenüber kleinen Störungen der rechten Seiten $r(t)$ und β in (6.1) von wesentlicher Bedeutung. Derartige Störungen müssen im Toleranzbereich rundungsbehafteter Rechnung stets als vorhanden angesehen werden. Als Empfindlichkeitsmaße dienen sogenannte *Stabilitäts-* und *Konditionskonstanten*, mit denen wir uns im Folgenden beschäftigen werden.

Es seien X, Y zwei normierte Vektorräume und $T : X \to Y$ ein linearer Operator mit dem Wertebereich $Y' \subset Y$. Ferner existiere der lineare Umkehroperator $T^{-1} : Y' \to X$. Man nennt die Operatorgleichung

$$T x = y, \tag{6.44}$$

$y \in Y'$, $x \in X$, *stabil* (oder *korrekt gestellt*, engl.: *well-posed*), wenn der Umkehroperator T^{-1} beschränkt ist, d. h. wenn eine von x bzw. y unabhängige Stabilitätskonstante $\kappa > 0$ existiert, so dass die Stabilitätsungleichung

$$\|x\|_X \leq \kappa \|Tx\|_Y \quad \text{bzw.} \quad \|T^{-1}y\|_X \leq \kappa \|y\|_Y \tag{6.45}$$

für alle $x \in X$ bzw. $y \in Y'$ gilt. Dabei sei $\|\cdot\|_X$ bzw. $\|\cdot\|_Y$ die in X bzw. Y definierte Norm. Im Weiteren verzichten wir auf die Angabe der Bezugsräume.

Wird nun y um $\triangle y$ gestört und ist $T(x + \triangle x) = y + \triangle y$, so folgt aus (6.45) für den absoluten Fehler $\| \triangle x \|$ die Abschätzung

$$\| \triangle x \| \leq \kappa \| \triangle y \|. \tag{6.46}$$

Hierin liegt die Bedeutung der Stabilitätskonstanten κ als Maß für die Fortpflanzung des absoluten Fehlers. Wie groß κ höchstens sein darf, um durch ein numerisches Lösungsverfahren mit gegebener Rechenungenauigkeit ein hinreichend genaues zahlenmäßiges Ergebnis zu erhalten, muss von Fall zu Fall und oft aus der Erfahrung heraus entschieden werden. Dabei ist davon auszugehen, dass bei t-stelliger Rechnung der Fehler $\triangle y$ der Eingabedaten mindestens in der Größenordnung $10^{-t}\{\max(1, \|y\|)\}$ liegt (siehe Hermann (2011)).

Um die Berechnung von κ für das RWP (6.1) zu konkretisieren, sei

$$Tx \equiv (\mathscr{L} x, \mathcal{B} x)^T .$$

Weiterhin legen wir die Vektorräume

$$X \equiv \mathbb{C}^1([a, b], \mathbb{R}^n), \qquad Y \equiv \left\{ y = (r, \beta)^T : r \in \mathbb{C}([a, b], \mathbb{R}^n), \beta \in \mathbb{R}^n \right\} \tag{6.47}$$

zugrunde, mit den Normen

$$\|x\| \equiv \sup\{\|x(t)\|_s : a \leq t \leq b\}, \quad \|y\| \equiv \|r\| + \|\beta\|_s,$$
$$\|r\| \equiv \sup\{\|r(t)\|_s : a \leq t \leq b\}. \tag{6.48}$$

Hier und im Folgenden bezeichne $\| \cdot \|_s$ eine der in (A.19) angegebenen Vektornormen des $\mathbb{R}^n$ bzw. die zugehörige Matrixnorm (siehe (A.21)).

Der Operator $T : X \rightarrow Y$ und sein Umkehroperator $T^{-1} : Y \rightarrow X$ sind dann definiert durch die Operatorgleichungen

$$Tx = y \iff (6.1) \quad \text{und} \quad T^{-1}y = x \iff (6.28).$$

Aus (6.43) folgt die Abschätzung

$$\|x(t)\|_s \le \|Y(t;a)M^{-1}\|_s \|\beta\|_s + \int_a^b \|G(t;\tau)\|_s \|r(\tau)\|_s \, d\tau \tag{6.49}$$

$$\le \kappa_1(t)\|\beta\|_s + \kappa_2(t)\|r\|, \quad t \in [a,b],$$

mit

$$\kappa_1(t) \equiv \|Y(t;a)M^{-1}\|_s \quad \text{und} \quad \kappa_2(t) \equiv \int_a^b \|G(t,\tau)\|_s \, d\tau. \tag{6.50}$$

Eine hieraus resultierende Stabilitätskonstante κ ist gegeben durch

$$\kappa \equiv \max\{\|\kappa_1\|, \|\kappa_2\|\}. \tag{6.51}$$

Dabei ist die „Rand"-Stabilitätskonstante $\|\kappa_1\|$ bzw. die „innere" Stabilitätskonstante $\|\kappa_2\|$ die Supremum-Norm von κ_1 bzw. κ_2.

Beispiel 6.5. Wir wollen die Betrachtungen für das Beispiel 6.4 hier fortsetzen. Die Berechnung der Stabilitätskonstanten für das dort definierte RWP (6.20) führt auf die folgenden aufschlussreichen Ergebnisse. Legen wir für Vektoren die Maximum-Norm und dementsprechend für Matrizen die Zeilensummen-Norm zugrunde, so erhalten wir gemäß (6.50) aus (6.25) und (6.26)

$$\kappa_1(t) = \varphi_1(t) + \varphi_1(1-t), \quad \text{mit } \varphi_1(t) \equiv \cosh(\lambda t),$$
$$\kappa_2(t) = \varphi_2(t) + \varphi_2(1-t), \quad \text{mit } \varphi_2(t) \equiv (e^{\lambda t} - 1)\cosh(\lambda(1-t))/\lambda$$

und aus (6.27)

$$\kappa_1(t) = e^{\lambda t}, \quad \kappa_2(t) = (e^{\lambda t} + e^{\lambda(1-t)} - 2)/\lambda.$$

Dies führt im Falle (6.22) auf die Abschätzungen

$$(\cosh(\lambda) + 1)/\sinh(\lambda) \le \|\kappa_1\| \le (e^\lambda + 1)/\sinh(\lambda),$$
$$(e^\lambda - 1)/\lambda\sinh(\lambda) \le \|\kappa_2\| \le 2(e^\lambda - 1)/\lambda\sinh(\lambda) \tag{6.52}$$

und im Falle (6.23) auf

$$\|\kappa_1\| = e^\lambda \quad \text{und} \quad \|\kappa_2\| = (e^\lambda - 1)/\lambda. \tag{6.53}$$

Hieraus lässt sich speziell das Verhalten der Stabilitätskonstanten für $\lambda \rightarrow \infty$ bzw. $\lambda \rightarrow 0$ erkennen. Wir bezeichnen den Fall, dass die Konstanten beschränkt bleiben,

Tab. 6.1: Fortsetzung von Beispiel 6.4: Stabilität.

	RWP	AWP
$\lambda \gg 1$	stabil	instabil
$\lambda \ll 1$	instabil	stabil

als *stabil* und den Fall, dass die Konstanten unbeschränkt anwachsen, als *instabil*. Es ergibt sich dann aus (6.52), (6.53) die Tabelle 6.1, bei der wir das RWP (6.20), (6.22) mit RWP und das AWP (6.20), (6.23) mit AWP bezeichnen.   □

Die im obigen Beispiel auftretende Diskrepanz zwischen den Stabilitätseigenschaften von RWPn und den zugehörigen AWPn ist speziell immer dann zu erwarten, wenn die Fundamentallösungen des Problems stark anwachsende Komponenten enthalten.

Im vorliegenden Text wollen wir nur solche RWPe betrachten, deren Stabilitätskonstante κ nicht allzu groß ist. Hiermit meinen wir, dass $\kappa \ll \exp[(b - a)L]$, wobei L die Lipschitz-Konstante des linearen RWPs (6.1) bezeichnet ($L \geq \max \|A(t)\|$ für $t \in [a, b]$).

Die Stabilität eines RWPs bedeutet im Wesentlichen, dass die zugehörige Green'sche Funktion hinreichend gut beschränkt ist. Betrachtet man zunächst einmal den Fall vollständig separierter Randbedingungen (siehe die Formel (6.30)), dann gilt mit einer Fundamentalmatrix $X(t; a)$, die die Bedingung (6.14) erfüllt,

$$B_a X(a; a) = \begin{pmatrix} I_p & 0 \\ 0 & 0 \end{pmatrix} \equiv P, \qquad B_b X(b; a) = \begin{pmatrix} 0 & 0 \\ 0 & I_q \end{pmatrix} \equiv I_n - P. \qquad (6.54)$$

Offensichtlich ist die Matrix $P \in \mathbb{R}^{n \times n}$ eine orthogonale Projektionsmatrix, d. h., sie erfüllt $P^2 = P$ und $P^T = P$. Die Green'sche Funktion (6.19) lässt sich dann wie folgt aufschreiben:

$$G(t, \tau) \equiv \begin{cases} X(t; a) P X(\tau; a)^{-1}, & t \geq \tau \\ -X(t; a)(I - P)X(\tau; a)^{-1}, & t < \tau. \end{cases} \qquad (6.55)$$

Die Darstellung (6.55) der Green'schen Funktion für RWPe mit vollständig separierten Randbedingungen gibt nun Anlass zu der folgenden Definition, die sich auf allgemeine lineare RWPe der Form (6.1) bezieht.

Definition 6.1. Es sei $X(t; a)$ eine Fundamentalmatrix für die lineare homogene DGL

$$\mathscr{L} x(t) = 0,$$

mit $A \in \mathbb{C}([a, b], \mathbb{R}^{n \times n})$, die die Bedingung (6.14) erfüllt. Die DGL besitzt eine *exponentielle Dichotomie*, falls eine orthogonale Projektionsmatrix $P \in \mathbb{R}^{n \times n}$ vom Rang p, $0 \leq p \leq n$, sowie positive Konstanten K, α, μ existieren (wobei der Schwellenwert K

von moderater Größe ist), so dass in einer Matrixnorm $\| \cdot \|_s$ gilt:

$$\begin{aligned}
\|X(t;a)PX(\tau;a)^{-1}\|_s &\leq K\, e^{\alpha(\tau-t)}, \quad t \geq \tau, \\
\|X(t;a)(I-P)X(\tau;a)^{-1}\|_s &\leq K\, e^{\mu(t-\tau)}, \quad t < \tau,
\end{aligned} \tag{6.56}$$

für $a \leq t, \tau \leq b$. Ist die Beziehung (6.56) mit $\alpha = 0$ und/oder $\mu = 0$ erfüllt, dann sagt man, dass die DGL eine *gewöhnliche Dichotomie* besitzt. Ganz allgemein ist von einer *Dichotomie* zu sprechen, wenn die Größen α und μ nichtnegativ, aber ansonsten nicht weiter spezifiziert sind. □

Bemerkung 6.1. Der Begriff einer Dichotomie geht auf Coppel (1978) zurück und wurde von Mattheij (1982) für die im vorliegenden Text betrachteten RWPe nutzbar gemacht. Die gewöhnliche Dichotomie und die exponentielle Dichotomie entsprechen der Stabilität bzw. asymptotischen Stabilität bei AWPn. □

Im Falle einer konstanten Koeffizientenmatrix $A(t) \equiv A$ kann man sich sehr leicht davon überzeugen, dass die lineare DGL genau dann eine exponentielle Dichotomie aufweist, falls A keine rein imaginären Eigenwerte besitzt, und eine gewöhnliche Dichotomie genau dann, wenn alle rein imaginären Eigenwerte einfach auftreten. Bei RWPn mit einer veränderlichen Matrix $A(t)$ sind jedoch die Eigenwerte nicht sehr aussagekräftig.

Die Dichotomie impliziert, dass der Lösungsraum des Problems in zwei Teilräume zerlegt werden kann, deren Elemente ein unterschiedliches Wachstumsverhalten aufweisen. Dabei ist der Winkel zwischen den Teilräumen von null verschieden. Um dies zu zeigen, seien $X(t;a)$ eine Fundamentalmatrix und P eine Projektion, so dass die Beziehung (6.56) erfüllt ist. Der Lösungsraum werde mit $S \equiv \{X(t;a)c, \ c \in \mathbb{R}^n\}$ bezeichnet und $S_2 \equiv \{X(t;a)Pc, \ c \in \mathbb{R}^n\}$ sowie $S_1 \equiv \{X(t;a)(I-P)c, \ c \in \mathbb{R}^n\}$ seien seine Teilräume, d. h., es gilt $S = S_1 \oplus S_2$. Bei Vorliegen einer Dichotomie der Form (6.56) ergibt sich nun die folgende Aussage.

Satz 6.3. *Die DGL besitze eine Dichotomie der Form (6.56). Dann gilt für alle Funktionen $\phi(t) \in S_1$ und $\psi(t) \in S_2$*

$$\frac{\|\psi(t)\|_s}{\|\psi(\tau)\|_s} \leq K\, e^{\alpha(\tau-t)} \quad \text{falls} \quad t \geq \tau, \qquad \frac{\|\phi(t)\|_s}{\|\phi(\tau)\|_s} \leq K\, e^{\mu(t-\tau)} \quad \text{falls} \quad t < \tau. \tag{6.57}$$

Bezeichnet θ den Winkel zwischen den Teilräumen S_1 und S_2 (d. h., für alle in Betracht kommenden Elemente $\psi(t), \phi(t)$ und t ist θ der kleinste Winkel zwischen $\psi(t) \in S_2$ und $\phi(t) \in S_1$), dann ist

$$\cot(\theta) \leq \bar{K},$$

mit einem $\bar{K}$, so dass $\|X(t;a)PX(t;a)^{-1}\|_2 \leq \bar{K}$, $a \leq t \leq b$, gilt.

Beweis. Siehe die Monografie von Ascher et al. (1988). □

Somit impliziert eine Dichotomie (siehe die Formeln (6.57)), dass p Spalten von $X(t;a)$ nicht anwachsen (im Falle einer exponentiellen Dichotomie sogar fallen), wenn t

wächst. Die restlichen $q \equiv n - p$ Spalten von $X(t; a)$ nehmen nicht ab (im Falle einer exponentiellen Dichotomie wachsen sie an), wenn t zunimmt. Die p nicht anwachsenden Zustände oder Modes (engl.: *modes*) sind in ihrer Größenordnung durch die Randbedingungen im Randpunkt $t = a$ bestimmt, während die q nicht abnehmenden Modes in ihrer Größenordnung durch die Randbedingungen im Randpunkt $t = b$ determiniert sind.

Zu einer gegebenen Fundamentalmatrix $X(t; a)$ und einer orthogonalen Projektionsmatrix P vom Rang p, für die die Beziehung (6.56) erfüllt ist, lässt sich stets eine Fundamentalmatrix $\hat{X}(t; a)$ konstruieren, in der die Dichotomie explizit auftritt, d. h., man kann

$$\hat{X}(t; a) = \left(\hat{X}^1(t; a) | \hat{X}^2(t; a) \right)$$

schreiben, wobei $\hat{X}^1(t; a) \in \mathbb{R}^{n \times (n-p)}$ den anwachsenden Anteil der Fundamentallösung und $\hat{X}^2(t; a) \in \mathbb{R}^{n \times p}$ den fallenden Anteil enthält. Dies lässt sich wie folgt realisieren. Die orthogonale Projektion P wird in der Form

$$P = H^2 (H^2)^T$$

geschrieben, wobei $H^2 \in \mathbb{R}^{n \times p}$ aus den letzten p Spalten einer orthogonalen Matrix

$$H = (H^1 | H^2)$$

besteht. Daraus folgt

$$I - P = H^1 (H^1)^T.$$

Die gesuchte Matrix $\hat{X}(t; a)$ ist jetzt als

$$\hat{X}(t; a) \equiv X(t; a) H$$

definiert. Es ist nun nicht schwer zu zeigen, dass

$$\hat{X}^1(t; a)(H^1)^T = X(t; a)(I - P), \quad \hat{X}^2(t; a)(H^2)^T = X(t; a)P,$$
$$X(t; a)PX(\tau; a)^{-1} = \hat{X}(t; a)\hat{P}\hat{X}(\tau; a)^{-1}, \quad \text{sowie}$$
$$X(t; a)(I - P)X(\tau; a)^{-1} = \hat{X}(t; a)(I - \hat{P})\hat{X}(\tau; a)^{-1}$$

gilt, mit

$$\hat{P} \equiv \begin{pmatrix} 0 & 0 \\ 0 & I_p \end{pmatrix}.$$

Schließlich kann gezeigt werden (siehe Ascher et al. (1988)), dass die Dichotomie eine notwendige und hinreichende Bedingung für die Stabilität eines RWPs darstellt. Mit anderen Worten, unter den Fundamentallösungen eines stabilen RWPs treten sowohl wachsende als auch fallende Modes auf. Diesem Umstand hat man bei einer numerischen Behandlung stets Rechnung zu tragen.

Beispiel 6.6. Wir wollen noch einmal das RWP (6.20), (6.22) aus Beispiel 6.4 betrachten. Die erste Spalte der Fundamentalmatrix $\hat{X}(t; 0)$ (siehe Formel (6.26)) nimmt mit wachsendem t ab (hier ist $p = 1$ und $n = 2$), während die zweite Spalte mit t anwächst. Folglich ist das RWP stabil. Wir überlassen es dem Leser als eine Übungsaufgabe, den Nachweis zu erbringen, dass die zugehörige DGL eine exponentielle Dichotomie besitzt. □

Die Stabilitätseigenschaften des RWPs (6.1) spiegeln sich in denen des algebraischen Gleichungssystems (6.11) wider. Dieses ist von der Gestalt

$$M c = r, \quad M \in \mathbb{R}^{n \times n}, \ c, r \in \mathbb{R}^n. \tag{6.58}$$

Hier ist offenbar $\kappa = \|M^{-1}\|$ die bezüglich der zugrunde gelegten Vektornorm kleinste Stabilitätskonstante.

Beispiel 6.7. Für das RWP (6.20), (6.22) (siehe Beispiel 6.4) ergibt sich bei Verwendung der Maximum-Norm aus der Darstellung (6.24) von M und M^{-1} die Beziehung

$$\kappa(\lambda) = (1 + \cosh(\lambda))/\sinh(\lambda). \tag{6.59}$$

Betrachten wir den Fall großer λ-Werte, so ist $\kappa(\lambda)$ von der Größenordnung eins. Der absolute Fehler der rechten Seite r und der daraus resultierende Fehler der Lösung c haben dann gemäß (6.46) etwa die gleiche Größenordnung. Am betrachteten Beispiel lässt sich jedoch leicht zeigen, dass dieser Sachverhalt keineswegs auch für das Verhältnis der beiden *relativen* Fehler (die für die Anzahl der gültigen Ziffern des numerischen Resultates maßgebend sind) zutreffen muss.

Wählt man z. B. als rechte Seite von (6.58) speziell den zum kleinsten Eigenwert von M^{-1} gehörenden Eigenvektor $r_0 \equiv (0, 1)^T$ und ändert ihn um $\triangle r_0 \equiv (\delta_1, \delta_2)^T$ mit $|\delta_1| \geq |\delta_2|$ ab, so ergibt sich für den relativen Fehler der zugehörigen Lösung c_0 die folgende Abschätzung nach unten:

$$\frac{\|\triangle c_0\|}{\|c_0\|} \geq \sinh(\lambda) \frac{\|\triangle r_0\|}{\|r_0\|}. \tag{6.60}$$

Die „Anfachung" des relativen Fehlers der Eingabedaten wächst also in diesem speziellen Fall exponentiell mit λ an, während die Stabilitätskonstante gemäß (6.59) beschränkt bleibt. □

Um die Problematik im Falle der allgemeinen Operatorgleichung (6.44) zu analysieren, betrachten wir das Verhältnis γ der beiden relativen Fehler $\|\triangle x\|/\|x\|$ und $\|\triangle y\|/\|y\|$. Dieses Verhältnis lässt sich in der Form

$$\gamma \equiv \frac{\|\triangle x\|/\|x\|}{\|\triangle y\|/\|y\|} = \frac{\|Tx\|}{\|x\|} \frac{\|T^{-1} \triangle y\|}{\|\triangle y\|} \tag{6.61}$$

schreiben. Führen wir an dieser Stelle die Operatornormen

$$\|T\| \equiv \sup\{\|Tx\|/\|x\| : x \in X, \ x \neq 0\}$$

$$\|T^{-1}\| \equiv \sup\{\|T^{-1}y\|/\|y\| : y \in Y', \ y \neq 0\}$$

ein, so stellt $\|T^{-1}\|$ die kleinstmögliche *Stabilitätskonstante* der Operatorgleichung (6.44) dar, während die *Konditionszahl*

$$\operatorname{cond}(T) \equiv \|T\| \|T^{-1}\| \tag{6.62}$$

offenbar die kleinste obere Schranke für y ist.

Als *Konditionsungleichung* für die relativen Fehler ergibt sich daher unter Beachtung von (6.61)

$$\frac{\|\triangle x\|}{\|x\|} \le \operatorname{cond}(T) \frac{\|\triangle y\|}{\|y\|}. \tag{6.63}$$

Beispiel 6.8. Für das RWP (6.20), (6.22) ergibt sich bei Verwendung der Maximum-Norm die Konditionszahl $\operatorname{cond}(M) = e^\lambda \kappa(\lambda)$, wobei M die Systemmatrix von (6.58) bezeichnet und $\kappa(\lambda)$ entsprechend (6.59) definiert ist. Im Gegensatz zu $\kappa(\lambda)$ wächst also $\operatorname{cond}(M)$ nicht nur für $\lambda \to 0$, sondern auch für $\lambda \to \infty$ über alle Grenzen. $\square$

Kehren wir nun zum RWP (6.1) zurück. Von diesem hatten wir festgestellt, dass es sich um ein korrekt gestelltes Problem der Gestalt $Tx = y$ mit beschränktem Umkehroperator T^{-1} handelt.

Der Operator T selbst ist jedoch *nicht* beschränkt, wie sich folgendermaßen zeigen lässt. Wir betrachten dazu (etwa) die Funktionenfolge

$$x_k(t) \equiv M_k(t)\eta, \quad k = 1, 2, \ldots,$$

mit

$$M_k(t) \equiv \int_a^b G(t, \tau) \cos(k\tau)\, d\tau, \quad \eta \in \mathbb{R}^n, \ \eta \neq 0.$$

Hieraus folgt

$$Tx_k = y_k \equiv (r_k, \beta_k)^T, \quad \text{mit } r_k(t) \equiv (\cos(kt))\eta, \ \beta_k = 0. \tag{6.64}$$

Daher ist bei Verwendung der in der Formel (6.47) definierten Supremum-Normen $\|y_k\| = \|\eta\|_s$ für $k \ge \pi/(b - a)$. Andererseits kann k immer so groß gewählt werden, dass $\|x_k\|$ *beliebig klein* ausfällt. Dieser Sachverhalt folgt auf Grund der Beschränktheit und hinreichenden Glattheit des Kerns $G(t, \tau)$ aus einem klassischen Theorem der Integrationstheorie (Riemann-Lebesgue-Theorem). Demzufolge kann es keine von x unabhängige Stabilitätskonstante κ mit der Eigenschaft $\|Tx\| \le \kappa\|x\|$ geben. Der Operator T besitzt keine endliche Operatornorm $\|T\|$ und das RWP (6.1) somit keine endliche Konditionszahl $\operatorname{cond}(T)$.

Bei jedem linearen RWP muss also damit gerechnet werden, dass für spezielle rechte Seiten $(r, \beta)^T$ eine zu (6.60) analoge Situation eintritt, mit extrem ungünstiger Fortpflanzung des relativen Fehlers. Die durch (6.64) gegebenen rechten Seiten sind ein Beispiel hierfür.

Man beachte, dass sowohl die Rand-Stabilitätskonstante $\|\kappa_1\|$ als auch die innere Stabilitätskonstante $\|\kappa_2\|$ (siehe (6.50)) unabhängig von der speziellen Wahl der Fundamentalmatrix sind. Des Weiteren ist $\|\kappa_2\|$ invariant gegenüber einer Zeilenskalierung der Randbedingungen, während dies für $\|\kappa_1\|$ nicht zutrifft. Deshalb wollen wir uns noch der Skalierung der Randbedingungen $\mathcal{B} x(t) = \beta$ zuwenden. Die einfachste Skalierungsvorschrift basiert auf der Forderung

$$\max(\|B_a\|_s, \|B_b\|_s) = 1,$$

wobei $\| \cdot \|_s$ eine der in (A.21) angegebenen Matrixnormen ist. Es lässt sich jedoch zeigen, dass dies keinesfalls zu einer ausbalancierten Situation führen muss. So können skalierte Randmatrizen der folgenden Gestalt durchaus resultieren:

$$B_a = \begin{pmatrix} 1 & 0 \\ 0 & 10^{-7} \end{pmatrix}, \quad B_b = \begin{pmatrix} 1 & 0 \\ 0 & 10^{-5} \end{pmatrix}.$$

Eine geeignetere Skalierung wird von Loon (1987) vorgeschlagen. Es sei $U\Sigma V^T$ die Singulärwert-Zerlegung von $B \equiv (B_a|B_b) \in \mathbb{R}^{n \times 2n}$ (siehe Anhang A, Formel (A.14)). Um die *Kondition der Randbedingungen* zu studieren, definieren wir die Konditionszahl $\text{cond}_2(B)$ entsprechend (A.28). Diese Konditionszahl ist invariant gegenüber einer orthogonalen Transformation. Somit kann man ohne Einschränkung der Allgemeinheit $U = I_n$ setzen. Weiter ist unmittelbar zu erkennen, dass mit einer beliebigen Diagonalmatrix $D \in \mathbb{R}^{n \times n}$ die Ungleichung

$$1 = \text{cond}_2(V) \le \text{cond}_2(DB)$$

gilt. Schreibt man deshalb die Randbedingungen in der Form

$$V_a x(a) + V_b x(b) = \Sigma_1^{-1}\beta, \tag{6.65}$$

dann haben wir die Randbedingungen durch eine geeignete Zeilenskalierung $\left(\Sigma_1^{-1}\right)$ optimiert. Die Matrizen V_a und V_b ergeben sich zu $\Sigma_1^{-1} B_a$ bzw. $\Sigma_1^{-1} B_b$.

Ein weiterer Vorschlag für die Skalierung der Randbedingungen geht auf Kramer (1992) zurück. Hier wird die folgende QR-Faktorisierung (siehe (A.8)) berechnet

$$\begin{pmatrix} B_a^T \\ B_b^T \end{pmatrix} = QR, \tag{6.66}$$

wobei $Q \in \mathbb{R}^{2n \times n}$ eine orthogonale Matrix und $R \in \mathbb{R}^{n \times n}$ eine obere Dreiecksmatrix bezeichnen. Die Randbedingungen $\mathcal{B} x = \beta$ nehmen damit die Form

$$R^T Q^T \begin{pmatrix} x(a) \\ x(b) \end{pmatrix} = \beta \tag{6.67}$$

an. Folglich ergeben sich die optimierten Randbedingungen, wenn man die obige Gleichung von links mit $(R^T)^{-1}$ multipliziert. Die Voraussetzung (6.4) garantiert, dass die Matrix R invertierbar ist.

Für die theoretischen Untersuchungen der in den folgenden Kapiteln betrachteten numerischen Verfahren wollen wir nur solche lineare RWPe zugrunde legen, die die folgende (idealisierte) Voraussetzung erfüllen.

Voraussetzung 6.1. *Das RWP* (6.1) *ist korrekt gestellt, d. h., die Stabilitätskonstante κ (siehe Formel* (6.51)*) weist eine moderate Größenordnung auf. Insbesondere sei die zusammengesetzte Matrix $B = (B_a|B_b) \in \mathbb{R}^{n \times 2n}$ (zumindest näherungsweise) zeilenorthogonal.* □

7 Numerische Analyse von Einfach-Schießtechniken

7.1 Einfach-Schießverfahren

Da zur numerischen Lösung von AWPn heute eine sehr leistungsfähige Software auf Basis der in den Kapiteln 2 bis 5 dargestellten Techniken zur Verfügung steht, liegt es auf der Hand, nach numerischen Verfahren für RWPe zu suchen, die auf diese AWP-Löser zurückgreifen. Es handelt sich dabei um die Klasse der sogenannten *Schießverfahren*, deren Vertreter wir nun vorstellen wollen.

Wir betrachten zuerst die skalare lineare DGL 2. Ordnung

$$\ddot{y}(t) = c_2(t)\dot{y}(t) + c_1(t)y(t) + c_0(t), \quad a \le t \le b,$$

mit den Randbedingungen

$$y(a) = \beta_1 \quad \text{und} \quad y(b) = \beta_2.$$

Dieses Problem lässt sich, wie bereits mehrfach demonstriert wurde, in ein System von zwei DGLn 1. Ordnung

$$\dot{x}(t) - \begin{pmatrix} 0 & 1 \\ c_1(t) & c_2(t) \end{pmatrix} x(t) = r(t), \qquad x(t) \equiv \begin{pmatrix} y(t) \\ \dot{y}(t) \end{pmatrix}, \quad r(t) \equiv \begin{pmatrix} 0 \\ c_0(t) \end{pmatrix} \tag{7.1}$$

überführen. Die zugehörigen Randbedingungen lauten in Matrix-Vektor-Notation

$$\begin{pmatrix} 1 & 0 \\ 0 & 0 \end{pmatrix} x(a) + \begin{pmatrix} 0 & 0 \\ 1 & 0 \end{pmatrix} x(b) = \begin{pmatrix} \beta_1 \\ \beta_2 \end{pmatrix}. \tag{7.2}$$

Wir wollen voraussetzen, dass das RWP (7.1), (7.2) eine eindeutige Lösung $x(t)$ auf dem Intervall $[a, b]$ besitzt. Um zur Berechnung dieser Lösung ein Integrationsverfahren für AWPe anwenden zu können, benötigen wir den zugehörigen (vollständigen) Anfangsvektor $x_1(a) = y(a)$ und $x_2(a) = \dot{y}(a)$. Nach (7.2) ist $x_1(a)$ bekannt ($y(a) = \beta_1$), aber der Anstieg $x_2(a)$ (diese Größe nennen wir aus ersichtlichen Gründen den *Schießwinkel*) ist noch unbekannt. Man geht deshalb wie folgt vor: In einem ersten Schritt wird eine Schätzung $z^{(1)} \in \mathbb{R}$ für den fehlenden Schießwinkel $\dot{y}(a)$ festgelegt, d. h., man setzt $x_2(a) = z^{(1)}$. Nun wird das AWP, bestehend aus der DGL (7.1) sowie der Anfangsbedingung

$$x(a) = \begin{pmatrix} \beta_1 \\ z^{(1)} \end{pmatrix},$$

gelöst. Diese Lösung sei $v(t)$. Im Allgemeinen gilt jedoch $x(t) \ne v(t)$, da $v(t)$ nicht die vorgegebene Randbedingung im Randpunkt $t = b$ erfüllt, d. h.

$$v(b) \ne \begin{pmatrix} \beta_2 \\ * \end{pmatrix}.$$

DOI 10.1515/9783110498882-008

Das Symbol $*$ bezeichnet dabei eine beliebige Zahl. Das obige Vorgehen wird nun in einem zweiten Schritt wiederholt. Man wählt eine andere Schätzung $z^{(2)} \in \mathbb{R}$ für den gesuchten Schießwinkel und setzt $x_2(a) = z^{(2)}$. Wie im ersten Versuch bedeutet dies eine Festlegung der Anfangsbedingung zu

$$x(a) = \begin{pmatrix} \beta_1 \\ z^{(2)} \end{pmatrix}.$$

Die Lösung des zugehörigen AWPs wollen wir diesmal mit $w(t)$ bezeichnen. Im Allgemeinen gilt wieder

$$w(b) \neq \begin{pmatrix} \beta_2 \\ * \end{pmatrix},$$

d. h. $x(t) \neq w(t)$. Wegen der Linearität des gegebenen RWPs ist ein weiterer Versuch, den exakten Schießwinkel zu bestimmen, nicht mehr erforderlich. Das *Superpositionsprinzip* impliziert, dass sich jede Lösung $x(t)$ der DGL als Linearkombination der bereits berechneten Lösungen $v(t)$ und $w(t)$ darstellen lässt:

$$x(t) = \theta w(t) + (1 - \theta)v(t), \quad a \leq t \leq b, \quad 0 \leq \theta \leq 1. \tag{7.3}$$

Unter der i. Allg. erfüllten Voraussetzung $v(b) \neq w(b)$ gehen wir nun wie folgt vor. Wir setzen in (7.3) die Stelle $t = b$ ein und schreiben die resultierende Gleichung für die erste Komponente auf:

$$x_1(b) = \theta w_1(b) + (1 - \theta)v_1(b).$$

Aus der Randbedingung $x_1(b) = \beta_2$ bestimmt sich der im Lösungsansatz (7.3) noch freie Parameter θ zu

$$\theta = \frac{\beta_2 - v_1(b)}{w_1(b) - v_1(b)}. \tag{7.4}$$

Nun kann man diesen Wert von θ in den Ausdruck (7.3) einsetzen. Für $t = a$ ergibt sich daraus der gesuchte Anfangsvektor $s \equiv x(a) \in \mathbb{R}^2$. Die Trajektorie des mit diesem Anfangsvektor gebildeten AWPs

$$\dot{u}(t) - \begin{pmatrix} 0 & 1 \\ c_1(t) & c_2(t) \end{pmatrix} u(t) = r(t), \quad u(a) = s \tag{7.5}$$

erfüllt nach der obigen Konstruktion auch die Randbedingungen, d. h., das RWP (7.1), (7.2) und das AWP (7.5) sind äquivalent. Man integriert deshalb dieses AWP von a nach b und speichert dabei die Lösungsfunktion $u(t)\,(= x(t))$ an den sogenannten Tabellierungspunkten $t_i \in [a, b]$, die vom Anwender vorzugeben sind, ab.

Die soeben beschriebene numerische Technik zur Lösung des RWPs (7.1), (7.2) nennt man das *Schießverfahren* oder genauer das *Einfach-Schießverfahren*. In der Abbildung 7.1 ist das Verfahren für das Problem (7.1), (7.2) grafisch dargestellt. Hierzu wurden $[a, b] \equiv [0, 1]$, $c_1(t) \equiv 1$, $c_2(t) \equiv -3$, $c_0(t) \equiv 15\cos(\pi t)$, $\beta_1 = 1$, $\beta_2 = 2$, $z^{(1)} = -2$, $z^{(2)} = 2$ gewählt. Für θ ergab sich nach (7.4) der Wert $\theta = 0.34511610$ und daraus der gesuchte Anfangsvektor zu $s = (1, -0.6195356)^T$.

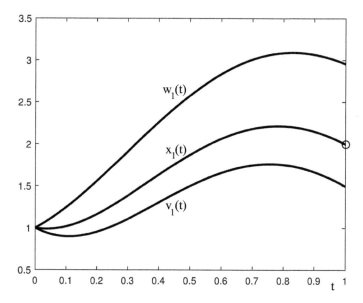

Abb. 7.1: Einfach-Schießverfahren für eine lineare DGL 2. Ordnung.

Die obige Strategie des Einfach-Schießverfahrens für Differentialgleichungen 2. Ordnung, die Lösung eines RWPs mittels zugeordneter AWPe und algebraischer Gleichungen zu berechnen, lässt sich auf beliebige n-dimensionale lineare RWPe der Form (6.1) erweitern. Eine solche Verallgemeinerung basiert auf dem Superpositionsprinzip, das für *lineare* RWPe Gültigkeit besitzt. Es besagt, dass sich die Lösung $x(t)$ der DGL des RWPs (6.1) in der Form (6.10), d. h. mittels des Ansatzes

$$x(t) = X(t; a)\, c + \upsilon(t; a), \qquad (7.6)$$

darstellen lässt, wobei der Vektor $c \in \mathbb{R}^n$ ein freier Parameter ist.

Die Idee des Einfach-Schießverfahrens besteht nun darin, die Lösung des RWPs (6.1) auf die Lösung eines AWPs zurückzuführen, das die gleiche Lösung wie das RWP besitzt. Dieses AWP sei

$$\mathscr{L}\, u(t) = r(t), \quad a \le t \le b, \quad u(a) = s, \qquad (7.7)$$

wobei der Anfangsvektor $s \in \mathbb{R}^n$ entsprechend der oben genannten Vorgabe zu bestimmen ist. In einem ersten Schritt wird der Vektor c in (7.6) so ermittelt, dass $x(t)$ neben der DGL auch die Randbedingung in (6.1) erfüllt. Setzt man nun das auf diese Weise berechnete c in den Ansatz (7.6) ein, dann ergibt sich der gesuchte Anfangsvektor zu

$$s = x(a) = X(a; a)\, c + \upsilon(a; a). \qquad (7.8)$$

Dies führt auf die folgende Lösungsstrategie:

1. Bestimme die Fundamentalmatrix $X(t; a) \in \mathbb{R}^{n \times n}$ durch die numerische Integration von n AWPn, die sich kompakt in der Form eines Matrix-AWPs darstellen lassen

$$\mathscr{L} X(t; a) = 0, \quad X(a, a) = X^a \in \mathbb{R}^{n \times n} \text{ nichtsingulär.} \tag{7.9}$$

2. Bestimme das partikuläre Integral $v(t; a) \in \mathbb{R}^n$ durch die numerische Integration des AWPs

$$\mathscr{L} v(t; a) = r(t), \quad v(a; a) = v^a \in \mathbb{R}^n \text{ beliebig.} \tag{7.10}$$

3. Berechne die in (6.12) definierte Matrix $M \in \mathbb{R}^{n \times n}$ sowie den Vektor $q \in \mathbb{R}^n$:

$$M \equiv B_a X^a + B_b X^e, \quad q \equiv \beta - B_a v^a - B_b v^e, \tag{7.11}$$

wobei die Bezeichnungen $X^a \equiv X(a; a)$, $v^a \equiv v(a; a)$, $X^e \equiv X(b; a)$ sowie $v^e \equiv v(b; a)$ zugrundegelegt sind.

4. Bestimme den Vektor c als Lösung eines Systems von n linearen algebraischen Gleichungen in den n unbekannten Komponenten von $c \in \mathbb{R}^n$:

$$M c = q. \tag{7.12}$$

5. Setze c in die Vorschrift (7.8) ein und berechne den gesuchten Anfangsvektor s.

Die Anfangsmatrix $X^a \in \mathbb{R}^{n \times n}$ und der Anfangsvektor $v^a \in \mathbb{R}^n$ in (7.9) bzw. (7.10) sind dabei beliebig wählbar mit der einzigen Einschränkung, dass X^a nichtsingulär sein darf. Letzteres ist wegen der Eigenschaft $\mathrm{rang}(X(b; a)) = \mathrm{rang}(X^a)$ zur Erfüllung der Forderung $\mathrm{rang}(M) = n$ erforderlich, die hinreichend und notwendig für die Existenz einer eindeutig bestimmten Lösung c bzw. $x(t)$ ist.

Wenn kein, beispielsweise durch spezielle Struktureigenschaften des RWPs, begründeter Anlass besteht, anders zu verfahren, setzt man

$$X^a \equiv I \quad \text{und} \quad v^a = 0, \tag{7.13}$$

wobei I wie bisher die n-dimensionale Einheitsmatrix bezeichnet. Der Vektor s ist dann mit c identisch.

Das durch die obigen Formeln beschriebene *Einfach-Schießverfahren* besteht also, abgesehen von unwesentlichen Matrizenmultiplikationen, in der Lösung der $n + 1$ AWPe (7.9) und (7.10), sowie des linearen Gleichungssystems (7.12). Dabei ist berücksichtigt, dass das Matrix-AWP (7.9) die Zusammenfassung der n AWPe

$$\mathscr{L} x^{(i)}(t; a) = 0, \quad x^{(i)}(a; a) = x^{(i)a} \in \mathbb{R}^n, \quad i = 1, 2, \ldots, n,$$

für die Spaltenvektoren der Fundamentalmatrix

$$X(t; a) \equiv \left(x^{(1)}(t; a) | \ldots | x^{(n)}(t; a) \right)$$

darstellt.

Wir haben damit aufgezeigt, wie sich mit Hilfe des Einfach-Schießverfahrens das RWP (6.1) in ein zugeordnetes AWP (7.7) überführen lässt, das die gleiche Lösung wie das RWP besitzt.

Möchte man diese Lösung tabellieren oder grafisch darstellen, dann können die in den Kapiteln 2–5 beschriebenen numerischen AWP-Löser wiederum dazu herangezogen werden, das AWP (7.7) bis zu den vom jeweiligen Anwender vorzugebenden Ausgabestellen $t_1, \ldots, t_k$ zu integrieren. Die Berechnung der Lösung an diesen Ausgabestellen kann auch mit der Formel (7.6) erfolgen, wodurch die nachträgliche Integration des AWPs (7.7) entfällt. Bei der Integration der AWPe (7.9) und (7.10) muss man dann aber die Matrizen $X(t_j; a)$ und die Vektoren $v(t_j; a)$, $j = 1, \ldots, k$, zwischenspeichern, was bei großem n und/oder k einen nicht unerheblichen Speicheraufwand bedeutet. Unsere Erfahrung hat jedoch gezeigt, dass die letztere Strategie i. Allg. zu genaueren Resultaten führt.

Im folgenden Beispiel wollen wir das Einfach-Schießverfahren demonstrieren.

Beispiel 7.1. Gegeben sei das folgende lineare RWP (siehe Lentini & Pereyra (1977)):

$$\ddot{y}(t) = -\frac{3\lambda}{(\lambda + t^2)^2}\, y(t), \quad \lambda \in \mathbb{R}, \quad t \in [-1, 1],$$

$$y(1) = -y(-1) = \frac{1}{\sqrt{\lambda + 1}}.$$

Zuerst formulieren wir das obige skalare Problem als ein System von zwei DGLn erster Ordnung:

$$\dot{x}_1(t) = x_2(t), \quad \dot{x}_2(t) = -\frac{3\lambda}{(\lambda + t^2)^2}\, x_1(t),$$

$$\begin{pmatrix} 1 & 0 \\ 0 & 0 \end{pmatrix}\begin{pmatrix} x_1(-1) \\ x_2(-1) \end{pmatrix} + \begin{pmatrix} 0 & 0 \\ 1 & 0 \end{pmatrix}\begin{pmatrix} x_1(1) \\ x_2(1) \end{pmatrix} = \begin{pmatrix} -\dfrac{1}{\sqrt{\lambda + 1}} \\ \dfrac{1}{\sqrt{\lambda + 1}} \end{pmatrix}. \tag{7.14}$$

Nun wollen wir die zugehörige Fundamentalmatrix

$$X(t; -1) = \left[x^{(1)}(t; -1) \,|\, x^{(2)}(t; -1) \right]$$

bestimmen, die die Anfangsbedingung $X(-1; -1) = I$ erfüllt. Die erste Spalte $x^{(1)}(t; -1)$ ist durch die Anfangsbedingungen $x_1^{(1)}(-1; -1) = 1$ und $x_2^{(1)}(-1; -1) = 0$ bestimmt. Dieses AWP lässt sich geschlossen lösen und wir erhalten

$$x^{(1)}(t; -1) = \begin{pmatrix} \dfrac{-\lambda^2 + \lambda x^2 + 3\lambda t + t}{\sqrt{t^2 + \lambda}\,\sqrt{(\lambda + 1)^3}} \\[2ex] -\dfrac{\lambda(t + 1)(t^2 - t + 3\lambda + 1)}{\sqrt{(t^2 + \lambda)^3}\,\sqrt{(\lambda + 1)^3}} \end{pmatrix}.$$

Die zweite Spalte $x^{(2)}(t; -1)$ ist durch die Anfangsbedingungen $x_1^{(2)}(-1; -1) = 0$ und $x_2^{(2)}(-1; -1) = 1$ bestimmt. Es ergibt sich

$$x^{(2)}(t; -1) = \begin{pmatrix} \dfrac{(\lambda - t)(t + 1)}{\sqrt{t^2 + \lambda}\,\sqrt{\lambda + 1}} \\[2ex] -\dfrac{-\lambda^2 + 3\lambda t + \lambda + t^3}{\sqrt{t^2 + \lambda}\,\sqrt{\lambda + 1}} \end{pmatrix}.$$

Somit ist

$$X(t; -1) = \begin{pmatrix} -\dfrac{-\lambda^2 + \lambda t^2 + 3\lambda t + t}{\sqrt{t^2 + \lambda}\,\sqrt{(\lambda + 1)^3}} & \dfrac{(\lambda - t)(t + 1)}{\sqrt{t^2 + \lambda}\,\sqrt{\lambda + 1}} \\[2ex] -\dfrac{\lambda(t + 1)(t^2 - t + 3\lambda + 1)}{\sqrt{(t^2 + \lambda)^3}\,\sqrt{(\lambda + 1)^3}} & -\dfrac{-\lambda^2 + 3\lambda t + \lambda + t^3}{\sqrt{t^2 + \lambda}\,\sqrt{\lambda + 1}} \end{pmatrix}. \tag{7.15}$$

Daraus folgt

$$X(1; -1) = \begin{pmatrix} \dfrac{\lambda^2 - 4\lambda - 1}{(\lambda + 1)^2} & \dfrac{2(\lambda - 1)}{\lambda + 1} \\[2ex] -\dfrac{2\lambda(3\lambda + 1)}{(\lambda + 1)^3} & \dfrac{\lambda^2 - 4\lambda - 1}{\lambda + 1} \end{pmatrix}.$$

Die Matrix M des linearen algebraischen Systems (7.10) bestimmt sich nun zu:

$$M = B_a + B_b X(1; -1)$$

$$= \begin{pmatrix} 1 & 0 \\ 0 & 0 \end{pmatrix} + \begin{pmatrix} 0 & 0 \\ 1 & 0 \end{pmatrix} \begin{pmatrix} \dfrac{\lambda^2 - 4\lambda - 1}{(\lambda + 1)^2} & \dfrac{2(\lambda - 1)}{\lambda + 1} \\[2ex] -\dfrac{2\lambda(3\lambda + 1)}{(\lambda + 1)^3} & \dfrac{\lambda^2 - 4\lambda - 1}{\lambda + 1} \end{pmatrix}$$

$$= \begin{pmatrix} 1 & 0 \\[1ex] \dfrac{\lambda^2 - 4\lambda - 1}{(\lambda + 1)^2} & \dfrac{2(\lambda - 1)}{\lambda + 1} \end{pmatrix}.$$

Offensichtlich ist die Matrix M singulär, wenn $\lambda = 1$ ist. In diesem Falle besitzt das RWP (7.14) keine eindeutige Lösung.

Da ein homogenes RWP vorliegt, ist $v(t; -1) \equiv (0, 0)^T$ eine partikuläre Lösung, die $v(-1; -1) = (0, 0)^T$ erfüllt. Somit lautet die rechte Seite von (7.10)

$$q = \beta - B_a v(-1; -1) - B_b v(1; -1)$$

$$= \begin{pmatrix} -\dfrac{1}{\sqrt{\lambda + 1}} \\[2ex] \dfrac{1}{\sqrt{\lambda + 1}} \end{pmatrix} - \begin{pmatrix} 1 & 0 \\ 0 & 0 \end{pmatrix} \begin{pmatrix} 0 \\ 0 \end{pmatrix} - \begin{pmatrix} 0 & 0 \\ 1 & 0 \end{pmatrix} \begin{pmatrix} 0 \\ 0 \end{pmatrix}$$

$$= \begin{pmatrix} -\dfrac{1}{\sqrt{\lambda + 1}} \\[2ex] \dfrac{1}{\sqrt{\lambda + 1}} \end{pmatrix}.$$

Wie man sich leicht davon überzeugt, löst

$$c = \begin{pmatrix} -\dfrac{1}{\sqrt{\lambda+1}} \\[3mm] \dfrac{\lambda}{\sqrt{(\lambda+1)^3}} \end{pmatrix}$$

das algebraische System $M c = q$.

Schließlich bestimmt sich der gesuchte Anfangsvektor s nach der Formel (7.8) zu

$$s = \begin{pmatrix} -\dfrac{1}{\sqrt{\lambda+1}} \\[3mm] \dfrac{\lambda}{\sqrt{\lambda+1)^3}} \end{pmatrix}. \tag{7.16}$$

Kleine Parameterwerte λ im RWP (7.14) sind für numerische Experimente interessant. In diesem Fall tritt eine *Grenzschicht* (engl. *layer*) an der Stelle $t = 0$ auf, wie aus der Abbildung 7.2 ersichtlich ist.

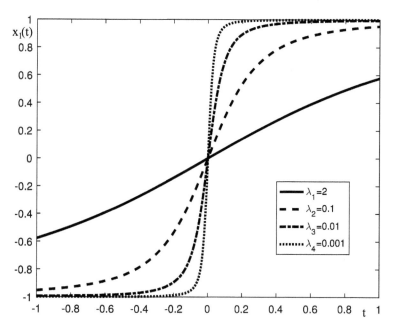

Abb. 7.2: Lösungen des RWPs (7.14) für kleine Werte von λ.

In der Tabelle 7.1 sind die Resultate einer direkten numerischen Berechnung angegeben (siehe hierzu auch den Abschnitt 8.6). Die AWPe (7.9) und (7.10) wurden mit dem klassischen Runge-Kutta-Verfahren der Ordnung 4 (siehe Formel (2.8)) gelöst. Die konstante Schrittweite $h = 2/m$ wurde von uns so gewählt, dass das folgende Kriterium

Tab. 7.1: Mit dem Einfach-Schießverfahren erzielte Resultate für das RWP (7.14).

λ	m	ndgl	cpu (sec)
$1e-1$	130	1560	0.07
$1e-2$	780	9360	0.22
$1e-3$	4420	53040	1.1
$1e-4$	24910	298920	5.9
$1e-5$	140200	1682400	32.9
$1e-6$	794000	9528000	184.6

erfüllt ist:

$$\left\| \begin{pmatrix} err(-1) \\ err(0) \\ err(1) \end{pmatrix} \right\|_{\infty} \leq 1e-6,$$

wobei $err(\tau)$ die Differenz zwischen der exakten und der numerischen Lösung an den Stellen $t = \tau$, $\tau = -1, 0, 1$ bezeichnet. In der Tabelle 7.1 gibt die Spalte „ndgl" die Anzahl der AWPe an, die jeweils integriert wurden. $\qquad\square$

7.2 Methode der komplementären Funktionen

Der Rechenaufwand des Einfach-Schießverfahrens setzt sich aus der numerischen Integration der $n + 1$ AWPe (7.9) und (7.10) sowie der numerischen Auflösung des algebraischen Gleichungssystems (7.12) zusammen. Dieses Gleichungssystem ist von der Dimension n. Da in der Praxis die Zahl n durchaus 2- bis 3-stellig sein kann, ist es wichtig, alle Möglichkeiten zur Senkung der Dimension des Gleichungssystems zu nutzen. Besonderes Augenmerk muss dabei aber auch einer Reduzierung der Anzahl der zu integrierenden AWPe gewidmet werden, da in einem Schießverfahren die Lösung der zugehörigen AWPe etwa 80–90 % des numerischen Gesamtaufwandes ausmacht.

Eine solche Möglichkeit der Aufwandsreduktion liegt vor, wenn in den Randbedingungen des RWPs (6.1) nicht beide Matrizen B_a und B_b gleichzeitig Vollrang n haben. Der entgegengesetzte Fall, nämlich $\text{rang}(B_a) = \text{rang}(B_b) = n$, kommt relativ selten vor (im Wesentlichen nur bei periodischen Randbedingungen), so dass die folgende Untersuchung von allgemeiner Bedeutung ist.

Wir erinnern an dieser Stelle noch einmal an unsere Voraussetzung

$$\text{rang}(M) = \text{rang}(B_a X(a; a) + B_b X(b; a)) = n.$$

Bezüglich der Rangzahlen für B_a und B_b lässt sich hieraus nur schließen, dass

$$\text{rang}(B_a|B_b) = n \qquad (7.17)$$

gelten muss. Anderenfalls müsste ein Vektor $z \in \mathbb{R}^n$, $z \neq 0$, existieren, so dass

$$z^T(B_a|B_b) \equiv (z^T B_a|z^T B_b) = 0$$

gelten würde, woraus sich $z^T B_a = 0$ und $z^T B_b = 0$ und somit auch $z^T M = 0$ ergäbe.

Im Allgemeinen besitzen jedoch B_a *oder* B_b bzw. B_a *und* B_b einen Rang *kleiner* als n. Wir nehmen hier ohne Beschränkung der Allgemeinheit an, es sei $q \equiv \text{rang}(B_b) < n$. Dann existiert eine nichtsinguläre Transformationsmatrix $T \in \mathbb{R}^{n \times n}$, so dass gilt

$$TB_b = \begin{pmatrix} 0 \\ B_b^{(2)} \end{pmatrix},$$

mit der Nullmatrix $0 \in \mathbb{R}^{p \times n}$ und $B_b^{(2)} \in \mathbb{R}^{q \times n}$, $p + q = n$. Durch dieselbe Transformation möge sich ergeben

$$TB_a = \begin{pmatrix} B_a^{(1)} \\ B_a^{(2)} \end{pmatrix}, \quad T\beta = \begin{pmatrix} \beta^{(1)} \\ \beta^{(2)} \end{pmatrix},$$

mit $B_a^{(1)} \in \mathbb{R}^{p \times n}$, $B_a^{(2)} \in \mathbb{R}^{q \times n}$, $\beta^{(1)} \in \mathbb{R}^p$, $\beta^{(2)} \in \mathbb{R}^q$. Die Randbedingungen in (6.1) gehen damit über in

$$\begin{aligned} B_a^{(1)} x(a) &= \beta^{(1)} \\ B_a^{(2)} x(a) + B_b^{(2)} x(b) &= \beta^{(2)}. \end{aligned} \tag{7.18}$$

Wie bereits erwähnt, nennt man Randbedingungen dieser Gestalt *partiell separiert*. Gilt zusätzlich $B_a^{(2)} = 0$, so spricht man von *vollständig separierten* oder einfach von *separierten* Randbedingungen. Diese sind in der Praxis sehr häufig anzutreffen. Wir merken noch an, dass aus $\text{rang}(B_a|B_b) = n$ unmittelbar $\text{rang}(TB_a|TB_b) = n$ folgt, was wiederum gleichbedeutend ist mit $\text{rang}(B_a^{(1)}) = p$ und $\text{rang}(B_b^{(2)}) = q$.

Unser Ziel besteht nun darin, durch geeignete Wahl der Anfangsmatrix X^a in (7.9) und des Anfangsvektors v^a in (7.10) die Anzahl der verwendeten Fundamentallösungen und die Ordnung des Gleichungssystems (7.12) auf die Dimension $q = n - p$ zu erniedrigen.

Hierzu gehen wir von dem algebraischen Gleichungssystem (7.12) des Einfach-Schießverfahrens aus. Es hat die Gestalt

$$(B_a X^a + B_b X^e) c = \beta - B_a v^a - B_b v^e.$$

Wir unterteilen jetzt $X(t; a) \in \mathbb{R}^{n \times n}$ und $c \in \mathbb{R}^n$ entsprechend der Partitionierung der Randmatrizen zu

$$X(t, a) = (Y(t, a)|Z(t, a)), \quad X^a = (Y^a|Z^a), \quad X^e = (Y^e|Z^e), \quad c = \begin{pmatrix} y \\ z \end{pmatrix}, \tag{7.19}$$

mit $Y(t; a), Y^a, Y^e \in \mathbb{R}^{n \times p}$, $Z(t; a), Z^a, Z^e \in \mathbb{R}^{n \times q}$, $y \in \mathbb{R}^p$, $z \in \mathbb{R}^q$ und $n = p + q$. Setzen wir diese Darstellung in das obige lineare algebraische Gleichungssystem ein, dann resultiert

$$\begin{pmatrix} B_a^{(1)} Y^a & B_a^{(1)} Z^a \\ B_a^{(2)} Y^a + B_b^{(2)} Y^e & B_a^{(2)} Z^a + B_b^{(2)} Z^e \end{pmatrix} \begin{pmatrix} y \\ z \end{pmatrix} = \begin{pmatrix} \beta^{(1)} - B_a^{(1)} v^a \\ \beta^{(2)} - B_a^{(2)} v^a - B_b^{(2)} v^e \end{pmatrix}. \tag{7.20}$$

Die durch X^a und v^a bestimmten $n + 1$ Anfangsvektoren für die $n + 1$ AWPe (7.9) und (7.10) können noch frei gewählt werden. Wir setzen an dieser Stelle voraus, dass sie die folgenden zwei Bedingungen erfüllen:

$$\text{(i)} \quad B_a^{(1)} Z^a = 0,$$

$$\text{(ii)} \quad B_a^{(1)} v^a = \beta^{(1)}.$$

(7.21)

Das lineare System (7.20) geht in diesem Falle über in

$$\begin{pmatrix} B_a^{(1)} Y^a & 0 \\ B_a^{(2)} Y^a + B_b^{(2)} Y^e & B_a^{(2)} Z^a + B_b^{(2)} Z^e \end{pmatrix} \begin{pmatrix} y \\ z \end{pmatrix} = \begin{pmatrix} 0 \\ \beta^{(2)} - B_a^{(2)} v^a - B_b^{(2)} v^e \end{pmatrix}.$$

Wegen (7.17) und $\mathrm{rang}(Y^a) = p$ ist $B_a^{(1)} Y^a \in \mathbb{R}^{p \times p}$ nichtsingulär, woraus unmittelbar $y = 0$ folgt. Somit reduziert sich das n-dimensionale System auf ein System von nur noch q linearen Gleichungen für die Komponenten des Vektors $z \in \mathbb{R}^q$

$$\hat{M} z = \hat{q},$$

(7.22)

mit

$$\hat{M} \equiv B_a^{(2)} Z^a + B_b^{(2)} Z^e \in \mathbb{R}^{q \times q}, \quad \hat{q} \equiv \beta^{(2)} - B_a^{(2)} v^a - B_b^{(2)} v^e \in \mathbb{R}^q.$$

Die Lösung des aus der DGL in (6.1) und den partiell separierten Randbedingungen (7.18) bestehenden RWPs stellt sich damit in der Form

$$x(t) = Z(t, a) z + v(t, a)$$

(7.23)

dar, wobei $Z(t, a) \in \mathbb{R}^{n \times q}$ und $v(t, a) \in \mathbb{R}^n$ bestimmt sind durch:
1. q AWPe für die letzten q Spalten $Z(t; a)$ des vollständigen Fundamentalsystems $X(t; a)$

$$\mathscr{L} Z(t, a) = 0, \quad Z(a, a) = Z^a,$$

(7.24)

2. 1 AWP für das partikuläre Integral $v(t; a)$

$$\mathscr{L} v(t, a) = r(t), \quad v(a, a) = v^a.$$

(7.25)

Der gesuchte Anfangsvektor $s \in \mathbb{R}^n$, für den die Lösung des AWPs (7.7) mit der Lösung des RWPs übereinstimmt, ergibt sich nun nach (7.23) zu

$$s = Z^a z + v^a.$$

(7.26)

Die Tabellierung bzw. grafische Darstellung der Lösung $x(t)$ an vorgegebenen Ausgabestellen wird man analog dem Einfach-Schießverfahren entweder durch die Integration des angepassten AWPs (7.7) oder aber unter Verwendung der Formel (7.23) vornehmen.

Wir wollen jetzt nachweisen, dass aus der eindeutigen Lösbarkeit des RWPs, zusammen mit der Forderung $B_a^{(1)} Z^a = 0$, die Existenz einer eindeutig bestimmten Lösung des Gleichungssystems (7.22) folgt. Dazu multiplizieren wir die Matrix M von rechts mit $(X^a)^{-1} Z^a$. Unter Beachtung von $X^e (X^a)^{-1} Z^a = Z^e$ und der aus (7.18) folgenden Zerlegung von B_a und B_b ergibt sich

$$M (X^a)^{-1} Z^a = B_a Z^a + B_b Z^e = \begin{pmatrix} B_a^{(1)} Z^a \\ \hat{M} \end{pmatrix}.$$

Diese Matrix hat wegen $\mathrm{rang}(M) = \mathrm{rang}((X^a)^{-1}) = n$ und $\mathrm{rang}(Z^a) = q$ den Rang q. Daher muss im Falle $B_a^{(1)} Z^a = 0$ auch $\hat{M}$ den Rang q haben, d. h., das algebraische Gleichungssystem (7.22) ist eindeutig lösbar.

Die Anfangsmatrix Z^a und der Anfangsvektor v^a sind durch (7.21) nicht eindeutig festgelegt. Zu ihrer Fixierung bestimmen wir eine QR-Faktorisierung (siehe Anhang A, Formel (A.8)) der Matrix $(B_a^{(1)})^T \in \mathbb{R}^{n \times p}$:

$$(B_a^{(1)})^T = Q \begin{pmatrix} U \\ 0 \end{pmatrix}, \tag{7.27}$$

mit $U \in \mathbb{R}^{p \times p}$. Die orthogonale Matrix $Q \in \mathbb{R}^{n \times n}$ werde in $Q = (Q_1|Q_2)$ unterteilt, wobei $Q_1 \in \mathbb{R}^{n \times p}$ und $Q_2 \in \mathbb{R}^{n \times q}$ gelte. Damit stellt sich die obige Faktorisierung wie folgt dar:

$$(B_a^{(1)})^T = Q \begin{pmatrix} U \\ 0 \end{pmatrix} = (Q_1|Q_2) \begin{pmatrix} U \\ 0 \end{pmatrix} = Q_1 U.$$

Die (numerisch stabile) Berechnung der Matrizen Q und U erfolgt gewöhnlich durch eine Sequenz von p Householder-Transformationen (siehe Anhang A, Formel (A.10)).

Man überzeugt sich nun sehr schnell davon, dass mit

$$Z^a \equiv Q_2 \quad \text{und} \quad v^a \equiv Q_1 U^{-T} \beta^{(1)} \tag{7.28}$$

die Bedingungen (7.21) erfüllt sind. Es gilt nämlich

(i) $\quad B_a^{(1)} Z^a = U^T \underbrace{Q_1^T Q_2}_{=0} = 0$

(ii) $\quad B_a^{(1)} v^a = U^T \underbrace{\underbrace{Q_1^T Q_1}_{I} U^{-T} \beta^{(1)}}_{I} = \beta^{(1)}.$

Die soeben dargestellte Lösungstechnik wird *Methode der komplementären Funktionen* genannt. Dieser Name bezieht sich auf die in $Z(t; a)$ enthaltenen q Spalten des vollständigen Fundamentalsystems $X(t; a)$, die auch als *komplementäre Funktionen* bezeichnet werden. Die Methode der komplementären Funktionen erfordert als wesentlichen Rechenaufwand die Integration der $q + 1$ AWPe (7.24) und (7.25), die Lösung des linearen algebraischen Gleichungssystems (7.22) der Dimension q, sowie die

$p = n - q$ Transformationen zur Ausführung der Zerlegung (7.27). Gegenüber dem Einfach-Schießverfahren (7.6)–(7.12) hat sich die Anzahl der zu integrierenden AWPe um p verringert, was den Vorzug der Methode der komplementären Funktionen im Falle partiell separierter Randbedingungen ausmacht. Die Verringerung der Dimension des algebraischen Gleichungssystems von n auf q wirkt sich jedoch nicht signifikant auf den Gesamtaufwand aus.

Beispiel 7.2. Es sei das RWP

$$\mathscr{L}\, x(t) = r(t), \quad a \leq t \leq b,$$
$$\mathscr{B}\, x(t) = \beta,$$

mit $n = 2$ und $q = 1$, sowie den Randmatrizen

$$B_a = \begin{pmatrix} 1 & 0 \\ a_1 & a_2 \end{pmatrix}, \quad B_b = \begin{pmatrix} 0 & 0 \\ b_1 & b_1 \end{pmatrix}$$

gegeben. Offensichtlich sind die Randbedingungen partiell separiert und es gilt

$$B_a^{(1)} = (1, 0), \quad B_a^{(2)} = (a_1, a_2), \quad B_b^{(2)} = (b_1, b_2).$$

Es berechnen sich die Matrizen Q und U in der Faktorisierung (7.27) zu

$$Q_1 = (1, 0)^T, \quad Q_2 = (0, 1)^T, \quad U = (1). \qquad \square$$

Die Bestimmung einer Anfangsmatrix Z^a und eines Anfangsvektors v^a, die die Bedingungen (7.21) erfüllen, kann auch mit einem *Eliminationsverfahren* vorgenommen werden. Hierzu berechnet man die *LU*-Faktorisierung mit stabilisierender Zeilenpivotisierung der Matrix $B_a^{(1)}$ in der Form

$$B_a^{(1)} = (L_1 \mid 0)\, U P = (L_1 \mid 0) \begin{pmatrix} U_1 & H \\ 0 & I_q \end{pmatrix} P, \tag{7.29}$$

wobei $L_1 \in \mathbb{R}^{p \times p}$ eine untere Dreiecksmatrix und $U \in \mathbb{R}^{n \times n}$ eine obere Dreiecksmatrix, deren Diagonale aus Einsen besteht und deren andere Elemente betragsmäßig kleiner oder gleich Eins sind, bezeichnen. $I_q \in \mathbb{R}^{q \times q}$ ist die Einheitsmatrix und $P \in \mathbb{R}^{n \times n}$ stellt eine Permutationsmatrix dar, die den Spaltentausch bei der Pivotisierung beschreibt. Setzt man nun

$$Z^a \equiv P^T \begin{pmatrix} -U_1^{-1} H \\ I_q \end{pmatrix} \quad \text{und} \quad v^a \equiv P^T \begin{pmatrix} U_1^{-1} L_1^{-1} \beta^{(1)} \\ 0 \end{pmatrix}, \tag{7.30}$$

dann sind die Bedingungen (7.21) offensichtlich erfüllt. Damit können die so gewonnenen Anfangsvektoren in die AWPe (7.24) und (7.25) eingesetzt werden.

Beispiel 7.3. Wir wollen noch einmal das RWP (7.14) aus dem Beispiel 7.1 betrachten. Die Randbedingungen sind partiell separiert, so dass wir hier die Methode der komplementären Funktionen anwenden können. Als Erstes ist die QR-Faktorisierung (7.27) zu berechnen, d. h.

$$(B_a^{(1)})^T = Q \begin{pmatrix} U \\ 0 \end{pmatrix} = (Q_1|Q_2) \begin{pmatrix} U \\ 0 \end{pmatrix} = \begin{pmatrix} 1 & 0 \\ 0 & 1 \end{pmatrix} \begin{pmatrix} 1 \\ 0 \end{pmatrix}. \tag{7.31}$$

Daraus folgt

$$Q_1 = \begin{pmatrix} 1 \\ 0 \end{pmatrix}, \quad Q_2 = \begin{pmatrix} 0 \\ 1 \end{pmatrix}, \quad U = (1).$$

Die Anfangsvektoren für die AWPe (7.24) and (7.25) ergeben sich nach (7.28) zu

$$Z^a = \begin{pmatrix} 0 \\ 1 \end{pmatrix}, \quad v^a = \begin{pmatrix} 1 \\ 0 \end{pmatrix} \cdot 1 \cdot \left(-\frac{1}{\sqrt{\lambda + 1}} \right) = - \begin{pmatrix} \frac{1}{\sqrt{\lambda+1}} \\ 0 \end{pmatrix}.$$

Die Lösungen der AWPe (7.24) und (7.25) lassen sich in geschlossener Form wie folgt angeben:

$$Z(t; -1) = \begin{pmatrix} \dfrac{(\lambda - t)(t + 1)}{\sqrt{t^2 + \lambda}\,\sqrt{\lambda + 1}} \\[2ex] -\dfrac{-\lambda^2 + 3\lambda t + \lambda + t^3}{\sqrt{t^2 + \lambda}\,\sqrt{\lambda + 1}} \end{pmatrix},$$

$$v(t; -1) = \begin{pmatrix} \dfrac{-\lambda^2 + \lambda t^2 + 3\lambda t + t}{\sqrt{t^2 + \lambda}\,(\lambda + 1)^2} \\[2ex] \dfrac{\lambda(t + 1)(t^2 - t + 3\lambda + 1)}{\sqrt{(t^2 + \lambda)^3}\,(\lambda + 1)^2} \end{pmatrix}. \tag{7.32}$$

Damit berechnet sich die Matrix $\hat{M}$ des linearen Gleichungssystems (7.22) zu

$$\hat{M} = (0, 0) \begin{pmatrix} 0 \\ 1 \end{pmatrix} + (1, 0) \begin{pmatrix} \dfrac{2(\lambda - 1)}{\lambda + 1} \\[2ex] \dfrac{\lambda^2 - 4\lambda - 1}{\lambda + 1} \end{pmatrix} = \frac{2(\lambda - 1)}{\lambda + 1}.$$

Die zugehörige rechte Seite $\hat{q}$ ist

$$\hat{q} = \frac{1}{\sqrt{\lambda + 1}} + (0, 0) \begin{pmatrix} \dfrac{1}{\sqrt{\lambda + 1}} \\[2ex] 0 \end{pmatrix} - (1, 0) \begin{pmatrix} \dfrac{-\lambda^2 + 4\lambda + 1}{\sqrt{\lambda + 1}(\lambda + 1)^2} \\[2ex] \dfrac{2\lambda(3\lambda + 1)}{\sqrt{(\lambda + 1)^3}(\lambda + 1)} \end{pmatrix}$$

$$= \frac{1}{\sqrt{\lambda + 1}} - \frac{-\lambda^2 + 4\lambda + 1}{\sqrt{\lambda + 1}(\lambda + 1)^2} = \frac{2\lambda(\lambda - 1)}{\sqrt{\lambda + 1}(\lambda + 1)^2}.$$

Folglich reduziert sich das lineare Gleichungssystem (7.22) auf die lineare skalare Gleichung

$$\frac{2(\lambda - 1)}{\lambda + 1} z = \frac{2\lambda(\lambda - 1)}{\sqrt{\lambda + 1}(\lambda + 1)^2},$$

deren Lösung

$$z = \frac{\lambda}{\sqrt{\lambda + 1}(\lambda + 1)}$$

ist.

Mit der Formel (7.23) lässt sich nun die Lösung des RWPs (7.14) wie folgt darstellen:

$$x(t) = Z(t; -1)\, z + v(t; -1)$$

$$= \begin{pmatrix} \dfrac{(\lambda - t)(t + 1)}{\sqrt{t^2 + \lambda}\,\sqrt{\lambda + 1}} \\[2ex] -\dfrac{-\lambda^2 + 3\lambda t + \lambda + t^3}{\sqrt{t^2 + \lambda}\,\sqrt{\lambda + 1}} \end{pmatrix} \frac{\lambda}{\sqrt{\lambda + 1}(\lambda + 1)} + \begin{pmatrix} \dfrac{-\lambda^2 + \lambda t^2 + 3\lambda t + t}{\sqrt{t^2 + \lambda}\,(\lambda + 1)^2} \\[2ex] \dfrac{\lambda(t + 1)(t^2 - t + 3\lambda + 1}{\sqrt{(t^2 + \lambda)^3}\,(\lambda + 1)^2} \end{pmatrix} \quad (7.33)$$

$$= \begin{pmatrix} \dfrac{t}{\sqrt{t^2 + \lambda}} \\[2ex] \dfrac{\lambda}{\sqrt{(t^2 + \lambda)^3}} \end{pmatrix}.$$

Für einen Vergleich mit dem Einfach-Schießverfahren (siehe die Tabelle 7.1) haben wir in der Tabelle 7.2 die mit der Methode der komplementären Funktionen erhaltenen numerischen Resultate angegeben (siehe hierzu auch den Abschnitt 8.6).

Tab. 7.2: Mit der Methode der komplementären Funktionen erhaltene Resultate für das RWP (7.14).

λ	m	ndgl	cpu (sec)
$1e - 1$	130	1040	0.06
$1e - 2$	776	6208	0.16
$1e - 3$	4420	35360	0.73
$1e - 4$	24902	199216	4.0
$1e - 5$	140200	1121600	22.2
$1e - 6$	791000	6328000	124.6

Die numerische Lösung der AWPe erfolgte auf die gleiche Weise wie im Beispiel 7.1 angegeben. Es bestätigt sich somit auch experimentell, dass die Methode der komplementären Funktionen tatsächlich effektiver ist als das Einfach-Schießverfahren. □

7.3 Methode der Adjungierten

Eine Alternative zur Methode der komplementären Funktionen wurde von Goodman & Lance (1956) sowie Roberts & Shipman (1972) in unterschiedlichen Varianten zur Lösung linearer RWPe mit partiell separierten Randbedingungen vorgeschlagen. Es handelt sich dabei um die sogenannte *Methode der Adjungierten*, die wir im Folgenden darstellen wollen.

Wir betrachten wieder das homogene DGL-System

$$\mathscr{L}\, x(t) \equiv \dot{x}(t) - A(t)x(t) = 0, \quad a \le t \le b. \tag{7.34}$$

Bezeichnet $A(t)^T$ die Transponierte von $A(t)$, dann wird das System

$$\mathscr{L}^*\, y(t) \equiv \dot{y}(t) + A(t)^T y(t) = 0, \quad a \le t \le b \tag{7.35}$$

als das zu (7.34) *adjungierte* System bezeichnet. Das zugehörige inhomogene Problem lautet entsprechend

$$\mathscr{L}^*\, y(t) = -s(t), \quad a \le t \le b. \tag{7.36}$$

Ein wichtiges Resultat, das die beiden Probleme (7.34) und (7.35) in Beziehung setzt, ist in dem folgenden Satz angegeben.

Satz 7.1. *Eine nichtsinguläre Matrix $X(t; a) \in \mathbb{R}^{n \times n}$ ist genau dann eine Fundamentalmatrix für (7.34), falls $(X(t; a)^T)^{-1} = (X(t; a)^{-1})^T = X(t; a)^{-T}$ eine Fundamentalmatrix für (7.35) ist.*

Beweis. Es sei $X(t; a)$ eine Fundamentalmatrix von (7.34). Differenziert man die Identität

$$X(t; a)X(t; a)^{-1} \equiv I,$$

so ergibt sich

$$\dot{X}(t; a)X(t; a)^{-1} + X(t; a)\,\frac{d}{dt}X(t; a)^{-1} = 0.$$

Hieraus folgt

$$\frac{d}{dt}X(t; a)^{-1} = -X(t; a)^{-1}\dot{X}(t; a)X(t; a)^{-1} = -X(t, a)^{-1}A(t).$$

Die Transponierte dieser Relation lautet

$$\frac{d}{dt}X(t; a)^{-T} = -A(t)^T X(t; a)^{-T},$$

d. h., $X(t; a)^{-T}$ ist eine Fundamentalmatrix von (7.35). Die Umkehrung ist analog zu zeigen. $\qquad\square$

Wir wollen noch eine in der Praxis sehr häufig verwendete Formel bereitstellen.

Satz 7.2 (Green'sche Formel)**.** *Es seien $A(t) \in \mathbb{R}^{n \times n}$ und $r(t), s(t) \in \mathbb{R}^n$ für $a \le t \le b$ stetig. Des Weiteren mögen $x(t)$ eine Lösung von (6.7) und $y(t)$ eine Lösung von (7.36) bezeichnen. Dann gilt für $a \le t \le b$*

$$\int_a^t \left[r(\tau)^T y(\tau) - x(\tau)^T s(\tau) \right] d\tau = x(t)^T y(t) - x(a)^T y(a). \tag{7.37}$$

Beweis. Differenziert man die linke Seite von (7.37), so resultiert

$$r(t)^T y(t) - x(t)^T s(t). \tag{7.38}$$

Die Differentiation der rechten Seite von (7.37) ergibt

$$\begin{aligned}
\dot{x}(t)^T y(t) + x(t)^T \dot{y}(t) &= (x(t)^T A(t)^T + r(t)^T) y(t) - x(t)^T (A(t)^T y(t) + s(t)) \\
&= x(t)^T A(t)^T y(t) + r(t)^T y(t) - x(t)^T A(t)^T y(t) - x(t)^T s(t) \tag{7.39} \\
&= r(t)^T y(t) - x(t)^T s(t).
\end{aligned}$$

Damit stimmen (7.38) und (7.39) überein. Durch Einsetzen von $t = a$ in (7.37) bestätigt man schließlich die Richtigkeit der Integrationskonstanten. $\qquad\square$

Die Matrix $\hat{M} \in \mathbb{R}^{q \times q}$ des bei der Methode der komplementären Funktionen anfallenden linearen algebraischen Gleichungssystems (7.22) hat die Gestalt

$$\hat{M} = B_a^{(2)} Z^a + B_b^{(2)} Z^e.$$

Sie lässt sich auch in der Form

$$\hat{M} = [B_a^{(2)} + B_b^{(2)} U(b; a)] Z^a \tag{7.40}$$

aufschreiben, wobei $U(t; a) \in \mathbb{R}^{n \times n}$ die Fundamentalmatrix mit der Eigenschaft

$$\mathscr{L}\, U(t; a) = 0, \quad U(a; a) = I,$$

ist. Zur Berechnung der Matrix $\hat{M}$ und damit der Lösung $z \in \mathbb{R}^q$ des linearen Gleichungssystems würde es somit ausreichen, die Matrix $B_b^{(2)} U(b; a) \in \mathbb{R}^{q \times n}$ zu bestimmen. Nach dem Satz 7.1 ist $W(t; a) \equiv U(t; a)^{-T}$ eine Fundamentalmatrix des adjungierten Problems (7.35). Beachtet man die im Satz 6.2 gezeigten Eigenschaften der Fundamentalmatrix $U(t; a)$, so kann man

$$W(t, a) = U(a; t)^T \quad \text{bzw.} \quad U(a; t) = W(t; a)^T$$

schreiben. Setzt man $t = b$, dann ergibt sich $U(a; b) = W(b; a)^T$. Eine Vertauschung der Argumente a und b führt auf

$$U(b; a) = W(a; b)^T,$$

wobei jetzt $W(t; b)$ die Lösung des Matrix-Endwertproblems

$$\mathscr{L}^*\, W(t; b) = 0, \quad W(b; b) = I$$

bezeichnet.

Wir haben nun

$$B_b^{(2)} U(b, a) = \left(U(b; a)^T \left(B_b^{(2)} \right)^T \right)^T = \left(W(a; b) \left(B_b^{(2)} \right)^T \right)^T \equiv \bar{W}(a; b)^T.$$

Folglich braucht man nur die q Spalten der Matrix $\tilde{W}(a;b) \in \mathbb{R}^{n \times q}$, die durch das Matrix-Endwertproblem

$$\mathcal{L}^* \, \tilde{W}(t;b) = 0, \quad \tilde{W}(b;b) = \left(B_a^{(2)} \right)^T \tag{7.41}$$

definiert ist, durch Integration von b nach a zu berechnen. Unter Verwendung von $\tilde{W}(a;b)$ konstruiert man die Systemmatrix

$$\hat{M} = [B_a^{(2)} + \tilde{W}(a;b)^T] Z^a$$

und löst das lineare Gleichungssystem (7.22) nach z auf. Beachtet man schließlich, dass

$$w(t;a) \equiv Z(t;a) \, z = U(t,a) Z^a \, z$$

die Lösung des AWPs

$$\mathcal{L} \, w(t;a) = 0, \quad w(a;a) = Z^a \, z \tag{7.42}$$

ist, dann stellt sich die Lösung $x(t)$ des RWPs mit partiell separierten Randbedingungen in der Form

$$x(t) = w(t;a) + v(t;a) \tag{7.43}$$

dar. Das beschriebene Verfahren wird *Methode der Adjungierten* bezeichnet, da man die Spalten von $\tilde{W}(a;b)$ über das adjungierte RWP (7.35) berechnet. Die Methode der Adjungierten erfordert die Integration der $q + 2$ AWPe (7.41), (7.42) und (7.25). Man beachte, dass im Unterschied zur Methode der komplementären Funktionen die q AWPe (7.41) von b nach a sowie die zwei AWPe (7.42) und (7.25) von a nach b zu integrieren sind. Da hier die DGLn in unterschiedliche Richtungen integriert werden müssen und darüber hinaus noch eine Integration mehr als bei der Methode der komplementären Funktionen anfällt, ist der numerische Aufwand für die Methode der Adjungierten größer. Man wird deshalb in der Praxis die Methode der komplementären Funktionen bevorzugen, zumal die Stabilitätseigenschaften der Methode der Adjungierten keinesfalls besser sind.

7.4 Analyse der Einfach-Schießtechniken

In diesem Abschnitt soll die Genauigkeit des Einfach-Schießverfahrens untersucht werden. Wir setzen dabei voraus, dass die Integration der zugehörigen AWPe nicht exakt, sondern nur *näherungsweise* mit einem expliziten ESV (siehe Kapitel 2) durchgeführt wird, das durch die Gleichung

$$x_{i+1} = x_i + h_i \Phi(t_i, x_i; h_i), \quad i = 0, \ldots, N-1, \tag{7.44}$$

gegeben ist (zur Vereinfachung lassen wir hier bei der Gitterfunktion den Superskript h_i weg). Wir nehmen weiter an, dass für das Einfach-Schießverfahren die Anfangsvektoren (7.13), d. h. $X^a = I$ und $v^a = 0$, verwendet werden.

Bei der praktischen Realisierung des Einfach-Schießverfahrens entstehen somit anstelle von $X(t; a)$ und $v(t; a)$ nur eine *diskrete* Fundamentallösung $\{X_i\}_{i=1}^N$ und ein *diskretes* partikuläres Integral $\{v_i\}_{i=1}^N$.

Bezeichnet $\delta(\cdot)$ den lokalen Diskretisierungsfehler des ESVs, so gilt für die exakte Lösung $x(t)$ des gegebenen AWPs

$$x(t_{i+1}) = x(t_i) + h_i \Phi(t_i, x(t_i); h_i) + h_i\, \delta(t_{i+1}, x(t_{i+1}); h_i).$$

Sieht man erst einmal von möglichen Rundungsfehlern ab, dann lässt sich wie in Abschnitt 2.5 zeigen, dass die numerische Lösung $\{x_i\}_{i\geq 0}$ des RWPs (6.1) an den Stellen t_i mit der exakten Lösung des gestörten Problems

$$\mathscr{L}\, y(t) = r(t) + \varepsilon(t), \quad a \leq t \leq b,$$
$$\mathscr{B}\, y(t) = \beta$$

übereinstimmt. Der Vektor $\varepsilon(t)$ beschreibt dabei den lokalen Fehler. Bei einem ESV der Ordnung p ist somit $\varepsilon(t)$ normmäßig nach oben durch Ch^p beschränkt, mit $C \in \mathbb{R}_+$ und $h \equiv \max h_i$.

Schließlich sei der globale Fehler $e(t)$ zu

$$e(t) \equiv x(t) - y(t)$$

definiert und es werde $e_i \equiv e(t_i)$ gesetzt.

Es gilt nun die folgende Aussage über die Konvergenz der Näherungen x_i.

Satz 7.3. *Es sei die innere Stabilitätskonstante $\|\kappa_2\|$ wie in (6.50) definiert. Dann erfüllt der globale Fehler $e_i \equiv x(t_i) - x_i$ die Ungleichung*

$$\|e_i\| \leq \|\kappa_2\|\, C\, h^p. \tag{7.45}$$

Beweis. Offensichtlich erfüllt $e(t)$ das RWP

$$\mathscr{L}\, e(t) = -\varepsilon(t), \quad a \leq t \leq b,$$
$$\mathscr{B}\, e(t) = 0.$$

Aus (6.28) folgt unter Beachtung von $\beta = 0$

$$e(t) = -\int_a^b G(t, \tau)\varepsilon(\tau)\, d\tau,$$

woraus sich die Behauptung des Satzes unmittelbar ergibt. □

Das obige Resultat ist in dem Sinne zufriedenstellend, als dass bei einem stabilen RWP (d. h., die Stabilitätskonstante κ ist von moderater Größe; siehe Formel (6.51)) der globale Fehler der numerisch berechneten Lösung etwa die gleiche Größenordnung aufweist wie der lokale Diskretisierungsfehler des verwendeten ESVs zur Lösung der anfallenden AWPe.

Bisher haben wir angenommen, dass alle Rechnungen in *exakter Arithmetik* ausgeführt werden. Im Gegensatz zur numerischen Analyse von AWPn kann jedoch bei RWPn der Einfluss der Rundungsfehler auf das numerische Resultat nicht mehr vernachlässigt werden (im Vergleich mit den Auswirkungen der Diskretisierungsfehler). Wir wollen deshalb jetzt voraussetzen, dass alle Berechnungen in der Menge der Computerzahlen $\mathcal{R} = \mathcal{R}(\beta, t, L, U)$ (siehe Hermann (2011)) realisiert werden und folglich durch Rundungsfehler verfälscht sind. Diese Rundungsfehler mögen durch die relative Maschinengenauigkeit η beschränkt sein, so dass jede reelle Zahl $a \in \mathbb{R}$ durch eine Computerzahl $\tilde{a} \in \mathcal{R}$ repräsentiert wird, mit

$$\left| \frac{a - \tilde{a}}{a} \right| \leq \eta, \quad a \neq 0. \tag{7.46}$$

Wir können nun davon ausgehen, dass die auf einem Computer erzeugte Fundamentallösung $\{\tilde{X}_i\}$ die Beziehung

$$\tilde{X}_i = X_i(I + E_i), \quad \|E_i\| \leq C\eta, \tag{7.47}$$

erfüllt, wobei die Konstante C nicht allzu groß ist. Das Auftreten von (möglicherweise instabilen) Modes im Fundamentalraum, die durch die Rundungsfehler während der Vorwärts-Integration erzeugt werden, hat zur Folge, dass die partikuläre Lösung $\{v_i\}$ i. Allg. auch durch diese Rundungsfehler verfälscht ist. Wir drücken dies in der Form

$$\tilde{v}_i = v_i + X_i \hat{E}_i d_i, \quad \|\hat{E}_i\| \leq \hat{C}\eta, \quad \|d_i\| = 1, \tag{7.48}$$

aus. Lässt man weitere Fehler unberücksichtigt, dann bestimmt sich der tatsächlich berechnete Vektor $\tilde{c}$ aus dem linearen Gleichungssystem

$$[B_a + B_b X_N(I + E_N)]\tilde{c} = \beta - B_b v_N - B_b X_N \hat{E}_N d_N. \tag{7.49}$$

Es stimmen X_N und v_N mit $X(b; a)$ bzw. $v(b; a)$ überein. Aus (7.49) und (7.12) ergibt sich dann

$$\tilde{c} - c = -[B_a + B_b X_N]^{-1} B_b X_N [E_N \tilde{c} + \hat{E}_N d_N].$$

Somit ist das *berechnete* x_i mit Fehlern behaftet, die in der Größenordnung von

$$X_i(\tilde{c} - c) = -X_i \underbrace{[B_a + B_b X_N]^{-1}}_{M^{-1}} B_b X_N [E_N \tilde{c} + \hat{E}_N d_N]$$

liegen. Beachtet man, dass $\hat{X}(t; a) \equiv X(t; a)M^{-1}$ eine Fundamentalmatrix ergibt, die die Bedingung (6.14) erfüllt, dann folgt aus der obigen Formel

$$\|X_i(\tilde{c} - c)\| \leq \|\kappa_1\| \|B_b\| \|X_N(E_N \tilde{c} + \hat{E}_N d_N)\|. \tag{7.50}$$

Wir müssen unser Hauptaugenmerk auf den Faktor $\|X_N(E_N \tilde{c} + \hat{E}_N d_N)\|$ richten. Da die Matrizen E_N und $\hat{E}_N$ durch die recht willkürlichen Rundungsfehler aufgebaut werden, besitzen sie keinerlei besondere Struktur. Damit liegt dieser Faktor in der Größenordnung von $\|X_N\| \eta$. Die Matrix $\|X_N\|$ kann jedoch exponentiell anwachsen (man beachte, dass es sich dabei um das Fundamentalsystem am Ende des Integrationsintervalls handelt), da bei einem stabilen RWP mit einer Dichotomie des Lösungsraumes zu rechnen ist (vergleiche die Ausführungen im Abschnitt 6.3). Unsere Betrachtungen lassen somit den einzigen Schluss zu, dass das Einfach-Schießverfahren eine potentiell *instabile* numerische Methode darstellt. Anders ausgedrückt, die Ergebnisse des Einfach-Schießverfahrens sind nur dann akzeptabel, wenn mit einer vorgegebenen absoluten Toleranz *TOL* die Ungleichung $\|X_N\| \eta \leq TOL$ erfüllt ist.

Beispiel 7.4 (siehe auch Mattheij & Molenaar (1996)). Wir betrachten wieder unser Standard-RWP (6.20), (6.22) aus dem Beispiel 6.4, wobei wir jetzt die folgende Konkretisierung vornehmen wollen:

$$r(t) = \begin{pmatrix} 0 \\ \lambda \cos^2(\pi t) + \frac{2\pi^2}{\lambda} \cos(2\pi t) \end{pmatrix}, \quad \beta = \begin{pmatrix} 0 \\ 0 \end{pmatrix}.$$

Die zugehörige exakte Lösung lautet:

$$x(t) = \begin{pmatrix} (e^{\lambda(t-1)} + e^{-\lambda t})(1 + e^{-\lambda})^{-1} - \cos^2 \pi t \\ (e^{\lambda(t-1)} - e^{-\lambda t})(1 + e^{-\lambda})^{-1} + \frac{\pi}{\lambda} \sin 2\pi t \end{pmatrix}.$$

Nach der Formel (6.21) ist die Fundamentalmatrix $X(t; 0)$ mit $X(0; 0) = I$ durch

$$X(t; 0) = \begin{pmatrix} \cosh(\lambda t) & \sinh(\lambda t) \\ \sinh(\lambda t) & \cosh(\lambda t) \end{pmatrix}$$

gegeben. Somit sind

$$X(0; 0) = \begin{pmatrix} 1 & 0 \\ 0 & 1 \end{pmatrix}, \quad X(1; 0) = \begin{pmatrix} \cosh(\lambda) & \sinh(\lambda) \\ \sinh(\lambda) & \cosh(\lambda) \end{pmatrix},$$

$$M = \begin{pmatrix} 1 & 0 \\ \cosh(\lambda) & \sinh(\lambda) \end{pmatrix}.$$

Für sehr große positive Werte von λ gilt somit

$$M \simeq \begin{pmatrix} 1 & 0 \\ e^\lambda/2 & e^\lambda/2 \end{pmatrix}.$$

Die Inverse von M berechnet sich zu

$$M^{-1} = \begin{pmatrix} 1 & 0 \\ -\frac{\cosh(\lambda)}{\sinh(\lambda)} & \frac{1}{\sinh(\lambda)} \end{pmatrix},$$

woraus wiederum für sehr große positive Werte von λ

$$M^{-1} \simeq \begin{pmatrix} 1 & 0 \\ -1 & \varepsilon \end{pmatrix}$$

folgt, wobei ε eine sehr kleine Zahl bezeichnet. Weiter gilt für solche λ

$$\|M\|_\infty \simeq e^\lambda \quad \text{und} \quad \|M^{-1}\|_\infty \simeq 1,$$

so dass sich in diesem Falle

$$\mathrm{cond}_\infty(M) \simeq e^\lambda$$

ergibt. Mit anderen Worten, die Kondition des linearen Gleichungssystems (7.12) wächst für große positive Werte von λ exponentiell an und ist damit einer vernünftigen numerischen Behandlung nicht mehr zugänglich.

In der Tabelle 7.3 sind für $\lambda = 10, 20, \ldots, 50$ die mit dem Einfach-Schießverfahren berechneten Werte $\tilde{x}_1(1)$ der Funktion $x_1(t)$ am rechten Rand angegeben.

Tab. 7.3: Durch das Einfach-Schießverfahren berechnete Werte $\tilde{x}_1(1)$.

λ	10	20	30	40	50
$\tilde{x}_1(1)$	$-2.13\,e-7$	$1.11\,e-2$	$2.73\,e2$	$4.99\,e6$	$1.30\,e11$

Man erkennt unmittelbar, dass bei größer werdendem λ der Unterschied zwischen den berechneten Werten und dem durch die Randbedingung vorgegebenen Wert $x_1(1) = 0$ extrem anwächst, d. h., die numerische Lösung wird sehr schnell bedeutungslos. Zur Integration der anfallenden AWPe wurde wieder das explizite RKV ode45 aus dem Programmpaket MATLAB mit einer Fehlertoleranz RelTol=10^{-8} verwendet. □

8 Numerische Analyse von Mehrfach-Schießtechniken

8.1 Mehrfach-Schießverfahren

Der Grundgedanke aller Schießverfahren, nämlich die Lösung eines RWPs in die Lösungsschar zugeordneter AWPe einzubetten, erscheint für diejenigen Aufgabenklassen als unsachgemäß, wo sich die Stabilitätseigenschaften beim Übergang vom RWP zum AWP im Sinne des Abschnittes 6.3 verschlechtern. Dies ist speziell bei DGLn mit stark anwachsenden Lösungen der Fall, und diese wiederum kommen in den Anwendungen häufig vor. Insbesondere muss immer mit stark anwachsenden Lösungen gerechnet werden, da gezeigt wurde, dass eine notwendige und hinreichende Bedingung für die Stabilität eines RWPs die Dichotomie des Fundamentallösungsraumes darstellt.

Die bei instabilen AWPn auftretenden Phänomene können insbesondere am Prototyp des RWPs (6.20) (siehe Beispiel 6.4) studiert werden. Dabei wird ersichtlich, wie die Stabilitätskonstanten von der Länge des Integrationsintervalls abhängen. Betrachtet man das AWP (6.20), (6.23) etwa im Intervall $[0, b]$, so ergibt sich anstelle von (6.53) (siehe Beispiel 6.5):

$$\|\kappa_1\| = e^{\lambda b} \quad \text{und} \quad \|\kappa_2\| = (e^{\lambda b} - 1)/\lambda.$$

Die Instabilität von AWPn obigen Typs lässt sich daher durch Verkleinerung des Integrationsintervalls reduzieren. Dieser Sachverhalt legt den Gedanken nahe, das Intervall $[a, b]$ in m Segmente

$$a = \tau_0 < \tau_1 < \cdots < \tau_{m-1} < \tau_m = b \tag{8.1}$$

zu unterteilen. Die Segmentierungspunkte τ_j werden auch *Schießpunkte* genannt. Auf jedem Segment $[\tau_j, \tau_{j+1}]$ kann die Lösung $x(t)$ der DGL

$$\mathscr{L} x(t) = r(t), \quad a \le t \le b, \tag{8.2}$$

nach dem Superpositionsprinzip (vergleiche Abschnitt 1.1 und Formel (6.10)) in der Form

$$x(t) = x_j(t) = X(t; \tau_j) c_j + \upsilon(t; \tau_j), \quad t \in [\tau_j, \tau_{j+1}], \tag{8.3}$$

$j = 0, \ldots, m - 1$, dargestellt werden. Die Fundamentalmatrix $X(t, \tau_j)$ möge dabei das Matrix-AWP

$$\mathscr{L} X(t; \tau_j) = 0, \quad \tau_j \le t \le \tau_{j+1},$$
$$X(\tau_j; \tau_j) = X_j^a, \quad X_j^a \in \mathbb{R}^{n \times n} \text{ beliebig, jedoch } \det(X_j^a) \ne 0, \tag{8.4}$$

DOI 10.1515/9783110498882-009

erfüllen, das in kompakter Form n gewöhnliche AWPe repräsentiert. Des Weiteren sei die partikuläre Lösung $v(t; \tau_j)$ durch das AWP

$$\mathcal{L}\, v(t; \tau_j) = r(t), \quad \tau_j \leq t \leq \tau_{j+1},$$
$$v(\tau_j; \tau_j) = v_j^a, \quad v_j^a \in \mathbb{R}^n \text{ beliebig,}$$

(8.5)

definiert.

Durch eine geeignete Wahl der noch unbestimmten Vektoren $c_j \in \mathbb{R}^n$ in (8.3) werden nun die m Teillösungen $x_j(t)$, $j = 0, \ldots, m-1$, so zusammengesetzt, dass eine stetige Lösung von (8.2) resultiert, die auch die Randbedingungen

$$\mathcal{B}\, x(t) = \beta$$

(8.6)

erfüllt (siehe die Abbildung 8.1). Das resultierende Verfahren wird *Mehrfach-Schießverfahren* genannt.

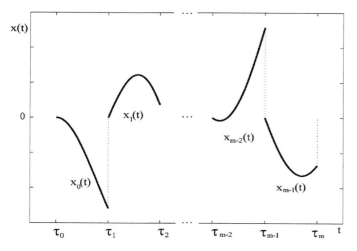

Abb. 8.1: Prinzip des Mehrfach-Schießverfahrens.

Die Stetigkeitsforderungen lauten

$$x_0(\tau_1) = x_1(\tau_1)$$
$$x_1(\tau_2) = x_2(\tau_2)$$
$$\vdots \quad = \quad \vdots$$
$$x_{m-2}(\tau_{m-1}) = x_{m-1}(\tau_{m-1}).$$

(8.7)

Diese Gleichungen lassen sich mittels der Darstellung (8.3) von $x_j(t)$ in der Gestalt

$$X_j^e c_j + v_j^e = X_{j+1}^a c_{j+1} + v_{j+1}^a, \quad j = 0, 1, \ldots, m-2,$$

aufschreiben, mit $X_j^e \equiv X(\tau_{j+1}; \tau_j)$ sowie $v_j^e \equiv v(\tau_{j+1}; \tau_j)$. Nach einer Umordnung der Terme erhält man daraus die sogenannten *Stetigkeitsbedingungen* des Mehrfach-Schießverfahrens:

$$c_{j+1} - (X_{j+1}^a)^{-1} X_j^e \, c_j = (X_{j+1}^a)^{-1} \left(v_j^e - v_{j+1}^a \right), \quad j = 0, 1, \ldots, m-2. \tag{8.8}$$

Setzt man schließlich den Ansatz (8.3) in die Randbedingungen (8.6) ein, so resultiert

$$B_a [X(\tau_0; \tau_0) \, c_0 + v(\tau_0; \tau_0)] + B_b [X(\tau_m; \tau_{m-1}) \, c_{m-1} + v(\tau_m; \tau_{m-1})] = \beta.$$

Ordnet man auch hier die Terme um, dann ergeben sich die sogenannten *Randbedingungen* des Mehrfach-Schießverfahrens:

$$B_a X_0^a \, c_0 + B_b X_{m-1}^e \, c_{m-1} = \beta - B_a v_0^a - B_b v_{m-1}^e. \tag{8.9}$$

Die Stetigkeitsbedingungen (8.8) und die Randbedingungen (8.9) können zu einem linearen algebraischen Gleichungssystem der Dimension mn zusammengefasst werden, das wir in der Form

$$M^{(m)} c^{(m)} = q^{(m)} \tag{8.10}$$

aufschreiben wollen. Die Matrix $M^{(m)} \in \mathbb{R}^{mn \times mn}$, die rechte Seite $q^{(m)} \in \mathbb{R}^{mn}$ sowie der Vektor der Unbekannten $c^{(m)} \in \mathbb{R}^{mn}$ sind dabei wie folgt definiert:

$$M^{(m)} \equiv \begin{pmatrix} -(X_1^a)^{-1} X_0^e & I & & & \\ & -(X_2^a)^{-1} X_1^e & I & & \\ & & \ddots & & \ddots \\ & & & -(X_{m-1}^a)^{-1} X_{m-2}^e & I \\ B_a X_0^a & & & & B_b X_{m-1}^e \end{pmatrix}$$

$$q^{(m)} \equiv \begin{pmatrix} (X_1^a)^{-1}(v_0^e - v_1^a) \\ \vdots \\ (X_{m-1}^a)^{-1}(v_{m-2}^e - v_{m-1}^a) \\ \beta - B_a v_0^a - B_b v_{m-1}^e \end{pmatrix} \quad \text{und} \quad c^{(m)} \equiv \begin{pmatrix} c_0 \\ c_1 \\ \vdots \\ c_{m-1} \end{pmatrix}, \quad c_j \in \mathbb{R}^n.$$

Sind die Vektoren c_j bestimmt, dann lässt sich auf jedem Segment $[\tau_j, \tau_{j+1}]$ der zugehörige Anfangswert nach (8.3) zu

$$x(\tau_j) = X_j^a \, c_j + v_j^a \equiv s_j \tag{8.11}$$

berechnen. Nun ist es möglich, an einer beliebigen Stelle $\bar{t} \in [\tau_j, \tau_{j+1}]$ eine Approximation der Lösung $x(\bar{t})$ des RWPs (8.2), (8.6) durch die numerische Integration des AWPs

$$\mathcal{L} u = r(t), \quad \tau_j \leq t \leq \tau_{j+1},$$
$$u(\tau_j) = s_j, \tag{8.12}$$

vorzunehmen, indem man von τ_j bis zu dieser Stelle $\bar{t}$ die Integration durchführt.

Verwendet man bei den Integrationen (8.4) und (8.5) die Anfangsvektoren

$$X_j^a = I \in \mathbb{R}^{n \times n} \quad \text{und} \quad v_j^a = 0 \in \mathbb{R}^n, \tag{8.13}$$

dann ergibt sich wieder die *Standardform* des Mehrfach-Schießverfahrens. In diesem Falle entfällt in (8.8) die Invertierung der Matrix X_{j+1}^a.

Es stellt sich nun die Frage, unter welchen Bedingungen die Matrix $M^{(m)}$ nichtsingulär und damit das lineare Gleichungssystem (8.10) eindeutig lösbar ist. Eine Antwort darauf findet man im folgenden

Satz 8.1. *Die Matrix $M^{(m)}$ ist nichtsingulär genau dann, wenn die Matrix M des Einfach-Schießverfahrens (siehe die Formel (7.11)) nichtsingulär ist.*

Beweis. Der Einfachheit halber wollen wir den Beweis nur für die Standardform des Mehrfach-Schießverfahrens durchführen. Die Übertragung auf den allgemeinen Fall ist trivial.

Die Matrix $M^{(m)}$ werde wie folgt faktorisiert:

$$M^{(m)} = \begin{pmatrix} I & & & \\ & \ddots & & \\ & & I & \\ Q_1 & Q_2 & \dots & Q_m \end{pmatrix} \begin{pmatrix} I & & & \\ -X_0^e & I & & \\ & \ddots & \ddots & \\ & & -X_{m-2}^e & I \end{pmatrix}. \tag{8.14}$$

Die unbekannten Blockmatrizen $Q_j \in \mathbb{R}^{n \times n}$, $j = 1, \dots, m$, lassen sich durch einen Vergleich der auf der linken und rechten Seite von (8.14) stehenden Matrix-Elemente bestimmen:

$$Q_m = B_b X_{m-1}^e, \quad Q_j = Q_{j+1} X_{j-1}^e, \ j = m-1, m-2, \dots, 2,$$
$$Q_1 = B_a + Q_2 X_0^e.$$

Die Matrix Q_1 berechnet sich weiter zu

$$\begin{aligned} Q_1 &= B_a + Q_2 X_0^e \\ &= B_a + Q_3 X_1^e X_0^e \\ &\vdots \\ &= B_a + B_b X_{m-1}^e X_{m-2}^e \cdots X_0^e. \end{aligned} \tag{8.15}$$

Für die Faktorisierung (8.14) gilt offensichtlich

$$\det(M^{(m)}) = \det(Q_1).$$

Somit überträgt sich die Nichtsingularität (bzw. Singularität) von Q_1 auf $M^{(m)}$ und umgekehrt. Nach Satz 6.2 lässt sich nun (in exakter Arithmetik!) für das Produkt der Matrizen X_j^e in (8.15) schreiben

$$\begin{aligned} X_{m-1}^e X_{m-2}^e \cdots X_0^e &= X(\tau_m; \tau_{m-1}) X(\tau_{m-1}; \tau_{m-2}) \cdots X(\tau_1; \tau_0) \\ &= X(\tau_m; \tau_0) = X(b; a), \end{aligned}$$

so dass man schließlich für Q_1 die Darstellung

$$Q_1 = B_a + B_b X(b; a) = M$$

erhält, womit die Behauptung des Satzes gezeigt ist. $\qquad\square$

8.2 Stabilität des Mehrfach-Schießverfahrens

Das Mehrfach-Schießverfahren basiert auf einem 2-stufigen Diskretisierungsprozess. Der Stufe 1 liegt das relativ grobe Gitter der Schießpunkte (8.1) zugrunde, während die Stufe 2 aus dem feinen Gitter besteht, das bei der Lösung der AWPe (8.4) und (8.5) automatisch erzeugt wird. Wir betrachten im Folgenden nur das aus diesen zwei Stufen zusammengesetzte Gitter und wollen der Frage nachgehen, ob sich durch das Vorschalten der Stufe 1 (Mehrfach-Schießverfahren) der Einfluss der *Rundungsfehler* besser begrenzen lässt, als dies beim Einfach-Schießverfahren (1-stufiger Prozess) der Fall war (vergleiche hierzu die Ausführungen im Abschnitt 7.4). Würde andererseits das Einfach-Schießverfahren auf dem gleichen feinen Gitter und unter Verwendung des gleichen numerischen Integrationsverfahrens durchgeführt, dann sind die Resultate des Einfach-Schießverfahrens und des Mehrfach-Schießverfahrens identisch, wenn nur die Rechnungen in *exakter* Arithmetik realisiert werden. Dieser Fall ist jedoch für die Praxis nicht relevant.

Um die Untersuchungen etwas zu vereinfachen, gehen wir von den folgenden Annahmen aus:

- die Matrix $M^{(m)}$ ist nichtsingulär, d. h., nach Satz 8.1 gelte $\det(M) \neq 0$,
- es wird nur die Standardform des Mehrfach-Schießverfahrens betrachtet, d. h. $X_j^a = I$ und $v_j^a = 0, j = 0, \dots, m - 1$,
- die bei den numerischen Integrationsverfahren zwangsläufig anfallenden Diskretisierungsfehler werden vernachlässigt, und
- die AWP-Löser erfordern auf den Segmenten $[\tau_j, \tau_{j+1}], j = 0, \dots, m - 1$, jeweils $\hat{N}$ Schritte.

Somit besitzt das aus den Stufen 1 und 2 kombinierte Gitter genau

$$\bar{N} = m\,\hat{N} \tag{8.16}$$

Gitterpunkte.

Wir schreiben die Stetigkeitsbedingungen (8.8) in der Gestalt

$$c_{j+1} = X_j^e\, c_j + q_{j+1}^{(m)}, \quad 0 \le j \le m - 2,$$

auf, wobei $q_j^{(m)}$ die j-te (Block-) Komponente von $q^{(m)}$ bezeichnet. Mit $\tilde{c}^{(m)}$ werde wieder die in der Menge der Computerzahlen $\mathcal{R} = \mathcal{R}(\beta, t, L, U)$ numerisch erzeugte Approximation von $c^{(m)}$ gekennzeichnet. Das *berechnete* $x(\tau_j)$ ist dann mit Fehlern behaftet, die in der Größenordnung von

$$\tilde{c}_j - c_j, \quad 0 \leq j \leq m - 1,$$

liegen.

Wie bei der Analyse des Einfach-Schießverfahrens gehen wir von folgendem Modell für die Rundungsfehler aus. Auf jedem Segment $[\tau_j, \tau_{j+1}]$ gibt es Matrizen E_j und $\hat{E}_j$ sowie einen Vektor d_j, $\|d_j\| = 1$, so dass

$$\tilde{c}_{j+1} - X_j^e (I + E_j) \tilde{c}_j = \tilde{q}_{j+1}^{(m)} \equiv q_{j+1}^{(m)} + X_j^e \hat{E}_j d_j, \quad 0 \leq j \leq m - 2,$$

$$B_a \tilde{c}_0 + B_b X_{m-1}^e (I + E_{m-1}) \tilde{c}_{m-1} = \tilde{q}_m^{(m)} \equiv q_m^{(m)} - B_b X_{m-1}^e \hat{E}_{m-1} d_{m-1}$$

gilt. Die Matrizen E_j und $\hat{E}_j$ können entsprechend (7.47) bzw. (7.48) abgeschätzt werden.

Unter Verwendung der Störungsmatrizen und -vektoren

$$E \equiv \begin{pmatrix} X_0^e E_0 & & & \\ & \ddots & & \\ & & X_{m-2}^e E_{m-2} & \\ & & & -B_b X_{m-1}^e E_{m-1} \end{pmatrix},$$

$d \equiv (d_0, d_1, \ldots, d_{m-1})^T$ sowie $\hat{E}$ analog zu E definiert, lässt sich nun die Differenz zwischen $\tilde{c}^{(m)}$ und $c^{(m)}$ wie folgt angeben:

$$\tilde{c}^{(m)} - c^{(m)} = (M^{(m)})^{-1} [E \tilde{c}^{(m)} - \hat{E} d]. \tag{8.17}$$

Dies impliziert, dass man $(M^{(m)})^{-1}$ genauer studieren sollte.

Satz 8.2. *Unter der Voraussetzung $\det(M) \neq 0$ gilt für die Systemmatrix $M^{(m)}$ der Standardform des Mehrfach-Schießverfahrens:*

1. *Die Inverse von $M^{(m)}$ lässt sich in Termen der Green'schen Funktion (6.19) ausdrücken*

$$(M^{(m)})^{-1} = \begin{pmatrix} G(\tau_0, \tau_1) & \cdots & G(\tau_0, \tau_{m-1}) & X(\tau_0, \tau_0)M^{-1} \\ \vdots & & \vdots & \vdots \\ G(\tau_{m-1}, \tau_1) & \cdots & G(\tau_{m-1}, \tau_{m-1}) & X(\tau_{m-1}, \tau_0)M^{-1} \end{pmatrix}, \tag{8.18}$$

wobei $M = B_a + B_b X(b; a)$ wie bisher die Systemmatrix des Einfach-Schießverfahrens ist.

2. *Bezeichnet κ die Stabilitätskonstante des RWPs (6.1), dann gilt*

$$\|(M^{(m)})^{-1}\| \leq m \, \kappa. \tag{8.19}$$

3. *Im Falle einer exponentiellen Dichotomie kann die Schranke in (8.19) konkretisiert werden zu*

$$\|(M^{(m)})^{-1}\| \leq c \, h_{\min} \, \kappa. \tag{8.20}$$

wobei c eine Konstante von moderater Größe bezeichnet, die nicht von m abhängt. Des Weiteren ist $h_{\min}$ durch die Beziehung $\min_{0 \leq j \leq m-1} \tau_{j+1} - \tau_j \geq h_{\min} > 0$ erklärt. Die Ungleichung (8.20) behält ihre Gültigkeit auch im Falle, dass $b - a \to \infty$.

Beweis. Der Beweis sei dem interessierten Leser selbst überlassen. □

Wir wollen jetzt annehmen, dass bei der Integration der AWPe (8.4) und (8.5) nur Fehler in der Größenordnung der relativen Maschinengenauigkeit η auftreten. Dies impliziert

$$\max_{0 \leq j \leq m-1} \|E_j\| \approx \hat{N}\eta \quad \text{und} \quad \max_{0 \leq j \leq m-1} \|\hat{E}_j\| \approx \hat{N}\eta.$$

Dabei bezeichnet, wie vereinbart, $\hat{N}$ die Anzahl der Schritte, die ein stabiler AWP-Löser zwischen zwei aufeinanderfolgenden Schießpunkten benötigt (die auftretenden Diskretisierungsfehler werden dabei jedoch unberücksichtigt gelassen). Nun lässt sich (8.17) abschätzen zu

$$\|\tilde{c}^{(m)} - c^{(m)}\| \leq C \|(M^{(m)})^{-1}\| \, \|M^{(m)}\| \, \hat{N}\eta \approx \text{cond}(M^{(m)}) \, \hat{N}\eta, \tag{8.21}$$

wobei $\text{cond}(M^{(m)}) \equiv \|M^{(m)}\| \, \|(M^{(m)})^{-1}\|$ wie üblich die Konditionszahl der Matrix $M^{(m)}$ bezeichnet. Nach (8.19) gilt

$$\text{cond}(M^{(m)}) \approx m \, \kappa \, \|M^{(m)}\|. \tag{8.22}$$

Ohne Beschränkung der Allgemeinheit können wir an dieser Stelle voraussetzen, dass $\|B_a\| \leq 1$ und $\|B_b\| \leq 1$ gilt. Andernfalls müssen die Randbedingungen entsprechend skaliert werden. Da $X(t; \tau_j)$ durch die Anfangsbedingung $X(\tau_j, \tau_j) = I$ festgelegt ist, lassen sich mit einer Reduzierung der Segmentlänge $\tau_{j+1} - \tau_j$ die Matrizen X_j^e stets so einstellen, dass sie eine Beziehung der Form $\|X_j^e\| \leq 1 + \gamma$ erfüllen, wobei γ eine (vorzugebende) kleine positive Zahl bezeichnet. Durch diese Strategie ist dann auch die Matrix $M^{(m)}$ normmäßig beschränkt, d. h., es gilt $\|M^{(m)}\| \leq 2 + \gamma$. Verwendet man diese Schranke in (8.22), so resultiert

$$\text{cond}(M^{(m)}) \approx m \, \kappa \, (2 + \gamma). \tag{8.23}$$

Schließlich lässt sich (8.21) in der präzisierten Form

$$\|\tilde{c}^{(m)} - c^{(m)}\| \approx \bar{N} \kappa (2 + \gamma)\eta \tag{8.24}$$

angeben. Wir kommen damit zu dem folgenden Resultat. Wenn das RWP (6.1) stabil ist und die Schießpunkte so gewählt werden, dass $\|M^{(m)}\|$ nahe bei 2 liegt (wobei $\bar{N}$ nicht extrem groß sein darf, siehe die Formel (8.16)), dann stellt die Standardform des Mehrfach-Schießverfahrens ein numerisch stabiles Verfahren dar, d. h., es tritt nur eine relativ geringfügige Verstärkung der unvermeidlichen Rundungsfehler auf.

8.3 Kompaktifikation oder *LU*-Faktorisierung

In diesem Abschnitt soll die Frage diskutiert werden, wie das lineare Gleichungssystem (8.10) des Mehrfach-Schießverfahrens numerisch stabil und mit möglichst geringem Aufwand gelöst werden kann. Dabei ist zu berücksichtigen, dass es sich bei der Systemmatrix $M^{(m)}$ um eine schwach besetzte Matrix handelt, die darüber hinaus eine spezielle Block-Struktur aufweist. Der Einfachheit halber wollen wir uns im Folgenden nur mit der Standardform des Mehrfach-Schießverfahrens beschäftigen. Dies ist keine Einschränkung, da sich die entsprechenden Aussagen unmittelbar auf den allgemeinen Fall übertragen lassen.

Diejenige Variante zur Auflösung des linearen Gleichungssystems, die den geringsten numerischen Aufwand erfordert, ergibt sich, wenn nur mit den Nicht-Null-Elementen der Matrix $M^{(m)}$ gearbeitet wird, d. h. wenn die Gleichungen, beginnend mit der ersten, sukzessive nach den einzelnen Komponenten aufgelöst werden (siehe hierzu u. a. Stoer & Bulirsch (2002) und Deuflhard (1980)). Von Deuflhard (1989) wurde für diese Lösungsstrategie der Name *Kompaktifikation* eingeführt. Um die Kompaktifikation genauer darzustellen, schreiben wir die Gleichungen des Systems (8.10) explizit auf:

$$
\begin{aligned}
&\text{1. Gleichung:} &&- X_0^e c_0 + c_1 = v_0^e, \\
&\text{2. Gleichung:} &&- X_1^e c_1 + c_2 = v_1^e, \\
&\text{3. Gleichung:} &&- X_2^e c_2 + c_3 = v_2^e, \\
&&&\vdots \\
&(m-1)\text{-te Gleichung:} &&- X_{m-2}^e c_{m-2} + c_{m-1} = v_{m-2}^e, \\
&m\text{-te Gleichung:} &&B_a c_0 + B_b X_{m-1}^e c_{m-1} = \beta - B_b v_{m-1}^e.
\end{aligned}
$$

Im ersten Eliminationsschritt stellt man die erste Gleichung nach der Unbekannten c_1 um, woraus unmittelbar

$$
c_1 = v_0^e + X_0^e c_0 \tag{8.25}
$$

folgt. Nun setzt man im zweiten Eliminationsschritt c_1 in die zweite Gleichung ein und stellt diese nach c_2 um. Es resultiert

$$
c_2 = v_1^e + X_1^e X_0^e c_0 + X_1^e v_0^e. \tag{8.26}
$$

Im dritten Eliminationsschritt wird c_2 in die dritte Gleichung substituiert und anschließend diese nach c_3 aufgelöst, d. h.

$$
c_3 = v_2^e + X_2^e X_1^e X_0^e c_0 + X_2^e X_1^e v_0^e + X_2^e v_1^e. \tag{8.27}
$$

Setzt man diesen Prozess sukzessive fort, dann ergibt sich für c_{m-1} die Darstellung

$$
c_{m-1} = v_{m-2}^e + \left(\prod_{j=0}^{m-2} X_{m-2-j}^e \right) c_0 + \sum_{j=0}^{m-3} \left(\prod_{l=0}^{m-3-j} X_{m-2-l}^e \right) v_j^e. \tag{8.28}
$$

Im letzten Eliminationsschritt wird nun c_{m-1} in die m-te Gleichung eingesetzt und es resultiert

$$\left(B_a + B_b \prod_{j=0}^{m-1} X_{m-1-j}^e \right) c_0 =$$

$$\beta - B_b v_{m-1}^e - B_b X_{m-1}^e v_{m-2}^e - B_b X_{m-1}^e \sum_{j=0}^{m-3} \left(\prod_{l=0}^{m-3-j} X_{m-2-l}^e \right) v_j^e.$$

Fasst man die Terme auf der rechten Seite zusammen, dann ergibt sich schließlich daraus das folgende n-dimensionale lineare Gleichungssystem für $c_0 \in \mathbb{R}^n$:

$$\left(B_a + B_b \prod_{j=0}^{m-1} X_{m-1-j}^e \right) c_0 = \beta - B_b v_{m-1}^e - B_b \sum_{j=0}^{m-2} \left(\prod_{l=0}^{m-2-j} X_{m-1-l}^e \right) v_j^e. \tag{8.29}$$

Die Systemmatrix des reduzierten Systems (8.29) ist nicht mehr schwach besetzt, so dass man dieses auf der Basis der bekannten LU-Faktorisierung mit einem Aufwand von $2n^3/3$ flops lösen wird. Liegt nun eine numerisch berechnete Näherung für c_0 vor, dann wird man diese in die Formel (8.25) einsetzen. Der so mit einem Aufwand von $O(n^2)$ bestimmte Vektor $c_1 \in \mathbb{R}^n$ wird jetzt in die 2. Gleichung des ursprünglichen Systems eingesetzt, woraus sich wieder mit einem Aufwand von $O(n^2)$ flops der unbekannte Vektor $c_2 \in \mathbb{R}^n$ bestimmen lässt. Diese Rückwärtssubstitution wird so lange fortgesetzt, bis man aus der $(m-1)$-ten Gleichung des ursprünglichen Systems den letzten noch unbestimmten Vektor $c_{m-1} \in \mathbb{R}^n$ berechnet hat. Der Gesamtaufwand dieser Kompaktifikation liegt somit bei $2n^3/3 + O(mn^2)$ flops.

Wir wollen uns jetzt das reduzierte Gleichungssystem (8.29) genauer ansehen. Die im Satz 6.2 dargestellten Eigenschaften der Fundamentalmatrizen ermöglichen es, die zugehörige Systemmatrix bei vorausgesetzter *exakter Arithmetik* wie folgt umzuformen:

$$B_a + B_b X_{m-1}^e X_{m-2}^e \cdots X_0^e = B_a + B_b X(b; a) = M. \tag{8.30}$$

Bei rundungsfehlerbehafteter numerischer Rechnung gilt diese Formel nur näherungsweise, die nachfolgende Argumentation behält aber sicher ihre Richtigkeit.

Die Matrix des Systems (8.29) ist somit identisch mit der Systemmatrix (7.11) des Einfach-Schießverfahrens. Im Abschnitt 7.4 wurde gezeigt, dass bei einem stabilen RWP die vorhandene Dichotomie des Lösungsraumes zu einer extrem schlecht konditionierten Matrix M führen kann. Besonders kritisch ist die Situation, wenn exponentiell wachsende Modes im Lösungsraum vorhanden sind. In allen diesen Fällen stellt das Gleichungssystem (8.29) zur Bestimmung von c_0 ein schlecht konditioniertes Problem dar, obwohl $M^{(m)}$ eigentlich gut konditioniert ist. Der Übergang zum Mehrfach-Schießverfahren wurde ja genau aus diesem Grunde vollzogen! Folglich ist bei dieser Strategie i. Allg. mit einer (stark) fehlerbehafteten Näherung für c_0 zu rechnen. Diese Fehler gehen in die Rekursion zur Bestimmung von $c_1, \ldots, c_{m-1}$ ein und werden dort nochmals verstärkt. Insbesondere zeigte Hermann (1975), dass diese Rekursion selbst ein numerisch instabiler Prozess ist. Unsere Betrachtungen legen also folgenden Schluss nahe. Die Kompaktifikation zur Lösung des linearen Systems (8.10) ist zwar aus ökonomischer Sicht durch keine andere numerische Technik zu schlagen, sie macht aber die Vorteile des Mehrfach-Schießverfahrens wieder zunichte. Es sollte in diesem Zusammenhang noch bemerkt werden, dass auf Deuflhard & Bader (1983) der Vorschlag zurückgeht, mittels einer Nachiteration die genannten negativen Effekte etwas abzumildern. Da sich aber in der Praxis zeigte, dass hierfür eine große Anzahl von Nachiterationsschritten erforderlich sind, sollte doch besser auf die im Folgenden dargestellte Auflösungsvariante zurückgegriffen werden.

Der numerisch sachgemäße Zugang zur Lösung des linearen algebraischen Systems besteht in einer *LU*-Zerlegung mit partieller Pivotisierung, Skalierung und Nachiteration. Von Skeel (1980) wurde für allgemeine lineare Gleichungssysteme gezeigt, dass diese Strategie zu einem numerisch stabilen Algorithmus führt. Würde man auf naive Weise die *LU*-Faktorisierung mit partieller Pivotisierung auf das System (8.10) anwenden, dann müssten bei diesem Prozess

$$[n^2(m-1)] \times [n^2(m-1)]$$

Zahlen vom Typ *real* abgespeichert werden, was in der Praxis i. Allg. nicht unerheblich ist. Wegen der speziellen Struktur der Matrix $M^{(m)}$ sind jedoch das maximale „fill-in" (kurzer englischer Begriff; gemeint ist damit das Hinzukommen zusätzlicher Nichtnullelemente während der Elimination) und die Stellen, an denen ein fill-in auftreten kann, sehr leicht zu ermitteln. Somit lässt sich auf Basis einer geeigneten Kompaktspeicherung erreichen, dass für die *LU*-Faktorisierung mit partieller Pivotisierung nur

$$[4] \times [n^2(m-1)]$$

(*real*) Zahlen abzuspeichern sind. Erstmals wurde ein solcher Algorithmus für die Matrix $M^{(m)}$ des Schießverfahrens in der Monografie von Wallisch & Hermann (1985), Seiten 157–166, veröffentlicht (siehe auch die Ausführungen hierzu in Berndt & Kaiser (1985)).

Heute ist es auch möglich, allgemeine Techniken für schwach besetzte Matrizen (engl.: sparse matrices) zur Lösung der Schießgleichungen heranzuziehen, wie sie z. B. in dem Programmpaket MATLAB zur Verfügung stehen. Das minimale fill-in wird durch diese Techniken natürlich nicht erreicht, aber dennoch ist damit eine erhebliche Einsparung an numerischem Aufwand zu verzeichnen.

Wie wir gezeigt haben, besitzt ein stabiles RWP stets eine gewöhnliche oder eine exponentielle Dichotomie. Im letzteren Fall sollte die verwendete Pivotisierungsstrategie möglichst die exponentiell anwachsenden und die exponentiell fallenden Modes der Fundamentallösung „entkoppeln". Diese Idee wird von Mattheij (1984, 1985) verfolgt, der eine stabile Block-*LU*-Zerlegung vorschlägt, die ebenfalls auf der Gauß-Elimination mit partieller Zeilenpivotisierung basiert. Leider ist dieses Verfahren nicht immer von praktischem Wert, weil es voraussetzt, dass die exakte Anzahl der anwachsenden Modes a priori bekannt ist.

Zum Abschluss wollen wir noch auf die Arbeiten von Wright (1991, 1992) zu sprechen kommen. Hier werden Algorithmen zur Lösung des linearen Gleichungssystems (8.10) vorgeschlagen, die sich besonders für den Einsatz von Parallelrechnern eignen. Im Wesentlichen sind es wieder Techniken, die auf der LU-Faktorisierung bzw. der QR-Faktorisierung der Matrix $M^{(m)}$ aufbauen. Um die zugehörige serielle Version der Gauß-Elimination darzustellen (siehe Wright (1991)), sei das zu lösende lineare Gleichungssystem in der etwas allgemeineren Form

$$
\begin{pmatrix}
A_1 & C_1 & & & \\
& A_2 & C_2 & & \\
& & \ddots & \ddots & \\
& & & A_{m-1} & C_{m-1} \\
D_a & & & & D_b
\end{pmatrix}
\begin{pmatrix}
c_0 \\ c_1 \\ \vdots \\ c_{m-2} \\ c_{m-1}
\end{pmatrix}
=
\begin{pmatrix}
q_1 \\ q_2 \\ \vdots \\ q_{m-1} \\ q_m
\end{pmatrix}
\tag{8.31}
$$

gegeben. Nun wird die Gauß-Elimination (siehe z. B. Hermann (2011)) auf die Spalten des wie folgt umgeordneten Systems (8.31) angewendet:

$$
\begin{pmatrix}
C_1 & & & & A_1 \\
A_2 & C_2 & & & \\
& \ddots & \ddots & & \\
& & A_{m-1} & C_{m-1} & \\
& & & D_b & D_a
\end{pmatrix}
\begin{pmatrix}
c_1 \\ c_2 \\ \vdots \\ c_{m-1} \\ c_0
\end{pmatrix}
=
\begin{pmatrix}
q_1 \\ q_2 \\ \vdots \\ q_{m-1} \\ q_m
\end{pmatrix}.
\tag{8.32}
$$

Zu Beginn wird die Elimination mit Zeilenvertauschungen auf den ersten $2n$ Zeilen von (8.32) ausgeführt, so dass

$$
\tilde{L}_{1,n} P_{1,n} \cdots \tilde{L}_{1,2} P_{1,2} \tilde{L}_{1,1} P_{1,1}
\begin{pmatrix} C_1 \\ A_2 \end{pmatrix}
=
\begin{pmatrix} U_1 \\ 0 \end{pmatrix}
\tag{8.33}
$$

gilt. Dabei sind $P_{1,i} \in \mathbb{R}^{2n\times2n}$, $i = 1,\dots,n$, Permutationsmatrizen, $L_{1,i} \in \mathbb{R}^{2n\times2n}$, $i = 1,\dots,n$, Gauß-Transformationen und $U_1 \in \mathbb{R}^{n\times n}$ eine obere Dreiecksmatrix. Das so transformierte lineare System (8.31) nimmt damit die Gestalt

$$
\begin{pmatrix}
U_1 & E_1 & & & & G_1 \\
& \tilde{C}_2 & E_2 & & & \tilde{G}_2 \\
& A_3 & C_3 & & & \\
& & \ddots & \ddots & & \vdots \\
& & & A_{m-1} & C_{m-1} & \\
& & & & D_b & D_a
\end{pmatrix}
\begin{pmatrix}
c_1 \\ c_2 \\ c_3 \\ \vdots \\ c_{m-1} \\ c_0
\end{pmatrix}
=
\begin{pmatrix}
\tilde{q}_1 \\ \tilde{q}_2 \\ q_3 \\ \vdots \\ q_{m-1} \\ q_m
\end{pmatrix}
\tag{8.34}
$$

an. Setzt man diesen Prozess für die Blöcke $\begin{pmatrix} \tilde{C}_k \\ A_{k+1} \end{pmatrix}$, $k = 2, \ldots, m-2$, fort, dann ergibt sich schließlich das System

$$
\begin{pmatrix}
U_1 & E_1 & & & & G_1 \\
& U_2 & E_2 & & & G_2 \\
& & \ddots & \ddots & & \vdots \\
& & & U_{m-2} & E_{m-2} & G_{m-2} \\
& & & & \tilde{C}_{m-1} & \tilde{A}_{m-1} \\
& & & & D_b & D_a
\end{pmatrix}
\begin{pmatrix}
c_1 \\ c_2 \\ \vdots \\ c_{m-2} \\ c_{m-1} \\ c_0
\end{pmatrix}
=
\begin{pmatrix}
\tilde{q}_1 \\ \tilde{q}_2 \\ \vdots \\ \tilde{q}_{m-2} \\ \tilde{q}_{m-1} \\ q_m
\end{pmatrix}. \tag{8.35}
$$

Die Vektoren c_0 und c_{m-1} können jetzt aus dem reduzierten und entkoppelten System

$$
\begin{pmatrix} \tilde{C}_{m-1} & \tilde{A}_{m-1} \\ D_b & D_a \end{pmatrix}
\begin{pmatrix} c_{m-1} \\ c_0 \end{pmatrix}
=
\begin{pmatrix} \tilde{q}_{m-1} \\ q_m \end{pmatrix} \tag{8.36}
$$

berechnet werden. Die noch fehlenden Komponenten $c_k \in \mathbb{R}^n$, $k = 1, \ldots, m-2$, von $c^{(m)}$ ergeben sich aus (8.35) durch eine Rückwärts-Substitution. Von Wright (1991) wurde gezeigt, dass dieses Verfahren unter bestimmten Voraussetzungen äquivalent zur blockweisen *LU*-Zerlegung von Mattheij und damit stabil ist. Jedoch ist es für ein gegebenes RWP nicht immer klar, ob die geforderten Voraussetzungen tatsächlich erfüllt sind. Offensichtlich stimmt der Algorithmus mit der am Anfang dieses Abschnittes dargestellten Kompaktifikation überein, wenn keine Pivotisierung zwischen den Blöcken $\tilde{C}_k$ und A_{k+1} vorgenommen wird. Wright (1992) schlägt zur Lösung von (8.10) auch eine auf Householder-Transformationen basierende *QR*-Faktorisierungstechnik vor. Der Rechenprozess verläuft ähnlich, d. h., anstelle der Anwendung von *LU*-Zerlegungen werden *QR*-Zerlegungen herangezogen, um die Koeffizientenmatrix in (8.35) zu erhalten. Die Stabilität dieses Orthogonalisierungsverfahrens wurde von Wright bewiesen. Da der Aufwand für die Version mit *QR*-Faktorisierungen etwa zweimal so groß wie der Aufwand für die Version auf der Basis von *LU*-Faktorisierungen ist, sollte man auf die *QR*-Faktorisierung nur in Extremsituationen zurückgreifen.

8.4 Stabilisierende Transformation

In diesem Abschnitt wollen wir eine weitere Möglichkeit zur Auflösung der linearen Gleichungen (8.10) vorstellen. Es handelt sich dabei um die von Hermann (1978, 1984) sowie Wallisch (1980) entwickelte *Stabilisierende Transformation*, die sich insbesonder zur numerischen Lösung instabiler RWPe eignet. Das Verfahren setzt voraus, dass die Randbedingungen vollständig separiert sind und das DGL-System aus einer geradzahligen Anzahl von DGLn ($n = 2N$) besteht.

Um die Darstellung zu vereinfachen, wollen wir hier nur die Standardform des Mehrfach-Schießverfahrens betrachten.

Die im Abschnitt 8.2 definierten Matrizen und Vektoren mögen in N-dimensionale Teilvektoren und Teilmatrizen wie folgt unterteilt sein:

$$x(t) \equiv \begin{pmatrix} u(t) \\ \hat{u}(t) \end{pmatrix}, \quad c_k \equiv \begin{pmatrix} d_k \\ f_k \end{pmatrix}, \quad v_{k-1}^e \equiv \begin{pmatrix} p_k \\ s_k \end{pmatrix}, \quad X(t; \tau_k) \equiv \begin{pmatrix} U_k(t) & U_k^*(t) \\ W_k(t) & W_k^*(t) \end{pmatrix},$$

$$X_{k-1}^e \equiv \begin{pmatrix} A_k & A_k^* \\ B_k & B_k^* \end{pmatrix}, \quad \beta \equiv \begin{pmatrix} \beta_a \\ \beta_b \end{pmatrix}, \quad B_a \equiv \begin{pmatrix} R_a & R_a^* \\ 0 & 0 \end{pmatrix}, \quad B_b \equiv \begin{pmatrix} 0 & 0 \\ R_b & R_b^* \end{pmatrix},$$

$$B_b X_{m-1}^e \equiv \begin{pmatrix} 0 & 0 \\ \hat{R}_b & \hat{R}_b^* \end{pmatrix}, \quad \text{wobei} \quad \begin{aligned} \hat{R}_b &\equiv R_b A_m + R_b^* B_m, \\ \hat{R}_b^* &\equiv R_b A_m^* + R_b^* B_m^*. \end{aligned}$$

Mit den Matrizen

$$K \equiv \begin{pmatrix} -A_1 & I & & & & & \\ -B_1 & 0 & & & & & \\ & & -A_2 & I & & & \\ & & -B_2 & 0 & & & \\ & & & & \ddots & & \\ & & & & & \ddots & \\ & & & & & -A_{m-1} & I \\ & & & & & -B_{m-1} & 0 \\ R_a & & & & & & \\ & & & & & & \hat{R}_b \end{pmatrix} \in \mathbb{R}^{2mN \times mn} \qquad (8.37)$$

und

$$K^* \equiv \begin{pmatrix} -A_1^* & 0 & & & & & \\ -B_1^* & I & & & & & \\ & & -A_2^* & 0 & & & \\ & & -B_2^* & I & & & \\ & & & & \ddots & & \\ & & & & & \ddots & \\ & & & & & -A_{m-1}^* & 0 \\ & & & & & -B_{m-1}^* & I \\ R_a^* & & & & & & \\ & & & & & & \hat{R}_b^* \end{pmatrix} \in \mathbb{R}^{2mN \times mn} \qquad (8.38)$$

lässt sich das System (8.10) dann in der Form

$$
K \begin{pmatrix} d_0 \\ d_1 \\ \vdots \\ d_{m-1} \end{pmatrix} + K^* \begin{pmatrix} f_0 \\ f_1 \\ \vdots \\ f_{m-1} \end{pmatrix} = \begin{pmatrix} p_1 \\ s_1 \\ \vdots \\ p_{m-1} \\ s_{m-1} \\ \beta_a \\ \beta_b - R_b p_m - R_b^* s_m \end{pmatrix} \tag{8.39}
$$

schreiben. Es existieren nun Transformationsmatrizen $T^* \in \mathbb{R}^{mN \times 2mN}$,

$$
T^* \equiv \begin{pmatrix}
R_1^* & & & & & & & I \\
C_{11} & -I & -C_2 & & & & & \\
 & C_{22} & -I & -C_3 & & & & \\
 & & & \ddots & & & & \\
 & & & C_{m-2,m-2} & -I & -C_{m-1} & & \\
 & & & & R_2^* & \hat{R}_b^* & I
\end{pmatrix}, \tag{8.40}
$$

mit

$$
C_k \equiv (A_k^*)^{-1}, \quad C_{kk} \equiv B_k^* C_k, \quad k = 1, \dots, m-1,
$$
$$
R_1^* \equiv R_a^* C_1, \quad R_2^* \equiv \hat{R}_b^* C_{m-1,m-1},
$$

und $T \in \mathbb{R}^{mN \times 2mN}$,

$$
T \equiv \begin{pmatrix}
R_1 & & & & & & & I \\
-I & D_{11} & & -D_2 & & & & \\
 & -I & D_{22} & & -D_3 & & & \\
 & & & \ddots & & & & \\
 & & & -I & D_{m-2,m-2} & & -D_{m-1} & \\
 & & & & -\hat{R}_b & R_2 & I
\end{pmatrix}, \tag{8.41}
$$

mit

$$
D_k \equiv (B_k)^{-1}, \quad D_{kk} \equiv A_k D_k, \quad k = 1, \dots, m-1,
$$
$$
R_1 \equiv R_a D_1, \quad R_2 \equiv \hat{R}_b D_{m-1,m-1},
$$

so dass das System (8.39) in zwei separierte Gleichungssysteme aufgespalten werden kann:

$$
T^* K \begin{pmatrix} d_0 \\ d_1 \\ \vdots \\ d_{m-1} \end{pmatrix} = T^* r \quad \text{und} \quad T K^* \begin{pmatrix} f_0 \\ f_1 \\ \vdots \\ f_{m-1} \end{pmatrix} = T r. \tag{8.42}
$$

Der Vektor $r \in \mathbb{R}^{2m}$ bezeichnet dabei die rechte Seite von (8.39). Die Koeffizientenmatrizen $T^* K$ und $T K^*$ sind Block-Tridiagonalmatrizen. Für derartige Matrizen gibt es

eine umfangreiche numerische Software, so dass die Systeme (8.42) stabil und öko-
nomisch aufgelöst werden können. Ein weiterer Vorteil geht auf die Ausnutzung der
zwischen den beiden Systemen bestehenden Symmetrie für die rechentechnische Realisierung zurück.

Insbesondere ist die Stabilisierende Transformation für DGLn 2. Ordnung gut geeignet, da sich das Problem dann in ein Gleichungssystem zur Bestimmung der Funktionswerte und ein Gleichungssystem zur Bestimmung der Ableitungswerte der gesuchten Funktion $x(t)$ in den Schießpunkten entkoppeln lässt. Oftmals ist man in den
Anwendungen nur an $x(t)$ oder an $\dot{x}(t)$ interessiert, so dass lediglich eines dieser Gleichungssysteme gelöst werden muss.

Die stabilisierende Wirkung der Transformation wollen wir anhand eines bereits
schon mehrfach verwendeten Beispiels demonstrieren.

Beispiel 8.1. Gegeben sei das folgende RWP für eine skalare DGL 2. Ordnung mit separierten Randbedingungen:

$$\ddot{y}(t) = \lambda^2 y(t) + g(t), \quad 0 \leq t \leq 1,$$
$$y(0) = y_0, \quad y(1) = y_1. \tag{8.43}$$

Setzt man

$$x(t) \equiv \begin{pmatrix} y(t) \\ \dot{y}(t) \end{pmatrix}, \quad A \equiv \begin{pmatrix} 0 & 1 \\ \lambda^2 & 0 \end{pmatrix}, \quad r(t) \equiv \begin{pmatrix} 0 \\ g(t) \end{pmatrix},$$

$$B_a \equiv \begin{pmatrix} 1 & 0 \\ 0 & 0 \end{pmatrix}, \quad B_b \equiv \begin{pmatrix} 0 & 0 \\ 1 & 0 \end{pmatrix}, \quad \beta \equiv \begin{pmatrix} y_0 \\ y_1 \end{pmatrix},$$

dann lässt sich das Problem (8.43) als ein RWP für ein System von zwei DGLn 1. Ordnung

$$\dot{x}(t) - A\,x(t) = r(t), \quad 0 \leq t \leq 1,$$
$$B_a x(0) + B_b x(1) = \beta$$

aufschreiben. Damit ist in diesem Falle $n = 2$ und folglich $N = 1$.

Man beachte, dass die Transformation einer DGL höherer Ordnung in ein System
1. Ordnung nicht eindeutig ist. Das bereits im Abschnitt 6.2 betrachtete Testproblem
(6.20) beschreibt ebenfalls das skalare RWP (8.43).

Für ein äquidistantes Gitter von Schießpunkten $\tau_k \equiv k \cdot \Delta\tau$, $\Delta\tau > 0$, sind die
zugehörigen Fundamentalmatrizen von der Gestalt

$$X(\tau_{k+1}; \tau_k) = \begin{pmatrix} \text{ch} & \text{sh}/\lambda \\ \lambda\,\text{sh} & \text{ch} \end{pmatrix}, \quad \text{mit} \quad \begin{array}{l} \text{ch} \equiv \cosh(\lambda\,\triangle\tau), \\ \text{sh} \equiv \sinh(\lambda\,\triangle\tau) \end{array}.$$

Unterteilt man die Vektoren $c_k \in \mathbb{R}^2$ und $v_{k-1}^e \in \mathbb{R}^2$ zu

$$c_k \equiv \begin{pmatrix} d_k \\ e_k \end{pmatrix} = \begin{pmatrix} y(\tau_k) \\ \dot{y}(\tau_k) \end{pmatrix}, \quad v_{k-1}^e \equiv \begin{pmatrix} p_k \\ s_k \end{pmatrix},$$

dann nehmen die Größen im linearen algebraischen System des Mehrfach-Schießverfahrens (Standardform) die folgende Gestalt an:

$$M^{(m)} = \begin{pmatrix} -\begin{pmatrix} ch & sh/\lambda \\ \lambda\,sh & ch \end{pmatrix} & \begin{pmatrix} 1 & 0 \\ 0 & 1 \end{pmatrix} & & & \\ & -\begin{pmatrix} ch & sh/\lambda \\ \lambda\,sh & ch \end{pmatrix} & \begin{pmatrix} 1 & 0 \\ 0 & 1 \end{pmatrix} & & \\ & & \ddots & & \ddots & \\ & & & -\begin{pmatrix} ch & sh/\lambda \\ \lambda\,sh & ch \end{pmatrix} & \begin{pmatrix} 1 & 0 \\ 0 & 1 \end{pmatrix} \\ \begin{pmatrix} 1 & 0 \\ 0 & 0 \end{pmatrix} & & & & \begin{pmatrix} 0 & 0 \\ ch & sh/\lambda \end{pmatrix} \end{pmatrix}, \quad (8.44)$$

$$c^{(m)} = (d_0, e_0, d_1, e_1, \ldots, d_{m-2}, e_{m-2}, d_{m-1}, e_{m-1})^T,$$
$$q^{(m)} = (p_1, s_1, \ldots, p_{m-1}, s_{m-1}, y_0, y_1 - p_m)^T.$$

Für die Systemmatrix $M^{(m)}$ lässt sich die Konditionszahl $\mathrm{cond}(M^{(m)})$ durch eine zu $e^{\lambda\triangle\tau}$ proportionale Schranke abschätzen. Folglich wächst bei festgehaltenem $\triangle\tau$ die Konditionszahl exponentiell mit λ.

Die Situation sieht nun ganz anders aus, wenn man die Stabilisierende Transformation anwendet. Zum Beispiel nehmen im Falle $m = 4$ die Koeffizientenmatrizen der separierten Systeme (8.42) die folgende Gestalt an:

$$T^* K = \begin{pmatrix} 1 & & & \\ -\lambda/sh & 2\,\lambda\,ch/sh & -\lambda/sh & \\ & -\lambda/sh & 2\lambda\,ch/sh & -\lambda/sh \\ & & -1 & 2\,ch \end{pmatrix},$$

$$T K^* = \frac{1}{\lambda\,sh}\begin{pmatrix} -ch & 1 & & \\ -1 & 2\,ch & -1 & \\ & -1 & 2\,ch & -1 \\ & & -ch & ch \end{pmatrix}. \tag{8.45}$$

Somit wird die schlecht konditionierte Matrix des Gesamtsystems (8.10) mittels der Transformationen T und T^* in die gut konditionierten Matrizen (8.45) überführt. Offensichtlich sind die Absolutbeträge der Diagonalelemente dieser Matrizen größer als die Summe der Absolutbeträge aller anderen Elemente in der entsprechenden Zeile; die Differenz wächst dabei in λ exponentiell. Aus diesem Grunde wird die oben beschriebene Transformation auch *Stabilisierende Transformation* genannt. □

8.5 Stabilized-March-Verfahren

In diesem Abschnitt soll eine segmentierte Variante der Methode der komplementären Funktionen (vergleiche die Ausführungen im Abschnitt 7.2), das sogenannte *Stabilized*

March Verfahren, betrachtet werden. Wie die Methode der komplementären Funktionen ist das Stabilized-March-Verfahren auf RWPe mit partiell separierten Randbedingungen (7.18) zugeschnitten.

Bevor wir zur Herleitung des neuen Verfahrens kommen, wollen wir in der Tabelle 8.1 den Aufwand der bisher betrachteten Schießverfahren übersichtsmäßig darstellen. Man beachte, dass die am Ende jedes Verfahrens zur Tabellierung der Lösung erforderliche Integration hier nicht berücksichtigt ist.

Tab. 8.1: Aufwand der betrachteten Schießverfahren.

	Einfach-Schießverfahren	Methode der kompl. Funktionen
Integrationen	$n + 1$	$q + 1$
Dimension des algebr. Systems	n	q

	Mehrfach-Schießverfahren	Stabilized-March-Verfahren
Integrationen	$m(n + 1)$	$q(n + 1)$?
Dimension des algebr. Systems	mn	qn ?

Die genannte Tabelle enthält die folgende wichtige Fragestellung. Lässt sich analog wie beim Übergang vom Einfach-Schießverfahren zur Methode der komplementären Funktionen auch beim Übergang vom Mehrfach-Schießverfahren zum Stabilized-March-Verfahren sowohl die Anzahl der erforderlichen Integrationen zugehöriger AWPe als auch die Dimension des linearen algebraischen Gleichungssystems reduzieren? Und wenn ja, treffen die in der Tabelle angegebenen Zahlenangaben zu, die nach einem Blick auf die linke Spalte zu vermuten sind?

Zur Beantwortung dieser Frage wollen wir das Stabilized-March-Verfahren aus dem linearen Gleichungssystem (8.10) des Mehrfach-Schießverfahrens ableiten. Dabei nehmen wir an, dass die Randbedingungen in der Form (7.18) vorliegen, d. h., dass die Randbedingungen partiell separiert sind. Entsprechend der in (7.18) vorliegenden Unterteilung der Randbedingungen werde der beim Mehrfach-Schießverfahren auf dem Segment $[\tau_j, \tau_{j+1}]$ verwendete Ansatz (8.3) für die Lösung der DGL (8.2) wie folgt modifiziert:

$$x(t) = x_j(t) = \left(Y(t; \tau_j) \mid Z(t; \tau_j)\right) \begin{pmatrix} y_j \\ z_j \end{pmatrix} + \upsilon(t; \tau_j). \qquad (8.46)$$

Dabei sind $Y(t; \tau_j) \in \mathbb{R}^{n \times p}$, $Z(t; \tau_j) \in \mathbb{R}^{n \times q}$, $y_j \in \mathbb{R}^p$ und $z_j \in \mathbb{R}^q$. Substituiert man diesen Ansatz in die Randbedingungen

$$\begin{pmatrix} B_a^{(1)} \\ B_a^{(2)} \end{pmatrix} x(a) + \begin{pmatrix} 0 \\ B_b^{(2)} \end{pmatrix} x(b) = \begin{pmatrix} \beta^{(1)} \\ \beta^{(2)} \end{pmatrix},$$

so resultiert

$$\begin{pmatrix} B_a^{(1)} \\ B_a^{(2)} \end{pmatrix} (Y_0^a | Z_0^a) \begin{pmatrix} y_0 \\ z_0 \end{pmatrix} + \begin{pmatrix} 0 \\ B_b^{(2)} \end{pmatrix} (Y_{m-1}^e | Z_{m-1}^e) \begin{pmatrix} y_{m-1} \\ z_{m-1} \end{pmatrix}$$
$$= \begin{pmatrix} \beta^{(1)} \\ \beta^{(2)} \end{pmatrix} - \begin{pmatrix} B_a^{(1)} \\ B_a^{(2)} \end{pmatrix} v_0^a - \begin{pmatrix} 0 \\ B_b^{(2)} \end{pmatrix} v_{m-1}^e. \quad (8.47)$$

Legt man die noch frei wählbaren Anfangsvektoren v_0^a und Z_0^a so fest, dass sie die Bedingungen

$$\begin{array}{ll} \text{(i)} & B_a^{(1)} Z_0^a = 0, \\ \text{(ii)} & B_a^{(1)} v_0^a = \beta^{(1)} \end{array} \quad (8.48)$$

erfüllen (dies wird weiter unten gezeigt), dann ergibt sich aus der ersten Block-Zeile von (8.47) unter Beachtung der Voraussetzung $\text{rang}(B_a^{(1)}) = p$ sowie der Tatsache, dass Y_0^a aus den ersten p Spalten der Fundamentalmatrix X_0^a besteht, die Teillösung $y_0 = 0$. Wie wir später sehen werden, gilt auch $y_{m-1} = 0$. Die Gleichung (8.47) reduziert sich damit auf

$$B_a^{(2)} Z_0^a z_0 + B_b^{(2)} Z_{m-1}^e z_{m-1} = \beta^{(2)} - B_a^{(2)} v_0^a - B_b^{(2)} v_{m-1}^e. \quad (8.49)$$

Die Bedingungen (8.48) entsprechen den Forderungen (7.21) bei der Methode der komplementären Funktionen. Auf dem ersten Segment $[\tau_0, \tau_1]$ lässt sich jetzt die zugehörige Lösung $x_0(t)$ des linearen RWPs mit partiell separierten Randbedingungen (8.2), (7.18) in der Gestalt

$$x_0(t) = Z(t; \tau_0) z_0 + v(t; \tau_0) \quad (8.50)$$

aufschreiben.

Wir betrachten nun die Stetigkeitsbedingungen in den Schießpunkten τ_j:

$$(Y_{j-1}^e | Z_{j-1}^e) \begin{pmatrix} y_{j-1} \\ z_{j-1} \end{pmatrix} + v_{j-1}^e = (Y_j^a | Z_j^a) \begin{pmatrix} y_j \\ z_j \end{pmatrix} + v_j^a, \quad j = 1, \ldots, m-1. \quad (8.51)$$

Um diese Gleichungen zu vereinfachen, werde angenommen, dass $y_{j-1} = 0$ gilt (für y_0 wurde dies ja bereits oben gezeigt), woraus dann unmittelbar

$$Z_{j-1}^e z_{j-1} - (Y_j^a | Z_j^a) \begin{pmatrix} y_j \\ z_j \end{pmatrix} = v_j^a - v_{j-1}^e \quad (8.52)$$

folgt.

Es sei

$$\begin{pmatrix} \tilde{Y}_j^a \\ \tilde{Z}_j^a \end{pmatrix} \equiv (Y_j^a | Z_j^a)^{-1}, \quad \tilde{Y}_j^a \in \mathbb{R}^{p \times n}, \; \tilde{Z}_j^a \in \mathbb{R}^{q \times n}.$$

Die Multiplikation von (8.52) mit dieser Matrix ergibt

$$\begin{pmatrix} \tilde{Y}_j^a \\ \tilde{Z}_j^a \end{pmatrix} Z_{j-1}^e z_{j-1} - \begin{pmatrix} y_j \\ z_j \end{pmatrix} = \begin{pmatrix} \tilde{Y}_j^a \\ \tilde{Z}_j^a \end{pmatrix} (v_j^a - v_{j-1}^e). \tag{8.53}$$

Damit nun auch $y_j = 0$ gilt, muss man

$$\begin{array}{ll} \text{(i)} & \tilde{Y}_j^a Z_{j-1}^e = 0, \\ \text{(ii)} & \tilde{Y}_j^a (v_j^a - v_{j-1}^e) = 0 \end{array} \tag{8.54}$$

fordern. Wir werden später zeigen, dass sich diese Bedingungen durch eine geeignete Wahl der noch unbestimmten Anfangsvektoren v_j^a und Z_j^a erfüllen lassen. Die Gleichungen (8.53) gehen damit über in

$$-\tilde{Z}_j^a Z_{j-1}^e z_{j-1} + z_j = \tilde{Z}_j^a (v_{j-1}^e - v_j^a). \tag{8.55}$$

Der Ansatz (8.46) für die Lösung des RWPs mit partiell separierten Randbedingungen auf dem Segment $[\tau_j, \tau_{j+1}]$ vereinfacht sich schließlich zu

$$x_j(t) = Z(t; \tau_j) z_j + v(t; \tau_j). \tag{8.56}$$

Wie wir gesehen haben, gilt nach Anwendung der obigen Strategie $y_j = 0$, $j = 0, \dots, m - 1$. Die Lösung des RWPs reduziert sich damit auf die Bestimmung der z_j, $j = 0, \dots, m - 1$. Diese erfüllen das aus den Gleichungen (8.49) und (8.55) bestehende lineare Gleichungssystem der Dimension mq

$$\hat{M}^{(m)} z^{(m)} = \hat{q}^{(m)}, \tag{8.57}$$

mit

$$\hat{M}^{(m)} \equiv \begin{pmatrix} -\tilde{Z}_1^a Z_0^e & I_q & & & \\ & -\tilde{Z}_2^a Z_1^e & I_q & & \\ & & \ddots & \ddots & \\ & & & -\tilde{Z}_{m-1}^a Z_{m-2}^e & I_q \\ B_a^{(2)} Z_0^a & & & & B_b^{(2)} Z_{m-1}^e \end{pmatrix},$$

$$z^{(m)} \equiv \begin{pmatrix} z_0 \\ \vdots \\ z_{m-2} \\ z_{m-1} \end{pmatrix} \quad \text{und} \quad \hat{q}^{(m)} \equiv \begin{pmatrix} \tilde{Z}_1^a (v_0^e - v_1^a) \\ \vdots \\ \tilde{Z}_{m-1}^a (v_{m-2}^e - v_{m-1}^a) \\ \beta^{(2)} - B_a^{(2)} v_0^a - B_b^{(2)} v_{m-1}^e \end{pmatrix}.$$

Spezielle Varianten der Stabilized-March-Technik lassen sich nun durch konkrete Festlegungen von Z_j^a und v_j^a aus dem oben dargestellten allgemeinen Konzept ableiten. Zwei solche Realisierungen, die Godunov-Conte-Methode (Conte (1966), Scott &

Watts (1977)) und ein Eliminationsalgorithmus (Osborne (1978, 1979)), sollen kurz beschrieben werden.

Charakteristisch für die *Godunov-Conte Methode* ist eine fortlaufende Orthogonalisierung der Spalten der Matrix der komplementären Funktionen, um auf jedem Segment ihre lineare Unabhängigkeit zu gewährleisten. In einem ersten Schritt führt man wie bei der Methode der komplementären Funktionen eine QR-Faktorisierung der Matrix $B_a^{(1)}$ durch (siehe hierzu (7.27) sowie Anhang A, Formel (A.8)):

$$(B_a^{(1)})^T = Q_0 \begin{pmatrix} U_0 \\ 0 \end{pmatrix} = (Q_0^{(1)} | Q_0^{(2)}) \begin{pmatrix} U_0 \\ 0 \end{pmatrix} = Q_0^{(1)} U_0,$$

mit $U_0 \in \mathbb{R}^{p \times p}$, $Q_0^{(1)} \in \mathbb{R}^{n \times p}$ und $Q_0^{(2)} \in \mathbb{R}^{n \times q}$. Folglich ist $B_a^{(1)} = U_0^T (Q_0^{(1)})^T$. Setzt man nun

$$Z_0^a = Q_0^{(2)} \quad \text{und} \quad v_0^a = Q_0^{(1)} U_0^{-T} \beta^{(1)}, \tag{8.58}$$

dann berechnen sich

(i) $\quad B_a^{(1)} Z_0^a = U_0^T (Q_0^{(1)})^T Q_0^{(2)} = 0 \quad$ und

(ii) $\quad B_a^{(1)} v_0^a = U_0^T (Q_0^{(1)})^T Q_0^{(1)} U_0^{-T} \beta^{(1)} = \beta^{(1)},$

d. h., die Bedingungen (8.48) sind durch diese Wahl der Anfangswerte erfüllt. Um auch die Bedingungen (8.54) zu erfüllen, führt man im j-ten Schritt des Stabilized March Verfahrens (d. h., beim Übergang vom Intervall $[\tau_{j-1}, \tau_j]$ zum Intervall $[\tau_j, \tau_{j+1}]$) eine QR-Faktorisierung von Z_{j-1}^e wie folgt durch

$$Z_{j-1}^e = Q_j \begin{pmatrix} U_j \\ 0 \end{pmatrix} = (Q_j^{(2)} | Q_j^{(1)}) \begin{pmatrix} U_j \\ 0 \end{pmatrix} = Q_j^{(2)} U_j,$$

mit $U_j \in \mathbb{R}^{q \times q}$, $Q_j^{(1)} \in \mathbb{R}^{n \times p}$ und $Q_j^{(2)} \in \mathbb{R}^{n \times q}$. Setzt man

$$Z_j^a \equiv Q_j^{(2)}, \quad Y_j^a \equiv Q_j^{(1)} \quad \text{und} \quad v_j^a \equiv Q_j^{(1)} (Q_j^{(1)})^T v_{j-1}^e, \tag{8.59}$$

so gilt

$$(Y_j^a | Z_j^a)^{-1} = (Q_j^{(1)} | Q_j^{(2)})^{-1} = \begin{pmatrix} (Q_j^{(1)})^T \\ (Q_j^{(2)})^T \end{pmatrix} = \begin{pmatrix} \tilde{Y}_j^a \\ \tilde{Z}_j^a \end{pmatrix}.$$

Mit den so definierten Größen berechnen wir nun

(i) $\quad \tilde{Y}_j^a Z_{j-1}^e = (Q_j^{(1)})^T Q_j^{(2)} U_j = 0,$

(ii) $\quad \tilde{Y}_j^a (v_j^a - v_{j-1}^e) = (Q_j^{(1)})^T \left(Q_j^{(1)} (Q_j^{(1)})^T v_{j-1}^e - v_{j-1}^e \right)$

$$= (Q_j^{(1)})^T v_{j-1}^e - (Q_j^{(1)})^T v_{j-1}^e = 0,$$

d. h., Z_j^a und v_j^a erfüllen die Bedingungen (8.54) tatsächlich. Des Weiteren berechnet man

$$\tilde{Z}_j^a Z_{j-1}^e = U_j, \quad \tilde{Z}_j^a \left(v_{j-1}^e - v_j^a \right) = (Q_j^{(2)})^T v_{j-1}^e,$$

so dass sich die Systemmatrix (8.57) in der recht einfachen Form

$$
\hat{M}^{(m)} \equiv
\begin{pmatrix}
-U_1 & I_q & & & \\
& -U_2 & I_q & & \\
& & \ddots & \ddots & \\
& & & -U_{m-1} & I_q \\
B_a^{(2)} Z_0^a & & & & B_b^{(2)} Z_{m-1}^e
\end{pmatrix}
\tag{8.60}
$$

darstellen lässt. Die rechte Seite des Systems ergibt sich zu

$$
\hat{q}^{(m)} \equiv
\begin{pmatrix}
(Q_1^{(2)})^T v_0^e \\
\vdots \\
(Q_{m-1}^{(2)})^T v_{m-2}^e \\
\beta^{(2)} - B_a^{(2)} Q_0^{(1)} U_0^{-T} \beta^{(1)} - B_b^{(2)} v_{m-1}^e
\end{pmatrix}.
\tag{8.61}
$$

Bei der *Eliminationsvariante* der Stabilized March Technik wird zuerst die Matrix $B_a^{(1)}$ entsprechend der Formel (7.29) wie folgt faktorisiert:

$$
B_a^{(1)} = (L_1 \mid 0)\, U P = (L_1 \mid 0)
\begin{pmatrix}
U_1 & H \\
0 & I_q
\end{pmatrix}
P.
\tag{8.62}
$$

Wählt man wieder die Anfangsmatrix Z_0^a und den Anfangsvektor v_0^a wie in (7.30) zu

$$
Z_0^a \equiv P^T
\begin{pmatrix}
-U_1^{-1} H \\
I_q
\end{pmatrix}
\quad \text{und} \quad
v_0^a \equiv P^T
\begin{pmatrix}
U_1^{-1} L_1^{-1} \beta^{(1)} \\
0
\end{pmatrix},
\tag{8.63}
$$

dann sind die Bedingungsgleichungen (8.48) offensichtlich erfüllt. Die Zerlegung der Matrizen Z_{j-1}^e wird hier ebenfalls nicht mit Orthogonalisierungstechniken vorgenommen, sondern man berechnet in den inneren Schießpunkten τ_j, $j = 1, \ldots, m-1$, die *LU*-Faktorisierung mit partieller Pivotisierung von Z_{j-1}^e. Wir wollen das Resultat wie folgt darstellen:

$$
Z_{j-1}^e = P_j L^{(j)}
\begin{pmatrix}
U_j \\
0
\end{pmatrix}
\equiv P_j
\begin{pmatrix}
L_1^{(j)} & 0 \\
H^{(j)} & I_p
\end{pmatrix}
\begin{pmatrix}
U_j \\
0
\end{pmatrix}.
\tag{8.64}
$$

Hierbei bezeichnen $P_j \in \mathbb{R}^{n \times n}$ die Permutationsmatrix der ausgeführten Zeilenvertauschungen, $U_j \in \mathbb{R}^{q \times q}$ eine obere Dreiecksmatrix, $L_1^{(j)} \in \mathbb{R}^{q \times q}$ eine untere Dreiecksmatrix, deren Elemente betragsmäßig kleiner oder gleich eins sind, $H^{(j)} \in \mathbb{R}^{p \times q}$ eine beliebige Matrix mit betragsmäßig durch eins beschränkten Elementen und $I_p \in \mathbb{R}^{p \times p}$ die Einheitsmatrix.

Setzt man jetzt

$$
Z_j^a \equiv P_j
\begin{pmatrix}
L_1^{(j)} \\
H^{(j)}
\end{pmatrix},
\tag{8.65}
$$

dann ist die erste Gleichung in (8.54) erfüllt und es gilt $\tilde{Z}_j^a Z_{j-1}^e = U_j$. Damit kann die Matrix des linearen Gleichungssystems (8.57) wieder in der Form (8.60) geschrieben werden. Bestimmt man schließlich den Anfangsvektor v_j^a aus dem linearen Gleichungssystem

$$\begin{pmatrix} -H^{(j)}(L_1^{(j)})^{-1} & I_p \\ I_q & 0 \end{pmatrix} P_j^T v_j^a = \begin{pmatrix} \left((-H^{(j)}(L_1^{(j)})^{-1}) \mid I_q \right) P_j^T v_{j-1}^e \\ 0 \end{pmatrix}, \qquad (8.66)$$

dann ist auch die zweite Gleichung in (8.54) erfüllt.

Die Reduzierung der Dimension des linearen Gleichungssystems von mn (Mehrfach-Schießverfahren) auf mq (in beiden Varianten des Stabilized March Verfahrens) ist nicht der entscheidende Vorteil dieser Strategie. Viel bedeutender ist die Tatsache, dass beim Stabilized March Verfahren pro Segment $[\tau_j, \tau_{j+1}]$ nur $q+1$ AWPe zu lösen sind, nämlich ein AWP für das partikuläre Integral $v(t; \tau_j)$

$$\mathscr{L} v(t; \tau_j) = r(t), \quad v(\tau_j; \tau_i) = v_j^a, \qquad (8.67)$$

mit

$$v_j^a = \begin{cases} \text{entsprechend (8.58) oder (8.63),} & \text{falls} \quad j = 0 \\ \text{entsprechend (8.59) oder (8.66),} & \text{falls} \quad j > 0, \end{cases}$$

sowie q AWPe für die Spalten der Matrix $Z(t; \tau_j)$

$$\mathscr{L} Z(t; \tau_j) = 0, \quad Z(\tau_j; \tau_j) = Z_j^a, \qquad (8.68)$$

mit

$$Z_j^a = \begin{cases} \text{entsprechend (8.58) oder (8.63),} & \text{falls} \quad j = 0 \\ \text{entsprechend (8.59) oder (8.65),} & \text{falls} \quad j > 0. \end{cases}$$

Damit können in der Tabelle 8.1 die Fragezeichen gestrichen werden. Man beachte aber, dass es sich bei dem Stabilized March Verfahren um keinen Parallel-Algorithmus handelt. Im Mehrfach-Schießverfahren können die Integrationen über die einzelnen Segmente voneinander unabhängig (d. h. parallel) durchgeführt werden, da die Anfangsmatrizen X_j^a am Anfang des Verfahrens fixiert sind. Folglich ist dieses Schießverfahren für die Parallelrechentechnik sehr gut geeignet. Die englische Bezeichnung *parallel shooting* für das Verfahren trägt dieser Eigenschaft Rechnung. Dem gegenüber lassen sich beim Stabilized March Verfahren die Anfangsmatrizen Z_j^a nur nacheinander bestimmen, da für deren Konstruktion das Ergebnis der Integrationen auf dem vorangegangenen Segment benötigt wird.

Abschließend soll noch darauf hingewiesen werden, dass von Osborne (1978) die numerische Stabilität des Stabilized March Verfahrens studiert wurde. Das Ergebnis dieser Untersuchung lässt sich wie folgt beschreiben. Das Stabilized March Verfahren besitzt ähnlich gute Stabilitätseigenschaften wie das Mehrfach-Schießverfahren.

8.6 Matlab-Programme

In diesem Abschnitt präsentieren wir eine einfache Implementierung der in den vorangegangenen Abschnitten dargestellten Schießverfahren in der Programmiersprache MATLAB. Diese Implementierung kann vom Leser dazu verwendet werden, sich mit den einzelnen Verfahren genauer vertraut zu machen und eigene numerische Experimente durchzuführen.

Das Paket enthält das Einfach-Schießverfahren `esv` (siehe das m-File 8.4), die Methode der komplementären Funktionen `mkf` (siehe das m-File 8.5) sowie das Mehrfach-Schießverfahren `msv` (siehe das m-File 8.6), die als einzelne MATLAB-Funktionen implementiert sind. Die Steuerung wird vom Steuerprogramm `main` (siehe das m-File 8.1) vorgenommen. Im Paket sind zwei Beispiele der Dimension $n = 2$ integriert, wobei das zweite Beispiel auskommentiert ist. Bei dem ersten Beispiel handelt es sich um das RWP (7.1), das in den Abschnitten 7.1 und 7.2 ausführlich studiert wurde. Das jeweilige RWP wird in den Funktionen `dgl` (rechte Seite des DGL-Systems 1. Ordnung, siehe das m-File 8.2) und `rb` (Randbedingungen, siehe das m-File 8.3) beschrieben. Die Funktion `dgl` enthält den Parameter `hom`, der vorgibt, ob eine homogene DGL (`hom`= 1) oder eine inhomogene DGL (`hom`≠ 1) vorliegt. Im 2. Beispiel ist dessen Verwendung dargestellt.

Wenn kein spezieller AWP-Löser verwendet werden soll, wird standardmäßig die Funktion `ode45` der MATLAB verwendet. Anderenfalls kann dieser als 2. Parameter in den Funktionen `esv`, `mkf` und `msv` angegeben werden. Bei einer eigenen Routine muss der Kopf jedoch wie in `ode45` programmiert sein.

Vom Steuerprogramm `main` werden die folgenden Informationen abgefragt:
- welches der drei Verfahren verwendet werden soll,
- die Randpunkte a und b des Integrationsintervalls,
- die ganzen Zahlen k oder m, die die Anzahl der Ausgabestellen $t_0, \ldots, t_k$ (für `esv` und `mkf`) bzw. die Anzahl der Schießpunkte $\tau_0, \ldots, \tau_m$ (für `msv`) beschreiben,
- welche Komponenten der Lösung grafisch dargestellt werden sollen (bei mehreren Komponenten können die Indizes in eckige Klammern gesetzt werden); im Falle aufeinanderfolgender Komponenten bietet sich auch die Doppelpunkt-Notation der MATLAB an).

Das Einfach-Schießverfahren ist so implementiert, dass zuerst der fehlende Anfangsvektor s im zugeordneten AWP (7.7) berechnet und dann anschließend durch Anwendung des AWP-Lösers auf das AWP (7.7) die Lösung des RWPs an den Ausgabestellen t_i approximiert wird. Da in der Methode der komplementären Funktionen die anfallenden Matrizen $Z(t_i; a)$ im Vergleich zu den Fundamentalmatrizen $X(t_i; a)$ des Einfach-Schießverfahrens kleinere Dimension besitzen, wird von uns die Tabellierung der Lösung hier mittels der Darstellung (7.23) vorgenommen. Es soll damit nur gezeigt werden, dass die Tabellierung auf unterschiedliche Weise realisiert werden kann.

Die Lösung wird an den Ausgabestellen t_i bzw. den Schießpunkten τ_i in Tabellenform ausgegeben. Darüber hinaus besteht die Möglichkeit, einzelne oder alle Lösungskomponenten grafisch darzustellen. Durch die Verwendung der MATLAB-Funktion `plot` werden die diskreten Ausgabepunkte mittels eines Polygonzuges miteinander verbunden.

m-File 8.1: main

```
% Steuerprogramm
global zz
zz=0;
meths=['ESV'; 'MKF'; 'MSV'];
[Ba,Bb,beta]=rb();n=length(beta);
disp('Waehlen Sie bitte die Methode 1=esv, 2=mkf, 3=msv')
meth=input('meth = ');
a=input('a = ');
b=input('b = ');
if meth<3,
    m=input('Wie viele Ausgabepunkte a=t0 <...< tk=b? k = ')+1;
else
    m=input('Wie viele Schiesspunkte a=tau0 <...< taum=b? m = ')+1;
end
nz=input('Welche Komponente(n) soll(en) gezeichnet werden? nz = ');
t=linspace(a,b,m);
tic
switch meth
    case 1
        [t,x]=esv(t);
    case 2
        [t,x]=mkf(t);
    case 3
        [t,x]=msv(t);
end
toc
% m=length(t);    % ! Kommentar eventuell entfernen
for i=nz
    figure(i), clf
    plot(t,x(:,i),'k','LineWidth',2)
    xlabel('t')
    ylabel(['x_',int2str(i),'(t)'])
    title(['Berechnung von x(t) mit ',meths(meth,:)])
end
if m == 2
    t(2:end-1)=[];x(2:end-1,:)=[];
end
disp('  ')
disp(['Tabelle der numerischen Loesung mit ',meths(meth,:)])
ki=fix(n/3);
es='            ';
form='sprintf(''%#13.6e''';
for ii=0:ki
    s=['  i        t(i)            x(i,',int2str(1+ii*3),'))',es];
    for i=2+ii*3:min((ii+1)*3,n)
        s=[s,'x(i,',int2str(i),')         '];
    end
    disp(s)
```

```
    for j=1:m
        s=['disp([','sprintf(''%3i'',j),''        '',',form,',t(j))'];
        for jj=1+ii*3:min((ii+1)*3,n)
            js=int2str(jj);
            s=[s,',''        '',',form,',x(j,',js,'))'];
        end
        s=[s,'])'];
        eval(s)
    end
    disp('  ')
end
disp(['Die DGl wurde insgesamt ',int2str(zz),' mal aufgerufen!'])
```

m-File 8.2: dgl

```
function r=dgl(t,x,hom)
% definiert die Differentialgleichungen
global zz
x=x(:);
la=1e-3;   % Bsp. 1
A=[0,1;-3*la/(la+t^2)^2,0];
r=A*x;
% la=10;   %Bsp. 2
% A=[0,1;la^2,0];
% if hom==1
%     r=A*x;
% else
%     r=A*x+[0;la^2*cos(pi*t)^2+2*pi^2*cos(2*pi*t)];
% end
zz=zz+1;
```

m-File 8.3: rb

```
function [Ba,Bb,beta]=rb()
% definiert die Randbedingungen
Ba=[1,0;0,0];
Bb=[0,0;1,0];
la=1e-3;
beta=[-1/(sqrt(la+1));1/sqrt(la+1)]; %Bsp. 1
%beta=[0 0]';   %Bsp. 2
```

m-File 8.4: esv

```
function [t,x]=esv(t,dglloeser)
% berechnet die Loesung eines linearen Randwertproblems
% mit dem Einfachschiessverfahren an den Ausgabepunkten t
if nargin == 1, dglloeser=@ode45; end
a=t(1); b=t(end);
[Ba,Bb,beta]=rb();
n=length(beta);
```

```
Xa=eye(n);Xe=Xa;
opt=odeset('RelTol',1e-7,'AbsTol',1e-7);
for i=1:n
    [~,y]=dglloeser(@dgl,[a,b],Xa(:,i),opt,1);
    Xe(:,i)=y(end,:)';
end
va=zeros(n,1);
[~,y]=dglloeser(@dgl,[a,b],va,opt,0);
M=Ba*Xa+Bb*Xe;
q=beta-Ba*va-Bb*y(end,:)';
s=M\q;
[t,x]=dglloeser(@dgl,t,s,opt,0);
```

m-File 8.5: mkf

```
function [t,x]=mkf(t,dglloeser)
% berechnet die Loesung eines linearen Randwertproblems
% mit der Methode der komplementaeren Funktionen
% an den Ausgabepunkten t
if nargin == 1, dglloeser=@ode45; end
[Ba,Bb,beta]=rb();
n=length(beta);
m=length(t);
bb=sign(sum(Bb));
q=sum(bb);p=n-q;
[Q,U]=qr(Ba(1:p,:)');
Za=Q(:,p+1:n);
va=Q(:,1:p)'*U(1:p,1:p)'\beta(1:p);
opt=odeset('RelTol',1e-7,'AbsTol',1e-7);
Z=zeros(n,q,m);
for i=1:q
    [t,y]=dglloeser(@dgl,t,Za(:,i),opt,1);
    if m==2&&i==1,
        m=length(t); Z=zeros(n,q,m);
        Z(:,i,:)=reshape(y',[n,1,m]);
    else
    Z(:,i,:)=reshape(y',[n,1,m]);
    end
end
[~,v]=dglloeser(@dgl,t,va,opt,0);
M=Ba(p+1:n,:)*Za+Bb(p+1:n,:)*Z(:,:,end);
q=beta(p+1:n)-Ba(p+1:n,:)*va-Bb(p+1:n,:)*v(end,:)';
z=M\q;
x=zeros(m,n);
for i=1:m
    x(i,:)=(Z(:,:,i)*z+v(i,:)')';
end
```

m-File 8.6: msv

```
function [t,x]=msv(t,dglloeser)
% berechnet die Loesung eines linearen Randwertproblems
% mit dem Mehrfachschiessverfahren an den Schiesspunkten t
if nargin == 1, dglloeser=@ode45; end
[Ba,Bb,beta]=rb();
n=length(beta);m=length(t);
if m==2, [t,x]=esv(t);return, end
I=eye(n);X=zeros(n,n,m-1);v=zeros(n,m-1);
opt=odeset('RelTol',1e-7,'AbsTol',1e-7);
for j=1:m-1
    for i=1:n
        [~,y]=dglloeser(@dgl,[t(j),t(j+1)],I(:,i),opt,1);
        X(:,i,j)=y(end,:)';
    end
    [~,y]=dglloeser(@dgl,[t(j),t(j+1)],zeros(n,1),opt,0);
    v(:,j)=y(end,:)';
end
Mm=spdiags(ones(n*(m-1),1),n,n*(m-1),n*(m-1));
q=zeros(n,(m-1));
d=1:n;
for i=1:m-2
    Mm(d+(i-1)*n,d+(i-1)*n)=-X(:,:,i);
end
Mm(d+n*(m-2),d)=Ba;
Mm(d+n*(m-2),d+n*(m-2))=Bb*X(:,:,m-1);
q(:,1:(m-1))=v;
q(:,m-1)=beta-Bb*v(:,m-1);
q=q(:);
s=Mm\q;
x=zeros(m,n);
for i=1:m-1
    x(i,:)=s(d+(i-1)*n)';
end
x(m,:)=(X(:,:,m-1)*s(d+(m-2)*n)+v(:,m-1))';
```

9 Singuläre Anfangs- und Randwertprobleme

9.1 Singuläre Anfangswertprobleme

In diesem Abschnitt wollen wir AWPe für ein System von n DGLn 1. Ordnung betrachten, die von der speziellen Gestalt

$$\dot{x}(t) = \frac{1}{t} N(t)\, x(t) + f(t, x(t)), \quad t \in (0, 1],$$
$$B_0 x(0) = \beta \tag{9.1}$$

sind. Dabei gelte $x \in \mathbb{C}[0, 1]$, $x(t), f(t, x) \in \mathbb{R}^n$, $N(t) \in \mathbb{R}^{n \times n}$, $B_0 \in \mathbb{R}^{m \times n}$ und $\beta \in \mathbb{R}^m$, mit $m \leq n$. Da Anfangs- und Randwertprobleme, die in der rechten Seite der DGLn an einer Stelle $t = t_0$ (hier $t_0 = 0$) eine Singularität aufweisen, in den Anwendungen sehr häufig auftreten, gibt es eine umfangreiche Literatur hierzu. Beispielhaft seien die Arbeiten von De Hoog & Weiss (1976, 1977, 1978, 1985), Lentini (1978, 1980), Koch et al. (1999, 2000) sowie Koch & Weinmüller (2001) genannt. Die verwendete Voraussetzung $x \in \mathbb{C}[0, 1]$ impliziert, dass es sich um eine sogenannte *reguläre Singularität* handelt (siehe Coddington & Levinson (1984) oder Hartman (1982)). Unsere Ausführungen zu dieser Problematik werden sich im Wesentlichen an dem Beitrag von Koch & Weinmüller (2001) orientieren.

Bevor wir zu dem allgemeinen Problem (9.1) kommen, sollen *lineare* Probleme der Form

$$\dot{x}(t) = \frac{1}{t} N\, x(t) + f(t), \quad t \in (0, 1],$$
$$B_0 x(0) = \beta, \tag{9.2}$$

dahingehend untersucht werden, welche (allgemeinen) Anfangsbedingungen notwendig und hinreichend dafür sind, dass sich die Lösung x auf dem Intervall $[0, 1]$ stetig verhält.

Um die allgemeine Lösung der DGL des AWPs (9.2) zu konstruieren, werde die Jordan'sche Normalform J der Matrix N nach der Vorschrift (A.32) gebildet. Bezeichnet W die zugehörige Matrix der verallgemeinerten Eigenvektoren, dann seien Vektoren $v(t)$ und $g(t)$ über die Beziehungen

$$x(t) = W\, v(t) \quad \text{und} \quad f(t) = W\, g(t)$$

definiert. Setzt man dies in (9.2) ein, so folgt

$$\dot{v}(t) = \frac{1}{t} J\, v(t) + g(t). \tag{9.3}$$

DOI 10.1515/9783110498882-010

Zur Vereinfachung der Darstellung ist es sinnvoll, davon auszugehen, dass die $n \times n$ Matrix J nur aus einem Jordan-Block besteht, d. h.

$$J = \begin{pmatrix} \lambda & 1 & & 0 \\ & \ddots & \ddots & \\ & & \lambda & 1 \\ 0 & & & \lambda \end{pmatrix}, \quad \lambda \equiv \sigma + \rho i \in \mathbb{C}. \tag{9.4}$$

Es gilt nun der

Satz 9.1. *Jede Lösung der DGL (9.3) lässt sich in der Form*

$$v(t) = \Phi(t)\, c + \Phi(t) \int_1^t \Phi^{-1}(\tau) g(\tau)\, d\tau \tag{9.5}$$

darstellen, wobei c ein beliebiger n-dimensionaler Vektor ist und

$$\Phi(t) = t^J \equiv \exp(J \ln(t))$$

eine Fundamentalmatrix darstellt, die das AWP

$$\dot{\Phi}(t) = \frac{1}{t} J\, \Phi(t), \quad t \in (0, 1], \tag{9.6}$$

$$\Phi(1) = I$$

erfüllt und die Gestalt

$$t^J = t^\lambda \begin{pmatrix} 1 & \ln(t) & \dfrac{\ln(t)^2}{2} & \cdots & \dfrac{\ln(t)^{n-1}}{(n-1)!} \\ 0 & 1 & \ln(t) & \cdots & \dfrac{\ln(t)^{n-2}}{(n-2)!} \\ 0 & \ddots & 1 & \ddots & \vdots \\ \vdots & & \ddots & \ddots & \ln(t) \\ 0 & \cdots & & 0 & 1 \end{pmatrix} \tag{9.7}$$

besitzt.

Beweis. Siehe Coddington & Levinson (1984) sowie Koch et al. (1999). □

Die Struktur der Matrix (9.7) impliziert, dass die Lösung $v(t)$ der DGL (9.3) nicht immer auf dem Intervall $[0, 1]$ stetig ist. Die Glattheit der Funktion v hängt von den Eigenwerten der Matrix N ab. Deshalb sollen im Folgenden die Spezialfälle $\sigma < 0$, $\lambda = 0$ und $\sigma > 0$ gesondert analysiert werden. Rein imaginäre Eigenwerte $\lambda = \sigma i$ von N sind hier uninteressant, da dies zu Lösungen der Form

$$t^{\sigma i} = \cos(\sigma \ln(t)) + \sin(\sigma \ln(t)) i$$

führt (siehe auch Lentini (1980)).

Wir beginnen mit dem Fall, dass die Eigenwerte von N negative Realteile haben. Hier gilt die im folgenden Satz formulierte Aussage.

Satz 9.2. *Alle Eigenwerte der Matrix N mögen negative Realteile besitzen. Dann existiert zu jedem $f \in \mathbb{C}^p[0, 1]$, $p \geq 0$, eine eindeutige Lösung $x \in \mathbb{C}[0, 1]$ der Gleichung (9.2). Diese Lösung lässt sich in der Form*

$$x(t) = t \int_0^1 \tau^{-N} f(\tau\, t)\, d\tau \tag{9.8}$$

angeben und erfüllt $x(0) = 0$. Des Weiteren ist $x \in \mathbb{C}^{p+1}[0, 1]$ und die folgenden Abschätzungen sind erfüllt:

$$\|x(t)\|_\infty \leq \text{const. } t\, \|f\|, \quad \|\dot{x}(t)\|_\infty \leq \text{const. } \|f\|. \tag{9.9}$$

In (9.9) bezeichnet das Symbol $\|\cdot\|$ die Norm $\|x\| \equiv \max_{0 \leq t \leq 1} \|x(t)\|_\infty$.

Beweis. Siehe Koch et al. (1999). $\qquad\qquad\qquad\qquad\qquad\qquad\qquad\qquad\quad\square$

Somit geht unter den Voraussetzungen des obigen Satzes das AWP (9.2) über in das AWP

$$\dot{x}(t) = \frac{1}{t}\, N\, x(t) + f(t), \quad t \in (0, 1],$$
$$x(0) = 0. \tag{9.10}$$

Weiter ist $x \in \mathbb{C}^{p+1}$ für jedes $f \in \mathbb{C}^p$.

Wir kommen nun zu dem Fall $\lambda = 0$. Es bezeichne X_0 den zum Eigenwert $\lambda = 0$ gehörenden Eigenraum von N. Des Weiteren sei R die orthogonale Projektion auf X_0. Die $(n \times r)$-Matrix, die aus den linear unabhängigen Spaltenvektoren von R besteht, werde mit $\tilde{R}$ bezeichnet. Wir wählen nun eine Basis, für welche die Matrix N auf die Jordan'sche Normalform reduziert wird. Mit dieser Basis lassen sich dann die entsprechenden Projektionen konstruieren. Das auf diese Weise gewonnene Resultat stellt die Aussage des folgenden Satzes dar.

Satz 9.3. *Alle Eigenwerte von N seien null. Dann existiert zu jedem $f \in \mathbb{C}^p[0, 1]$, $p \geq 0$, und jedem $y \in \mathcal{R}(R)$ eine Lösung $x \in \mathbb{C}[0, 1]$ der DGL in (9.2). Diese Lösung kann in der Form*

$$x(t) = y + t \int_0^1 \tau^{-N} f(\tau\, t)\, d\tau \tag{9.11}$$

dargestellt werden und erfüllt die Beziehung $N\, x(0) = 0$. Es sei $m = r$ und es werde weiter vorausgesetzt, dass die $(r \times r)$-Matrix $B_0 \tilde{R}$ nichtsingulär ist. Dann gibt es eine eindeutige Lösung $x \in \mathbb{C}[0, 1]$, die das AWP (9.2) erfüllt. Diese Lösung $x(t)$ ist durch die Formel (9.11) mit $y = \tilde{R}(B_0\tilde{R})^{-1}\beta$ gegeben. Schließlich ist $x \in \mathbb{C}^{p+1}[0, 1]$ und die folgenden Abschätzungen sind erfüllt:

$$\|x(t)\|_\infty \leq \text{const. } t\, \|f\| + \|\tilde{R}(B_0\tilde{R})^{-1}\beta\|_\infty, \quad \|\dot{x}(t)\|_\infty \leq \text{const. } \|f\|. \tag{9.12}$$

Beweis. Siehe Koch et al. (1999). □

Sind damit alle Eigenwerte von N gleich null, so reduziert sich (9.2) auf das AWP

$$\dot{x}(t) = \frac{1}{t} N x(t) + f(t), \quad t \in (0, 1],$$

$$B_0 x(0) = \beta, \quad N x(0) = 0 \tag{9.13}$$

und für $f \in \mathbb{C}^p$ ist $x \in \mathbb{C}^{p+1}$. Die Anfangsbedingungen $N x(0) = 0$ sind notwendig und hinreichend für die Stetigkeit der Lösung $x(t)$ und können äquivalent als eine der Beziehungen $(I - R) x(0) = 0$, $x(0) \in \mathcal{N}(N)$ bzw. $x(0) = R x(0)$ dargestellt werden. Bei ihnen handelt es sich um $n - r$ linear unabhängige algebraische Gleichungen. Die restlichen r Gleichungen $B_0 x(0) = \beta$ sind für die Eindeutigkeit von $x(t)$ erforderlich.

Es verbleibt noch der Fall, dass die Eigenwerte von N positive Realteile besitzen. Jetzt erweist sich das folgende „Endwertproblem" als sachgemäß:

$$\dot{x}(t) = \frac{1}{t} N x(t) + f(t), \quad t \in (0, 1],$$

$$B_1 x(1) = \beta, \quad x \in \mathbb{C}[0, 1], \tag{9.14}$$

mit $B_1 \in \mathbb{R}^{n \times n}$ und $\beta \in \mathbb{R}^n$. Es gilt der

Satz 9.4. *Es werde vorausgesetzt, dass alle Eigenwerte der Matrix N positive Realteile besitzen. Dann existiert für jedes $f \in \mathbb{C}^p[0, 1]$, $p \geq 0$, und jeden n-dimensionalen Vektor c eine Lösung $x \in \mathbb{C}[0, 1]$ der DGL in (9.14). Diese Lösung lässt sich in der Form*

$$x(t) = t^N c + t^N \int_1^t \tau^{-N} f(\tau) \, d\tau \equiv x_h(t) + x_p(t) \tag{9.15}$$

darstellen. Ist die Matrix B_1 nichtsingulär, dann gibt es eine eindeutige Lösung $x(t)$ des AWPs (9.14). Diese Lösung ist durch die Formel (9.15) mit $c = B_1^{-1} \beta$ gegeben und es gelten die folgenden Abschätzungen:

$$\|x(t)\|_\infty \leq \begin{cases} \text{const. } t^{\sigma_+} (1 + |\ln(t)|^{n_{max}-1})(\|B_1^{-1}\beta\|_\infty + \|f\|), & \sigma_+ < 1, \\ \text{const. } t (1 + |\ln(t)|^{n_{max}})(\|B_1^{-1}\beta\|_\infty + \|f\|), & \sigma_+ = 1, \\ \text{const. } t (\|B_1^{-1}\beta\|_\infty + \|f\|), & \sigma_+ > 1, \end{cases} \tag{9.16}$$

$$\|\dot{x}(t)\|_\infty \leq \begin{cases} \text{const. } t^{\sigma_+-1} (1 + |\ln(t)|^{n_{max}-1})(\|B_1^{-1}\beta\|_\infty + \|f\|), & \sigma_+ < 1, \\ \text{const. } (1 + |\ln(t)|^{n_{max}})(\|B_1^{-1}\beta\|_\infty + \|f\|), & \sigma_+ = 1, \\ \text{const. } (\|B_1^{-1}\beta\|_\infty + \|f\|), & \sigma_+ > 1, \end{cases} \tag{9.17}$$

wobei σ_+ den kleinsten von allen positiven Realteilen der Eigenwerte von N und n_{max} die Dimension des größten Jordan-Blockes in der Jordan'schen Normalform J von N bezeichnen. Diese Lösung erfüllt $x \in \mathbb{C}[0, 1] \cap \mathbb{C}^{p+1}(0, 1]$. Gilt schließlich $p < \sigma_+ \leq p + 1$, dann ist $x \in \mathbb{C}^p[0, 1] \cap \mathbb{C}^{p+1}(0, 1]$ und für $\sigma_+ > p + 1$ ist $x \in \mathbb{C}^{p+1}[0, 1]$.

Beweis. Siehe Koch et al. (1999). □

Wir wollen jetzt noch einen Schritt weitergehen und eine variable Koeffizientenmatrix $N(t)$ betrachten. Demzufolge verändern sich die Probleme (9.2) und (9.4) zu

$$\dot{x}(t) = \frac{1}{t} N(t) x(t) + f(t), \quad t \in (0, 1],$$

$$B_0 x(0) = \beta, \quad N x(0) = 0, \quad \text{mit } N \equiv N(0),$$

(9.18)

bzw.

$$\dot{x}(t) = \frac{1}{t} N(t) x(t) + f(t), \quad t \in (0, 1],$$

$$B_1 x(1) = \beta.$$

(9.19)

Es sei

$$N(t) = N + t\,\bar{N}(t), \quad \bar{N} \in \mathbb{C}[0, 1].$$

(9.20)

Damit nehmen die DGLn in (9.18) und (9.19) die folgende Form an:

$$\dot{x}(t) = \frac{1}{t} N x(t) + \bar{N}(t) x(t) + f(t), \quad t \in (0, 1].$$

(9.21)

Es gilt nun der

Satz 9.5.

1. *Ist $B_0 \tilde{R}$ nichtsingulär und sind $f, \bar{N} \in \mathbb{C}^p, p \geq 0$, dann existiert eine eindeutige Lösung $x(t)$ des AWPs (9.18). Diese Lösung erfüllt $x \in \mathbb{C}^{p+1}[0, 1]$.*
2. *Ist B_1 nichtsingulär und sind $f, \bar{N} \in \mathbb{C}^p, p \geq 0$, dann existiert eine eindeutige Lösung $x(t)$ des Endwertproblems (9.19). Gilt $p < \sigma_+ \leq p + 1$, dann ergibt sich $x \in \mathbb{C}^p[0, 1] \cap \mathbb{C}^{p+1}(0, 1]$ und für $\sigma_+ > p + 1$ ist $x \in \mathbb{C}^{p+1}[0, 1]$.*

Beweis. Siehe Koch et al. (1999). □

Wie in den vorangegangenen Sätzen lassen sich auch hier obere Schranken für $\|x(t)\|_\infty$ und $\|\dot{x}(t)\|_\infty$ konstruieren.

Wir kommen nun zu nichtlinearen Problemen der Form

$$\dot{x}(t) = \frac{1}{t} N(t) x(t) + f(t, x(t)), \quad t \in (0, 1],$$

$$B_0 x(0) = \beta, \quad N x(0) = 0,$$

(9.22)

und

$$\dot{x}(t) = \frac{1}{t} N(t) x(t) + f(t, x(t)), \quad t \in (0, 1],$$

$$B_1 x(1) = \beta,$$

(9.23)

wobei die Funktion $f(t, x)$ als stetig und gleichmäßig Lipschitz-stetig bezüglich x auf einem geeignet gewählten Intervall vorausgesetzt werde. Des Weiteren soll $N \in \mathbb{C}^1[0, 1]$ gelten, so dass die DGL die Gestalt

$$\dot{x}(t) = \frac{1}{t} N x(t) + \bar{N}(t) x(t) + f(t, x(t))$$

(9.24)

annimmt. In diesem Falle ergibt sich die folgende Aussage für das Problem (9.22).

Satz 9.6. *Es seien $f \in \mathbb{C}^p([0, 1] \times \mathbb{R}^n)$, $\bar{N} \in \mathbb{C}^p[0, 1]$, $p \geq 0$, sowie die Matrix $B_0\tilde{R}$ nichtsingulär. Weiter werde vorausgesetzt, dass $f(t, x)$ Lipschitz-stetig bezüglich x auf $[0, 1] \times \mathbb{R}^n$ ist. Dann existiert eine eindeutige Lösung $x(t)$ des AWPs (9.22), die sich in der Form*

$$x(t) = t \int_0^1 \tau^{-N} \left(\bar{N}(\tau t) x(\tau t) + f(\tau t, x(\tau t)) \right) d\tau + \tilde{R}(B_0\tilde{R})^{-1}\beta \qquad (9.25)$$

darstellen lässt. Diese Lösung erfüllt $x \in \mathbb{C}^{p+1}[0, 1]$.

Beweis. Siehe Koch et al. (1999). □

Für das Endwertproblem (9.23) gilt eine entsprechende Aussage.

Satz 9.7. *Es seien $f \in \mathbb{C}^p([0, 1] \times \mathbb{R}^n)$, $\bar{N} \in \mathbb{C}^p[0, 1]$, $p \geq 0$, sowie die Matrix B_1 nichtsingulär. Weiter werde vorausgesetzt, dass $f(t, x)$ Lipschitz-stetig bezüglich x auf $[0, 1] \times \mathbb{R}^n$ ist. Dann existiert eine eindeutige Lösung $x(t)$ des Endwertproblems (9.23). Für $x(\delta) = \omega$, $0 < \delta \leq 1$, kann diese Lösung in der Form*

$$x(t) = \int_\delta^t \left(\frac{t}{\tau} \right)^N \left(\bar{N}(\tau) x(\tau) + f(\tau, x(\tau)) \right) d\tau + \left(\frac{t}{\delta} \right)^N \omega \qquad (9.26)$$

dargestellt werden. Diese Lösung erfüllt $x \in \mathbb{C}[0, 1] \cap \mathbb{C}^{p+1}(0, 1]$.

Beweis. Siehe Koch et al. (1999). □

Wie bisher lassen sich auch die Sätze 9.6 und 9.7 dahingehend erweitern, dass obere Schranken für $\|x(t)\|_\infty$ und $\|\dot{x}(t)\|_\infty$ angegeben werden.

Für eine numerische Behandlung von Problemen des Typs (9.22) ist der folgende Sachverhalt von Interesse. Wird zur Lösung dieses Problems ein numerischer AWP-Löser verwendet, dann kann die rechte Seite der DGL wegen der regulären Singularität nicht am Anfangspunkt $t_0 = 0$ auf direktem Wege bestimmt werden. Man kann sich jedoch wie folgt helfen: Da nach Satz 9.6 zumindest $x \in \mathbb{C}^1[0, 1]$ ist, lässt sich der Wert von $\dot{x}(0)$ auf der Basis einer lokalen Taylorentwicklung in $t = 0$ berechnen. Es ergibt sich nämlich aus

$$x(t) = x(0) + t \int_0^1 \dot{x}(\tau t) \, d\tau$$

und der DGL in (9.22) die Beziehung

$$\lim_{t \to 0} \dot{x}(t) = \lim_{t \to 0} \left(\frac{1}{t} N(t) x(0) + N(t) \int_0^1 \dot{x}(\tau t) \, d\tau + f(t, x(t)) \right) \qquad (9.27)$$

$$= \bar{N}(0) x(0) + N(0) \dot{x}(0) + f(0, x(0)).$$

Da $N(0)$ ausschließlich nichtpositive Eigenwerte besitzt und deshalb $(I - N(0))$ nichtsingulär ist, folgt aus der Formel (9.27) die wichtige Beziehung

$$\dot{x}(0) = (I - N(0))^{-1} \left(\bar{N}(0) x(0) + f(0, x(0)) \right). \qquad (9.28)$$

Es sei jedoch angemerkt, dass für die Lösung des Endwertproblems (9.23) die obige Darstellung nicht zutrifft, da in diesem Falle $\dot{x}(0)$ nicht existieren muss.

Wir wollen jetzt anhand eines Beispiels die Anwendung der Formel (9.27) demonstrieren.

Beispiel 9.1. Von Bauer et al. (1970) wird das folgende System von 4 DGLn erster Ordnung zur Beschreibung des Ausbeulverhaltens einer Kugelschale unter einer gleichmäßigen äußeren Druckkraft vorgeschlagen:

$$\dot{y}_1(t) = (v-1)y_1(t)\cot(t) + y_2(t) + [k\cot^2(t) - \lambda]\,y_4(t) + y_2(t)y_4(t)\cot(t),$$
$$\dot{y}_2(t) = y_3(t),$$
$$\dot{y}_3(t) = y_2(t)[\cot^2(t) - v] - y_3(t)\cot(t) - y_4(t) - 0.5\,y_4(t)^2\cot(t) \tag{9.29}$$
$$\dot{y}_4(t) = (1-v^2)/k\,y_1(t) - v\,y_4(t)\cot(t).$$

Dabei bezeichnet v die Poisson-Zahl des verwendeten Materials, k ist proportional zur Schalendicke und λ beschreibt die äußere Druckkraft. Da auf der rechten Seite $\cot(t)$ auftritt, liegt ein Problem mit einer regulären Singularität vor. Um die oben dargestellte Theorie anwenden zu können, werde die folgende Variablentransformation durchgeführt:

$$y_1(t) = x_1(t), \quad y_2(t) = t\,x_2(t), \quad y_3(t) = x_3(t), \quad y_4(t) = t\,x_4(t). \tag{9.30}$$

Setzt man des Weiteren

$$\cot(t) \equiv \frac{1}{t} - \widehat{\cot}(t), \quad (\widehat{\cot}(0) = 0), \quad x \equiv (x_1, x_2, x_3, x_4)^T,$$

$$N \equiv \begin{pmatrix} v-1 & 0 & 0 & k \\ 0 & -1 & 1 & 0 \\ 0 & 1 & -1 & 0 \\ \frac{1-v^2}{k} & 0 & 0 & -(1+v) \end{pmatrix},$$

$$f_1 \equiv (1-v)x_1\widehat{\cot}(t) + tx_2 + [k(t\widehat{\cot}^2(t) - 2\widehat{\cot}(t)) - t\lambda]x_4,$$
$$f_2 \equiv 0,$$
$$f_3 \equiv x_2(t\widehat{\cot}^2(t) - 2\widehat{\cot}(t) - v(t)) + x_3\widehat{\cot}(t) - tx_4 - 0.5(t - t^2\widehat{\cot}(t))x_4^2,$$
$$f_4 \equiv vx_4\widehat{\cot}(t),$$

dann lässt sich (9.29) in der Form (9.22)

$$\dot{x} = \frac{1}{t}N\,x(t) + f(t, x(t)) \equiv F(t, x(t)) \tag{9.31}$$

aufschreiben. Die Eigenwerte der Matrix N sind $\{-2, 0, 0, -2\}$. Somit kann man die Formel (9.28) dazu verwenden, die Funktion $F(t, x(t))$ an der Stelle $t_0 = 0$ zu berechnen. Es ergibt sich

$$\dot{x}(0) = (I - N)^{-1}f(0, x(0)), \quad \text{d. h. } F(0, x(0)) = (0, 0, 0, 0)^T. \tag{9.32}$$

In den Arbeiten von Hermann et al. (1991), Hermann et al. (1999) sowie Hermann et al. (2000) wurde mit dieser Strategie die Lösungsmenge der DGLn (9.29) für einen vorgegebenen Parameterbereich $\lambda_{\min} \leq \lambda \leq \lambda_{\max}$ numerisch bestimmt. □

9.2 Singuläre Randwertprobleme

Wir wollen nun lineare RWPe der Form

$$
\begin{aligned}
\dot{x}(t) &= \frac{1}{t} N(t) x(t) + f(t), \quad t \in (0, 1], \\
B_a^{(2)} x(0) + B_b^{(2)} x(1) &= \beta^{(2)}, \quad x \in \mathbb{C}[0, 1]
\end{aligned}
\tag{9.33}
$$

betrachten, wobei $B_a^{(2)}, B_b^{(2)} \in \mathbb{R}^{q \times n}$, $q < n$, konstante Matrizen und $\beta^{(2)} \in \mathbb{R}^q$ ein konstanter Vektor sind. Es werde hier stets vorausgesetzt, dass $N(0)$ nichtpositive Realteile besitzt. Des Weiteren sei der einzige Eigenwert von $N(0)$, der auf der imaginären Achse liegt, gleich null. Wie wir dem vorangegangenen Abschnitt entnehmen können, sind dies notwendige Bedingungen dafür, dass das zugehörige AWP korrekt gestellt ist. Schließlich gelte $N \in \mathbb{C}^1[0, 1]$. Dann lässt sich $N(t)$ in der Form (9.20) aufschreiben. Bezeichnet wieder X_0 den zum Eigenwert $\lambda = 0$ gehörenden Eigenraum von $N(0)$, dann sei R eine Projektion auf X_0. Mit $S \equiv I - R$ ist eine notwendige und hinreichende Bedingung für die Stetigkeit von x auf $[0, 1]$, dass $S x(0) = 0$ gilt. Hieraus folgt

$$
x(0) = (S + R) x(0) = R x(0).
$$

Aus

$$
N(0) x(0) = N(0) R x(0) = 0
$$

ergibt sich unmittelbar, dass $x \in \mathbb{C}[0, 1]$ äquivalent zu $x \in \mathcal{N}(N(0))$ ist. Letztere Beziehung lässt sich als

$$
B_a^{(1)} x(0) = 0
$$

ausdrücken, wobei $B_a^{(1)} \in \mathbb{R}^{(n-q) \times n}$ aus den linear unabhängigen Zeilen von $N(0)$ besteht. Diese Gleichungen werden zu den Randbedingungen in (9.33) hinzugefügt, um eine eindeutige Lösung zu fixieren.

Es sei $Z^a \in \mathbb{R}^{n \times q}$ eine Matrix, die aus den linear unabhängigen Spalten von R besteht. Des Weiteren bezeichne $Z(t; 0) \in \mathbb{R}^{n \times q}$ die Lösung des folgenden Matrix-AWPs:

$$
\begin{aligned}
\dot{Z}(t; 0) &= \frac{1}{t} N(t) Z(t; 0), \quad t \in (0, 1], \\
Z(0; 0) &= Z^a.
\end{aligned}
\tag{9.34}
$$

Die Nichtsingularität der Matrix

$$
\hat{M} \equiv B_a^{(2)} Z^a + B_b^{(2)} Z^e \in \mathbb{R}^{q \times q}, \quad Z^e \equiv Z(1; 0)
\tag{9.35}
$$

ist deshalb notwendig und hinreichend, damit das RWP (9.33) eine eindeutige Lösung besitzt. Ist die Funktion f p-mal stetig differenzierbar und $N \in \mathbb{C}^{p+1}[0, 1]$, dann gilt $x \in \mathbb{C}^{p+1}[0, 1]$.

Eine numerische Technik zur Lösung des RWPs (9.33) wird von Koch & Weinmüller (2001) vorgeschlagen. Man konstruiert hier das erweiterte RWP

$$\dot{x}(t) = \frac{1}{t} N(t) x(t) + f(t), \quad t \in (0, 1],$$
$$\begin{pmatrix} B_a^{(1)} \\ B_a^{(2)} \end{pmatrix} x(0) + \begin{pmatrix} 0 \\ B_b^{(2)} \end{pmatrix} x(1) = \begin{pmatrix} 0 \\ \beta^{(2)} \end{pmatrix}, \tag{9.36}$$

wobei $B_a^{(1)} \in \mathbb{R}^{(n-q) \times n}$ aus den linear unabhängigen Zeilen von $N(0)$ besteht. Wie wir gesehen haben, kann die notwendige Bedingung für die Korrektheit dieses Problems in der Form $N(0) x(0) = 0$ formuliert werden. Dieser Restriktion wird durch die spezielle Wahl der Randbedingungen in (9.36) Rechnung getragen. Die eindeutige Lösbarkeit des RWPs ist gegeben, wenn die Matrix $\hat{M}$ (siehe (9.35)) nichtsingulär ist. Die dann existierende exakte Lösung des RWPs (9.36) lässt sich auch als die Lösung eines äquivalenten AWPs

$$\dot{u}(t) = \frac{1}{t} N(t) u(t) + f(t), \quad t \in (0, 1],$$
$$u(0) = u_0 \tag{9.37}$$

interpretieren. Es bezeichne $v(t; 0)$ die Lösung des folgenden inhomogenen AWPs

$$\dot{v}(t; 0) = \frac{1}{t} N(t) v(t; 0) + f(t), \quad t \in (0, 1],$$
$$v(0; 0) = v^a \equiv 0. \tag{9.38}$$

Da sich die Lösung des RWPs nach dem Superpositionsprinzip in der Form

$$x(t) = Z(t; 0) z + v(t; a)$$

angeben lässt, erfüllt der gesuchte Anfangsvektor u_0 in (9.37) sicher die Gleichung

$$u_0 = x(0) = Z^a z + v^a = Z^a z. \tag{9.39}$$

Der im Ansatz (9.39) noch unbestimmte Vektor $z \in \mathbb{R}^q$ ergibt sich nun aus dem linearen Gleichungssystem

$$\hat{M} z = \hat{q}, \tag{9.40}$$

mit $\hat{M}$ nach (9.35) und

$$\hat{q} \equiv \beta^{(2)} - B_b^{(2)} v^e, \quad \text{mit } v^e \equiv v(1; 0). \tag{9.41}$$

Offensichtlich ist das oben dargestellte Verfahren mit der im Abschnitt 7.2 dargestellten *Methode der komplementären Funktionen*, angewandt auf das erweiterte Problem (9.36), identisch. Wie der Verfahrensvorschrift zu entnehmen ist, wird zur Festlegung von Z^a und v^a die QR-Faktorisierung (siehe Formel (7.27))

$$\left(B_a^{(1)} \right)^T = (Q_1 \mid Q_2) \begin{pmatrix} U \\ 0 \end{pmatrix}$$

berechnet. Entsprechend (7.28) setzt man jetzt

$$Z^a \equiv Q_2 \quad \text{und} \quad v^a \equiv Q_1 U^{-T} \beta^{(1)} = 0, \ \text{da} \ \beta^{(1)} = 0.$$

Die Spalten der Matrix $Q_2 \in \mathbb{R}^{n \times q}$ bilden eine Basis für $\mathcal{N}(B_a^{(1)})$ und spannen damit den gleichen Raum auf, wie die linear unabhängigen Spalten von R.

Die Beschränkung auf Anfangsvektoren $u_0 \in \text{span}(Z^a) = \mathcal{N}(N(0))$ ist auch notwendig, um ein korrekt gestelltes AWP (9.37) zu erhalten, mit dem die Lösung des RWPs letztendlich tabelliert wird.

Um das erweiterte RWP (9.36) numerisch stabiler zu lösen, bietet sich das im Abschnitt 8.5 dargestellte *Stabilized March Verfahren* an. Da bei diesem Verfahren auf dem ersten Segment die gleiche Strategie angewendet wird wie bei der Methode der komplementären Funktionen und auf den anderen Segmenten die Singularität keine Rolle mehr spielt, stellt es ebenfalls einen sachgemäßen Zugang zur numerischen Behandlung linearer singulärer RWPe dar.

A Grundlegende Begriffe und Resultate aus der Linearen Algebra

Im Anhang A wollen wir wichtige Bezeichnungen und Resultate aus der Linearen Algebra, die im Text häufig verwendet werden, summarisch aufzählen. Die zugehörigen theoretischen Grundlagen und Beweise findet der Leser in der sehr umfangreichen Standardliteratur. Wir wollen hier beispielhaft auf die Monografien von Kielbasinski & Schwetlick (1988), Golub & Van Loan (1996), Stewart (1998) sowie Meyer (2000) verweisen.

Zur Unterscheidung zwischen Vektoren und Matrizen verwenden wir im vorliegenden Text für Vektoren kleine und für Matrizen große Buchstaben. Vektoren werden dabei stets als Spaltenvektoren angesehen. Eine Diagonalmatrix $D \in \mathbb{R}^{n \times n}$ kennzeichnen wir durch ihre Diagonalelemente $d_1, \ldots, d_n$ in der Form $D = \text{diag}(d_1, \ldots, d_n)$.

Gegeben sei eine Menge von m Vektoren $a^{(1)}, \ldots, a^{(m)} \in \mathbb{R}^n$. Unter dem *Span* dieser Vektoren versteht man den lineare Teilraum, der durch $a^{(1)}, \ldots, a^{(m)}$ „aufgespannt" wird. Der Span wird üblicherweise durch die Schreibweise

$$\text{span}\left\{a^{(1)}, \ldots, a^{(m)}\right\} \equiv \left\{x \in \mathbb{R}^n : x = c_1 a^{(1)} + \cdots + c_m a^{(m)}, \ c_i \in \mathbb{R}\right\} \tag{A.1}$$

symbolisiert.

Wenn wir $\left(a^{(1)} | \cdots | a^{(m)}\right)$ schreiben, dann verstehen wir darunter diejenige Matrix aus dem $\mathbb{R}^{n \times m}$, deren i-te Spalte mit dem Vektor $a^{(i)}$ übereinstimmt, $i = 1, \ldots, m$. Es sei nun $A = \left(a^{(1)} | \cdots | a^{(m)}\right)$ eine Matrix im $\mathbb{R}^{n \times m}$. Der *Wertebereich* von A ist durch

$$\mathcal{R}(A) \equiv \text{span}\left\{a^{(1)}, \ldots, a^{(m)}\right\} \tag{A.2}$$

definiert.

Der *Nullraum* oder *Kern* von A ist durch

$$\mathcal{N}(A) \equiv \left\{x \in \mathbb{R}^m : Ax = 0\right\} \tag{A.3}$$

erklärt.

Der *Rang* einer Matrix ist gleich der maximalen Anzahl ihrer linear unabhängigen Spalten, d. h.,

$$\text{rang}(A) \equiv \dim(\mathcal{R}(A)). \tag{A.4}$$

Gilt für eine Matrix $A \in \mathbb{R}^{n \times m}$ die Beziehung $\text{rang}(A) = \min\{n, m\}$, dann besitzt A *Vollrang*.

Ist für eine Matrix $A \in \mathbb{R}^{n \times n}$ die Beziehung $\det(A) \neq 0$ erfüllt (d. h. $\text{rang}(A) = n$), dann sprechen wir von einer *nichtsingulären* (regulären) Matrix.

DOI 10.1515/9783110498882-011

Die Matrix $A = \left(a^{(1)} | \cdots | a^{(m)}\right) \in \mathbb{R}^{n \times m}$ heißt *spaltenorthogonal*, wenn die Spalten von A paarweise orthonormal sind, d. h.

$$\left(a^{(i)}\right)^T a^{(j)} = \delta_{ij}, \quad i, j = 1, \ldots, m.$$

Ist $m = n$, dann spricht man von einer *orthogonalen* Matrix. Gilt $m > n$ und A^T ist spaltenorthogonal, dann bezeichnet man die Matrix als *zeilenorthogonal*.

Unter einer *Zerlegung* der Matrix A versteht man ihre Faktorisierung in das Produkt einfacherer Matrizen. Solche Zerlegungen sind bei praktischen Berechnungen mit Matrizen äußerst nützlich, da durch sie die Lösung eines Problems sehr vereinfacht werden kann. Lässt sich z. B. eine gegebene Matrix in das Produkt einer unteren und einer oberen Dreiecksmatrix zerlegen, dann reduziert sich die Lösung eines linearen Gleichungssystems mit dieser Koeffizientenmatrix auf die Berechnung zweier zugeordneter Dreieckssysteme.

Zu jeder nichtsingulären Matrix $A \in \mathbb{R}^{n \times n}$ existieren zwei *Permutationsmatrizen* $P, Q \in \mathbb{R}^{n \times n}$ (Einheitsmatrizen mit vertauschten Zeilen bzw. Spalten), so dass

$$P A Q^T = L U \tag{A.5}$$

gilt. Dabei sind
1. $L \in \mathbb{R}^{n \times n}$ eine *untere Dreiecksmatrix*, auf deren Diagonale nur Einsen stehen, und
2. $U \in \mathbb{R}^{n \times n}$ eine *obere Dreiecksmatrix* mit nichtverschwindenden Diagonalelementen.

Die Faktorisierung (A.5) wird *LU-Faktorisierung mit vollständiger Pivotisierung* genannt. Bis auf die Permutationen P und Q ist die *LU*-Faktorisierung eindeutig bestimmt. Aus Effektivitätsgründen berechnet man in der Praxis i. Allg. nur die Faktorisierung von A in der Form

$$P A = L U, \tag{A.6}$$

die man auch als *LU-Faktorisierung mit partieller Pivotisierung* bezeichnet. Sie wird mit Hilfe sogenannter *Gauß-Transformationen* $L_k \in \mathbb{R}^{n \times n}$, $k = 1, \ldots, n - 1$, erzeugt, die von links an die (permutierte) Matrix A multipliziert werden. Die Gauß-Transformationen sind von der Gestalt

$$L_k \equiv I - l^{(k)} \left(e^{(k)}\right)^T, \tag{A.7}$$

wobei $l^{(k)} \equiv (0, \ldots, 0, l_{k+1,k}, \ldots, l_{n,k})^T$ den Vektor der Gauß'schen Multiplikatoren bezeichnet und $e^{(k)} \in \mathbb{R}^n$ der k-te Einheitsvektor ist. Bei dem Produkt in (A.7) handelt es sich um das *dyadische* Produkt zweier Vektoren.

Um ein lineares Gleichungssystem $Ax = b$ bei bekannter *LU*-Faktorisierung mit partieller Pivotisierung von A zu lösen, geht man nun wie folgt vor:

$LU x = P b$ (Permutation der Elemente von b),

$L z = P b$ (unteres Dreieckssystem: Lösung mit der Vorwärts-Substitution),

$U x = z$ (oberes Dreieckssystem: Lösung mit der Rückwärts-Substitution).

Wir kommen nun zu einer anderen Faktorisierung. Jede Matrix $A \in \mathbb{R}^{n \times m}$, mit $n \geq m$, lässt sich wie folgt zerlegen:

$$A = QR = (Q_1 | Q_2) \binom{R_1}{0} = Q_1 R_1, \tag{A.8}$$

wobei $Q \in \mathbb{R}^{n \times n}$ eine orthogonale Matrix und $R_1 \in \mathbb{R}^{m \times m}$ eine obere Dreiecksmatrix ist. Den jeweiligen Zusammenhang berücksichtigend, wird entweder die vollständige Zerlegung $A = QR$ oder aber die „ökonomischere" Variante $A = Q_1 R_1$ die QR-*Faktorisierung* von A genannt. Die QR-Faktorisierung ist eindeutig, wenn A Vollrang besitzt und gefordert wird, dass R positive Diagonalelemente besitzt.

Als eine Konsequenz aus der QR-Faktorisierung ergibt sich der folgende Sachverhalt. Zu jedem m-dimensionalen Teilraum $S_1 \in \mathbb{R}^n$ existiert eine spaltenorthogonale Matrix Q_1, so dass $S_1 = \mathcal{R}(Q_1)$ ist.

Ist $A \in \mathbb{R}^{n \times m}$, mit $m > n$, dann lautet die zugehörige QR-Faktorisierung

$$A\, Q = (0 \,|\, R_1)\,, \tag{A.9}$$

wobei $Q \in \mathbb{R}^{m \times m}$ eine orthogonale und $R_1 \in \mathbb{R}^{n \times n}$ eine obere Dreiecksmatrix ist.

Die QR-Faktorisierung einer Matrix $A \in \mathbb{R}^{n \times n}$ lässt sich praktisch dadurch erzeugen, indem man von links an A eine Folge von Householder- oder Givens-Transformationsmatrizen multipliziert. Unter einer *Householder-Transformation* (Synonyme: Householder-Spiegelung, Householder-Matrix) ist eine Matrix $H \in \mathbb{R}^{n \times n}$ der Form

$$H \equiv I - \frac{2}{v^T v}\, v v^T \tag{A.10}$$

zu verstehen. Offensichtlich stellen Householder-Transformationen Rang-1-Modifikationen der Einheitsmatrix dar. Sie besitzen die Eigenschaften: Symmetrie ($H^T = H$), Orthogonalität ($H H^T = H^T H = I$) und Involution ($H^2 = I$). Der Vektor $v \in \mathbb{R}^n$ wird *Householder-Vektor* genannt und dabei so bestimmt, dass bei einer Multiplikation von H mit einem Vektor $x \in \mathbb{R}^n$ ein Vielfaches des ersten Einheitsvektors entsteht, d. h. $Hx = \alpha\, e^{(1)}$. Hierzu setzt man

$$\alpha \equiv \operatorname{sign}(x_1) \|x\|_2 \tag{A.11}$$

und berechnet den Housholder-Vektor zu

$$v \equiv x + \alpha\, e^{(1)}. \tag{A.12}$$

Oftmals wird v noch so normalisiert, dass $v_1 = 1$ gilt. Dies ist für eine effektive Speicherung des Householder-Vektors sinnvoll; der Teilvektor $(v_2, \dots, v_n)^T$ wird dann als *wesentlicher* Teil von v bezeichnet.

Eine andere Klasse von häufig verwendeten orthogonalen Transformationsmatrizen liegt mit den *Givens-Transformationen* (Synonym: Givens-Rotationen, Givens-

Matrizen) $G_{kl} \in \mathbb{R}^{n \times n}$ vor. Sie sind von der Form

$$G_{kl} \equiv \begin{pmatrix} 1 & & & & & & & & \\ & \ddots & & & & & & & \\ & & 1 & & & & & & \\ & & & c & \cdots & \cdots & \cdots & s & \\ & & & \vdots & 1 & & & \vdots & \\ & & & \vdots & & \ddots & & \vdots & \\ & & & \vdots & & & 1 & \vdots & \\ & & & -s & \cdots & \cdots & \cdots & c & \\ & & & & & & & & 1 \\ & & & & & & & & & \ddots \\ & & & & & & & & & & 1 \end{pmatrix} \begin{matrix} \\ \\ \\ \leftarrow \text{Zeile } k \\ \\ \\ \\ \leftarrow \text{Zeile } l \\ \\ \\ \\ \end{matrix} \tag{A.13}$$

$$\underset{\text{Spalte } k}{\uparrow} \qquad \underset{\text{Spalte } l,}{\uparrow}$$

wobei noch die frei wählbaren reellen Zahlen c und s wie folgt in Relation stehen müssen: $c^2 + s^2 = 1$. Diese Beziehung garantiert, dass die Givens-Transformationen orthogonale Matrizen sind. Ihre Bedeutung liegt darin begründet, dass man c und s so bestimmen kann, dass bei einer Multiplikation von G_{kl} mit einem Vektor $x \in \mathbb{R}^n$ ein Vektor resultiert, dessen l-te Komponente gleich null ist. Die Givens-Transformationen kommen immer dann zum Einsatz, wenn in der zu transformierenden Matrix bereits eine große Anzahl von Nullen enthalten sind. Das trifft ganz besonders auf den Fall *schwach besetzter* Matrizen (engl.: sparse matrices) zu.

Wir wollen noch auf eine weitere wichtige Faktorisierung der Matrix A eingehen, mit der sich die Struktur der Matrix sehr genau beschreiben lässt. Zu jeder beliebigen Matrix $A \in \mathbb{R}^{n \times m}$ vom Rang r existieren orthogonale Matrizen $U \in \mathbb{R}^{n \times n}$ und $V \in \mathbb{R}^{m \times m}$, so dass

$$A = U \Sigma V^T, \quad \Sigma = \begin{pmatrix} \Sigma_1 & 0 \\ 0 & 0 \end{pmatrix}, \tag{A.14}$$

gilt, mit $\Sigma \in \mathbb{R}^{n \times m}$, $\Sigma_1 \equiv \text{diag}(\sigma_1, \sigma_2, \ldots, \sigma_r)$ und $\sigma_1 \geq \sigma_2 \geq \cdots \geq \sigma_r > 0$.

Die Zerlegung (A.14) wird *Singulärwert-Zerlegung* der Matrix A genannt. Die positiven reellen Zahlen σ_i, $i = 1, \ldots, r$, heißen die *Singulärwerte* von A. Es ist üblich, die folgende Bezeichnung zu verwenden:

$$\sigma_{\max}(A) \equiv \text{der größte Singulärwert von } A,$$
$$\sigma_{\min}(A) \equiv \text{der kleinste Singulärwert von } A.$$

Es gilt nun

$$\text{rang}(A) = r, \tag{A.15}$$
$$\mathcal{N}(A) = \text{span}\{v_{r+1}, \ldots, v_n\}, \tag{A.16}$$
$$\mathcal{R}(A) = \text{span}\{u_1, \ldots, u_r\}. \tag{A.17}$$

Schließlich lässt sich jede Matrix $A \in \mathbb{R}^{n \times m}$ auch in der Form

$$A = \sum_{i=1}^{r} \sigma_i \, u_i \, v_i^T \tag{A.18}$$

aufschreiben. Die Formel (A.18) stellt die Grundlage für viele theoretische und praktische Resultate in der Linearen Algebra dar.

Für Vektoren $x \in \mathbb{R}^n$ verwenden wir hauptsächlich die folgenden drei Vektor-Normen:

$$\|x\|_1 \equiv \sum_{i=1}^{n} |x_i|, \qquad\qquad \ell_1\text{-Norm},$$

$$\|x\|_2 \equiv \left(\sum_{i=1}^{n} x_i^2\right)^{1/2} = (x^T x)^{1/2}, \qquad \text{Euklidische Norm}, \tag{A.19}$$

$$\|x\|_\infty \equiv \max_{1 \le i \le n} |x_i|, \qquad\qquad \text{Maximum-Norm}.$$

Als Matrizen-Normen kommen die den oben aufgeführten Vektor-Normen über die Beziehung

$$\|A\| \equiv \max_{x \ne 0} \frac{\|Ax\|}{\|x\|} = \max_{\|x\|=1} \|Ax\| \tag{A.20}$$

zugeordneten Normen zum Einsatz. So gilt für $A \in \mathbb{R}^{n \times m}$:

$$\|A\|_1 = \max_{1 \le j \le m} \sum_{i=1}^{n} |a_{ij}|, \qquad \text{Spaltensummen-Norm},$$

$$\|A\|_2 = \sigma_{\max}(A), \qquad\qquad \text{Spektral-Norm}, \tag{A.21}$$

$$\|A\|_\infty = \max_{1 \le i \le n} \sum_{j=1}^{m} |a_{ij}|, \qquad \text{Zeilensummen-Norm}.$$

Bezeichnet $A \in \mathbb{R}^{n \times n}$ eine nichtsinguläre quadratische Matrix und $\| \cdot \|_p$ eine der oben erklärten Matrixnormen, dann ist die zugehörige *Konditionszahl* durch

$$\text{cond}_p(A) \equiv \|A\|_p \, \|A^{-1}\|_p \tag{A.22}$$

definiert. Wird nicht auf eine spezielle Matrixnorm Bezug genommen, dann schreiben wir einfach $\text{cond}(A) = \|A\| \, \|A^{-1}\|$. Das von Kahan (1966) gefundene Resultat

$$\frac{1}{\text{cond}_p(A)} = \min_{A + \triangle A \text{ singulär}} \frac{\|\triangle A\|_p}{\|A\|_p} \tag{A.23}$$

zeigt, welche Bedeutung den Konditionszahlen zukommt. Die Größe $\text{cond}_p(A)$ misst damit den Abstand von A in der p-Norm zur Menge der singulären Matrizen.

Speziell gilt in der Spektral-Norm

$$\text{cond}_2(A) = \|A\|_2 \, \|A^{-1}\|_2 = \frac{\sigma_{\max}(A)}{\sigma_{\min}(A)}. \tag{A.24}$$

Die Definition der Inversen einer Matrix lässt sich auf beliebige (rechteckige) Matrizen verallgemeinern. Ist die Singulärwert-Zerlegung (A.14) einer Matrix $A \in \mathbb{R}^{n \times m}$ gegeben, dann sei die Matrix $A^+ \in \mathbb{R}^{m \times n}$ durch die Beziehung

$$A^+ \equiv V \Sigma^+ U^T \tag{A.25}$$

gegeben, mit

$$\Sigma^+ \equiv \operatorname{diag}\left(\frac{1}{\sigma_1}, \dots, \frac{1}{\sigma_r}, 0, \dots, 0\right) \in \mathbb{R}^{m \times n}, \quad r \equiv \operatorname{rang}(A).$$

Die so erzeugte Matrix A^+ wird *Pseudo-Inverse* genannt. Genauer heißt sie *Moore-Penrose*-Pseudo-Inverse, da sie die eindeutige Lösung $X \in \mathbb{R}^{m \times n}$ der vier *Moore-Penrose-Bedingungen* darstellt:

(i)	$AXA = A$	(iii)	$(AX)^T = AX$
(ii)	$XAX = X$	(iv)	$(XA)^T = XA$.

Durch Einsetzen in die Moore-Penrose-Bedingungen kann man sich von der Richtigkeit der folgenden Aussage überzeugen.

Es sei $A \in \mathbb{R}^{n \times m}$ eine Matrix vom Rang r. Dann gilt

$$A^+ = \begin{cases} (A^T A)^{-1} A^T, & \text{falls } m = r \leq n, \\ A^T (A A^T)^{-1}, & \text{falls } n = r \leq m, \\ A^{-1}, & \text{falls } n = r = m. \end{cases} \tag{A.26}$$

Stellt $A = QR$ die QR-Faktorisierung von $A \in \mathbb{R}^{n \times m}$, $n \geq m = \operatorname{rang}(A)$, dar (siehe Formel (A.8)), dann ist die Pseudo-Inverse von A durch

$$A^+ = R^{-1} Q^T \tag{A.27}$$

gegeben. Da die Spalten von Q orthonormal sind, ergibt die Norm von Q eine Eins und es gilt folglich $\|R^{-1}\|_2 = \|A^+\|_2$. Definiert man die Konditionszahl einer beliebigen rechteckigen Matrix A zu

$$\operatorname{cond}_2(A) \equiv \|A\|_2 \|A^+\|_2, \tag{A.28}$$

dann ist in unserem Falle

$$\operatorname{cond}_2(A) = \operatorname{cond}_2(R).$$

Die *Eigenwerte* einer Matrix $A \in \mathbb{R}^{n \times n}$ sind die n (möglicherweise komplexen) Wurzeln des *charakteristischen Polynoms* $\chi(z) \equiv \det(zI - A)$. Die Gesamtheit aller dieser Wurzeln wird *Spektrum* genannt und mit $\lambda(A)$ bezeichnet. Ist $\lambda \in \lambda(A)$, dann stellt jeder nichtverschwindende Vektor $x \in \mathbb{R}^n$, der die Gleichung $Ax = \lambda x$ erfüllt, einen *Eigenvektor* der Matrix A dar. Allgemeiner nennt man einen Teilraum $\mathbb{S} \subset \mathbb{R}^n$ mit der Eigenschaft $x \in \mathbb{S} \Rightarrow Ax \in \mathbb{S}$, einen *invarianten Teilraum* für A.

Im Text verwenden wir häufig die folgenden Abkürzungen:

$$\lambda_{max} \equiv \max\{Re(\lambda) : \lambda \in \lambda(A)\},$$
$$\lambda_{min} \equiv \min\{Re(\lambda) : \lambda \in \lambda(A)\}.$$

Ein wichtiges Resultat im Zusammenhang mit den Singulärwerten von A ist die Beziehung (vergleiche hierzu (A.21))

$$\|A\|_2 = \lambda_{max}(A^T A). \tag{A.29}$$

Zu jeder Matrix $A \in \mathbb{R}^{n \times n}$ gibt es eine orthogonale Matrix U, so dass

$$U^T A U = T = D + N \tag{A.30}$$

gilt, wobei $D \equiv \text{diag}(\lambda_1, \dots, \lambda_n)$ und $N \in \mathbb{R}^{n \times n}$ eine strikt obere Dreiecksmatrix ist. Des Weiteren kann U so gewählt werden, dass die Eigenwerte λ_i von A in jeder beliebigen Anordnung entlang der Diagonalen auftreten. Die Faktorisierung (A.30) heißt *Schur-Zerlegung* der Matrix A.

Ist die Matrix A symmetrisch, dann gilt $\lambda(A) \subset \mathbb{R}$, woraus unmittelbar folgt, dass $T = D$ ist, d. h., die Schur-Zerlegung ergibt eine Diagonalmatrix.

Eine Transformation von A in $\hat{A} \equiv W^{-1} A W$ mit regulärem W wird als *Ähnlichkeitstransformation* bezeichnet. Die Matrizen A und $\hat{A}$ heißen dann *ähnlich*. Bei einer solchen Transformation ändern sich die Eigenwerte nicht, d. h., A und $\hat{A}$ haben dieselben Eigenwerte λ_j. Man sagt, eine Matrix ist *diagonalisierbar*, falls sich eine nichtsinguläre Matrix W finden lässt, mit der die Ähnlichkeitstransformation auf eine Diagonalmatrix führt, d. h.

$$W^{-1} A W = \text{diag}(\lambda_1, \dots, \lambda_n). \tag{A.31}$$

Wenn A symmetrisch ist, sollte $\hat{A}$ auch symmetrisch sein, also

$$W^{-1} A W = \hat{A} = \hat{A}^T = W^T A^T W^{-T} = W^T A W^{-T}$$

gelten. Dies ist der Fall, wenn $W^{-1} = W^T$ gilt, also W orthogonal ist.

Eine Ähnlichkeitstransformation

$$\hat{A} = Q^{-1} A Q = Q^T A Q, \quad Q^T Q = I$$

mit orthogonalem $W = Q$ nennt man kurz *orthogonale Ähnlichkeitstransformation*. Die Eigenwerte und die Symmetrie bleiben dabei erhalten.

Eine weitere wichtige Zerlegung einer Matrix A ist die Jordan'sche Normalform. Zu jeder Matrix $A \in \mathbb{R}^{n \times n}$ existiert eine nichtsinguläre Matrix $W \in \mathbb{R}^{n \times n}$, so dass

$$W^{-1} A W = \text{diag}(J_1, \dots, J_t) \tag{A.32}$$

gilt. Die sogenannten *Jordan-Blöcke*

$$
J_i \equiv \begin{pmatrix} \lambda_i & 1 & & \cdots & 0 \\ 0 & \lambda_i & \ddots & & \vdots \\ & & \ddots & \ddots & \ddots \\ \vdots & & & \ddots & \ddots & 1 \\ 0 & \cdots & & 0 & \lambda_i \end{pmatrix}
$$

sind von der Dimension $m_i \times m_i$ und es ist $n = m_1 + \cdots + m_t$. Die Faktorisierung (A.32) heißt *Jordan'sche Normalform*.

B Einige Sätze aus der Theorie der Anfangswertprobleme

Im Anhang B wollen wir die wichtigsten theoretischen Aussagen über die Existenz und die Eindeutigkeit von Lösungen des AWPs (1.5),

$$\dot{x}(t) = f(t, x(t)), \quad x(t_0) = x_0,$$

kurz darstellen. Die zugehörigen Beweise der in den folgenden Sätzen postulierten Behauptungen können der Standardliteratur zur Theorie gewöhnlicher Differentialgleichungen, z. B. den Monografien von Hartman (1982) sowie Boyce & DiPrima (1995), entnommen werden. Wir greifen auch auf Resultate aus dem Buch von Mattheij & Molenaar (1996) zurück.

Eine wichtige Eigenschaft der rechten Seite $f(t, x)$ der obigen DGL beschreibt die

Definition B.1. Die Funktion $f(t, x)$, $t \in J \subset \mathbb{R}$, $x(t) \in \Omega \subset \mathbb{R}^n$, heißt *gleichmäßig Lipschitz-stetig* auf $J \times \Omega$ bezüglich x, falls eine Konstante $L \geq 0$ existiert, so dass gilt

$$\|f(t, x_1) - f(t, x_2)\| \leq L \|x_2 - x_1\| \tag{B.1}$$

für alle $(t, x_i) \in J \times \Omega$, $i = 1, 2$. Jede Konstante L, die der Ungleichung (B.1) genügt, heißt *Lipschitz-Konstante* (für f auf $J \times \Omega$). ☐

Wenn f auf $J \times \Omega$ gleichmäßig Lipschitz-stetig ist, dann schreiben wir dies in der Kurzform $f \in \text{Lip}(J \times \Omega)$. Diese Eigenschaft sagt aus, dass die Funktion f durch eine lineare Funktion auf Ω für alle $t \in J$ beschränkt werden kann. In der Praxis ist es oft schwierig und aufwendig, die Lipschitz-Stetigkeit von f tatsächlich nachzuweisen. Für ein konvexes Gebiet Ω lässt sich jedoch ein nützliches Kriterium angeben. Dabei nennt man eine Menge $\Omega \in \mathbb{R}^n$ *konvex*, wenn jede Verbindungslinie zwischen zwei beliebigen Punkten in Ω vollständig in Ω enthalten ist.

Satz B.1. *Es sei $f(t, x)$ auf $J \times \Omega$ definiert (wobei $\Omega \subset \mathbb{R}^n$ eine konvexe Menge ist) und partiell stetig differenzierbar bezüglich $x \in \Omega$. Des Weiteren möge gelten, dass die zugehörige Jacobi-Matrix $f_x(t, x) \equiv (\partial f_i / \partial x_j)$ auf $J \times \Omega$ beschränkt bleibt, d. h.*

$$L \equiv \|f_x(t, x)\|_{J \times \Omega} < \infty.$$

Dann ist $f \in \text{Lip}(J \times \Omega)$ mit der Lipschitz-Konstanten L.

Der folgende Satz gehört zu den theoretischen Standardresultaten und wird mittels sukzessiver Approximationen bewiesen.

Satz B.2 (Satz von Picard-Lindelöf). *Es gelte:*
1. $f(t, x)$, $x(t) \in \mathbb{R}^n$,
2. $f(t, x)$ *ist auf dem Parallelepiped* $S \equiv \{(t, x) : t_0 \leq t \leq t_0 + a,\ \|x - x_0\| \leq b\}$ *stetig und gleichmäßig Lipschitz-stetig bezüglich* x,
3. $\|f(t, x)\| \leq M$ *auf* S.
Dann existiert genau eine Lösung des AWPs (1.5) *im Intervall* $[t_0, t_0 + \alpha]$, *mit der Konstanten* $\alpha \equiv \min(a, b/M)$.

Der nächste Satz zeigt, dass die Eindeutigkeit der Lösung $x(t)$ des AWPs (1.5) nicht mehr gewährleistet ist, wenn keine Lipschitz-Stetigkeit von f vorausgesetzt wird.

Satz B.3 (Satz von Peano). *Es gelte:*
1. $f(t, x)$, $x(t) \in \mathbb{R}^n$,
2. $f(t, x)$ *ist stetig auf* S,
3. $\|f(t, x)\| \leq M$ *auf* S.
Dann existiert mindestens eine Lösung des AWPs (1.5) *im Intervall* $[t_0, t_0 + \alpha]$, *mit der Konstanten* $\alpha \equiv \min(a, b/M)$.

Die Sätze B.2 und B.3 enthalten lediglich Aussagen von lokalem Charakter. Sie postulieren, dass das AWP (1.5) unter den getroffenen Voraussetzungen eine Lösung auf einem bestimmten (oftmals sehr kleinen) nichtleeren Intervall um die Stelle $t = t_0$ besitzt. Es entsteht dann die Frage, ob sich diese Lösung auf ein viel größeres Intervall fortsetzen lässt, bzw. ob sie global für alle $t \in \mathbb{R}$ existiert. Der folgende Satz gibt eine Antwort darauf.

Satz B.4 (Fortsetzung der lokalen Lösungen). *Es möge* $f \in \text{Lip}(J \times \Omega)$ *gelten, wobei* J *und* Ω *abgeschlossen und beschränkt sind. Der Anfangspunkt* (t_0, x_0) *liege im Inneren von* $J \times \Omega$. *Dann kann die Lösung* $x(t)$ *des AWPs* (1.5) *bis auf den Rand von* $J \times \Omega$ *fortgesetzt werden.*

Um zu Aussagen über die globale Existenz von Lösungen zu kommen (d. h., für $J = \mathbb{R}$ bzw. $J = [t_0, \infty)$), müssen bereits Kenntnisse über das allgemeine Verhalten dieser Lösung vorliegen. In den folgenden Sätzen, die gewisse Folgerungen aus dem Satz B.4 darstellen, sind derartige Aussagen formuliert. Aus praktischen Gründen wird hierbei $\Omega = \mathbb{R}^n$ gesetzt.

Satz B.5. *Die Lösung* $x(t)$ *des AWPs* (1.5) *mit* $f \in \text{Lip}(\mathbb{R} \times \mathbb{R}^n)$ *existiert global, d. h. für alle* $t \in \mathbb{R}$, *wenn die folgende Eigenschaft a priori bekannt ist:*

$$\{x(t)\ \text{existiert für ein}\ t\} \implies \{\|x(t) - x_0\| \leq M\ \text{für eine Konstante}\ M > 0\ \}.$$

Satz B.6. *Die Lösung des AWPs* (1.5) *existiert global, wenn die folgende Eigenschaft a priori bekannt ist:*

$$\{x(t)\ \text{existiert für ein}\ t\} \implies \{\|x(t) - x_0\| \leq g(t),\ \text{mit}\ g(t) > 0\ \text{stetige Funktion auf}\ \mathbb{R}\}.$$

Satz B.7. *Die Lösung des AWPs* (1.5) *existiert global, wenn die Funktion f beschränkt ist, d. h., wenn*

$$\|f(t, x)\|_{\mathbb{R} \times \mathbb{R}^n} = M < \infty$$

gilt.

In vielen Untersuchungen und Beweisen bei AWPn gewöhnlicher DGLn spielt das Gronwall'sche Lemma eine herausragende Rolle. Wir wollen es hier in zwei unterschiedlichen Formulierungen angeben.

Satz B.8 (Gronwall'sches Lemma – Variante 1). *Es seien u(t) und v(t) zwei nichtnegative, stetige Funktionen auf dem Intervall* [a, b]. *C ≥ 0 sei eine Konstante und es gelte*

$$v(t) \le C + \int_a^t v(\tau) u(\tau)\, d\tau, \quad \text{für } a \le t \le b. \tag{B.2}$$

Dann ist

$$v(t) \le C \exp \int_a^t u(\tau)\, d\tau, \quad \text{für } a \le t \le b. \tag{B.3}$$

Gilt speziell C = 0, so ist v(t) ≡ 0.

Satz B.9 (Gronwall'sches Lemma – Variante 2). *Die Funktion x(t) erfülle für t ≥ t_0 das lineare, skalare AWP*

$$\dot{x}(t) = a(t)x(t) + b(t), \quad x(t_0) = x_0, \tag{B.4}$$

wobei a(t) und b(t) stetige Funktionen sind. Erfüllt die Funktion y(t) für t ≥ t_0 die Ungleichungen

$$\dot{y}(t) \le a(t)y(t) + b(t), \quad y(t_0) \le x_0, \tag{B.5}$$

dann gilt

$$y(t) \le x(t), \quad t \ge t_0. \tag{B.6}$$

Im vorliegenden Text ist die folgende Fragestellung von Bedeutung. Die rechte Seite der DGL sei mit einem Term $\varepsilon : J \times \Omega \to \mathbb{R}^n$ und die rechte Seite der Anfangsbedingung mit einem Term $\varepsilon_0 \in \mathbb{R}^n$ gestört. Wie wirken sich diese Störungen auf die exakte Lösung des AWPs (1.5) aus?

Um diese Problematik zu studieren, sei x(t) die Lösung des AWPs (1.5) und y(t) die Lösung des „gestörten" AWPs

$$\dot{y}(t) = f(t, y(t)) + \varepsilon(t, y(t)), \quad y(t_0) = y_0 \equiv x_0 + \varepsilon_0. \tag{B.7}$$

Beide Lösungen mögen existieren und auf einem Intervall $[t_0, T] \subseteq J$ eindeutig sein. Es werde weiter vorausgesetzt, dass mit einer Lipschitz-Konstanten L gilt $f \in \text{Lip}(J \times \mathbb{R}^n)$. Gesucht ist eine obere Schranke für den Abstand von x(t) und y(t). Offensichtlich ist die Differenz $e(t) \equiv y(t) - x(t)$ die Lösung des AWPs

$$\dot{e}(t) = f(t, y(t)) - f(t, x(t)) + \varepsilon(t, y(t)), \quad e(t_0) = \varepsilon_0.$$

Die Integraldarstellung dieses AWPs lautet

$$e(t) = \varepsilon_0 + \int_{t_0}^{t} [f(\tau, y(\tau)) - f(\tau, x(\tau)) + \varepsilon(\tau, y(\tau))] \, d\tau.$$

Für ein fixiertes t ergibt sich daraus die Ungleichung

$$\|e(t)\| \leq \|\varepsilon_0\| + \int_{t_0}^{t} [L\|e(\tau)\| + \|\varepsilon(\tau, y(\tau))\|] \, d\tau \equiv g(t).$$

Die rechte Seite dieser Ungleichung erfüllt

$$\dot{g}(t) \leq L \, g(t) + \|\varepsilon(t, y(t))\|, \quad g(t_0) = \|\varepsilon_0\|.$$

Wendet man nun den Satz B.9 an, dann erhält man das folgende Resultat.

Satz B.10. *Es seien $x(t)$ und $y(t)$ die Lösungen des AWPs (1.5) beziehungsweise des gestörten AWPs (B.7) auf dem Intervall $J \equiv [t_0, t_0 + T]$. Weiter gelte $f \in \mathrm{Lip}(J \times \mathbb{R}^n)$ mit der Lipschitz-Konstanten L. Dann besteht für $t \in J$ die Ungleichung*

$$\|e(t)\| \leq e^{L(t-t_0)}\|\varepsilon_0\| + \int_{t_0}^{t} \|\varepsilon(\tau, y(\tau))\| e^{L(t-\tau)} \, d\tau. \tag{B.8}$$

Ist darüber hinaus $\varepsilon(t, y)$ beschränkt, d. h. $\|\varepsilon(t, y)\|_{J \times \mathbb{R}^n} \leq \varepsilon$ für eine Konstante ε, dann ist

$$\|e(t)\| \leq \begin{cases} e^{L(t-t_0)}\left[\|\varepsilon_0\| + \frac{\varepsilon}{L}\left(1 - e^{-L(t-t_0)}\right)\right], & \text{für} \quad L \neq 0 \\ \|\varepsilon_0\| + \varepsilon(t - t_0), & \text{für} \quad L = 0. \end{cases} \tag{B.9}$$

Wir kommen nun abschließend zur Darstellung der Fundamentallösung eines linearen AWPs mittels der sogenannten *Matrix-Exponentialfunktion*. Aus der Analysis ist bekannt, dass sich die skalare Exponentialfunktion $\exp(at)$ durch die Potenzreihe

$$\exp(at) = 1 + \sum_{k=1}^{\infty} \frac{a^k t^k}{k!} \tag{B.10}$$

darstellen lässt, die für alle t konvergiert. Ersetzt man nun formal den Skalar a durch eine konstante Matrix $A \in \mathbb{R}^{n \times n}$, dann resultiert die Reihe

$$I + \sum_{k=1}^{\infty} \frac{A^k t^k}{k!} = I + At + \frac{A^2 t^2}{2!} + \cdots + \frac{A^k t^k}{k!} + \cdots \tag{B.11}$$

Jedes Glied der Reihe (B.11) ist eine $(n \times n)$-Matrix. Man kann nun zeigen, dass jede Komponente dieser Matrix-Summe für alle t konvergiert, wenn $k \to \infty$ geht. Die Reihe definiert deshalb mit ihrer Summe eine neue Matrix, die man üblicherweise mit $\exp(At)$ bezeichnet. Somit gilt

$$\exp(At) \equiv I + \sum_{k=1}^{\infty} \frac{A^k t^k}{k!}. \tag{B.12}$$

Die gliedweise Differentiation der Reihe (B.12) ergibt

$$\frac{d}{dt}(\exp(At)) = \sum_{k=1}^{\infty} \frac{A^k t^{k-1}}{(k-1)!} = A\left(I + \sum_{k=1}^{\infty} \frac{A^k t^k}{k!}\right) = A \exp(At).$$

Damit ist offensichtlich, dass $\exp(At)$ der DGL

$$\frac{d}{dt}\exp(At) = A \exp(At) \qquad (B.13)$$

genügt. Für $t = 0$ erfüllt $\exp(At)$ die Anfangsbedingung

$$\exp(At)\big|_{t=0} = I. \qquad (B.14)$$

Es ist deshalb möglich, die Funktion $\exp(At)$ mit der Fundamentalmatrix $U(t;0)$ (siehe Formel (6.29)) zu identifizieren, die das gleiche AWP erfüllt, nämlich

$$\dot{U}(t;0) = A\,U(t;0), \quad U(0;0) = I.$$

Dies wiederum führt zu dem Resultat, dass sich die Lösung des AWPs

$$\dot{x}(t) = A\,x(t), \quad x(0) = x_0,$$

in der Form

$$x(t) = \exp(At)\,x_0 \qquad (B.15)$$

aufschreiben lässt.

C Interpolation und numerische Integration

Im Anhang C wollen wir diejenigen Formeln aus der numerischen Interpolationstheorie bereitstellen, die bei der Konstruktion der in diesem Text betrachteten numerischen Verfahren für Anfangs- und Randwertprobleme unmittelbar benötigt werden.

Gegeben sei eine Funktion $f(t)$, die auf dem Intervall $[t_i, t_{i+1}]$ durch ein geeignetes Polynom $P(t)$ approximiert werden soll. Bei der numerischen Interpolation wählt man m paarweise verschiedene Zahlen ϱ_j, $j = 1, \ldots, m$, mit der Eigenschaft $0 \leq \varrho_j \leq 1$. Es sei $h \equiv t_{i+1} - t_i$ die Intervall-Länge. Unter Verwendung der ϱ_j lassen sich im Intervall $[t_i, t_{i+1}]$ die Menge der *Stützstellen*

$$t_{ij} \equiv t_i + \varrho_j h, \quad j = 1, \ldots, m \tag{C.1}$$

sowie die Menge der *Stützwerte* $f(t_{ij})$, $j = 1, \ldots, m$, berechnen. Die Interpolationsbedingungen

$$P(t_{ij}) = f(t_{ij}), \quad j = 1, \ldots, m \tag{C.2}$$

bestimmen nun ein Polynom $P(t)$ vom Grad höchstens $m - 1$, das sich nach Lagrange wie folgt aufschreiben lässt. Zuerst berechnet man die *Lagrange-Faktoren*:

$$L_j(t) = \prod_{k=1, k \neq j}^{m} \left(\frac{t - t_{ik}}{t_{ij} - t_{ik}} \right), \quad j = 1, \ldots, m. \tag{C.3}$$

Diese Faktoren erfüllen offensichtlich die Beziehungen

$$L_j(t_{il}) = \delta_{jl}, \quad j, l = 1, \ldots, m. \tag{C.4}$$

Das gesuchte Polynom $P(t)$ ergibt sich damit zu

$$P(t) = \sum_{j=1}^{m} L_j(t) f(t_{ij}). \tag{C.5}$$

Bezüglich der Eindeutigkeit des Interpolationspolynoms in der Lagrange-Darstellung (C.5) gilt der

Satz C.1. *Es seien m paarweise verschiedene Stützstellen $t_{i1}, \ldots, t_{im} \in [t_i, t_{i+1}]$ sowie eine Funktion $f(t)$, deren Werte $f(t_{i1}), \ldots, f(t_{im})$ an diesen Stellen bekannt sind, gegeben. Dann existiert ein eindeutig bestimmtes Polynom $P(t)$ vom Grad höchstens $m - 1$, das den m Interpolationsbedingungen (C.2) genügt. Dieses Polynom kann in der Form (C.5) dargestellt werden.*

Beweis. Siehe z. B. Hermann (2011). □

Über den Fehler bei der Ersetzung der Funktion $f(t)$ durch das obige Interpolationspolynom $P(t)$ gilt bei hinreichender Glattheit von $f(t)$ die folgende Aussage.

DOI 10.1515/9783110498882-013

Satz C.2. *Auf dem reellen Intervall $[t_i, t_{i+1}]$ seien m paarweise verschiedene Stützstellen $t_{i1}, \dots, t_{im}$ vorgegeben. Des Weiteren gelte $f \in \mathbb{C}^m[t_i, t_{i+1}]$. Dann existiert zu jedem $t \in [t_i, t_{i+1}]$ ein $\xi(t) \in (t_i, t_{i+1})$, so dass*

$$f(t) - P(t) = \frac{f^{(m)}(\xi(t))}{m!}(t - t_{i1}) \cdots (t - t_{im}).$$

Hierbei ist $P(t)$ das durch die Gleichung (C.5) definierte Lagrange'sche Interpolationspolynom.

Beweis. Siehe z. B. Hermann (2011). □

Soll nun eine Approximation für das bestimmte Integral

$$I = \int_{t_i}^{t_i+h} f(t)dt \tag{C.6}$$

berechnet werden, dann kann man unter Verwendung des Interpolationspolynoms $P(t)$ wie folgt vorgehen. Es gilt:

$$\int_{t_i}^{t_i+h} f(t)dt \approx \int_{t_i}^{t_i+h} P(t)dt = \sum_{j=1}^{m} f(t_{ij}) \int_{t_i}^{t_i+h} L_j(t)dt, \text{ d.h.}$$

$$I = \int_{t_i}^{t_i+h} f(t)dt \approx h \cdot \sum_{j=1}^{m} \beta_j f(t_{ij}), \tag{C.7}$$

mit

$$h\beta_j = \int_{t_i}^{t_i+h} L_j(t)dt \text{ bzw. } \beta_j = \frac{1}{h} \int_{t_i}^{t_i+h} L_j(t)dt.$$

Um eine einfachere Berechnungsvorschrift für die Koeffizienten β_j zu erhalten, werde eine Variablentransformation durchgeführt. Für $t = t_i$ sei $s = 0$ und für $t = t_i+h$ sei $s = 1$. Damit ist $t = t_i + hs$ und $dt = h \cdot ds$. Folglich gilt

$$\beta_j = \frac{1}{h} \cdot h \int_{0}^{1} \prod_{k=1, k \neq j}^{m} \left(\frac{t_i + hs - t_i - \varrho_k h}{t_i + \varrho_j h - t_i - \varrho_k h} \right) ds = \int_{0}^{1} \prod_{k=1, k \neq j}^{m} \left(\frac{s - \varrho_k}{\varrho_j - \varrho_k} \right) ds. \tag{C.8}$$

Für den Approximationsfehler bei der numerischen Integration (C.7) erhält man bei hinreichender Glattheit der Funktion $f(t)$ und unter Verwendung des Satzes C.2 die folgende Abschätzung:

$$\left\| \int_{t_i}^{t_i+h} f(t)dt - \int_{t_i}^{t_i+h} P(t)dt \right\| \leq C \cdot h^{m+1}. \tag{C.9}$$

Literatur

Abramowitz, M. & Stegun, I. A. (1972). *Handbook of Mathematical Functions*. Dover Publications, New York.

Ascher, U. M., Mattheij, R. M. M., & Russell, R. D. (1988). *Numerical Solution of Boundary Value Problems for Ordinary Differential Equations*. Prentice Hall Series in Computational Mathematics. Prentice-Hall Inc., Englewood Cliffs.

Ascher, U. M. & Petzold, L. R. (1998). *Computer Methods for Ordinary Differential Equations and Differential-Algebraic Equations*. SIAM, Philadelphia.

Bauer, L., Reiss, E. L., & Keller, H. B. (1970). Axisymmetric buckling of hollow spheres and hemispheres. *Communications on Pure and Applied Mathematics*, 23, 529–568.

Berndt, H. & Kaiser, D. (1985). Zwei Programmpakete zur Berechnung von nichtlinearen bzw. linearen Zweipunkt-Randwertaufgaben. In: Hermann, M. (ed.) *Numerische Behandlung Von Differentialgleichungen III*. Friedrich-Schiller-Universität, Jena, Germany, pp. 1–49.

Boyce, W. E. & DiPrima, R. C. (1995). *Gewöhnliche Differentialgleichungen*. Spektrum Akademischer Verlag, Heidelberg, Berlin, Oxford.

Bulirsch, R. & Stoer, J. (1966). Numerical treatment of ordinary differential equations by extrapolation methods. *Numer. Math.*, 8, 1–13.

Burrage, K. (1978). A special family of RK methods for solving stiff differential equations. *BIT*, 18, 22–41.

Burrage, K. & Butcher, J. C. (1979). Stability criteria for implicit Runge-Kutta methods. *SIAM J. Numer. Anal.*, 16, 46–57.

Burrage, K. & Butcher, J. C. (1980). Non-linear stability of a general class of differential equation methods. *BIT*, 20, 185–203.

Butcher, J. C. (1963). Coefficients for the study of Runge-Kutta integration processes. *J. Austral. Math. Soc.*, 3, 185–201.

Butcher, J. C. (1964). On Runge-Kutta processes of high order. *J. Austral. Math. Soc.*, 4, 179–194.

Butcher, J. C. (1965). On the attainable order of Runge-Kutta methods. *Math. of Comp.*, 19, 408–417.

Butcher, J. C. (1966). On the convergence of numerical solutions to ordinary differential equations. *Math. Comp.*, 20, 1–10.

Butcher, J. C. (1975). A-stability property of implicit Runge-Kutta methods. *BIT*, 15, 358–361.

Butcher, J. C. (1997). An introduction to „Almost Runge-Kutta" methods. *Applied Numerical Mathematics*, 24, 331–342.

Butcher, J. C. (1998). ARK methods up to order five. *Numerical Algorithms*, 17, 193–221.

Butcher, J. C. (2003). *Numerical Methods for Ordinary Differential Equations*. John Wiley & Sons, Ltd., Chichester, West Sussex, PO19 8SQ, England.

Butcher, J. C. & Moir, N. (2003). Experiments with a new fifth order method. *Numerical Algorithms*, 33, 137–151.

Chase, P. E. (1962). Stability properties of Predictor-Corrector methods for ordinary differential equations. *J. Assoc. Comput. Mach.*, 9, 457–468.

Chipman, F. H. (1971). A-stable Runge-Kutta processes. *BIT*, 11, 384–388.

Coddington, E. A. & Levinson, N. (1984). *Theory of Ordinary Differential Equations*. MacGraw-Hill Education.

Collatz, L. (1966). *The numerical treatment of differential equations*. Springer-Verlag, New York.

Conte, S. D. (1966). The numerical solution of linear boundary value problems. *SIAM Rev.*, 8, 309–321.

Coppel, W. A. (1978). *Dichotomies in Stability Theory*. Springer-Verlag, Berlin, Heidelberg, New York.

DOI 10.1515/9783110498882-014

Corwin, S. P. & Thompson, S. (1996). Error estimation and step-size control for delay differential equation solvers based on continuously embedded Runge-Kutta-Sarafyan methods. *Computers & Mathematics with Applications*, 31(6), 1–11.

Cryer, C. W. (1972). On the instability of high order backward-difference multistep methods. *BIT*, 12, 17–25.

Cryer, C. W. (1973). A new class of highly stable methods. *BIT*, 13, 153–159.

Curtiss, C. F. & Hirschfelder, J. O. (1952). Integration of stiff equations. *Proc. Nat. Acad. Sci.*, 38, 235–243.

Dahlquist, G. (1956). Convergence and stability in the numerical integration of ordinary differential equations. *Math. Scand.*, 4, 33–53.

Dahlquist, G. (1959). Stability and error bounds in the numerical integration of ordinary differential equations. Stockholm, Sweden.

Dahlquist, G. (1963). A special stability problem for linear multistep methods. *Bit*, 3, 27–43.

De Hoog, F. & Weiss, R. (1976). Difference Methods for Boundary Value Problems with a Singularity of the First Kind. *SIAM J. Numer. Anal.*, 13(5), 775–813.

De Hoog, F. & Weiss, R. (1977). The Application of Linear Multistep Methods to Singular Initial Value Problems. *Math. Comput.*, 31(139), 676–690.

De Hoog, F. & Weiss, R. (1978). Collocation Methods for Singular Boundary Value Problems. *SIAM J. Numer. Anal.*, 15(1), 198–217.

De Hoog, F. & Weiss, R. (1985). The Application of Runge-Kutta Schemes to Singular Initial Value Problems. *Mathematics of Computation*, 44(169), 93–103.

Dekker, K. & Verwer, J. G. (1984). *Stability of Runge-Kutta Methods for Stiff Nonlinear Differential Equations*. North-Holland, Amsterdam.

Deuflhard, P. (1980). Recent Advances in Multiple Shooting Techniques. In: Gladwell/Sayers (ed.) *Computational Techniques for Ordinary Differential Equations*. Academic Press, London, New York, pp. 217–272.

Deuflhard, P. (1983). Order and step-size control in extrapolation methods. *Numer. Math.*, 41, 399–422.

Deuflhard, P. (1985). Recent progress in extrapolation methods for ordinary differential equations. *SIAM Review*, 27, 505–535.

Deuflhard, P. (1989). Numerik von Anfangswertmethoden für gewöhnliche Differentialgleichungen. Tech. rep., Konrad-Zuse-Zentrum für Informationstechnik Berlin.

Deuflhard, P. & Bader, G. (1983). Multiple shooting techniques revisited. In: Deuflhard, P. & Hairer, E. (eds.) *Numerical Treatment of Inverse Problems in Differential and Integral Equations*. Birkhäuser Verlag, Boston, Basel, Stuttgart, pp. 74–94.

Deuflhard, P. & Bornemann, F. (2002). *Scientific Computing with Ordinary Differential Equations*. Springer-Verlag, New York, Berlin, Heidelberg.

Dormand, J. R. & Prince, P. J. (1980). A family of embedded Runge-Kutta formulae. *J. Comp. Appl. Math.*, (6), 19–26.

Ehle, B. L. (1968). High order A-stable methods for the numerical solution of systems of DEs. *BIT*, 8, 276–278.

Ehle, B. L. (1969). On Padé approximations to the exponential function and A-stable methods for the numerical solution of initial value problems. Tech. Rep. CSRR 2010, Dept. AACS, University of Waterloo, Ontario, Canada.

Eltermann, H. (1955). Fehlerabschätzung bei näherungsweiser Lösung von Systemen von Differentialgleichungen erster Ordnung. *Math. Zeitschr.*, 62, 469–501.

Enright, W. H., Jackson, K. R., Nørsett, S. P., & Thomsen, P. G. (1986). Interpolants for Runge-Kutta formulas. *ACM Transactions on Mathematical Software*, 12(3), 193–218.

Euler, L. (1768). Institutionum Calculi Integralis. *Volumen Primum, Opera Omnia*, XI.

Fehlberg, E. (1968). Classical fifth-, sixth-, seventh-, and eighth order Runge-Kutta formulas with step size control. Tech. Rep. 287, NASA.

Fehlberg, E. (1969). Low-order classical Runge-Kutta formulas with step size control and their application to some heat transfer problems. Tech. Rep. 315, NASA.

Fritsche, M. (2004). Ein Programm zur automatischen Erzeugung der Konsistenzgleichungen bei Runge-Kutta-Verfahren. Tech. Rep. Math/Inf/02/04, Jenaer Schriften zur Mathematik und Informatik, Friedrich Schiller Universität Jena.

Gavrilyuk, I. P., Hermann, M., Makarov, V. L., & Kutniv, M. V. (2011). *Exact and Truncated Difference Schemes for Boundary Value ODEs*. Birkhäuser, Springer, Basel AG.

Gear, C. W. (1969). The automatic integration of stiff ODEs. In: Morrell, A. J. H. (ed.) *Information Processing*, vol. 68. North-Holland Publishing Co., Amsterdam, pp. 187–193.

Gear, C. W. (1971). *Numerical Initial Value Problems in Ordinary Differential Equations*. Prentice Hall, Englewood Cliffs, New Jersey.

Golub, G. H. & Van Loan, C. F. (1996). *Matrix Computations*. The John Hopkins University Press, Baltimore and London.

Goodman, T. R. & Lance, G. N. (1956). The numerical solution of two-point boundary value problems. *Math. Tables Aid. Comput.*, 10, 82–86.

Gragg, W. B. (1964). *Repeated extrapolation to the limit in the numerical solution of ordinary differential equations*. Ph.D. thesis, Univ. of California.

Gragg, W. G. (1965). On extrapolation algorithms for ordinary initial value problems. *SIAM J. Numer. Anal.*, 2, 384–403.

Grigorieff, R. D. & Schroll, J. (1978). Über A(α)-stabile Verfahren hoher Konsistenzordnung. *Computing*, 20, 343–350.

Hairer, E., Lubich, C., & Wanner, G. (2002). *Geometric Numerical Integration*. Springer-Verlag, Berlin, Heidelberg, New York.

Hairer, E., Nørsett, S. P., & Wanner, G. (1993). *Solving Ordinary Differential Equations*, vol. I. Springer Verlag, Berlin.

Hairer, E. & Wanner, G. (1973). Multistep-multistage-multiderivative methods for ordinary differential equations. *Computing*, 11, 287–303.

Hairer, E. & Wanner, G. (1974). On the Butcher group and general multi-value methods. *Computing*, 13, 1–15.

Hairer, E. & Wanner, G. (1991). *Solving Ordinary Differential Equations*, vol. II. Springer Verlag, Berlin.

Hartman, P. (1982). *Ordinary Differential Equations*. Birkhäuser Verlag, Boston, Basel, Stuttgart.

Hermann, M. (1975). Ein ALGOL-60-Programm zur Diagnose numerischer Instabilität bei Verfahren der linearen Algebra. *Wiss. Ztschr. HAB Weimar*, (20), 325–330.

Hermann, M. (1978). *Zur theoretischen und numerischen Behandlung nichtlinearer Zweipunkt-Randwertprobleme für gewöhnliche Differentialgleichungen 2. Ordnung mit Anwendung auf das Biegeproblem des EULER-BERNOULLI-Stabes*. Ph.D. thesis, Friedrich Schiller Universität, Jena.

Hermann, M. (1984). *Beiträge zur integrativen Behandlung von Bifurkationsproblemen*. Ph.D. thesis, Friedrich Schiller Universität, Jena.

Hermann, M. (2011). *Numerische Mathematik*. 3rd edn. Oldenbourg Verlag, München.

Hermann, M., Kaiser, D., & Schröder, M. (1999). Theoretical and numerical studies of the shell equations of Bauer, Reiss and Keller, Part II: Numerical Computations. *Technische Mechanik*, 19.

Hermann, M., Kaiser, D., & Schröder, M. (2000). Bifurcation analysis of a class of parametrized two-point boundary value problems. *Journal of Nonlinear Science*, 10, 507–531.

Hermann, M., Ullmann, T., & Ullrich, K. (1991). The nonlinear buckling problem of a spherical shell: bifurcation phenomena in a BVP with a regular singularity. *Technische Mechanik*, 12, 177–184.

Heun, K. (1900). Neue Methode zur approximativen Integration der Differentialgleichungen einer unabhängigen Veränderlichen. *Zeitschr. für Math. u. Phys.*, 45, 23–38.

Hull, T. E., Enright, W. H., Fellen, B. M., & Sedgwick, A. E. (1972). Comparing numerical methods for ordinary differential equations. *SIAM J. Numer. Anal.*, 9(4).

Kahan, W. (1966). Numerical Linear Algebra. *Canadian Math. Bull.*, 9, 757–801.

Kaiser, D. (2013). Erzeugung von eingebetteten Runge-Kutta-Verfahren hoher Ordnung, z.B. 10(8), 12(10) und 14(12) durch Modifikation bekannter Verfahren ohne Erhöhung der Stufenanzahl. JENAER SCHRIFTEN ZUR MATHEMATIK UND INFORMATIK 03, Friedrich Schiller University at Jena.

Kielbasinski, A. & Schwetlick, H. (1988). *Numerische lineare Algebra*. VEB Deutscher Verlag der Wissenschaften, Berlin.

Koch, O., Kofler, P., & Weinmüller, E. B. (1999). Analysis of singular initial and terminal value problems. Tech. Rep. 125/99, Department of Applied Mathematics and Numerical Analysis, University of Technology Vienna.

Koch, O., Kofler, P., & Weinmüller, E. B. (2000). The implicit Euler method for the numerical solution of singular initial value problems. *Applied Numerical Mathematics*, 34, 231–252.

Koch, O. & Weinmüller, E. B. (2001). The convergence of shooting methods for singular boundary value problems. *Mathematics of Computation*, 72, 289–305.

Kramer, M. E. (1992). *Aspects of solving non-linear boundary value problems numerically*. Ph.D. thesis, Technical University, Eindhoven.

Kutta, W. (1901). Beitrag zur näherungsweisen Integration totaler Differentialgleichungen. *Zeitschr. für Math. u. Phys.*, 46, 435–453.

Lentini, M. (1978). *Boundary value problems over semi-infinite intervals*. Ph.D. thesis, California Institute of Technology.

Lentini, M. (1980). Resolucion de Ecuaciones Diferentiales Ordinarias Singulares con Valores de Frontera. *Acta Cient. Venezolana*, 31, 381–393.

Lentini, M. & Pereyra, V. (1977). An adaptive finite difference solver for nonlinear two- point boundary value problems with mild boundary layers. *SIAM J. Numer. Anal.*, 14, 91–111.

Loon, P. M. V. (1987). *Continuous Decoupling Transformations for Linear Boundary Value Problems*. Ph.D. thesis, Technical University, Eindhoven.

Mattheij, R. M. M. (1982). The conditioning of linear boundary value problems. *SIAM J. Numer. Anal.*, 19, 963–978.

Mattheij, R. M. M. (1984). Stability of block LU-decompositions of matrices arising from BVP. *SIAM J. Discr. Math.*, 5, 314–331.

Mattheij, R. M. M. (1985). Decoupling and stability of algorithms for boundary value problems. *SIAM Review*, 27, 1–44.

Mattheij, R. M. M. & Molenaar, J. (1996). *Ordinary Differential Equations in Theory and Practice*. John Wiley & Sons, Chichester et al.

Meyer, C. D. (2000). *Matrix Analysis and Applied Linear Algebra*. SIAM, Philadelphia.

Milne, W. E. (1953). *Numerical Solution of Differential Equations*. John Wiley, New York.

Moir, N. (2001). Working notes on fourth order ARK methods with 5 stages. Tech. rep., Department of Mathematics, The University of Auckland, New Zealand.

Nevanlinna, O. & Liniger, W. (1979). Contractive methods for stiff differential equations. *BIT*, 19, 53–72.

Nørsett, S. & Wanner, G. (1979). The real-pole sandwich for rational approximation and oscillation equations. *BIT Numerical Mathematics*, (19), 79–94.

Nyström, E. J. (1925). Über die numerische Integration von Differentialgleichungen. *Acta Soc. Sci. Fenn.*, 50, 1–54.

Ortega, J. M. & Rheinboldt, W. C. (1970). *Iterative Solution of Nonlinear Equations in Several Variables*. Academic Press, New York.

Osborne, M. R. (1978). Aspects of the numerical solution of boundary value problems with separated boundary conditions. Working paper.

Osborne, M. R. (1979). The stabilized march is stable. *SIAM J. Numer. Anal.*, 16, 923–933.

Owren, B. & Zennaro, M. (1991). Order barriers for continuous explicit Runge-Kutta methods. *Math. Comput.*, (56), 645–661.

Owren, B. & Zennaro, M. (1992). Derivation of efficient continuous explicit Runge-Kutta methods. *SIAM J. Sci. Stat. Comput.*, (13), 1488–1501.

Roberts, S. M. & Shipman, J. S. (1972). *Two-Point Boundary Value Problems: Shooting Methods.* American Elsevier, New York.

Rosenbrock, H. H. (1963). Some general implicit processes for the numerical solution of differential equations. *Comp. J.*, 5, 329–331.

Rosser, J. B. (1967). A Runge-Kutta for all seasons. *SIAM Rev.*, 9, 417–452.

Runge, C. (1895). Über die numerische Auflösung von Differentialgleichungen. *Math. Ann.*, 46, 167–178.

Sarafyan, D. (1965). Multistep methods for the numerical solution of ordinary differential equations made self-starting. Tech. Rep. 495, Mathematics Research Center, Madison, Wisconsin.

Scherer, R. (1977). A note on Radau and Lobatto formulae for ODEs. *BIT*, 17, 235–238.

Scherer, R. (1979). A necessary condition for B-stability. *BIT*, 19, 111–115.

Schwarz, H. R. (1993). *Numerische Mathematik.* B. G. Teubner Verlag, Stuttgart.

Schwetlick, H. (1979). *Numerische Lösung nichtlinearer Gleichungen.* VEB Deutscher Verlag der Wissenschaften, Berlin.

Scott, M. R. & Watts, H. A. (1977). Computational solution of linear two-point boundary value problems via orthonormalization. *Numer. Anal.*, 14, 40–70.

Shampine, L. F. (1985). Interpolation for Runge-Kutta methods. *SIAM J. Numer. Anal.*, (22), 1014–1027.

Skeel, R. D. (1980). Iterative refinement implies numerical stability for Gaussian elimination. *Math. Comput.*, (35), 817–832.

Steihaug, T. & Wolfbrandt, A. (1979). An attempt to avoid exact Jacobian and nonlinear equations in the numerical solution of stiff ordinary differential equations. *Math. Comp.*, 33, 521–534.

Stetter, H. J. (1970). Symmetric two-step algorithms for ordinary differential equations. *Computing*, 5, 267–280.

Stewart, G. W. (1998). *Matrix Algorithms. Vol. I: Basic Decompositions.* SIAM, Philadelphia.

Stoer, J. & Bulirsch, R. (2002). *Introduction to Numerical Analysis.* Springer Verlag, New York, Berlin, Heidelberg.

Strehmel, K. & Weiner, R. (1995). *Numerik gewöhnlicher Differentialgleichungen.* Teubner Verlag, Stuttgart.

Verner, J. H. (1978). Explicit Runge-Kutta methods with estimates of the local truncation error. *SIAM J. Numer. Anal.*, (15), 772–790.

Verner, J. H. (1993). Differentiable interpolants for high-order Runge-Kutta methods. *SIAM J. Numer. Anal.*, 30(5), 1446–1466.

Verner, J. H. & Zennaro, M. (1995). The orders of embedded continuous explicit Runge-Kutta methods. *BIT Numerical Mathematics*, 35(3), 406–416.

Wallisch, W. (1980). Beziehungen zwischen Schießverfahren und Differenzenmethode. *Wiss. Ztschr. FSU Jena*, 29, 311–318.

Wallisch, W. & Hermann, M. (1985). *Schießverfahren zur Lösung von Rand- und Eigenwertaufgaben.* Teubner-Texte zur Mathematik, Bd. 75. Teubner Verlag, Leipzig.

Widlund, O. B. (1967). A note on unconditionally stable linear multistep methods. *BIT*, 7, 65–70.

Wright, S. J. (1991). Stable parallel elimination for boundary value ODE's. Tech. Rep. MCS-P229-0491, Mathematics and Computer Science Division, Argonne National Laboratory, Argonne, IL.

Wright, S. J. (1992). Stable parallel algorithms for two-point boundary value problems. *J. Sci. Stat. Comput.*, 13, 742–764.

Wright, W. (2002). *General linear methods with inherent Runge-Kutta stability*. Ph.D. thesis, The University of Auckland.

Zennaro, M. (1986). Natural continuous extensions of Runge-Kutta methods. *Math. Comput.*, 46(173), 119–133.

Stichwortverzeichnis

A-Stabilität 137, 145
A(α)-Stabilität 157
Abbildung
– bilineare 32
– trilineare 32
Adams-Bashforth-Formel 90, 127, 128
Adams-Moulton-Formel 90, 127, 129
Adams-Verfahren 127
Ähnlichkeitstransformation 271
– orthogonale 271
Aitken-Neville-Algorithmus 77
Algorithmus von Gragg 80
Allgemeines Lineares Verfahren 172
ALV *siehe* Allgemeines Lineares Verfahren
AN-Stabilität 143
Anfangsbedingung 2
Anfangswertproblem 2
– gestörtes 6
– retardiertes 84
A(0)-Stabilität 157
A_0-Stabilität 158
Å-Stabilität 158
Aufgabenstellung
– schlecht konditionierte 98
Auslöschungsbedingungen 181
Autonomisierung 26

B-Reihe 50
B-Stabilität 142
BDF-Verfahren 91, 159
Bedingung
– vereinfachende 39
bootstrapping method 33
Bulirsch-Folge 79
Butcher-Diagramm 19, 82
Butcher-Matrix 30
Butcher-Schranken 29

CRK *siehe* stetiges Runge-Kutta-Verfahren

D-Stabilität 106
Dahlquist-Schranke
– erste 116
– zweite 149
DGL
– adjungierte 221
DGL-Darstellung 88

Dichotomie 201
– exponentielle 200
– gewöhnliche 201
difex1 81
difex2 81
Differential
– elementares 49
Differentialgleichung 1
– System erster Ordnung 1
– autonome 3
– homogene 3
– inhomogene 4
– lineare 3
– steife 42, 149, 152, 153
Differentialoperator 6
Differentiationsformel
– numerische 88
Differenz
– rückwärtsgenommene 9, 129
– vorwärtsgenommene 9
Differenzen-Formel
– rückwärtige 90
Differenzengleichung 7
– autonome 8
– höherer Ordnung 8
– homogene 8
– lineare 8
DIRK 19
Diskretisierung 11
Diskretisierungsfehler
– absoluter 63
– lokaler 15, 54, 93, 125
– relativer 67
3/8-Regel 36
Dreiecksmatrix
– obere 266
– untere 266

Eigenvektor 270
Eigenwert 270
– einfacher 100
– mehrfacher 100
Einbettung 62
Einbettungsstrategie 61
Einfach-Schießverfahren 208, 210, 250
Einschritt-Rekursion 7

Einschrittverfahren 13, 18
– adjungiertes 71
– gespiegeltes 71
– konsistentes 15
– symmetrisches 74
Eliminationsverfahren 218
EPS-Kriterium 63
EPUS-Kriterium 63, 132
ERK 19
ESV *siehe* Einschrittverfahren
Euler(rückwärts)-Verfahren 17, 27, 38, 88, 90,
    91
Euler(vorwärts)-Verfahren 13, 38, 90, 124, 138
Euler-Verfahren
– linear-implizites 166
Evolutionsproblem 2, 187
Extrapolation
– globale 61
– lokale 61
Extrapolationsalgorithmus von
    Gragg-Bulirsch-Stoer 80
Extrapolationstabelle 78

Fehler
– globaler 54
– lokaler 92
Fehler pro Einheitsschritt 63
Fehler pro Schritt 63
Fehlerfunktion 6
– globale 58
– lokale 58
Fehlerkonstante 97
Fehlerschätzung
– extrapolierte globale 61
Fibonacci-△GL 10
fill-in 237
FIRK 19
Fixpunkt-Iteration 121
Fixpunktgleichung 121
Folge
– harmonische 79
Formel
– explizite 12
– implizite 12
FSAL-Prinzip 169
Fundamentalmatrix 3, 189
Fundamentalsystem 3
Funktion
– gleichmäßig Lipschitz-stetige 273
– lokal Lipschitz-stetige 56

Funktionen
– komplementäre 217

Gauß-Verfahren 41
GBS-Algorithmus 80
Genauigkeitsordnung 40
Gitter 11
– äquidistantes 11
Gitterfunktion 11
Gitterpunkte 11
Givens-Transformationen 268
Gleichungssystem
– unterbestimmtes 35
Godunov-Conte Methode 247
Green'sche Funktion 193
Grenzschicht 213
Gronwall'sche Ungleichung 275
Gronwall'sches Lemma 275

Hauptuntermatrix 22
Heun-Verfahren 21, 114, 125
Householder-Transformation 217, 267
Householder-Vektor 267

Inkrementfunktion 89, 114
– adjungierte 71
Instabilität
– inhärente 98
Integraldarstellung 88
Integralkurve 2
Interpolation
– numerische 12
Interpolationspolynom 12
– Lagrange'sches 18

Jacobi-Matrix 5
Jordan-Block 104, 272
Jordan'sche Normalform 100, 272

Kern 265
Knoten 11
Kollokation 37
Kollokationsbedingungen 38
Kollokationspolynom 37
Kollokationsverfahren 37
Kompaktifikation 235
Kondition
– der Randbedingungen 205
Konditionskonstante 198
Konditionsungleichung 204

Konditionszahl 113, 204, 269
Konsistenz 15, 176
Konsistenz-Vektor 176
Konsistenzordnung 26, 93
Konvergenzordnung 57, 115
Korrektor 122
Korrektor-Iteration 122
Korrektorgleichung 122
Kronecker-Produkt 52, 172
k-Schritt $\triangle$GL 8

Lagrange-Faktoren 278
layer 213
Lineares Mehrschrittverfahren 89
Linearisierungsprinzip
– lokales 5
Lipschitz-Bedingung 2
Lipschitz-Konstante 273
Lipschitz-Stetigkeit, gleichmäßige 2
LIRK 19
LMV *siehe* Lineares Mehrschrittverfahren
Lobatto-Formeln 44
Lobatto-III-Verfahren 44
Lobatto-IIIA-Verfahren 44
Lobatto-IIIB-Verfahren 44
Lobatto-IIIC-Verfahren 44
Lösung
– asymptotisch stabile 99
– partikuläre 4, 190
– relativ stabile 100
– stabile 99
– stationäre 7, 151
L-Stabilität 141
LU-Faktorisierung 266

Matlab 169
Matlab-Programmpaket 250
Matrix
– ähnliche 271
– diagonalisierbare 271
– nichtsinguläre 265
– orthogonale 266
– schwach besetzte 268
– spaltenorthogonale 266
– stabile 177
– zeilenorthogonale 266
Matrix-Exponentialfunktion 276
Matrixnorm 269
– logarithmische 156
Mehrfach-Schießverfahren 228, 229, 250

Mehrpunkt-Randwertproblem 2, 187
Mehrschrittverfahren 89
Menge
– konvexe 273
Methode 4
– der Adjungierten 221
– der komplementären Funktionen 217, 250, 263
– der Variation der Konstanten 4
– von Lagrange 4, 191
– von Münchhausen *siehe* bootstrapping method
Milne-Technik 128
Mittelpunktsregel 38, 41, 74, 94
Modellproblem 64
Modes 202
Moore-Penrose-Bedingungen 270
Münchhausen 33

Newton-Verfahren 12
– vereinfachtes 164
Nordsieck-Darstellung 132
Nordsieck-Vektor 132
Norm
– logarithmische 156
Nullraum 265
Nullstabilität 106
Nyström-Verfahren 82

ODE Suite 169
ode23s 154, 169
ode45 154
Operatordarstellung 6
Operatorgleichung
– korrekt gestellte 198
– stabile 198
Ordnung
– eines Wurzelbaumes 48
Ordnungsbedingungen 34, 35, 95

Padé-Approximation 140
parallel shooting 249
Parallel-Algorithmus 249
PEC-Algorithmus 123
$P(EC)_m$-Algorithmus 122
PECE-Algorithmus 123
$PE(CE)_m$-Algorithmus 122
Permutationsmatrix 266
Phasen-Zeit-Raum 2
Planeten 69

Pleiaden 70
Pluto 69
Polynom
– charakteristisches 10, 178, 270
Prädiktor 122
Prädiktor-Korrektor Strategie 122
Prädiktor-Korrektor-Verfahren 147
Prädiktorgleichung 122
Präkonsistenz 176
Präkonsistenz-Vektor 176
Produkt
– dyadisches 266
Pseudo-Inverse 270

QR-Faktorisierung 217, 267
Quadraturformel 12
– interpolatorische 88
– konsistente 15

Radau-I-Verfahren 42
Radau-IA-Verfahren 42
Radau-II-Verfahren 42
Radau-IIA-Verfahren 42
Randbedingung
– nicht separierte 188
– partiell separierte 187, 215
– separierte 215
– vollständig separierte 188, 215
Randbedingungen 230
Randwertproblem 187
– korrekt gestelltes 206
Rang 265
Reihe
– geometrische 57
Relativer Fehler
– pro Einheitsschritt 68
– pro Schritt 67
Residuum 16
Riccati-Differentialgleichung 66
Richardson-Extrapolation 60, 70
RK-Stabilität *siehe* Runge-Kutta-Stabilität
RKV *siehe* Runge-Kutta-Verfahren
Romberg-Folge 79
Rosenbrock-Verfahren 166
ROW-Verfahren 168
Rückwärtige Differenzen Formeln 159
Runge-Kutta-Dormand-Prince Familie 24
Runge-Kutta-Fehlberg Familie 22, 63
Runge-Kutta-Stabilität 181

Runge-Kutta-Verfahren
– der Ordnung p 31
– diagonal-implizites 19, 165
– diskretes 84
– einfach diagonal-implizites 19
– eingebettetes 22
– explizites 19, 138
– implizites 19
– klassisches 22, 36, 213
– linear-implizites 19, 165
– m-stufiges 19
– optimales 29
– stetiges 85
– voll-implizites 19
Runge-Kutta-Verner Familie 23
Runge-Prinzip 61
RWP *siehe* Randwertproblem

Satz von
– Gragg 59
– Peano 274
– Picard-Lindelöf 2, 273
Schätzung
– des lokalen Fehlers 62
– globaler Fehler 61
– lokaler Fehler 61
Schießpunkte 228
Schießverfahren 208
Schrittweite 11
Schrittweitensteuerung 63
Schur-Zerlegung 271
SDIRK 19
Segmentierungspunkte 228
Sicherheitsfaktor 64
Simpson-Regel 36, 88
Singulärwert-Zerlegung 268
Singulärwerte 268
Singularität
– reguläre 255
span 265
Spektrum 270
Störung 6
Stützstellen 278
Stabilisierende Transformation 239
Stabilitäts-Satz 102
Stabilitätsbedingung 105
Stabilitätsfunktion 135, 178, 181
– A-verträgliche 137
Stabilitätsgebiet 137
Stabilitätsintervall 139

Stabilitätskonstante 198
Stabilitätsmatrix 178
Stabilized March Verfahren 244, 264
Standardform
– des Mehrfach-Schießverfahrens 231
Steifheitsmaß 152, 153
Steigungen 19
Stetigkeitsbedingungen 230
Stone, Peter 24
Stufenzahl 29
Superpositionsprinzip 5, 190, 208, 209, 228

Taylorentwicklung 6
Teilraum
– invarianter 270
Trapezregel 20, 27, 38, 74, 90, 124, 139

Variationsgleichung 6, 134
Vektor-Norm 269
Vektorfeld 1
Verfahren
– A_0-stabiles 158
– $\mathring{A}$-stabiles 158
– A-stabiles 137, 145
– A(α)-stabiles 157
– absolut stabiles 137, 145
– algebraisch stabiles 142
– AN-stabiles 143
– A(0)-stabiles 157
– B-stabiles 142
– D-stabiles 106

– explizites 14
– implizites 14
– instabiles 226
– konsistentes 93
– konvergentes 57
– L-stabiles 141
– nullstabiles 106
– schwach wurzelstabiles 107
– stabiles 106, 137
– steif-stabiles 158
– streng wurzelstabiles 107
– vom Rosenbrock-Typ 167
– wurzelstabiles 106
Verfahrensfunktion 89
Verschiebungsoperator 9, 89
Vollrang 265

Wertebereich 265
Wronski-Matrix 196
Wurzel-Baum 48
– äquivalenter 47
– monoton indizierter 32, 46
Wurzel-Kriterium 106
Wurzelortskurve 145
Wurzelstabilität 103, 106
W-Verfahren 168

Zeitkonstante 150
Zeitskala 150
Zweipunkt-Randwertproblem *siehe*
        Randwertproblem, 187